轻松玩转 DSP——基于 TMS320F2833x

主编　马骏杰　　尹艳浩　　高俊山　　王旭东
参编　谢金宝　　张思艳　　孙轶男　　蒋　伟

U0378793

机械工业出版社

本书系统解析了 DSP 内部模块之间的耦合关系，详细阐述了 DSP 操作的盲点及误区，并给出了作者对于这款 DSP 的独特理解。本书注重工程应用，从基础模块、数字电源、数字锁相环、数字滤波器、电机控制、APF 控制多个角度分析了数字化实现方式。本书给出的程序不仅调试通过而且其基本思想均应用于目前主流产品中，具有较高的参考和实用价值，读者可以通过扫描书中二维码或从微信公众号"DSP 万花筒"获取。

本书可作为初、中级读者学习使用 TMS320F2833x DSP 的教材，也可为自动化、电气工程及电子信息工程等相关专业的 DSP 应用开发人员提供参考。

图书在版编目（CIP）数据

轻松玩转 DSP：基于 TMS320F2833x / 马骏杰等主编 .
—北京：机械工业出版社，2018.9
ISBN 978-7-111-60825-7

Ⅰ . ①轻… Ⅱ . ①马… Ⅲ . ①数字信号处理
Ⅳ.①TN911.72

中国版本图书馆 CIP 数据核字（2018）第 205488 号

机械工业出版社（北京市百万庄大街 22 号 邮政编码 100037）
策划编辑：汤 枫 责任编辑：汤 枫
责任校对：张艳霞 责任印制：张 博

北京华创印务有限公司印刷

2019 年 1 月第 1 版·第 1 次印刷
184mm×260mm·27.25 印张·668 千字
0001-3000 册
标准书号：ISBN 978-7-111-60825-7
定价：89.00 元

前　言

TMS320F2833x 属于 TI 公司 C2000 系列的高端产品，其处理能力强大，片上外设丰富，在数字信号控制领域中得到了广泛应用。TMS320F2833x 问世多年，不少读者对其基本操作已有初步了解，却经常对开发过程中所遇到的实际问题束手无策。本书旨在系统解析 DSP 内部模块之间的耦合关系，详细阐述 DSP 操作的盲点及误区，广泛结合应用问题展开讨论，并给出作者对于这款 DSP 的独特理解。

全书分为两部分。第一部分为 DSP 片上基础配置单元，系统介绍了 F2833x 硬件架构和常用模块的硬件设计方法，软件架构及 DSP 初始化过程，CCS6.0 的应用及定点浮点，汇编及 C 语言的混合编程，控制类外设 ePWM、eCAP、eQEP、ADC 和通信类外设 SCI、I^2C、SPI、CAN 的应用。每个模块均配有微视频（每段仅 3~5 min），读者可以扫描书中对应的二维码观看相应内容。此外，所有内容均结合应用实例，所有代码都标注了详细的中文注释，为读者快速掌握这款 MCU 的特点及开发方法提供便利。第二部分为应用部分，书中以更直观的方式阐述了 F2833x 程序引导流程、FLASH 编程方法和注意事项、数字电源建模的方法及 DSP 设计、数字锁相环的原理及应用、FIR 和 IIR 的原理及编程、永磁同步电动机有（无）速度环控制和静止无功发生器原理及设计，按照理论分析—数学建模—仿真实现—源代码示例的过程来介绍 DSP 的应用。本书给出的示例具有很强的典型性，相关算法均在真实产品中得到体现，为读者扩展思维提供帮助。

本书由哈尔滨理工大学马骏杰编著、统稿，尹艳浩负责书中视频的录制、例程的调试及公众账号的维护，高俊山教授完善了第 8、10 章内容，谢金宝、张思艳、孙轶男老师共同完善了第 11 章内容，扬州大学蒋伟老师完善了第 12 章内容，哈尔滨理工大学王旭东教授审阅了全稿，高晗璎、金宁治、刘金凤、耿新老师提供了宝贵意见，王振东、王光、刘正宇、高英鑫同学协助完成了书中图表的编辑工作。

本书得到广东省重大科技专项项目（2015B010118003、2016B010135001）、山东省高等学校科技计划项目（J17KB136）、2017 年国家级大学生创新创业训练计划项目（201710214018）的资助，受到汽车电子功率驱动与系统集成教育部工程研发中心的支持。本书的编写过程中，参阅了一些优秀的图书和文献资料，在此对这些作品的作者表示感谢。感谢机械工业出版社工作人员为本书出版所做的大量工作，感谢家人的默默支持，并将此书献给宝贝"子越"：愿你永远拥有一双爱笑的眼睛，永远拥抱一个自由的灵魂。

（作者微信公众账号）

由于时间仓促，书中的疏漏与不当之处在所难免，恳请广大读者批评、指正。

本书配套 DSP 开发板，读者可对所有 DSP 外设资源进行应用和开发。此外，开发板带有三相全控桥式逆变电路及三相 LC 滤波电路，可方便实现逆变算法实验和电机控制算法实验，所有软硬件资料随板赠送，有需要的读者可以通过下方二维码进店购买。

（DSP 开发板购买链接）

编　者

目　　录

第1章 TMS320F2833x 的硬件架构

TMS320F2833x（简称 F2833x）硬件框图如图 1.1 所示，由如下几部分组成：内部及外部总线系统、中央处理器（CPU，简称为 C28x）、内部存储器、控制外设、通信端口、直接内存存取控制器（简称为 DMA）、中断管理单元、CPU 核定时器及实时仿真接口。

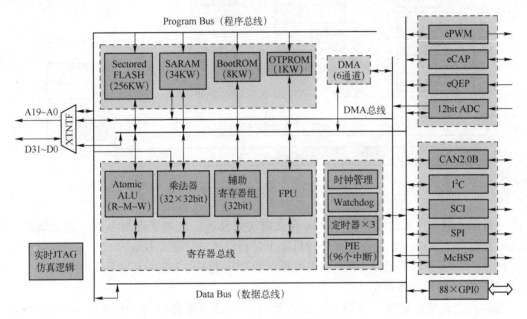

图 1.1 F2833x 的内部结构图

1.1 系统结构

1.1.1 总线系统

F2833x 配置了独立的程序总线（Program Bus）和数据总线（Data Bus），使 CPU 可在单周期内从内存读取 2 个操作数，也就是人们所熟知的哈佛结构。由于 F2833x 取操作数不但能从数据存储器读取，也要能从程序存储器读取，所以 TI 公司采用的是如图 1.2 所示的改进的哈佛结构（Modified Harvard-Architecture）。

该结构包含：程序总线（22 位的程序地址总线 PAB、32 位的程序数据总线 PRDB）；数据读总线（32 位的数据读地址总线 DRAB、32 位的数据读数据总线 DRDB）；数据写总线（32 位的数据写数据总线 DWDB、32 位的数据写地址总线 DWAB）。

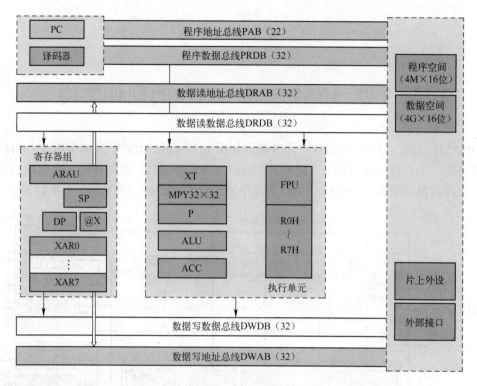

图 1.2　F2833x 的总线结构

除数据总线和地址总线外，F2833x 存在第 3 类总线，称为寄存器总线。该总线与 CPU 内部所有的单元相连，允许在这种并行机制下进行快速的数据交互。

此外，DMA 控制器通过 DMA 总线可独立于 CPU 操作 F2833x 某些特定的硬件单元，极大地提升 CPU 的数据吞吐率。

细心的读者可以发现，在图 1.1 的左侧存在外设连接接口（XINTF），通过外部数据总线 32 位（D31~D0）和地址总线 20 位（A19~A0）访问外部存储单元。注意，这种外部访问不是同步的，就 2 个 32 位操作数而言，内部访问只需要 1 个时钟周期而外部访问需要花费一倍的时间，因而在访问外部较慢的存储器时，无须考虑额外的等待时间。

1.1.2　中央处理器单元 CPU

F2833x 具有强大的数字信号处理（DSP）能力又具有微控制器（MCU）的功能。在其诞生之前，执行复杂控制算法的常见方法是 VC33 DSP 负责运算，LF2407A 或者 F2812 等定点 DSP 负责控制，现在用一片 F2833x 来实现还绰绰有余。F2833x 存在 32×32 位硬件乘法器和 64 位处理能力的功能，使 F2833x 可有效处理更复杂的数值解析问题。

此外，F2833x 的 CPU 还支持一种叫"原子指令"的读写简化机制（Atomics Read/Modify/Write）。原子指令是小的、通用的不可中断指令。原子指令可以更快地完成读写操作，并具有更小的代码规模。而采用常规的非原子指令，占用内存多且执行时间长，两种情况的比较如图 1.3 所示。

2

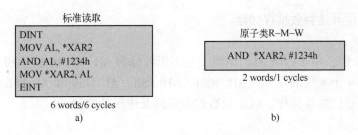

图 1.3 非原子操作与原子操作的比较

a）常规的非原子操作　b）读–修改–写原子操作

1.1.3 数学运算单元

F2833x 的运算执行单元如图 1.4 所示。

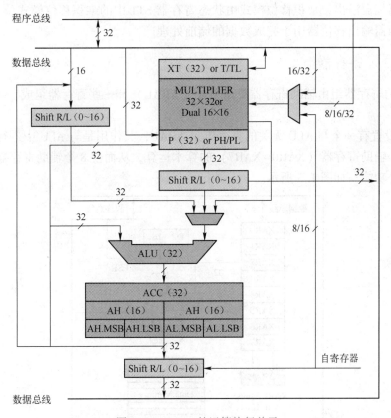

图 1.4 F2833x 的运算执行单元

1. F2833x 的乘法器

乘法器可执行 32 位×32 位或 16 位×16 位乘法，以及双 16 位×16 位乘法。

2. F2833x 的 ALU

ALU 的基本功能是完成算术运算和逻辑操作。这些包括：32 位加法运算；32 位减法运算；布尔逻辑操作；位操作（位测试、移位和循环移位）。

ALU 的输入输出：一个操作数来自 ACC 输出，另一个操作数由指令选择，可来自输入移位器、乘积移位器或直接来自乘法器。ALU 的输出直接送到 ACC，然后可以重新作为输

3

入或经过输出移位器送到数据存储器。

3. F2833x 的 ACC

累加器是 32 位，用于存储 ALU 结果，它不但可分为 AH（高 16 位）和 AL（低 16 位），还可进一步分成 4 个 8 位的单元（AH. MSB、AH. LSB、AL. MSB 和 AL. LSB）；在 ACC 中可完成移位和循环移位的位操作，以实现数据的定标及逻辑位的测试。

4. F2833x 的移位器

移位器能够快速完成移位操作。F2833x 的移位操作主要用于数据的对齐和放缩，以避免发生上溢和下溢；还用于定点数与浮点数间的转换。DSP 中的移位器要求在一个周期内完成数据移动指定的位数。

32 位输入定标移位器是把来自存储器的 16 位数据与 32 位的 ALU 对齐，可以对来自 ACC 的数据进行放缩；32 位的乘积移位器可以把补码乘法产生的额外符号位去除，可以通过移位防止累加器溢出，乘积移位模式由状态寄存器 ST1 中的乘积移位模式位（PM）的设置决定；累加器输出移位器用于完成数据的储前处理。

1.1.4 F2833x 寄存器组

F2833x 的寄存器组由辅助寄存器算术单元（ARAU）和一些寄存器组成。

1. F2833x 的 ARAU

F2833x 设置有一个与 ALU 无关的算术单元 ARAU，其作用是与 ALU 中进行的操作并行地实现对 8 个辅助寄存器（XAR0~XAR7）的算术运算，从而使 8 个辅助寄存器完成灵活高效的间接寻址功能，如图 1.5 所示。

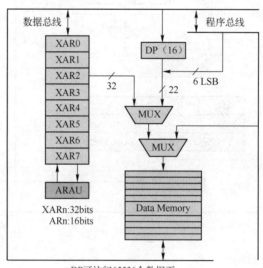

图 1.5　F2833x 的 ARAU 结构图

指令执行时，当前 XARn 的内容用作访问数据存储器的地址，如果是从数据存储器中读数据，ARAU 就把这个地址送到数据读地址总线（DRAB）；如果是向数据存储器中写数据，ARAU 就把这个地址送到数据写地址总线（DWAB）。ARAU 能够对 XARn 进行加 1、减 1 及

4

加减某一常数等运算，以产生新的地址。辅助寄存器还可用作通用寄存器、暂存单元或软件计数器。

2. F2833x 的 CPU 寄存器

1）与运算器相关的寄存器。

① 被乘数寄存器 XT（32 位）：XT 可以分成两个 16 位的寄存器 T 和 TL。

② 乘积寄存器 P（32 位）：P 可以分成两个 16 位的寄存器 PH 和 PL。

③ 累加器 ACC（32 位）：存放大部分算数逻辑运算的结果，以 32 位、16 位及 8 位的方式访问，对累加器的操作影响状态寄存器 ST0 的相关状态位。

2）辅助寄存器 XAR0~XRA7（8 个，32 位），常用于间接寻址。

3）与中断相关的寄存器，包括中断允许寄存器 IER、中断标志寄存器 IFR 和调试中断允许寄存器 DBGIER，它们的定义及功能在中断相关章节叙述。

4）状态寄存器：ST0 和 ST1，它们控制 DSP 的工作模式并反映 DSP 的运行状态。状态寄存器 ST0、ST1 各位的含义分别见表 1.1 和表 1.2。

表 1.1　状态寄存器 ST0 各位的含义

符　号	含　义
OVC/OVCU	**溢出计数器**。有符号运算时为 OVC（−32~31），若 OVM 为 0，则每次正向溢出时加 1，负向溢出减 1（但是，如果 OVM 为 1，则 OVC 不受影响，此时 ACC 被填为正或负的饱和值）；无符号运算时为 OVCU，有进位时 OVCU 增量，有借位时 OVCU 减量
PM	**乘积移位方式**：000，左移 1 位，低位填 0；001，不移位；010，右移 1 位，低位丢弃，符号扩展；011，右移 2 位，低位丢弃，符号扩展；…；111，右移 6 位，低位丢弃，符号扩展。应特别注意，此 3 位与 SPM 指令参数的特殊关系
V	**溢出标志**。1，运算结果发生了溢出；0，运算结果未发生溢出
N	**负数标志**。1，运算结果为负数；0，运算结果为非负数
Z	**零标志位**。1，运算结果为 0；0，运算结果为非 0
C	**进位标志**。1，运算结果有进位/借位；0，运算结果无进位/借位
TC	**测试/控制标志**。反映由 TBIT 或 NORM 指令执行的结果
OVM	**溢出模式**。ACC 中加减运算结果有溢出时，为 1，进行饱和处理；0，不进行饱和处理
SXM	**符号扩展模式**。32 位累加器进行 16 位操作时，为 1，进行符号扩展；0，不进行符号扩展

表 1.2　状态寄存器 ST1 各位的含义

符　号	含　义
ARP	**辅助寄存器指针**。000，选择 XAR0；001，选择 XAR1；…；111，选择 XAR7
XF	**XF 状态**。1，XF 输出高电平；0，XF 输出低电平
M0M1MAP	**M0 和 M1 映射模式**。对于 C28x 器件，该位应为 1（0，仅用于 TI 内部测试）
OBJMODE	**目标兼容模式**。对于 C28x 器件，该位应为 1（注意，复位后为 0，需用指令置 1）
AMOD	**寻址模式**。对于 C28x 器件，该位应为 0（1，对应于 C27xLP 器件）
IDLESTAT	**IDLE 指令状态**。1，IDLE 指令正执行；0，IDLE 指令执行结束
EALLOW	**寄存器访问使能**。1，允许访问被保护的寄存器；0，禁止访问被保护的寄存器
LOOP	**循环指令状态**。1，循环指令正进行；0，循环指令完成

符　号	含　义
SPA	**堆栈指针偶地址对齐**。1，堆栈指针已对齐偶地址；0，堆栈指针未对齐偶地址
VMAP	向量映射。1，向量映射到 0x3F FFC0～0x3F FFFF；0，向量映射到 0x00 0000～0x00 003F
PAGE0	**PAGE0 寻址模式**。对于 C28x 器件，该位设为 0（1，对应于 C27x 器件）
DBGM	**调试使能屏蔽**。1，调试使能禁止；0，调试使能允许
INTM	**全局中断屏蔽**。1，禁止全局可屏蔽中断；0，使能全局可屏蔽中断

5）指针类寄存器。

① 程序计数器 PC（22 位）用来存放 CPU 正在操作指令的地址，复位值为 0x3F FFC0。

② 返回 PC 指针寄存器 RPC（22 位）用于加速调用返回过程。

③ 数据页指针 DP（16 位）用于存放数据存储器的页号（每页 64 个地址），用于直接寻址。

④ 堆栈指针 SP（16 位），其生长方向为从低地址到高地址，复位值为 0400H。进行 32 位数读写，并约定偶地址访问（例：SP 为 0083H，32 位读从 0082H 开始）。

6）与浮点运算相关的寄存器。

① 浮点结果寄存器 8 个：R0H～R7H。

② 浮点状态寄存器 STF。

③ 重复块寄存器 RB。

F2833x 的 CPU 寄存器分布如图 1.6 所示。

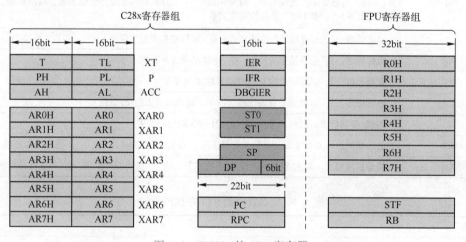

图 1.6　F2833x 的 CPU 寄存器

1.2　存储器配置

F2833x 具有 34 KW 的 SARAM 存储器、256 KW 的 FLASH 存储器、1 KW 的 OTP ROM 存储器和 8 KW 的 Boot ROM 存储器，配置如图 1.7 所示。存储空间分成两块：片外存储空间（3 个 XINTF 区）和片内存储空间（XINTF 以外区域）。对于片内空间，除外设帧 PF0、PF1、PF2 和 PF3 外，其余空间既可映射为数据空间，又可映射为程序空间。

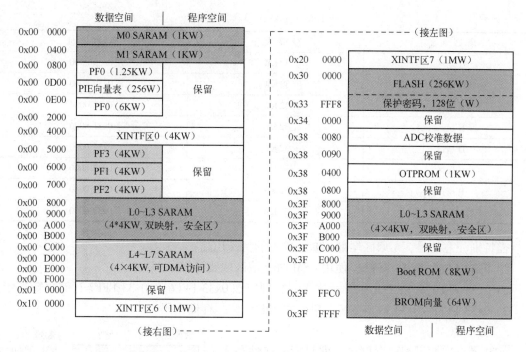

图 1.7　F2833x 的存储器配置图

1.2.1　片上存储单元

1. F2833x 的 SARAM 存储器

F2833x 在物理上提供了 34 KW 的 SARAM 存储器，分布在几个不同的存储区域。

（1）M0 和 M1

M0 和 M1 均为 1 KW。M0 地址为 0x00 0000~0x00 03FF，M1 地址为 0x00 0400~0x00 07FF。M0 和 M1 既可映射为数据空间，也可映射为程序空间。由于复位后 SP 的内容为 0x0400，因此 M1 默认作为堆栈。

（2）L0~L7

L0~L7 每块为 4 KW，它们既可映射为数据空间，也可映射为程序空间。其中 L0~L3 是双映射（与 F2812 兼容），既映射到 0x00 8000~0x00 BFFF，又映射到 0x3F 8000~0x3F BFFF。L0~L3 内容受 CSM（代码安全模块）保护；L4~L7 是单映射的，映射地址为 0x00 C000~0x00 FFFF，该区域可以 DMA 访问。

2. F2833x 的 FLASH 存储器

FLASH 存储器为 256 KW 且受 CSM 保护，程序烧写到 FLASH 就无须借助仿真器进行调试了，此外连同密码一同烧写，程序的知识产权就得到了保证。F2833x 片上地址为 0x30 0000~0x33 FFFF。FLASH 存储器通常映射为程序存储空间，但也可以映射为数据存储空间。FLASH 又分成了 8 个扇区，各扇区范围见表 1.3。

表 1.3　FLASH 扇区分配表

扇 区 名 称	存 储 大 小	起 始 地 址
H 扇区	32 KW	0x30 0000
G 扇区	32 KW	0x30 8000
F 扇区	32 KW	0x31 0000
E 扇区	32 KW	0x31 8000
D 扇区	32 KW	0x32 0000
C 扇区	32 KW	0x32 8000
B 扇区	32 KW	0x33 0000
A 扇区	32 KW	0x33 8000

需特别注意的是，A 扇区尾部 128 个单元的特殊用途：

1）0x33 FF80~0x33 FFF5，使用 CSM 时，该区域要清零。

2）0x33 FFF6 是 FLASH 引导程序入口，即应在 0x33 FFF6 和 0x33 FFF7 存储跳转指令。

3）0x33 FFF8~0x33 FFFF，8 个单元共 128 个位，存储密码。

3. OTP ROM 存储器

OTP 是一次性可编程存储区，即只能一次性写入，不能被擦除，所以已经写过的部分是不可以被擦除和改写的。F2833x 有两个 OTP 区，其中一个已被 TI 公司用做 ADC 校准数据区（存放 adc_cal( ) 函数），另一区域地址为 0x38 0400 ~ 0x38 07FF，开放给用户使用。OTP 写一次的对象是位，不是字节，不是字，也不是一个区，所以 OTP 可多次写入，但对于一个位或一个地址，只能写一次。

4. Boot ROM 存储器

Boot ROM 存储器共 8KW，分成如图 1.8 所示几个区域。

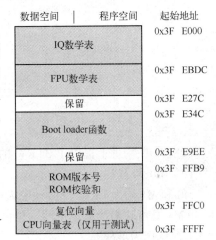

图 1.8　F2833x 的 BootROM 存储器的映像

5. F2833x 的外设帧

外设帧包含 PF0、PF1、PF2 和 PF3，均受 EALLOW 保护。除 CPU 寄存器之外的其他寄存器，如 CPU 定时器、中断向量、ePWM、eCAP 等均配置在这个区域。其中外设帧 PF3 只包含 MCBSPA 寄存器，可通过 DMA 访问。

1.2.2　片外存储单元（XINTF）的应用及注意事项

1. 片外存储单元概述

片外存储单元指的就是 XINTF，但 F28335 的 XINTF 扩展区减少到 3 个，分别为 Zone0、Zone6 和 Zone7。每一个 XINTF 区域可以独立配置特定的读、写访问时序，每个区域还有相应的区域片选信号，当片选信号拉低时，即可访问相应区域。XINTF 扩展引脚如图 1.9 所示。

所有的空间共享 20 位的外部地址总线，处理器根据被选通的 Zone 产生相应的地址，具体如下：

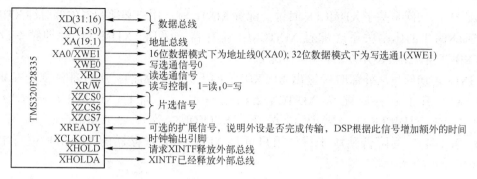

图 1.9 XINTF 扩展引脚

1）Zone0 分配的外部地址范围为 0x00000～0x00FFF。当 CPU 访问 Zone0 空间的第一个字时，地址总线产生 0x00000；当 CPU 访问 Zone0 空间的最后一个字时，地址总线产生 0x00FFF 地址。需要注意的是，访问 Zone0 空间时需要将 Zone0 的片选信号（XZCS0）拉低。

2）Zone6 和 Zone7 共享外部地址总线，地址范围为 0x00000～0xFFFFF，片选信号 XZCS6 为低决定 Zone6 被访问，片选信号 XZCS7 为低决定 Zone7 被访问。

在 C28x 流水线中，操作的读访问在写操作之前，因而程序是按照"先写后读"的顺序，但实际运行可能会出现为"先读后写"的情况。

为了防止顺序颠倒，外设寄存器所在的存储区域都设有相应的硬件保护。这些区域被称为"其后紧跟读访问的写操作流水线保护"。Zone0 是默认"其后紧跟读访问的写操作流水线保护"的区域。

对同一存储单元进行访问时，C28x 自动保护其后紧跟读的写操作。但当访问不同存储单元时，CPU 通过插入足够的 NOP 指令使得在进行读访问前完成写操作。

外设寄存器映射到 XINTF 区域时需要注意读写的执行顺序；当存储器映射到 XINTF 区域时，则不需要关心读写的执行顺序，因此区域 0 通常用来与外设器件相连，而不是存储器。

每个空间的访问等待、选择、建立及保持时间均可通过 XTIMINGx 寄存器进行配置。XINTF 模块用到两个时钟：XTIMCLK（内部时钟）和 XCLKOUT（外部时钟）。这两个时钟与 CPU 时钟 SYSCLKOUT 的关系如图 1.10 所示。

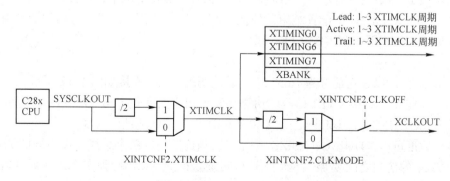

图 1.10　XINTF 的时钟框图

XINTF 的访问是基于 XTIMCLK 时钟。配置 XINTF 时，用户必须配置内部时钟 XTIMCLK 和 SYSCLKOUT 的比率关系（配置 XINTCNF2 寄存器），可将 XTIMCLK 时钟频率设置为 SYSCLKOUT或 SYSCLKOUT/2（默认情况）。

XINTF 的访问是从外部时钟输出 XCLKOUT 的上升沿开始的，所有事件都是在相应的 XTIMCLK 上升沿产生。配置 XINTCNF2.CLKMODE 位，可将 XCLKOUT 频率设置为 XTIMCLK 或 XTIMCLK/2（默认情况下，XCLKOUT 等于 XTIMCLK/2，或等效于 SYSCLKOUT/4）。为降低系统干扰，用户可将 XINTCNF2 寄存器的 CLKOFF 位写 1 关闭 XCLKOUT 的输出。

注意：在改变 XINTF 配置时，应保证没有访问 XINTF 区域，配置 XINTF 参数的代码也不能从 XINTF 区域执行。

此外，每个区域都可以使用 XREADY 信号扩展外部等待状态或不扩展。如图 1.11 所示为 XINTF 读写时序图。

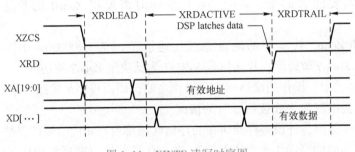

图 1.11　XINTF 读写时序图

XINTF 可直接访问外部存储器映射区域。XINTF 区域的读写时序可以分成三个阶段：前导 LEAD、有效 ACTIVE 和结束 TRAIL。每阶段等待状态的 XTIMCLK 周期数可在相应区域的 XTIMING 中配置，且读访问和写操作的时序配置是独立的。

在前导阶段，被访问区域的片选信号被拉低，访问的地址出现在地址总线上（XA），整个前导阶段的时间可以在 XTIMING 中配置（单位为 XTIMCLK 周期）。默认情况下，读、写访问的前导阶段时间均被设置成最大值，即 6 个 XTIMCLK 周期。

在有效阶段，即对外部设备的访问。对于读访问，读选通信号 XRD 被拉低；对于写操作，写选通信号 XWE0 被拉低。

结束阶段是一段保持时间。在此阶段，片选信号仍保持低电平，但读、写选通信号恢复为高电平，可在 XTIMING 中配置结束阶段的时间。默认情况下，读、写访问的结束阶段时间被设置成最大值，即 6 个 XTIMCLK 周期。

2. 总线宽度

每个 Zone 都可以独立配置为 16 或 32 位总线宽度，总线连接如图 1.12 所示。

根据不同配置，XA0/XWE1 信号的功能会发生相应的变化。当 XINTFzone 配置为 16 位操作模式时(XTIMINGx[XSIZE]=3)，XA0/XWE1 作为最低地址位 XA0。

总线的宽度可由 XTIMINGx[XSIZE]来定义，当连续访问两个总线宽度不同的 Zone 空间时，两个 Zone 的访问之间要加入延时，这个可通过配置 XBANK 来实现。例如，给定的区域配置如下：

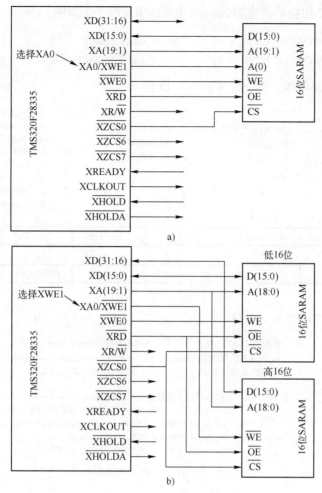

图 1.12 16 位/32 位数据总线宽度

a) 外扩 16 位数据 b) 外扩 32 位数据

1) 0 区配置为 16 位模式（XTIMING0[XSIZE]＝3）。

2) 6 区配置为 32 位模式（XTIMING6[XSIZE]＝1）。

3) 7 区配置为 32 位模式（XTIMING7[XSIZE]＝1）。

若需要连续访问 Zone0 和 Zone6 或者 Zone0 和 Zone7，那么要在 Zone0 访问过后加入至少一个空间切换延时来释放总线，如 XBANK＝0，XBANK[BCYC]＝1。

3. 常用寄存器

1) XBANK 寄存器，其位格式如图 1.13 所示。

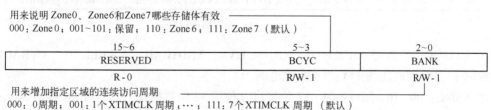

图 1.13 XBANK 寄存器的位格式

示例：从 Zone7 切换至其他的 Zone，并增加额外的 3 个周期。

XintfRegs. XBANK. bit. BANK = 7；	// Select Zone 7
XintfRegs. XBANK. bit. BCYC = 3；	// Add 3 XTIMCLK cycles

2）XINTCNF2 寄存器，其位格式如图 1.14 所示。

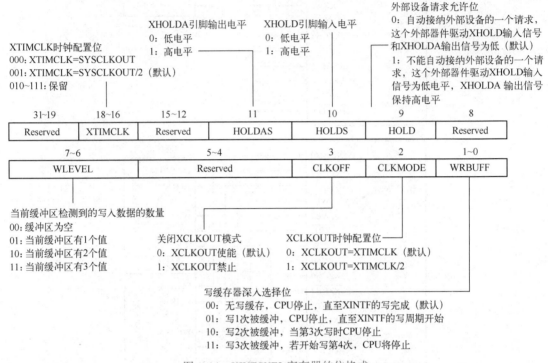

图 1.14　XINTCNF2 寄存器的位格式

示例：XCLKOUT 常用于检测时钟的调试阶段。

XintfRegs. XINTCNF2. bit. XTIMCLK = 0；	// XTIMCLK = SYSCLKOUT/1
XintfRegs. XINTCNF2. bit. CLKOFF = 0；	// XCLKOUT enabled
XintfRegs. XINTCNF2. bit. CLKMODE = 0；	// XCLKOUT = XTIMCLK/1

3）XTIMING0 寄存器，位格式如图 1.15 所示。

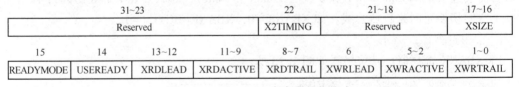

图 1.15　XTIMING0 寄存器的位格式

① X2TIMING：指定 XRDLEAD、XRDACTIVE、XRDTRAIL、XWRLEAD、XWRACTIVE 的缩放因子。0=缩放比例 1:1；1=缩放比例 2:1。

② XSIZE：00~10=保留；01=32 位接口（使用 32 位数据线）；11=16 位接口。

③ READYMODE：0=XREADY 输入为同步方式，1= XREADY 输入为异步方式。

④ USEREADY：0＝Zone 访问时，XREADY 信号被忽略；1＝XREADY 被用于扩展 Zone。

⑤ XRDLEAD／XERLEAD：使用 XTIMCLK 来定义读/写数据时 LEAD 等待状态周期，见表 1.4。

表 1.4　XTIMCLK 定义的读/写数据时 LEAD 等待状态周期

XRDLEAD/XERLEAD	X2TIMING	LEAD 等待状态周期
00	X	无效
01	0	1 个 XTIMING 周期
	1	2 个 XTIMING 周期
10	0	2 个 XTIMING 周期
	1	4 个 XTIMING 周期
11	0	3 个 XTIMING 周期
	1	6 个 XTIMING 周期（默认）

⑥ XRDACTIVE／XWRACTIVE：用 XTIMCLK 来定义读/写数据时 ACTIVE 等待状态周期，见表 1.5。

表 1.5　XTIMCLK 定义的读/写数据时 ACTIVE 等待状态周期

XRDACTIVE/XWRACTIVE	X2TIMING	XRDACTIVE 等待状态周期
000	0	0
001	0	1 个 XTIMING 周期
	1	2 个 XTIMING 周期
010	0	2 个 XTIMING 周期
	1	4 个 XTIMING 周期
011	0	3 个 XTIMING 周期
	1	6 个 XTIMING 周期
100	0	4 个 XTIMING 周期
	1	8 个 XTIMING 周期
101	0	5 个 XTIMING 周期
	1	10 个 XTIMING 周期
110	0	6 个 XTIMING 周期
	1	12 个 XTIMING 周期
111	0	7 个 XTIMING 周期
	1	14 个 XTIMING 周期（默认）

⑦ XRDTRAIL／XWRTRAIL：使用 XTIMCLK 来定义读/写数据时 TRAIL 等待状态周期，见表 1.6。

表 1.6　XTIMCLK 定义的读/写数据时 TRAIL 等待状态周期

XRDTRAIL/XWRTRAIL	X2TIMING	TRAIL 等待状态周期
00	X	无效
01	0	1 个 XTIMING 周期
	1	2 个 XTIMING 周期
10	0	2 个 XTIMING 周期
	1	4 个 XTIMING 周期
11	0	3 个 XTIMING 周期
	1	6 个 XTIMING 周期（默认）

示例：Zone0 的读写时钟配置。

```
XintfRegs. XTIMING0. bit. X2TIMING = 0;        // Timing scale factor = 1
XintfRegs. XTIMING0. bit. XSIZE = 3;           // 16-bit interface
XintfRegs. XTIMING0. bit. USEREADY = 0;        // Not using HW wait-states
XintfRegs. XTIMING0. bit. XRDLEAD = 1;
XintfRegs. XTIMING0. bit. XRDACTIVE = 2;
XintfRegs. XTIMING0. bit. XRDTRAIL = 0;
XintfRegs. XTIMING0. bit. XWRLEAD = 1;
XintfRegs. XTIMING0. bit. XWRACTIVE = 1;
XintfRegs. XTIMING0. bit. XWRTRAIL = 1;
```

4. 示例分析

配置 CPU 定时器 0 并使能定时器 0 中断。中断服务程序拷贝至外部存储 Zone7 的 SARAM 中运行（16 位数据总线）。参考代码如下：

```
void main( void)
{
    InitSysCtrl( );
    DINT;
    InitPieCtrl( );
    // 禁止 CPU 中断和清除所有 CPU 中断标志
    IER = 0x0000;
    IFR = 0x0000;
    InitPieVectTable( );                       // 初始化中断向量表
    EALLOW;
    PieVectTable. TINT0 = &cpu_timer0_isr;
    EDIS;
    InitCpuTimers( );
    // SYSLKOUT = 150 MHz, CPU 定时器周期为 1 s
    ConfigCpuTimer( &CpuTimer0, 150, 1000000);
    CpuTimer0Regs. TCR. all = 0x4001;          // 将 TSS 位设置为 0, 启动定时器
    Init_zone7( );                             // 初始化 XINTF 区域 7
```

二维码 1.1

```
        // 将中断服务程序 cpu_timer0_isr( )复制到外部 RAM 中运行
        MemCopy(&XintfLoadStart, &XintfLoadEnd, &XintfRunStart);
        IER │= M_INT1;                              // 使能 CPU 级中断 1
        PieCtrlRegs. PIEIER1. bit. INTx7 = 1;       // PIE 1 组的第 7 个中断
        EINT;                                       // 使能全局中断 INTM
        while(1);
}
// 将中断服务程序 cpu_timer0_isr( )复制到外部 RAM 中运行
#pragma CODE_SECTION( cpu_timer0_isr,"xintffuncs" );
interrupt void cpu_timer0_isr(void)
{
        CpuTimer0. InterruptCount++;
        // 对本 PIE 组的应答寄存器清零以接收该组的其他中断;
        PieCtrlRegs. PIEACK. all = PIEACK_GROUP1;
}
// Zone7 实时参数配置,该函数不能在外部存储器中执行
void Init_zone7( void)
{
        SysCtrlRegs. PCLKCR3. bit. XINTFENCLK = 1;   // 使能外部存储器时钟
        Xintf16Gpio( );                              // 将 GPIO 配置为外部存储器 16 位数据总线
        // XTIMCLK 设置为 SYSCLKOUT
        XintfRegs. XINTCNF2. bit. XTIMCLK = 0;
        XintfRegs. XINTCNF2. bit. WRBUFF = 3;        // 3 个写缓冲
        XintfRegs. XINTCNF2. bit. CLKOFF = 0;        // XCLKOUT 被使能
        XintfRegs. XINTCNF2. bit. CLKMODE = 0;       // XCLKOUT = XTIMCLK
        // 写 LEAD 等待状态周期 = 1XTIMCLK
        XintfRegs. XTIMING7. bit. XWRLEAD = 1;
        // 写 ACTIVE 等待周期 = 2XTIMCLK
        XintfRegs. XTIMING7. bit. XWRACTIVE = 2;
        // 写 TRAIL 等待周期 = 1XTIMCLK
        XintfRegs. XTIMING7. bit. XWRTRAIL = 1;
        // 读 LEAD 等待状态周期 = 1XTIMCLK
        XintfRegs. XTIMING7. bit. XRDLEAD = 1;
        // 读 ACTIVE 等待周期 = 3XTIMCLK
        XintfRegs. XTIMING7. bit. XRDACTIVE = 3;
        // 读 TRAIL 等待周期 = 0XTIMCLK
        XintfRegs. XTIMING7. bit. XRDTRAIL = 0;
        XintfRegs. XTIMING7. bit. X2TIMING = 0;
        // 不采样 XREADY 信号
        XintfRegs. XTIMING7. bit. USEREADY = 0;
        XintfRegs. XTIMING7. bit. READYMODE = 0;
        XintfRegs. XTIMING7. bit. XSIZE = 3;
        asm(" RPT #7 ‖ NOP");
```

```c
        }

    void Xintf16Gpio( )
        {
        EALLOW;
        GpioCtrlRegs. GPCMUX1. bit. GPIO64 = 3;        // XD15
        GpioCtrlRegs. GPCMUX1. bit. GPIO65 = 3;        // XD14
        GpioCtrlRegs. GPCMUX1. bit. GPIO66 = 3;        // XD13
        GpioCtrlRegs. GPCMUX1. bit. GPIO67 = 3;        // XD12
        GpioCtrlRegs. GPCMUX1. bit. GPIO68 = 3;        // XD11
        GpioCtrlRegs. GPCMUX1. bit. GPIO69 = 3;        // XD10
        GpioCtrlRegs. GPCMUX1. bit. GPIO70 = 3;        // XD19
        GpioCtrlRegs. GPCMUX1. bit. GPIO71 = 3;        // XD8
        GpioCtrlRegs. GPCMUX1. bit. GPIO72 = 3;        // XD7
        GpioCtrlRegs. GPCMUX1. bit. GPIO73 = 3;        // XD6
        GpioCtrlRegs. GPCMUX1. bit. GPIO74 = 3;        // XD5
        GpioCtrlRegs. GPCMUX1. bit. GPIO75 = 3;        // XD4
        GpioCtrlRegs. GPCMUX1. bit. GPIO76 = 3;        // XD3
        GpioCtrlRegs. GPCMUX1. bit. GPIO77 = 3;        // XD2
        GpioCtrlRegs. GPCMUX1. bit. GPIO78 = 3;        // XD1
        GpioCtrlRegs. GPCMUX1. bit. GPIO79 = 3;        // XD0

        GpioCtrlRegs. GPBMUX1. bit. GPIO40 = 3;        // XA0/XWE1n
        GpioCtrlRegs. GPBMUX1. bit. GPIO41 = 3;        // XA1
        GpioCtrlRegs. GPBMUX1. bit. GPIO42 = 3;        // XA2
        GpioCtrlRegs. GPBMUX1. bit. GPIO43 = 3;        // XA3
        GpioCtrlRegs. GPBMUX1. bit. GPIO44 = 3;        // XA4
        GpioCtrlRegs. GPBMUX1. bit. GPIO45 = 3;        // XA5
        GpioCtrlRegs. GPBMUX1. bit. GPIO46 = 3;        // XA6
        GpioCtrlRegs. GPBMUX1. bit. GPIO47 = 3;        // XA7

        GpioCtrlRegs. GPCMUX2. bit. GPIO80 = 3;        // XA8
        GpioCtrlRegs. GPCMUX2. bit. GPIO81 = 3;        // XA9
        GpioCtrlRegs. GPCMUX2. bit. GPIO82 = 3;        // XA10
        GpioCtrlRegs. GPCMUX2. bit. GPIO83 = 3;        // XA11
        GpioCtrlRegs. GPCMUX2. bit. GPIO84 = 3;        // XA12
        GpioCtrlRegs. GPCMUX2. bit. GPIO85 = 3;        // XA13
        GpioCtrlRegs. GPCMUX2. bit. GPIO86 = 3;        // XA14
        GpioCtrlRegs. GPCMUX2. bit. GPIO87 = 3;        // XA15
        GpioCtrlRegs. GPBMUX1. bit. GPIO39 = 3;        // XA16
        GpioCtrlRegs. GPAMUX2. bit. GPIO31 = 3;        // XA17
        GpioCtrlRegs. GPAMUX2. bit. GPIO30 = 3;        // XA18
        GpioCtrlRegs. GPAMUX2. bit. GPIO29 = 3;        // XA19
```

```
        GpioCtrlRegs. GPBMUX1. bit. GPIO34 = 3;        // XREADY
        GpioCtrlRegs. GPBMUX1. bit. GPIO35 = 3;        // XRNW
        GpioCtrlRegs. GPBMUX1. bit. GPIO38 = 3;        // XWE0
        GpioCtrlRegs. GPBMUX1. bit. GPIO36 = 3;        // XZCS0
        GpioCtrlRegs. GPBMUX1. bit. GPIO37 = 3;        // XZCS7
        GpioCtrlRegs. GPAMUX2. bit. GPIO28 = 3;        // XZCS6
        EDIS;
}
// XINTF 对应的参考 CMD 文件
MEMORY
{
    PAGE 0 :
        /* Boot to M0 */
        BEGIN          : origin = 0x000000, length = 0x000002
        /* BOOT ROM will use this for stack */
        BOOT_RSVD      : origin = 0x000002, length = 0x00004E
        RAMM0          : origin = 0x000050, length = 0x0003B0
        RAML0          : origin = 0x008000, length = 0x001000
        RAML123        : origin = 0x009000, length = 0x003000
        /* XINTF zone7 - program space */
        ZONE7PRGM      : origin = 0x200000, length = 0x00FC00
        /* Part of FLASHA. */
        CSM_RSVD       : origin = 0x33FF80, length = 0x000076
        /* CSM password */
        CSM_PWL        : origin = 0x33FFF8, length = 0x000008
        ADC_CAL        : origin = 0x380080, length = 0x000009
        RESET          : origin = 0x3FFFC0, length = 0x000002
        IQTABLES       : origin = 0x3FE000, length = 0x000b50
        IQTABLES2      : origin = 0x3FEB50, length = 0x00008c
        FPUTABLES      : origin = 0x3FEBDC, length = 0x0006A0
        BOOTROM        : origin = 0x3FF27C, length = 0x000D44
    PAGE 1 :
        /* On-Chip RAM block M1 */
        RAMM1          : origin = 0x000400, length = 0x000400
        RAML4567       : origin = 0x00C000, length = 0x004000
        /* XINTF Zone7 - data space */
        ZONE7DATA      : origin = 0x20FC00, length = 0x000400
}
SECTIONS
{
    /* Setup for "boot to SARAM" mode */
    codestart          : > BEGIN,      PAGE = 0
    ramfuncs           : > RAML123,    PAGE = 0
```

```
. text                  : > RAML123,    PAGE = 0
. cinit                 : > RAML123,    PAGE = 0
. pinit                 : > RAML123,    PAGE = 0
. switch                : > RAML123,    PAGE = 0
xintffuncs              : LOAD = RAML0,
                        RUN = ZONE7PRGM,
                        LOAD_START( _XintfLoadStart) ,
                        LOAD_END( _XintfLoadEnd) ,
                        RUN_START( _XintfRunStart) ,
                        PAGE = 0

. stack                 : > RAMM123,    PAGE = 1
. ebss                  : > RAML4567,   PAGE = 1
. econst                : > RAML4567,   PAGE = 1
IQmath                  : > RAML123,    PAGE = 0
IQmathTables            : > IQTABLES,   PAGE = 0, TYPE = NOLOAD
IQmathTables2           : > IQTABLES2, PAGE = 0, TYPE = NOLOAD
FPUmathTables           : > FPUTABLES, PAGE = 0, TYPE = NOLOAD

DMARAML4567             : > RAML4567,   PAGE = 1
ZONE7D                  : > ZONE7DATA, PAGE = 1
. reset                 : > RESET,      PAGE = 0, TYPE = DSECT
csm_rsvd                : > CSM_RSVD    PAGE = 0, TYPE = DSECT
csmpasswds              : > CSM_PWL     PAGE = 0, TYPE = DSECT
. adc_cal               : load = ADC_CAL,    PAGE = 0, TYPE = NOLOAD
}
```

1.3 DMA 控制器

1.3.1 DMA 的数据传输

1. 数据交换方式

DMA 控制器产生之前，CPU 经常花费大量的带宽来移动所要处理的数据，不仅从片外存储器到片内存储器，还包括从一个外设到另一个外设。DMA 控制器允许在不经 CPU 的干预下进行数据的交互，尽管无法准确衡量系统运算速度，但的确极大提升了数据的吞吐率。一个完整的 DMA 传输过程具有 4 个步骤。

1) DMA 请求：外设接口提出 DMA 请求。

2) DMA 响应：DMA 控制器对 DMA 请求进行优先级判别并提出总线请求。CPU 执行完当前周期后释放总线控制权。此时，总线应答表示 DMA 已响应，由 DMA 控制器通知外设接口开始 DMA 传输。

3) DMA 传输：DMA 控制器获得总线控制权后，DMA 控制器开始在存储器和外设之间直接进行数据传送（需要提供要传输数据的起始位置和数据长度）。这个传送过程不需要CPU 的参与。

4）DMA 结束：数据批量传送完成后，DMA 控制器立即释放总线控制权，并向外设接口发出结束信号。之后向 CPU 提出中断请求，CPU 开始检查本次 DMA 传输的数据。最后CPU 带着本次操作的结果及状态继续执行原来的程序。

2. F28335 中 DMA 特点

DMA 控制器以事件触发为基础，需要外设中断才能触发 DMA 数据的传输。6 个 DMA通道具有 6 个独立的外设中断。DMA 的触发源、数据源和数据传输目的如图 1.16 所示。

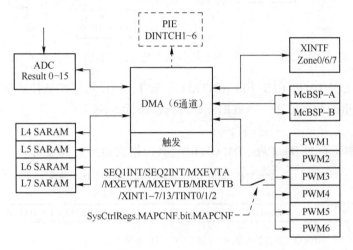

图 1.16　DMA 内部结构

其中，外设中断触发源有 ADC 模块排序器 1 和 ADC 模块排序器 2、多通道缓冲串口 A和 B（McBSP-A、McBSP-B）的发送和接收、XINT1～7 和 XINT13、CPU 定时器、ePWM1～6 的 ADSOCA 和 ADSOCB 信号以及软件强制触发。

数据源/目的地有 L4～L7 16KB SARAM、所有 XINT 区域、ADC 结果存储器 ADCRE-SULTn、McBSP-A 和 McBSP-B 发送和接收缓冲器、ePWM1～6/HRPWM1～6 的映射寄存器。

1.3.2　F2833x 的 DMA 中断事件及寄存器配置

1. 外设中断事件触发源

图 1.17 为外设中断触发源选择结构图。

MODE. CHx[PERINTSEL]来选择每个 DMA 通道(x=1～6)的中断触发源，一个有效的中断触发事件锁存在 CONTROL. CHx [PERINTELG]中。若使能了相应的模块中断和 DMA 通道中断(MODE. CHx[PERINTE]和 CONTROL. CHx[RUNSTS])，DMA 通道将会响应中断事件。一旦接收到外设中断信号，DMA 会自动向中断源发送清零信号，以保证后续中断事件的发生。

无论 MODE. CHx[PERINTSEL]的值是多少，软件均可通过 CONTROL. CHx[PERINTFRC]给该通道一个强制触发事件。同样，也可通过 CONTROL. CHx[PERINTCLR]清除一个悬挂的 DMA 触发源。

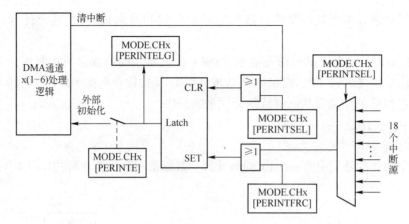

图 1.17　外设中断触发源选择结构图

一旦通道的 CONTROL. CHx ［PERINTELG］ 置 1，该位将保持悬挂状态直到状态机的优先逻辑启动该通道的数据传送，当数据开始传送后该标志位清零。

2. F28335 中常用 DMA 配置函数

1）DMA 控制寄存器 DmaRegs. DMACTRL，其位格式如图 1.18 所示。

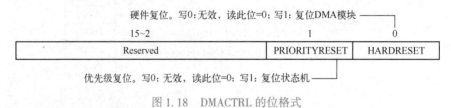

图 1.18　DMACTRL 的位格式

2）DMA 优先级控制寄存器 DmaRegs. PRIORITYCTRL1，其位格式如图 1.19 所示。

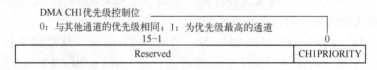

图 1.19　PRIORITYCTRL1 的位格式

3）通道模式选择寄存器 DmaRegs. CHx. MODE，其位格式如图 1.20 所示。

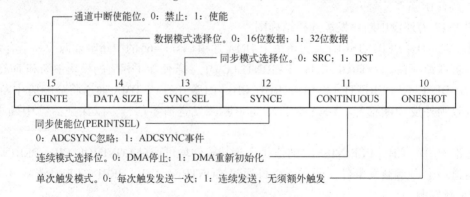

图 1.20　CHx. MODE 的位格式

数值	中断	同步	外设
0	—	—	—
1	SEQ1INT	同步	ADC
2	SEQ2INT	—	ADC
3	XINT1	—	Ext.lnt.
4	XINT2	—	Ext.lnt.
5	XINT3	—	Ext.lnt.
6	XINT4	—	Ext.lnt.
7	XINT5	—	Ext.lnt.
8	XINT6	—	Ext.lnt.

数值	中断	同步	外设
9	XINT7	—	Ext.Int
10	XINT13	—	Ext.Int
11	TINT0	—	CPU TIME0
12	TINT1	—	CPU TIME1
13	TINT2	—	CPU TIME2
14	MXEVTA	—	McBSP-A
15	MREVTB	—	McBSP-A
16	MXEVTA	—	McBSP-B
17	MREVTB	—	McBSP-B

图 1.20　CHx. MODE 的位格式（续）

4）通道控制寄存器 DmaRegs. CHx. CONTROL，其位格式如图 1.21 所示。

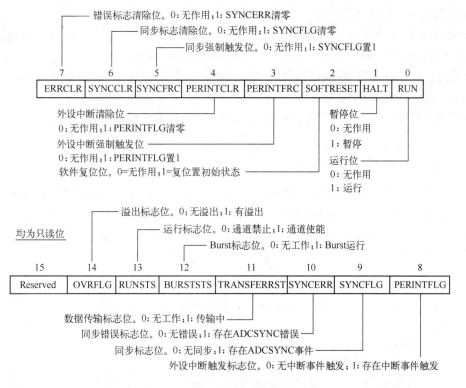

图 1.21　CHx. CONTROL 的位格式

1.3.3 F2833x 的 DMA 示例

1. F28335 中 DMA 操作

(1) DMA 的 3 种工作模式

1) Burst 模式。

```
//TI 官网程序(以 Channel1 为例)
void DMACH1BurstConfig(Uint16 bsize, int16 srcbstep, int16 desbstep)
{
    EALLOW;
    // 传输数据大小
    DmaRegs. CH1. BURST_SIZE. all = bsize;
    // 下一次所要发送数据的首地址
    DmaRegs. CH1. SRC_BURST_STEP = srcbstep;
    // 下一次所要接收数据的首地址
    DmaRegs. CH1. DST_BURST_STEP = desbstep;
    EDIS;
}
```

由 ADC 中断标志触发, 每次 ADC 转换后启动该传输模式, 源地址和目的地址的迁移通过计数方式实现。操作步骤如下。

步骤 1: 配置源地址的首地址, 即 DmaRegs. CH1. SRC_BEG_ADDR_SHADOW = (Uint32)DMA_Source(DMASource = &AdcMirror. ADCRESULT0)。

步骤 2: 配置每次数据传输的总数, 即 DmaRegs. CH1. BURST_SIZE. all = bsize, 如 bsize =9, 表示 Burst 传输 10 个数据。

步骤 3: 配置下一次要发送数据的首地址和接收数据的首地址, 即

```
DmaRegs. CH1. SRC_BURST_STEP = srcbstep;
DmaRegs. CH1. DST_BURST_STEP = desbstep;
```

每传输 1 个数据, 源地址和目标地址的偏移量加 1(DmaRegs. CH1. SRC_BURST_STEP + 1, DmaRegs. CH1. DST_BURST_STEP+1), 并将传输的数据总数减 1(DmaRegs. CH1. BURST_ SIZE. all-1), 当 DmaRegs. CH1. BURST_SIZE. all=0 时, 表示本次 Burst 传输完成。

2) Transfer 模式。

```
//TI 官网程序(以 Channel1 为例)
void DMACH1TransferConfig(Uint16 tsize, int16 srctstep, int16 deststep)
{
    EALLOW;
    DmaRegs. CH1. TRANSFER_SIZE = tsize;
    DmaRegs. CH1. SRC_TRANSFER_STEP = srctstep;
    DmaRegs. CH1. DST_TRANSFER_STEP = deststep;
    EDIS;
}
```

该模式有两个功能：确定经过多少次 Transfer 传输后执行 DMA 中断；确定下次 Burst 传输的源地址和目标首地址。

Transfer 传输由三个寄存器管理：

DmaRegs. CH1. TRANSFER_SIZE = tsize——经过多少次 Burst 传输后执行一次 DMA 中断，如 tsize = 9，表示 10 次 Burst 传输，DMA 中断一次。

DmaRegs. CH1. SRC_TRANSFER_STEP = srctstep——Burst 传输的源地址增量。

DmaRegs. CH1. DST_TRANSFER_STEP = deststep——Burst 传输目标地址增量。

3）Wrap 模式。

Wrap 模式可实现数据的循环传输，TI 官网程序为

```
void DMACH1WrapConfig( Uint16 srcwsize, int16 srcwstep, Uint16 deswsize, int16 deswstep)
{
    EALLOW;
    DmaRegs. CH1. SRC_WRAP_SIZE = srcwsize;
    DmaRegs. CH1. SRC_WRAP_STEP = srcwstep;
    DmaRegs. CH1. DST_WRAP_SIZE = deswsize;
    DmaRegs. CH1. DST_WRAP_STEP = deswstep;
    EDIS;
}
```

相关寄存器配置及解释如下：

DmaRegs. CH1. SRC_WRAP_SIZE = srcwsize——Burst 传输 srcwsize+1 次后，下次 Burst 传输的源首地址为 DmaRegs. CH1. SRC_ADDR_SHADOW（本轮 Wrap 传输的源首地址）+ DmaRegs. CH1. SRC_WRAP_STEP（Wrap 传输的源地址偏移量）。

DmaRegs. CH1. DST_WRAP_SIZE = deswsize——Burst 传输 deswsize+1 次后，下次 Burst 传输的目标首地址为 DmaRegs. CH1. DST_ADDR_SHADOW（本轮 Wrap 传输的目标首地址）+ DmaRegs. CH1. DST_WRAP_STEP（Wrap 传输的目标地址偏移量）。

[注1]：若屏蔽 Wrap 传输，需将 DmaRegs. CH1. SRC_WRAP_SIZE 和 DmaRegs. CH1. DST_WRAP_SIZE 的设定值大于 DmaRegs. CH1. TRANSFER_SIZE 的设定值。

[注2]：Wrap 传输时，只要 Burst 传输的次数达到 DmaRegs. CH1. TRANSFER_SIZE，在 DMA 中断开启的情况下，DMA 依旧会进入中断。

[注3]：非连续模式下，若想在某段地址内采用覆盖式存储，需对源和目标首地址重新赋值，并重新令 DmaRegs. CH1. CONTROL. bit. RUN = 1。

[注4]：连续模式下，若想在某段地址内采用覆盖式存储，只需对源和目标首地址重新赋值。

（2）TI 例程（DSP2833x_DMA. c）提供的其他常用函数及含义

1）void DMACHxAddrConfig(volatile Uint16 * DMA_Dest, volatile Uint16 * DMA_Source)

参数解析：配置 DMA 数据目的地址和源地址。

2）void DMACHxModeConfig(Uint16 persel, Uint16 perinte, Uint16 oneshot, Uint16 cont, Uint16 synce, Uint16 syncsel, Uint16 ovrinte, Uint16 datasize, Uint16 chintmode, Uint16 chinte)

参数解析：配置要选择的触发源、触发源使能、ONESHOT 使能、连续模式使能、外设同步使能、同步对象选择（源同步还是目标同步）、溢出中断使能、工作方式选择（16 位还是 32 位）、产生中断模式选择（开始还是结束）、产生中断使能。

2. DMA 示例分析

1）本例中，将 1024 字节的数据从 L5 SARAM 复制到 L4 SARAM（按照 32 位数据格式），数据传输由定时器 0 触发。数据传输结束后代码进入 DINTCH1_ISR 子程序。参考代码如下：

二维码 1.2

```
#define    BUF_SIZE            1024      // 缓冲区大小
#define    DMA_TINT0           0x0B
#define    PERINT_ENABLE       0x01
#define    ONESHOT_ENABLE      0x01
#define    CONT_DISABLE        0x00
#define    SYNC_DISABLE        0x00
#define    SYNC_SRC            0x00
#define    OVRFLOW_DISABLE     0x00
#define    THIRTYTWO_BIT       0x01
#define    CHINT_END           0x01
#define    CHINT_ENABLE        0x01

#pragma DATA_SECTION(DMABuf1,"DMARAML4");
#pragma DATA_SECTION(DMABuf2,"DMARAML5");
volatile Uint16 DMABuf1[1024];
volatile Uint16 DMABuf2[1024];
volatile Uint16 * DMADest;
volatile Uint16 * DMASource;

void main(void)
{
    InitSysCtrl();
    DINT;
    InitPieCtrl();
    IER = 0x0000;
    IFR = 0x0000;
    InitPieVectTable();

    EALLOW;
    PieVectTable.DINTCH1 = &DINTCH1_ISR;
    EDIS;
    IER = M_INT7;                         // 使能 PIE7.1 中断

    CpuTimer0Regs.TCR.bit.TSS = 1;        // 停止 Timer0 计数器
    // DMA 初始化
```

```
        EALLOW;
        DmaRegs. DMACTRL. bit. HARDRESET = 1;        // 执行 DMA 的硬件复位
        DmaRegs. DEBUGCTRL. bit. FREE = 1;           // 仿真挂起时,允许 DMA 运行
        EDIS;

        for (i=0; i<BUF_SIZE; i++)
        {
            DMABuf1[i] = 0;
            DMABuf2[i] = i;
        }
        // 配置 DMA 通道
        DMADest   = &DMABuf1[0];
        DMASource = &DMABuf2[0];
        DMACH1AddrConfig(DMADest,DMASource);
        // 使用 32 位数据大小(指针为 16 位),因此指针增加的步长为 2
        DMACH1BurstConfig(31,2,2);
        DMACH1TransferConfig(31,2,2);
        DMACH1WrapConfig(0xFFFF,0,0xFFFF,0);
        DMACH1ModeConfig(DMA_TINT0,PERINT_ENABLE,ONESHOT_ENABLE,CONT_DISABLE,SYNC_
DISABLE,SYNC_SRC,OVRFLOW_DISABLE,THIRTYTWO_BIT,CHINT_END,CHINT_ENABLE);

        // 启动 DMA 通道 1
        EALLOW;
        DmaRegs. CH1. CONTROL. bit. RUN = 1;
        EDIS;
        // Timer0 初始化
        CpuTimer0Regs. TIM. half. LSW = 128;
        CpuTimer0Regs. TCR. bit. FREE = 1;
        CpuTimer0Regs. TCR. bit. TIE = 1;            // 使能 Timer0 中断
        CpuTimer0Regs. TCR. bit. TSS = 0;            // 重启 Timer0
        while(1){}
}

// INT7.1
interrupt void local_DINTCH1_ISR(void)               // DMA 通道 1
{
    PieCtrlRegs. PIEACK. all = PIEACK_GROUP7;
}
```

其中 DMA 模式配置函数为

```
void DMACH1ModeConfig(Uint16 persel, Uint16 perinte, Uint16 oneshot, Uint16 cont, Uint16 synce,
Uint16 syncsel, Uint16 ovrinte, Uint16 size, Uint16 chintmode, Uint16 chinte)
{
```

```
EALLOW;
// 通过 DMA 通道作为外设中断源
DmaRegs. CH1. MODE. bit. PERINTSEL = persel;
DmaRegs. CH1. MODE. bit. PERINTE = perinte;            // 外设中断使能位
DmaRegs. CH1. MODE. bit. ONESHOT = oneshot;            // 单次触发模式使能位
DmaRegs. CH1. MODE. bit. CONTINUOUS = cont;            // 连续模式使能位
DmaRegs. CH1. MODE. bit. SYNCE = synce;                // 外设同步使能/禁止位
DmaRegs. CH1. MODE. bit. SYNCSEL = syncsel;
DmaRegs. CH1. MODE. bit. OVRINTE = ovrinte;            // 溢出中断使能/禁止位
DmaRegs. CH1. MODE. bit. DATASIZE = size;              // 16/32 位数据传输选择
// 中断生成模式选择位（传输开始或结束）
DmaRegs. CH1. MODE. bit. CHINTMODE = chintmode;
DmaRegs. CH1. MODE. bit. CHINTE = chinte;              // 通道中断使能

DmaRegs. CH1. CONTROL. bit. PERINTCLR = 1;             // 中断标志清除位
DmaRegs. CH1. CONTROL. bit. SYNCCLR = 1;               // 同步标志清除位
DmaRegs. CH1. CONTROL. bit. ERRCLR = 1;                // 同步错误标志清除位
PieCtrlRegs. PIEIER7. bit. INTx1 = 1;                  // 使能 PIE7 组的第 1 个中断
EDIS;
}
```

L4 SARAM 与 L5 SARAM 存储区空间划分在 CMD 文件中定义：

```
MEMORY
{
    PAGE 0：
        … …
    PAGE1：
        … …
        RAMM1：origin = 0x000400，length = 0x000400
        RAML4：origin = 0x00C000，length = 0x001000
        RAML5：origin = 0x00D000，length = 0x001000
        RAML6：origin = 0x00E000，length = 0x001000
        RAML7：origin = 0x00F000，length = 0x001000
        ZONE7B：origin = 0x20FC00，length = 0x000400
}
SECTIONS
{
    … …
    DMARAML4   : > RAML4,        PAGE = 1
    DMARAML5   : > RAML5,        PAGE = 1
}
```

2）本例中，将存放在外部 SARAM 区域 7（DMABuf2）中的 1024 个字节数据复制到 L4 SARAM（DMABuf1）中，由定时器 0 触发数据的传输。数据传递结束后代码进入 local_DINTCH1_ISR 子程序，参考代码如下：

```
#define        BUF_SIZE              1024      // 缓冲区大小
#define        DMA_TINT0             0x0B
#define        PERINT_ENABLE         0x01
#define        ONESHOT_ENABLE        0x01
#define        CONT_DISABLE          0x00
#define        SYNC_DISABLE          0x00
#define        SYNC_SRC              0x00
#define        OVRFLOW_DISABLE       0x00
#define        THIRTYTWO_BIT         0x01
#define        CHINT_END             0x01
#define        CHINT_ENABLE          0x01
#define BUF_SIZE       1024
#pragma DATA_SECTION(DMABuf1,"DMARAML4");
#pragma DATA_SECTION(DMABuf2,"ZONE7DATA");
volatile Uint16 DMABuf1[BUF_SIZE];
volatile Uint16 DMABuf2[BUF_SIZE];
volatile Uint16 * DMADest;
volatile Uint16 * DMASource;
void main(void)
{
    Uint16 i;
    InitSysCtrl();
    DINT;
    InitPieCtrl();
    IER = 0x0000;
    IFR = 0x0000;
    InitPieVectTable();

    EALLOW;
    PieVectTable. DINTCH1 = &local_DINTCH1_ISR;
    EDIS;

    IER = M_INT7 ;                        // 使能 INT7（7.1 DMA Ch1）
    EnableInterrupts();
    CpuTimer0Regs. TCR. bit. TSS = 1;     // 停止定时器 0
    // DMA 初始化
    EALLOW;
    DmaRegs. DMACTRL. bit. HARDRESET = 1;    // 执行 DMA 的硬件复位
    DmaRegs. DEBUGCTRL. bit. FREE = 1;       // 仿真挂起时，允许 DMA 运行
    EDIS;
```

```c
    init_zone7();
    for (i=0; i<BUF_SIZE; i++)
    {
        DMABuf1[i] = 0;
        DMABuf2[i] = i;
    }

    // 配置 DMA 通道
    DMADest = &DMABuf1[0];
    DMASource = &DMABuf2[0];
    DMACH1AddrConfig(DMADest, DMASource);
    // 使用 32 位数据大小(指针为 16 位),因此地址每次增加的步长为 2
    DMACH1BurstConfig(31, 2, 2);
    DMACH1TransferConfig(31, 2, 2);

    DMACH1WrapConfig(0xFFFF, 0, 0xFFFF, 0);
    DMACH1ModeConfig(DMA_TINT0, PERINT_ENABLE, ONESHOT_ENABLE, CONT_DISABLE,
SYNC_DISABLE, SYNC_SRC, OVRFLOW_DISABLE, THIRTYTWO_BIT, CHINT_END, CHINT_ENA-
BLE);

    // 启动 DMA 通道 1
    EALLOW;
    DmaRegs.CH1.CONTROL.bit.RUN = 1;
    EDIS;

    //Init the timer 0
    CpuTimer0Regs.TIM.half.LSW = 512;
    CpuTimer0Regs.TCR.bit.SOFT = 1;
    CpuTimer0Regs.TCR.bit.FREE = 1;
    CpuTimer0Regs.TCR.bit.TIE  = 1;        // 使能定时器 0 中断
    CpuTimer0Regs.TCR.bit.TSS  = 0;        // 启动定时器 0
    for(;;);
}

// INT7.1
__interrupt void local_DINTCH1_ISR(void)        // DMA 通道 1
{
    PieCtrlRegs.PIEACK.all = PIEACK_GROUP7;
    for(;;);
}

// Configure the timing parameters for Zone 7. 配置 Zone 7 的时间参数
void init_zone7(void)
```

```
    {
    SysCtrlRegs. PCLKCR3. bit. XINTFENCLK = 1;
    InitXintf16Gpio( );
    EALLOW;
    // XTIMCLK = SYSCLKOUT
    XintfRegs. XINTCNF2. bit. XTIMCLK = 0;
    // Buffer up to 3 writes
    XintfRegs. XINTCNF2. bit. WRBUFF = 3;
    // 使能 XCLKOUT
    XintfRegs. XINTCNF2. bit. CLKOFF = 0;
    XintfRegs. XINTCNF2. bit. CLKMODE = 0; // XCLKOUT = XTIMCLK
    XintfRegs. XINTCNF2. bit. HOLD = 1;

    // Zone 7------------------------------------
    XintfRegs. XTIMING7. bit. XWRLEAD = 1;
    XintfRegs. XTIMING7. bit. XWRACTIVE = 2;
    XintfRegs. XTIMING7. bit. XWRTRAIL = 1;
    // Zone read timing
    XintfRegs. XTIMING7. bit. XRDLEAD = 1;
    XintfRegs. XTIMING7. bit. XRDACTIVE = 3;
    XintfRegs. XTIMING7. bit. XRDTRAIL = 0;
    // don't double all Zone read/write lead/active/trail timing
    XintfRegs. XTIMING7. bit. X2TIMING = 0;
    // Zone will not sample XREADY signal
    XintfRegs. XTIMING7. bit. USEREADY = 0;
    XintfRegs. XTIMING7. bit. READYMODE = 0;
    // 1,1 = x16 data bus;0,1 = x32 data bus;other values are reserved
    XintfRegs. XTIMING7. bit. XSIZE = 3;
    EDIS;
    __asm("RPT #7 ‖ NOP");
    }
```

1.4 轻松玩转硬件系统

我们所熟悉的电源、晶振和复位电路是设计最小系统的三要素。首先，建议读者从 TI 官网下载《TMS320F28335，TMS320F28334，TMS320F28332，TMS320F28235，TMS320F28234，TMS320F28232，Digital Signal Controllers（DSCs）Data Manual》数据手册，需要按照数据手册中的参数要求进行设计。例如，1.9 V 的内核电压情况下，程序在 SARAM 中可以最大的150 MHz 系统时钟工作；若内核电压为 1.8 V，则系统工作最大时钟为 140 MHz。

电源芯片 TPS54386PWP 产生 3.3 V 和 1.8 V 双电压输出。DSP 涉及上电顺序的问题，处理起来要花一些工夫，但 TI 提供了现成的供电解决方案，相关电路如图 1.22 所示。

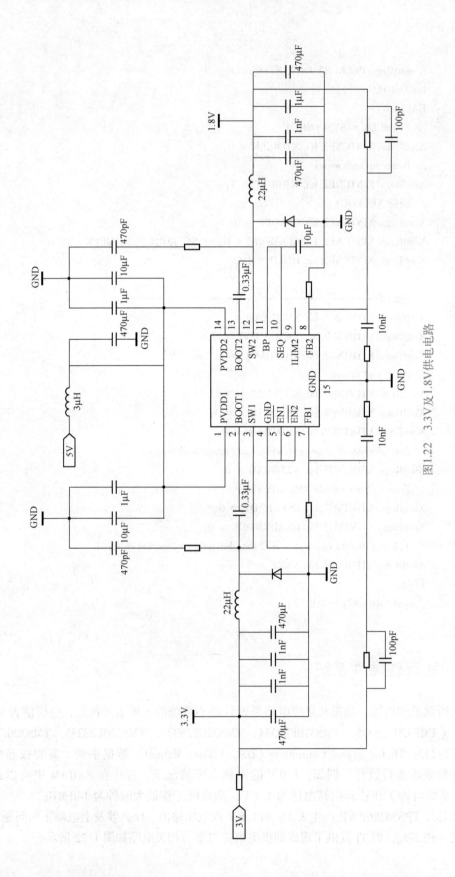

图1.22 3.3V及1.8V供电电路

F28335 对内核电压和 IO 口电压的上电顺序有要求（目的是确定 GPIO 口的状态），但 TI 数据手册对模拟电源和数字电源的上电顺序没有严格要求，因而数字电源和模拟电源不需要隔离电源分别供电，可用磁珠或 0Ω 电阻隔开，各个电源引脚都要有去耦电容，且它们的布局都要尽可能地靠近电源引脚。3.3 V、1.9 V 的引脚上一般配备陶瓷电容和钽电容。其中，陶瓷电容的电容值一般为 0.1 μF 或 1 pF，钽电容的电容值一般为 1 μF。尽管成本稍高，但是性能稳定。钽电容耐压能力不够，最好留一些裕量。

当使用内部晶振作为时钟源时，电路如图 1.23 所示。

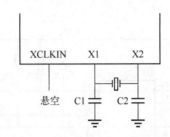

图 1.23　内部晶振作为时钟源电路图

当使用外部晶振作为时钟源时，电路图如图 1.24 所示。

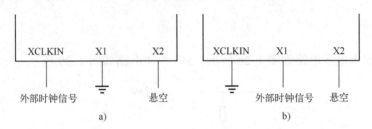

图 1.24　外部晶振作为时钟源电路图

a) 输入电压为 3.3 V　b) 输入电压为 1.8 V

采用看门狗故障监测芯片 STM706SM6F 构成复位电路，如图 1.25 所示；采用有源晶振构成时钟电路，如图 1.26 所示。

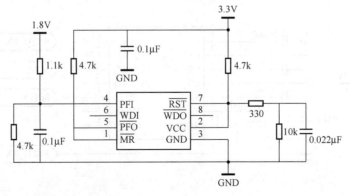

图 1.25　看门狗复位电路

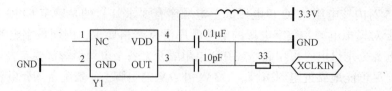

图 1.26 30 MHz 有源晶振电路

JTAG 接口可选用 TI 官网提供的标准电路，也可按如图 1.27 所示的接口电路。

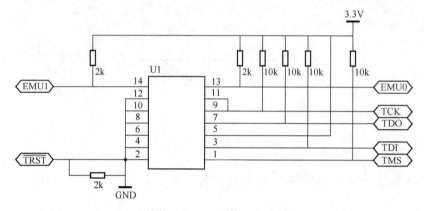

图 1.27 JTAG 接口电路

ADC 模块参考电压电路如图 1.28 所示，SCI 模块电路如图 1.29 所示。

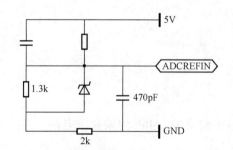

图 1.28 ADC 模块 2.048 V 参考电压电路

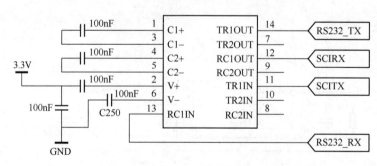

图 1.29 SCI 模块电路

JTAG 连接电路图如图 1.30 所示；仿真器与多个 DSP 连接电路图如图 1.31 所示。

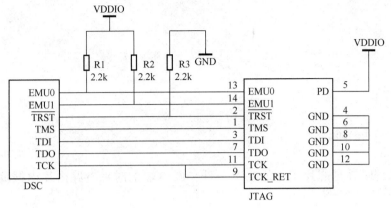

图 1.30　JTAG 连接电路图

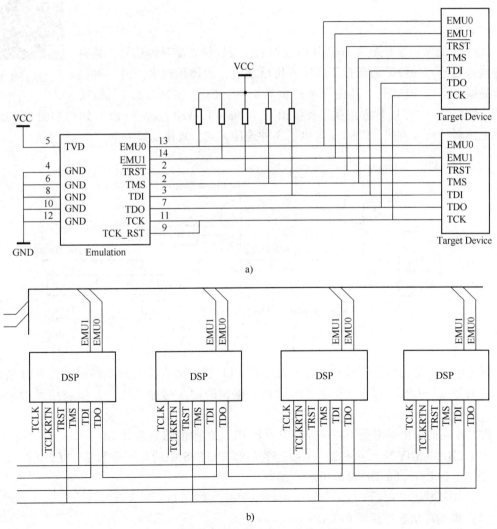

a)

b)

图 1.31　仿真器与多个 DSP 连接电路图

a) 方式一　b) 方式二

第2章 片上初始化单元

2.1 时钟及控制

稳定的系统时钟是芯片工作的基本条件，F2833x 的时钟电路由片内振荡器和锁相环组成。

2.1.1 时钟的产生

1. F2833x 的振荡器及锁相环

OSC/PLL 时钟模块是为 DSP 片内及片上外设提供基准时钟信号。具有两种输入信号：一种是无源石英晶体，价格便宜，但体积较大；另一种是有源晶振，常用 30 MHz（其他频率的也有一些，但是 30 MHz 使用最广，可替代性好）。F2833x 片内振荡器及锁相环（Phase Locked Loop，PLL）结构如图 2.1 所示。

二维码 2.1

上述两种输入方式，F2833x 提供了 3 种连接方式，具体见第 1 章。

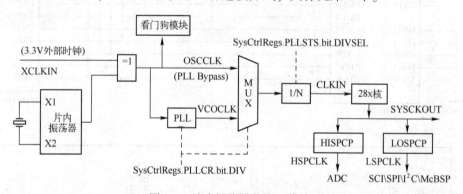

图 2.1 片内振荡器及 PLL 模块

振荡电路产生的时钟信号 OSCCLK 可不经 PLL 模块而直接通过多路器，再经分频得到 CLKIN 信号送往 CPU。OSCCLK 也可作为 PLL 模块的输入时钟，经 PLL 模块倍频后通过多路器，再经分频得到 CLKIN 信号送往 CPU。

PLL 模块的输出频率受锁相环控制寄存器 PLLCR 中的倍频系数 DIV（图 2.1 中 SysCtrlRegs. PLLCR. bit. DIV 所示）和锁相环状态寄存器 PLLSTS 中的分频系数 DIVSEL（图 2.1 中 SysCtrlRegs. PLLSTS. bit. DIVSEL 所示）影响。

2. 锁相环状态寄存器 PLLSTS 和锁相环控制寄存器 PLLCR

（1）锁相环状态寄存器 PLLSTS

寄存器位寻址格式为 SysCtrlRegs. PLLSTS. bit. DIVSEL，PLLSTS 寄存器如图 2.2 所示。

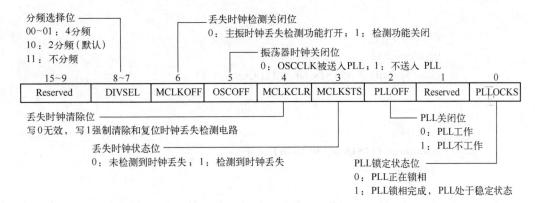

图 2.2　PLLSTS 寄存器的位格式

（2）锁相环控制寄存器 PLLCR

PLLCR 寄存器如图 2.3 所示，位寻址格式为 SysCtrlRegs. PLLCR. bit. DIV。

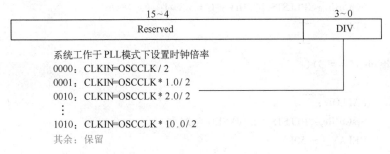

图 2.3　PLLCR 寄存器的位格式

为了得到 150 MHz 的系统时钟，一般做法是先将 30 MHz 的晶振 10 倍频，再进行 2 分频。读者可调用 TI 公司给出的参考函数 void InitPll(Uint16 val，Uint16 divsel)，并在函数的形参配置适当的参数：InitPll(0x0A，0x02)。

其中：

```
void InitPll( Uint16 val, Uint16 divsel)
{
    // 确保 PLL 非工作在低功耗模式
    if ( SysCtrlRegs. PLLSTS. bit. MCLKSTS ！ = 0)
    {
    }
    if ( SysCtrlRegs. PLLSTS. bit. DIVSEL ！ = 0)
    {
        EALLOW；
        SysCtrlRegs. PLLSTS. bit. DIVSEL = 0；
        EDIS；
    }
    // 改变 PLLCR 寄存器
    if ( SysCtrlRegs. PLLCR. bit. DIV ！ = val)
```

```
        {
            EALLOW;
            DisableDog();
            while(SysCtrlRegs.PLLSTS.bit.PLLLOCKS！= 1)
            {
            }
            EALLOW;
            SysCtrlRegs.PLLSTS.bit.MCLKOFF = 0;
            EDIS;
        }
        // 如果 DIVSEL= 1 或 2
        if((divsel == 1) || (divsel == 2))
        {
            EALLOW;
            SysCtrlRegs.PLLSTS.bit.DIVSEL = divsel;
            EDIS;
        }
        if(divsel == 3)
        {
            EALLOW;
            SysCtrlRegs.PLLSTS.bit.DIVSEL = 2;
            DELAY_US(50L);
            SysCtrlRegs.PLLSTS.bit.DIVSEL = 3;
            EDIS;
        }
    }
```

2.1.2 F28335 系统时钟的分配

CLKIN 经 CPU 后会生成系统时钟 SYSCLKOUT 分发给各单元，如图 2.4 所示。

1. 高速外设时钟

系统时钟（SYSCLKOUT）经高速外设时钟预分频寄存器 HISPCP（见图 2.5），分频后得到高速外设时钟。高速外设时钟只提供给 ADC 模块使用。

如：SysCtrlRegs.HISPCP.all = 0x0001;// HSPCLK = 1/2×SYSCLKOUT

2. 低速外设时钟

系统时钟（SYSCLKOUT）经低速外设时钟预分频寄存器 LOSPCP（见图 2.6），分频后得到低速外设时钟。低速外设时钟只提供给 SCI、SPI 及 McBSP 模块使用。

如：SysCtrlRegs.LOSPCP.all = 0x0002; //LSPCLK = 1/4×SYSCLKOUT

3. 外设时钟控制寄存器

若要使用外设，必须使能该外设的时钟。外设时钟控制寄存器 PCLKCR0、PCLKCR1 和 PCLKCR3 的位格式如图 2.7 所示。相应位置 1 表示使能该外设时钟，置 0 表示禁止该外设时钟。另外，PCLKCR0[TBCLKSYNC]是 PWM 模块时基同步位使能位。

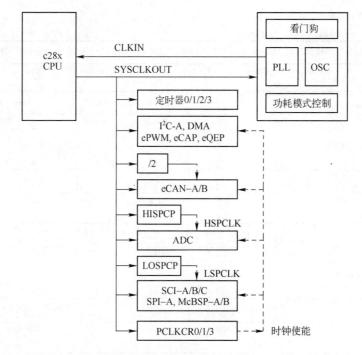

图 2.4　系统时钟 SYSCLKOUT 的分发

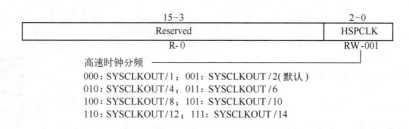

图 2.5　高速外设时钟预分频寄存器 HISPCP 的位格式

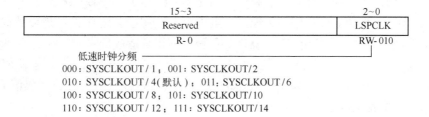

图 2.6　低速外设时钟预分频寄存器 LOSPCP 的位格式

如禁用 I²C-A 时钟，使能 SCI-A、ePWM5 时钟，代码为

```
SysCtrlRegs. PCLKCR0. bit. I2CAENCLK = 0;        // 禁止 I²C-A 时钟
SysCtrlRegs. PCLKCR0. bit. SCIAENCLK = 1;        // 使能 SCI-A 时钟
SysCtrlRegs. PCLKCR1. bit. EPWM5ENCLK = 1;       // 使能 ePWM5 时钟
```

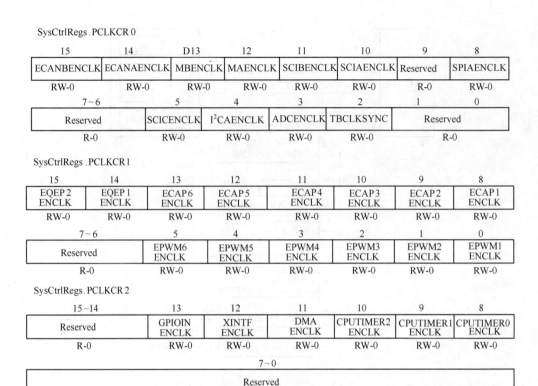

SysCtrlRegs.PCLKCR0

15	14	D13	12	11	10	9	8
ECANBENCLK	ECANAENCLK	MBENCLK	MAENCLK	SCIBENCLK	SCIAENCLK	Reserved	SPIAENCLK
RW-0	RW-0	RW-0	RW-0	RW-0	RW-0	R-0	RW-0

7~6	5	4	3	2	1	0
Reserved	SCICENCLK	I²CAENCLK	ADCENCLK	TBCLKSYNC	Reserved	
R-0	RW-0	RW-0	RW-0	RW-0	R-0	

SysCtrlRegs.PCLKCR1

15	14	13	12	11	10	9	8
EQEP2 ENCLK	EQEP1 ENCLK	ECAP6 ENCLK	ECAP5 ENCLK	ECAP4 ENCLK	ECAP3 ENCLK	ECAP2 ENCLK	ECAP1 ENCLK
RW-0	RW-0	RW-0	RW-0	RW-0	RW-0	RW-0	RW-0

7~6	5	4	3	2	1	0
Reserved	EPWM6 ENCLK	EPWM5 ENCLK	EPWM4 ENCLK	EPWM3 ENCLK	EPWM2 ENCLK	EPWM1 ENCLK
R-0	RW-0	RW-0	RW-0	RW-0	RW-0	RW-0

SysCtrlRegs.PCLKCR2

15~14	13	12	11	10	9	8
Reserved	GPIOIN ENCLK	XINTF ENCLK	DMA ENCLK	CPUTIMER2 ENCLK	CPUTIMER1 ENCLK	CPUTIMER0 ENCLK
R-0	RW-0	RW-0	RW-0	RW-0	RW-0	RW-0

7~0
Reserved
R-0

图 2.7 外设时钟控制寄存器的位格式

2.1.3 F28335 的看门狗电路

程序可控时，是不需要看门狗这种机制的。但在有外界干扰发生的情况下，比如 DSP 的供电电压突然波动；芯片周围产生的 EMI 干扰（DSP 运行时用手摸芯片所产生的静电）；不严格的系统调试方法（用仿真器运行时，使用非隔离的示波器进行调试）；硬件设计的缺陷（IGBT 的某一次通

二维码 2.2

断所产生的 EMI），均会造成程序的失控。在电力电子应用中，程序失控是极其危险的，可能发出错误的触发信号，损坏 IGBT 等器件，甚至对使用者造成危害。

看门狗电路，即定时器电路。只要 DSP 上电，外部晶振开始工作（内部 PLL 可不工作），它就会不停地进行计数。如果在规定的时间内没有对看门狗电路的计数值清 0，它就会发生溢出，产生复位信号。

用户通常将 WDCR 中的 bit6 置 1 来禁止看门狗电路的工作。在调试阶段这么做无可厚非，但在产品阶段这并不是一个明智的决定。就产品设计角度而言，**若出现程序跑飞或死机情况，系统可利用最后的保护屏障，使看门狗定时器没有被按时清 0 而发生溢出，使系统复位**。如此一来，CPU 被看门狗计数器的溢出事件触发复位后，所有 PWM 输出都将变为高阻状态，就能保证在程序跑飞时 PWM 触发信号全部被封锁。

1. 看门狗电路组成原理

看门狗电路组成如图 2.8 所示。

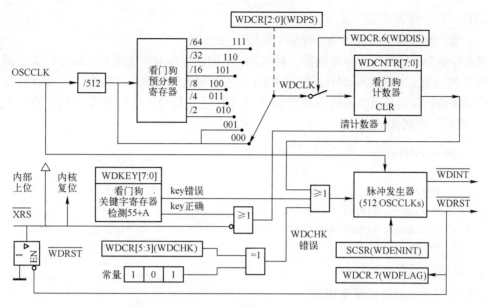

图 2.8　看门狗电路的组成

外部晶振时钟 OSCCLK 除以 512 后再经预分频寄存器（由 WDCR 寄存器设置）分频后产生 WDCLK 时钟。WDCLK 作为 WDCNTR 计数的时基，若没有清零信号，该计数器计满后产生的溢出信号会送到脉冲发生器，产生复位信号。

为不使计数器计满溢出，需要不断地在计数器未满之前产生"清计数器"信号（该信号一方面可由复位信号产生，另一方面可由看门狗关键字寄存器 WDKEY 产生）。WDKEY 寄存器的特点是，先写入 55H，紧接着再写入 AAH 时，就会发出"清计数器"信号。写入其他任何值及组合不但不会发出"清计数器"信号，而且还会使看门狗电路产生复位动作。

看门狗电路复位还会由另一路"WDCHK 错误"控制信号产生。WDCR 控制寄存器中的检查位 WDCHK 必须要写入二进制的 101，因为这 3 位的值要与二进制常量 101 进行连续比较，如果不匹配，看门狗电路就会产生 DSP 复位信号。

[注 1]：系统上电时，看门狗默认为使能状态。对于 30 MHz 的晶振频率，对应的 WD 计数溢出时间大约是 4.37 ms。为避免看门狗使系统过早复位，应该在系统初始化时先对看门狗寄存器进行配置。

[注 2]：看门狗标志位（WDFLAG）可区分上电复位（WDFLAG = 0）和看门狗复位（WDFLAG = 1）。对该标志位需要软件"写 1 清 0"。

[注 3]：外部晶振由于某种原因失效，则看门狗计时器停止工作。

[注 4]：若主程序的代码崩溃而 ISR 程序还在运行，则看门狗无法有效捕获崩溃的故障，也不会产生有效的 DSP 复位信号。一种比较有效的方法是，在 main 程序中写入 55H，而在 ISR 中写入 AAH。

[注 5]：由图 2.8 可知，造成看门狗计数器复位的原因：①DSP 系统上电复位；②对看门狗进行有效的"喂狗"操作。由看门狗造成 DSP 复位的原因：①WDCHK 未写入"101"；②对 WDKEY 写入了除 55H 和 AAH 之外的关键字；③未能及时"喂狗"造成看门狗计数器溢出。

2. 看门狗电路相关寄存器

（1）看门狗关键字寄存器 WDKEY（复位后为 00H）

该寄存器为 8 位可读可写寄存器，对 WDKEY 的读操作并不能返回关键字的值，而是返回 WDCR 的内容。按照先写 55H，再写 AAH 的顺序写入关键字时，将产生"清计数器"信号，写入其他任何值及组合不但不会发出"清计数器"信号，还会使看门狗电路产生复位动作。"喂狗"代码如下：

```
void ServiceDog(void)
{
    EALLOW;
    SysCtrlRegs. WDKEY = 0x0055;
    SysCtrlRegs. WDKEY = 0x00AA;
    EDIS;
}
```

（2）看门狗控制寄存器 WDCR

寄存器位寻址格式为 SysCtrlRegs. WDCR。位定义如图 2.9 所示。

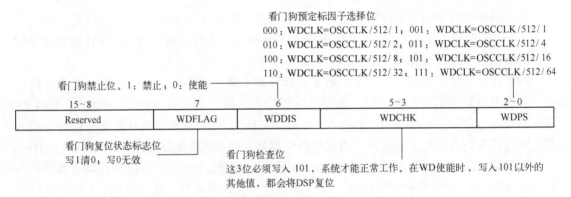

图 2.9　看门狗控制寄存器 WDCR 的位定义

使能看门狗代码示例如下：

```
void EnableDog(void)
{
    EALLOW;
    // WDDIS = 0, WDCHK = 101(必须为 101), WDPS = 000
    SysCtrlRegs. WDCR = 0x0028;
    EDIS;
}
```

禁用看门狗代码示例如下：

```
void DisableDog(void)
{
    EALLOW;
```

```
                    // WDDIS = 1, WDCHK = 101(必须为101), WDPS = 001
                    SysCtrlRegs. WDCR = 0x0068;
                    EDIS;
            }
```

（3）系统控制与状态寄存器 SCSR

系统控制与状态寄存器 SCSR 的寄存器位寻址格式为 SysCtrlRegs. SCSR。位定义如图 2.10 所示。

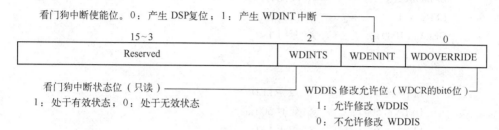

图 2.10　系统控制与状态寄存器 SCSR 的位定义

3. 程序设计

（1）设计目的

编写代码，使 LED1 亮 1 s 后每隔 500 ms 亮灭变化。使能看门狗，观察有喂狗和没有喂狗时对 LED1 的影响。

分析：在有喂狗操作时，程序会正常工作；在没有喂狗操作时，系统会一直复位，LED1 会始终处于亮状态。

二维码 2.3

（2）延时程序设计

在延时函数中加入了喂狗的代码，读者可观察在屏蔽喂狗代码和不屏蔽喂狗代码的区别。

```
            void DELAY(Uint16 time)          //延时 time 毫秒
            {
                Uint16 i = 0;
                for(i = 0; i < time; i++)
                {
                    ServiceDog( );               // 喂狗
                    DELAY_US(500);
                    ServiceDog( );               // 喂狗
                    DELAY_US(500);
                }
            }
```

（3）主程序设计

```
            int main(void)
            {
                /*系统初始化*/
```

```
InitSysCtrl( );
DINT;
InitPieCtrl( );
IER = 0x0000;
IFR = 0x0000;
InitPieVectTable( );
LED_Init( );           // 初始化 LED
EnableDog( );          // 使能看门狗
LED1 = 1;              // 点亮 LED
DELAY(1000);          // 延时 1 s
while(1)
{
    LED1 = 1;          // 点亮 LED
    DELAY(500);        // 延时 500 ms
    LED1 = 0;          // 熄灭 LED
    DELAY(500);        // 延时 500 ms
}
}
```

2.2 中断系统分析

中断可认为是由外部或内部单元产生的"同步事件"。事件产生后,处理器会"中断"当前程序转而执行该事件的"服务程序"。"服务程序"执行完毕后,程序从刚才的"断点"处接着执行。

F2833x 的 CPU 级中断有 16 个,如图 2.11 所示,其中两个称为"不可屏蔽中断"(Reset、NMI);剩余 14 个称为"可屏蔽中断",也就是说,允许用户"使能或禁止"这 14 个中断。

"1"表示使能,"0"表示禁止。将用户希望的"屏蔽字"写入 CPU 的 IER 寄存器后,就可使能或禁止这 14 个可屏蔽中断。然而对于不可屏蔽中断,我们不能"禁止",只能无条件地执行。因此不可屏蔽中断的优先级最高,常用于安全考虑及系统的紧急停止。

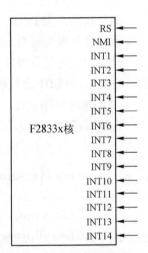

图 2.11　包含的 16 个
CPU 级中断

2.2.1 中断系统的结构

F2833x 的中断源简单可以分为片内中断源和片外中断源。

片内中断源由片内的软硬件事件产生,比如 3 个 CPU 定时器、各个外设(如 eCAP、ePWM、看门狗等)以及一些用户自定义的中断事件。

片外中断源一般是与 DSP 的引脚联系在一起,在特定引脚上检测到一定长度的脉冲或捕获到电平的跳变,就会产生中断标志事件,比如 XINT1-7 外部触发中断引脚、XRS 引脚

（产生复位事件）、XNMI_XINT13（不可屏蔽中断）等。

由于 DSP 片上外设的中断事件种类繁多（比如一个 ePWM 模块中的定时器就可以包含上溢、周期、比较等多种中断）。为了实现对众多外设中断的有效管理，F28335 的中断系统采用了外设级、PIE 级和 CPU 级三级管理机制，用一个简图来表示这些中断源的处理方法，如图 2.12 所示。

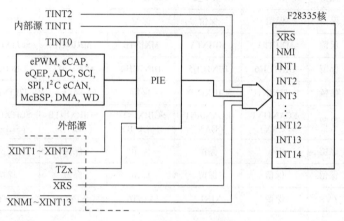

图 2.12　中断源处理方法示意图

（1）外设级

外设级中断是指 F28335 片上各种外设产生的中断。F28335 片上的外设有多种，每种外设可以产生多种中断。目前这些中断包括外设中断、看门狗与低功耗模式唤醒共享中断、外部中断（XINT1～XINT7）及定时器 0 中断，共 56 个。

二维码 2.4

（2）PIE 级

PIE 模块分成 INT1～INT12（共 12 组，每组最多支持 8 个外设中断），每组占用一个 CPU 级中断。例如，第 1 组占用 INT1 中断，第 2 组占用 INT2 中断，…，第 12 组占用 INT12 中断（注意，定时器 T1 和 T2 的中断及非屏蔽中断 NMI 直接连到了 CPU 级，没有经 PIE 模块的管理）。外设中断分组见表 2.1。

（3）CPU 级

CPU 级包括通用中断 INT1～INT14、数据标志中断 DLOGINT 和实时操作系统中断 TOSINT，这 16 个中断组成了可屏蔽中断。可屏蔽中断能够用软件加以屏蔽或使能。

除可屏蔽中断外，F28335 还配置了非屏蔽中断，包括硬件中断 NMI 和软件中断。非屏蔽中断不能用软件进行屏蔽，发生中断时 CPU 会立即响应并转入相应的服务子程序。

表 2.1　F28335 外设中断分组

CPU 中断	PIE 中断							
	INTx. 8	INTx. 7	INTx. 6	INTx. 5	INTx. 4	INTx. 3	INTx. 2	INTx. 1
INT1	WAKEINT	TINT0	ADCINT	XINT2	XINT1	保留	SEQ2INT	SEQ1INT
INT2	保留	保留	EPWM6_TZINT	EPWM5_TZINT	EPWM4_TZINT	EPWM3_TZINT	EPWM2_TZINT	EPWM1_TZINT

CPU 中断	PIE 中断							
	INTx.8	INTx.7	INTx.6	INTx.5	INTx.4	INTx.3	INTx.2	INTx.1
INT3	保留	保留	EPWM6_INT	EPWM5_INT	EPWM4_INT	EPWM3_INT	EPWM2_INT	EPWM1_INT
INT4	保留	保留	ECAP6_INT	ECAP5_INT	ECAP4_INT	ECAP3_INT	ECAP2_INT	ECAP1_INT
INT5	保留	保留	保留	保留	保留	保留	EQEP2_INT	EQEP1_INT
INT6	保留	保留	MXINTA	MRINTA	MXINTB	MRINTB	SPITXINTA	SPIRXINTA
INT7	保留	保留	DINTCH6	DINTCH5	DINTCH4	DINTCH3	DINTCH2	DINTCH1
INT8	保留	保留	SCITXINTC	SCIRXINTC	保留	保留	I2CINT2A	I2CINT1A
INT9	保留	保留	ECAN1INT（CAN）	ECAN0INT（CAN）	SCIRXINTB（SCI-B）	SCIRXINTB（SCI-B）	SCITXINTA（SCI-A）	SCIRXINTA（SCI-A）
INT10	保留	保留	保留	保留	保留	保留	保留	保留
INT11	保留	保留	保留	保留	保留	保留	保留	保留
INT12	LUF	LVF	保留	XINT7	XINT6	XINT5	XINT4	XINT3

2.2.2 可屏蔽中断处理

1. 可屏蔽中断工作流程

图 2.13 为可屏蔽中断的流程示意图，按从内核到中断源的顺序更容易解释中断处理流程。INTM 是主中断开关，此开关必须闭合才能使中断传播至内核。再往外一层是中断使能寄存器，相应的中断线路开关必须闭合才能使中断通过。当中断发生时，中断标志寄存器置位。

内核中断寄存器由中断标志寄存器、中断使能寄存器和中断全局掩码位组成。注意，中断全局掩码位启用时为 0，禁用时为 1。中断使能寄存器通过对掩码值执行或运算和与运算来管理。

        IER │= 0x0008;   //将 IER 中第 4 位置位,使能 INT4 中断
        IER &= 0xFFF7;   //将 IER 中第 4 位清零,屏蔽 INT4 中断

当某外设中断请求通过 PIE 模块发送到 CPU 级时，IFR 中与该中断相关的标志位 INTx 就会置位（如 T0 的周期中断 TINT0 的请求到达 CPU 级时，IFR 中的标志位 INT1 就会被置位）。此时 CPU 并不马上进行中断服务，而是要判断 IER 寄存器允许位 INT1 是否已经使能，并且 CPU 寄存器 ST1 中的全局中断屏蔽位 INTM 也要处于非禁止状态（INTM 为 0）。如果 IER 中的允许位 INT1 被置位，并且 INTM 的值为 0，则该中断申请就会被 CPU 响应。

2. CPU 级中断相关寄存器

CPU 级中断设置有中断标志寄存器 IFR、中断使能寄存器 IER 和调试中断使能寄存器 DBGIER。IFR、IER 和 DBGIER 寄存器格式类似，如图 2.14 所示。

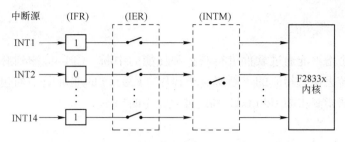

图 2.13　可屏蔽中断的流程示意图

注 1：特定中断行上的有效信号触发锁存，将在相应位显示“1”

注 2：若单个开关或全局开关“打开”，中断将到达内核

D15	D14	D13	D12		D0
RTOSINT	DLOGINT	INT14	INT13	…	INT1
RW-0	RW-0	RW-0	RW-0		RW-0

图 2.14　IFR、IER 寄存器位格式

中断标志寄存器 IFR 寄存器的某位为 1，表示对应的外设中断请求产生，CPU 确认中断及 DSP 复位时，相应的 IFR 清零；IER 寄存器的某位为 1，表示对应的外设中断使能；DBGIER 寄存器的某位为 1，表示对应的外设中断的调试中断使能。

常用如下方式进行寄存器的置位和清零。

```
IFR |=0x0008;            // 将 IFR 中第 4 位置位
IFR &=0xFFF7;            // 将 IFR 中第 4 位清零
IER |=0x0008;            // 将 IER 中第 4 位置位,即使能 INT4 中断
IER &=0xFFF7;            // 将 IER 中第 4 位清零,即屏蔽 INT4 中断
```

ST1 寄存器位格式如图 2.15 所示。

D15~D1	D0
Reserved	INT1
R-0	RW-0

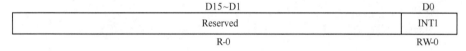

图 2.15　ST1 寄存器的位格式

INTM 用于使能/屏蔽总中断，且仅能通过汇编代码来修改 INTM。

```
asm("   CLRC   INTM");          ;使能全局中断
asm("   SETC   INTM");          ;禁止全局中断
```

3. 如何开启受 PIE 模块管理的可屏蔽中断?

1）设置中断向量。例如，PieVectTable. ADCINT = &ADC_isr;(其中，ADC_isr 为中断服务程序的名称)。

2）使能 PIE 模块：PieCtrlRegs. PIECTRL. bit. ENPIE = 1;。

3）使能 PIE 中对应外设的中断（对应 group 组中的相应位）。例如，PieCtrlRegs. PIEIER1. bit. INTx8 = 1; PieCtrlRegs. PIEIER1. bit. INTx6 = 1;。

4）使能 CPU 的相应中断（INT1 ~ INT12），IER |= M_INT1;（使能 INT1，其中，M_INT1 = 0x0001）。

5）使能 CPU 响应中断 EINT。其中，EINT 为 asm("CLRC INTM")。

2.2.3 非屏蔽中断处理

非屏蔽中断是指不能通过软件进行禁止和使能的中断，CPU 检测到有这类中断请求时会立即响应，并转去执行相应的中断服务子程序。F28335 的非屏蔽中断包括软件中断、硬件中断 NMI、非法指令中断 ILLEGAL 和硬件复位中断$\overline{XRS}$。

1. 软件中断

（1）INTR 指令

INTR 指令用于执行某个特定的中断服务程序。该指令可以避开硬件中断机制而将程序流程直接转向由 INTR 指令参数所对应的中断服务程序。指令的参数为 INT1 ～ INT14、DLOGINT、RTOSINT 和 NMI。例如：

    INTR INT1   ;直接执行 INT1 中断服务程序

（2）TRAP 指令

TRAP 指令用于通过中断向量号来调用相应的中断服务子程序。该指令的中断向量号的范围是 0～31。

2. 非法指令中断

当 F28335 执行无效的指令时，会触发非法指令中断。若程序跳入非法中断，TI 公司并未给出具体的解决方案。建议读者在该中断服务程序使能看门狗加入死循环，从而触发软件复位。

```
interrupt void ILLEGAL_ISR(void)            // 非法中断服务程序
{
    asm("          ESTOP0");
    EALLOW;
    SysCtrlRegs. WDCR = 0x002B;
    EDIS;
    while(1)
    {
        //等待看门狗复位
    }
}
```

3. 硬件 NMI 中断

NMI 中断与 XINT13 共用引脚。若使用非屏蔽中断，需要将控制寄存器 XNMICR 的 D0 = 1。但 D0 = 1，表明 NMI 和 INT13 都可能发生，具体的配置见表 2.2。

表 2.2　NMI 和 INT13 中断配置表

D0	D1	NMI	INT13	Timestamp
0	0	Disabled	CPU Timer 1	None
0	1	Disabled	XNMI_XINT13 pin	None
1	0	XNMI_XINT13 pin	CPU Timer 1	XNMI_XINT13 pin
1	1	XNMI_XINT13 pin	XNMI_XINT13 pin	XNMI_XINT13 pin

Timestamp 表示时间戳。对于外部中断，可以利用 16 位的计数器记录中断发生的时刻，该计数器在中断发生时和系统复位时清零。

4. 硬件复位中断$\overline{\text{XRS}}$

硬件复位是 F28335 中优先级最高的中断。硬件复位发生后，CPU 会转到 0x3F FFC0 地址去取复位向量，执行引导程序。

2.2.4 外设中断扩展模块（PIE）的使用详解

1. PIE 模块的结构

F2833x 设置了一个专门对外设中断进行分组管理的 PIE 模块，F2833x 所构成的三级中断结构如图 2.16 所示。

外设中断一共分为 12 组，每组支持 8 个中断，因此 F2833x 共支持 96 个中断。

若只讨论 PIE 的工作流程，则将图 2.16 可提炼成图 2.17 的形式。

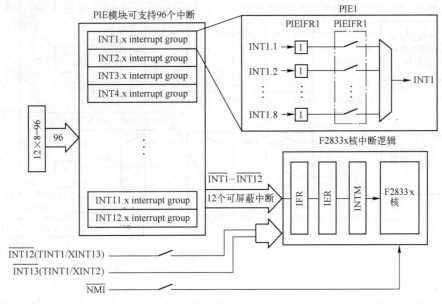

图 2.16　F2833x 所构成的三级中断结构示意图

PIE 模块的每组都有一个中断标志寄存器 PIEIFRx (x = 1 , 2 , … , 12) 和中断使能寄存器 PIEIERx。每个寄存器的低 8 位对应 8 个外设中断（高 8 位保留）。此外，设有一个中断响应寄存器 PIEACK，它的低 12 位 (bit11 ~ bit0) 分别对应 INT1 ~ INT12。

如 TINT0 中断响应时，PIEACK 寄存器的 bit0 (即 ACK1，对应 INT1 组) 就会被置位（封锁本组的其他中断），并且一直保持到应用程序清除这个位。在 CPU 响应 TINT0 过程中，ACK1 一直为 1，这时如果 PIE1 组内发生其他的外设中断，则暂时不会被 PIE 送给 CPU，必须等到 ACK1 被清 0。ACK1 被清 0 后，若该中断请求还存在，那么 PIE 模块就会将新的中断请求送至 CPU。所以，每个外设中断响应后，一定要对 PIEACK 的相关位进行"写 1 清 0"，否则同组内的其他中断都不会被响应。

PIE 寄存器的使用方法如下：

```
PieCtrlRegs. PIEIFR1. bit. INTx4 = 1;        // 手动设置 PIE1 组中的 IFR 标志位
```

```
PieCtrlRegs. PIEIER3. bit. INTx5 = 1;          // 使能 PIE3 组的 CAPINT 中断
PieCtrlRegs. PIEACK. all = 0x0004;             // 响应 PIE3 组中断
PieCtrlRegs. PIECTRL. bit. ENPIE = 1;          // 使能 PIE 级中断
```

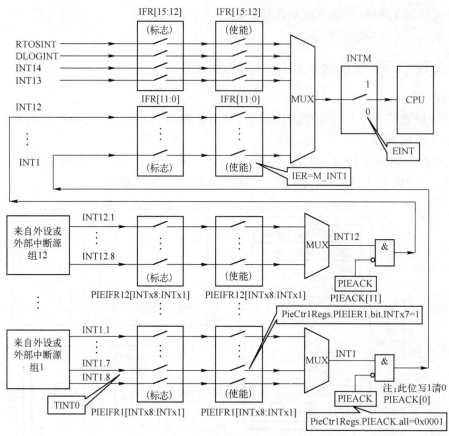

图 2.17　PIE 的工作流程图

2. 中断向量和中断向量表

CPU 中断向量是 22 位，它是中断服务程序的入口地址。F2833x 支持 32 个 CPU 中断向量（包括复位向量）。每个 CPU 中断向量占 2 个连续的存储器单元。低地址保存中断向量的低 16 位，高地址保存中断向量的高 6 位。当中断被确定后，22 位（高 10 位忽略）的中断向量会被取出并送往 PC。

32 个 CPU 中断向量占据了 64 个连续的存储单元，形成了 CPU 中断向量表。CPU 中断向量见表 2.3。

表 2.3　F28335 的 CPU 中断向量和优先级

向量	绝对地址		硬件优先级	说　明
	VMAP = 0	VMAP = 1		
RESET	00 0000	3F FFC0	1（最高）	复位
INT1	00 0002	3F FFC2	5	可屏蔽中断 1
INT2	00 0004	3F FFC4	6	可屏蔽中断 2

向量	绝对地址		硬件优先级	说　　明
	VMAP＝0	VMAP＝1		
⋮	⋮	⋮	⋮	⋮
INT14	00 001C	3F FFDC	18	可屏蔽中断14
DLOGINT	00 001E	3F FFDE	19（最低）	可屏蔽数据标志中断
RTOSINT	00 0020	3F FFE0	4	可屏蔽实时操作系统中断
保留	00 0022	3F FFE2	2	保留
NMI	00 0024	3F FFE4	3	非屏蔽中断
ILLEGAL	00 0026	3F FFE6		非法指令捕获
USER1	00 0028	3F FFE8		用户定义软中断
⋮	⋮	⋮		⋮
USER12	00 003E	3F FFFE		用户定义软中断

向量表的映射由以下几个模式控制位/信号进行控制：

1）VMAP，状态寄存器 ST1 的 bit3。VMAP 的复位值默认为 1。该位可以由 SETC VMAP 指令进行置 1，由 CLRC VMAP 指令清 0。

2）M0M1MAP，状态寄存器 ST1 的 bit11，复位值默认为 1。该位可以由 SETC M0M1MAP 指令进行置 1，由 CLRC M0M1MAP 指令清 0。

3）ENPIE，PIECTRL 寄存器的 bit0，复位值默认为 0，即 PIE 处于禁止状态。可以对 PIECTRL 寄存器（地址 00 0CE0H）进行修改。

CPU 中断向量表可以映射到存储空间的 4 个不同位置，见表 2.4。

表 2.4　中断向量表映射配置表

向量表	向量获取位置	地址范围	VMAP	M0M1MAP	ENPIE
M1 向量表	M1SARAM	0x000000~0x00003F	0	0	x
M0 向量表	M0SARAM	0x000000~0x00003F	0	1	x
BROM 向量表	片内 BROM	0x3FFFC0~0x3FFFFF	1	x	0
PIE 向量表	PIE 存储区	0x000D00~0x000DFF	1	x	1

注：M1 和 M0 向量表保留用于 TI 公司的产品测试。

系统上电复位时 ENPIE＝0；VMAP＝1；M0M1MAP＝1；OBJMODE＝0；AMODE＝0，因此复位向量总是取自 BROM 向量表(实际上该区仅用到复位向量)。

PIE 模块用于外设的中断管理，复位后用户需完成 PIE 中断向量表的初始化。当 VMAP＝0，ENPIE＝1 时 PIE 中断向量映射如图 2.18 所示。

地址 0x00 0D40～0x00 0DFF 用于 PIE 的空间扩展，每一个中断向量（PIEINT1.1～PIEINT12.8）的地址均为 32 位。使能 PIE 后的中断向量见表 2.5。

上电复位时，PIE 中断向量表没有任何内容，程序初始化时需要对它进行修改。读者可将 TI 提供的 DSP2833x_PieVect.c 文件加到自己的工程中进行调用。PIE 使能后，TRAP #1 取 INT1.1 向量，TRAP #2 取 INT1.2 向量……。

综上，DSP 复位后直至开始运行主函数的示意图如图 2.19 所示。

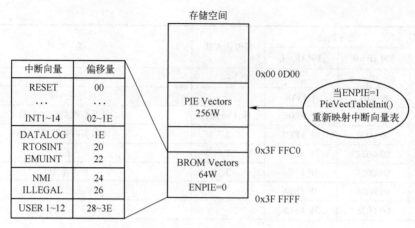

图 2.18 BROM 向量表（复位时默认的中断向量表）

表 2.5 使能 PIE（ENPIE＝1）后的中断向量指向

中断名称	PIE向量地址	说明
Reserved	0x00 0D00	复位向量
INT1	0x00 0D02	INT1 重新映射到下列的 PIE组
⋮	⋮	INTx 重新映射到下列的 PIE组
INT12	0x00 0D18	INT12 重新映射到下列的 PIE组
INT13	0x00 0D1A	XINT13外部中断或CPU定时器 1(RTOS)
INT14	0x00 0D1C	CPU定时器 2(RTOS)
DATALOG	0x00 0D1D	CPU数据标志中断
⋮	⋮	
USER12	0x00 0D3E	用户自定义中断12
INT1. 1	0x00 0D40	PIEINT1. 1 中断向量
⋮	⋮	
INT1. 8	0x00 0D4E	PIEINT1. 8 中断向量
⋮	⋮	
INT12. 1	0x00 0DF0	PIEINT12. 1 中断向量
⋮	⋮	
INT12. 8	0x00 0DFE	PIEINT12. 8 中断向量

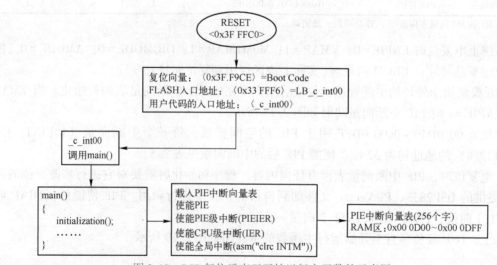

图 2.19 DSP 复位后直至开始运行主函数的示意图

50

2.2.5 非法中断产生原因及解决方案

问题1：造成非法中断的原因？

答：造成程序进入非法中断的情况大致如下：

1）操作码被解码为 0x0000，该操作码对应于 ITRAP0 指令。

2）操作码被解码为 0xFFFF，该操作码对应于 ITRAP1 指令。

3）试图使用@SP 寻址 32 位操作。

4）将寻址模式 AMODE = 1，同时 PAGE0 = 1。

问题2：如何调试 ITRAP，如何避免进入 ITRAP？

答：1）ITRAP 通常是堆栈溢出或缓冲区溢出的迹象。要快速查看是否为堆栈空间不足，可以使用已知的数值填充该区域，然后运行应用程序，查看区域地址长度。

2）确保程序代码没有过于接近内存块的结尾（一般为无效内存）。这在器件勘误中进行了说明。

3）ISR 中插入返回指令。在返回指令上设置断点，然后一步步查看代码的来源。

4）程序进入非法中断时，寄存器（包括返回地址）会自动入栈。通过查看堆栈上的返回地址值，就可找出 ITRAP 发生的位置。

问题3：进入 ITRAP 后如何退出？

答：大部分读者会将 DSP 下电重启。实际上还有另一种解决方案：非法中断服务程序中写一个死循环，并使能看门狗，但不喂狗，从而触发 DSP 复位。程序如下：

```
interrupt void ILLEGAL_ISR(void) // 非法中断
{
    EALLOW;
    SysCtrlRegs. WDCR = 0x002B;
    EDIS;
    while(1)          // 等待看门狗复位
    {  }
}
```

2.2.6 中断嵌套之我见

我们通常所说的 PIE 中断优先级指的是当几个中断同时发出请求时，CPU 先响应高优先级别的中断，处理完该中断服务函数之后，再响应低优先级的中断。当然，如果在这个期间，等待的中断有新的中断事件出现时，该中断事件就会丢失。按正常的程序设置，进入中断服务函数之后，CPU 会关掉全局中断使能，所以高优先级的中断打断不了低优先级别的中断。但是 C2000 也是支持中断嵌套的，即高优先级别的中断能够打断低优先级别的中断。也就是说，当 CPU 在执行 SCIB 中断服务函数时，可以被 EPWM 中断来打断，实现中断嵌套。

本节介绍如何通过简单更改中断服务程序（ISR）代码来实现中断嵌套。在此之前，读者需熟悉 C28x 的 PIE 模块原理及中断控制寄存器（IER、IFR、INTM）的常用操作。

1. 硬件优先级

中断由 C28x 硬件自动设置优先级。所有中断的优先级可以在系统控制指南中找到。对应于 CPU INT1 的组 1 具有最高优先级。每个组中有 8 个中断，INTx.1 是最高优先级，INTx.8 是最低优先级。

2. PIE 的组织形式

PIE 块将中断按照从高到低的逻辑顺序进行组织。C28x 系统的中断可分类如下（按从高到低的顺序排列）：

（1）非周期性的快速响应中断

这类中断可在任何时间发生，且当它们发生时必须尽可能快地得到响应。这类中断分配给 PIE 组 1 和 PIE 组 2 中的前几个位置。这个位置给予它们在 PIE 组内的最高优先级。此外，组 1 复用到 CPU 中断 INT1。CPU INT1 具有最高的硬件优先级。PIE 组 2 复用到 CPU 第二高的硬件优先级的 INT2。

（2）周期性的快速响应中断

这些中断会周期性发生，并且当它们发生时，必须尽可能快地被响应以减少延迟，A-D 转换就是一个很好的例子。这样的中断被分配给 PIE 表中的组 1。

（3）周期性中断

这些中断同样会周期性发生，但必须在下一个中断之前得到服务。PWM 中断就是一个例子。这些中断被映射到组 2~组 5，这些组被复用到 CPU INT3~INT5（ePWM、eCAP 和 eQEP）。

（4）周期性的带缓冲中断

这些中断在周期性事件中发生，但是被缓冲。当缓冲器满标志位置 1 或清空标志位置 1 时，处理器才会执行这样的中断服务程序。所有串行端口（SCI/SPI/I^2C/CAN）都具有 FIFO 或多个邮箱，以便 CPU 有足够的时间响应事件，而不必担心丢失数据。这些中断映射到 INT6、INT8 和 INT9。

3. C28x 中断响应——无嵌套方式（默认）

表 2.6 显示了处理中断时所采取的步骤。

表 2.6　中断处理的步骤

步骤	硬　件	软　件	说　明
1	清流水线，自动保存 PC 指针及现场	—	—
2	清除相应的 IFRx 标志位	—	—
3	清除相应的 IERx 标志位	—	—
4	INTM 置 1，LOOP、EALLOW 和 IDLESTAT 置 0	—	INTM=1 表示禁止所有的可屏蔽中断。这些位在 ST1 寄存器中，在步骤 1 进行保存
5	从 PIE 中获取中断向量	—	—
6	将中断向量地址赋给 PC	—	—
7	—	执行 ASP 指令	—
8	—	执行 ISR	清除外设级中断标志位；响应 PIE 该组中断（PIEACK）
9	—	执行 NASP 指令	

步骤	硬　件	软　件	说　明
10	—	执行 IRET 指令	中断返回
11	返回现场	—	INTM = 0（使能总中断）
12	将进入中断前的程序地址赋给 PC	—	—
13	—	程序继续执行	—

注．1. 表中的硬件、软件的含义如下：
❖ 硬件：由芯片本身执行。软件不需要任何操作。
❖ 软件：通过软件执行。使用编译器时，这些步骤由编译器处理。
2.
❖ 当某个中断服务程序开始时，其他中断自动禁止。
❖ 步骤 1~3 受硬件保护。
❖ 步骤 4 通过设置 INTM 和 DBGM 位来禁止中断，防止 CPU 在进行中断服务程序期间处理新的中断。
❖ INTM 和 DBGM 将保持置 1，除非软件重新允许中断或 CPU 从中断服务程序返回。

4. 全局及组的优先级

在中断服务程序的开始处或在关键代码完成后重新启用中断。全局优先级使用 IERx，组内优先级使用 PIEIERx。对 PIEIERx 寄存器进行操作需注意：

PIEIER 寄存器的修改只能在本组内的 ISR 进行。例如，PIEIER1 只能在组 1 的 ISR 中修改，同样 PIEIER2 应该只在组 2 的 ISR 中修改。此外，这种修改应在 PIEACK 置位时完成，因此在进行修改时，不会有中断发送到 CPU。若违反此规则，则可触发错误的 INTx.1 中断。

5. 中断优先级在什么情况下有意义？

1）两个中断同时发生，优先级高的中断优先被响应。

2）两个中断按时间先后顺序发生，但是此时已经有中断正在执行，也就是说它们都需要排队。当正在执行的中断完成后，优先级高的中断优先被响应。

3）使能中断嵌套后，高优先级的中断可以打断正在执行的低优先级的中断。

4）默认情况下，F28335 不支持中断嵌套。也就是说，即便一个中断的优先级比另一个高，默认情况下，也不会出现低优先级中断正在执行时，被高优先级打断的情况。

6. 中断嵌套软件操作方法

硬件上并未直接支持中断嵌套，但软件可以实现，具体操作步骤如下。

步骤 1： 设置全局中断优先级，即修改 IER 寄存器以允许处理更高优先级的 CPU 中断（注意：此时 IER 已保存在堆栈中）。

步骤 2： 设置 PIE 组中断优先级，即修改相应的 PIEIERx 寄存器以允许具有较高优先级的组中断得到服务。

步骤 3： 使能中断，先将 PIEACK 应答位写 1 清 0，再等待最少一个机器周期，最后将 INTM 位清 0（asm "CLRC INTM"）。

步骤 4： 运行中断服务程序。

步骤 5： 禁止总中断，即 INTM 位置 1（asm "SETC INTM"）。

步骤 6： PIEIERx 恢复。

步骤7：中断返回。

例程分析：

```
interrupt void EPWM1_TZINT_ISR( void)
{
    uint16_t TempPIEIER；
    TempPIEIER = PieCtrlRegs. PIEIER2. all；
    IER │ = 0x002；                          //设置全局中断优先级
    IER & = 0x002；
    //对 PIEIER2 寄存器操作,以允许 INT2.2 打断当前的中断服务程序
    PieCtrlRegs. PIEIER2. all & = 0x0002；
    PieCtrlRegs. PIEACK. all = 0xFFFF；       //PIE 应答寄存器写1清零
    asm( "    NOP" )；                         //等待一个周期
    EINT；                                     //使能总中断
    for( i = 1；i <= 9；i++) ｛｝
    DINT；
    PieCtrlRegs. PIEIER2. all = TempPIEIER；
}
```

7. 使用掩码来管理优先级

TI 提供了一种使用掩码来管理全局和 PIE 组优先级的方法，该文件中相关变量的含义如下。

1）分配全局优先级：INT1PL～INT16PL。

这些值用于为 CPU 级的 16 个中断分配优先级，其中，0 表示不使用；1 表示优先级最高；16 表示优先级最低。可以为多个中断分配相同的优先级，在这种情况下，默认的硬件优先级将决定 CPU 首先响应哪个中断。

2）分配 PIE 组优先级：GxyPL（其中，x = PIE 组编号 1～12，y =中断编号 1～8）。

这些值用于为 PIE 组中的 8 个中断分配优先级，其中，0 表示不使用；1 表示优先级最高；8 表示优先级最低。可以为组内多个中断分配相同的优先级，在这种情况下，默认的硬件优先级将决定 CPU 首先响应哪个组内中断。

编译器将用户分配的全局和组内优先级生成可用于更改 IER 和 PIEIERx 寄存器的掩码值，其中，IER 掩码值为 MINT1～MINT16；PIEIERxy 掩码值为 MGxy（其中，x = PIE 组编号 1～12，y =中断编号 1～8）。

操作步骤如下。

步骤1：设置 CPU 级中断优先级。

例如，设置第 2 组优先级最高，其他中断优先级如下：

```
#define        INT1PL        2        // Group1 Interrupts ( PIEIER1)
#define        INT2PL        1        // Group2 Interrupts ( PIEIER2)
#define        INT3PL        3        // Group3 Interrupts ( PIEIER3)
#define        INT4PL        3        // Group4 Interrupts ( PIEIER4)
#define        INT5PL        4        // Group5 Interrupts ( PIEIER5)
```

#define	INT6PL	5	// Group6 Interrupts（PIEIER6）
#define	INT7PL	0	// reserved
#define	INT8PL	0	// reserved
#define	INT9PL	0	// reserved
#define	INT10PL	0	// reserved
#define	INT11PL	0	// reserved
#define	INT12PL	0	// reserved
#define	INT13PL	6	// XINT3
#define	INT14PL	7	// INT14（TINT2）
#define	INT15PL	8	// DATALOG
#define	INT16PL	9	// RTOSINT

步骤 2：设置组内中断优先级。

以第 2 组为例，令 EPWM2_TZINT 优先级最高，其他中断优先级如下：

#define	G21PL	6	// EPWM1_TZINT
#define	G22PL	1	// EPWM2_TZINT
#define	G23PL	2	// EPWM3_TZINT
#define	G24PL	3	// EPWM4_TZINT
#define	G25PL	4	// EPWM5_TZINT
#define	G26PL	5	// EPWM6_TZINT
#define	G27PL	0	// reserved
#define	G28PL	0	// reserved

步骤 3：优先级设置好后到 DSP281x_SWPrioritizedDefaultIsr. c 文件，在该文件中找到相应的函数，以 EPWM2_TZINT 为例。

```
#if（G22PL != 0）
interrupt void ECAN0INTA_ISR(void)
{
    // Set interrupt priority
    volatile Uint16 TempPIEIER = PieCtrlRegs. PIEIER9. all;
    //表示:大于第 2 组中断级别的中断使能,小于第 2 组中断级别的中断不使能
    IER │= M_INT9;
    IER &= MINT;                        // 设置全局中断优先级
    // 优先级大于第 2 组中第 2 个中断的中断使能,否则不使能
    PieCtrlRegs. PIEIER2. all &= MG22;        // 设置组内中断优先级
    PieCtrlRegs. PIEACK. all = 0xFFFF;        // Enable PIE interrupts
    EINT;    // 全局中断使能,由于此中断优先级最高,故其他中断不能打断它
    …… ;    // 中断处理程序
    DINT;    // 关中断
    PieCtrlRegs. PIEIER9. all =TempPIEIER;
}
#end if
```

2.2.7 中断应用分析

应用实例1—外部中断示例

GPIO0 和 GPIO1 分别作为 XINT1 和 XINT2，GPIO30 和 GPIO31 分别作为 XINT1 和 XINT2 的触发信号，因而硬件上需 GPIO30 与 GPIO0 相连，GPIO31 与 GPIO1 相连。XINT1 输入与 SYSCLKOUT 同步，XINT2 输入使用采样窗口进行限定。

二维码 2.5

```
volatile Uint32 Xint1Count;
volatile Uint32 Xint2Count;
Uint32 LoopCount;
#define DELAY 35.700L
void main(void)
{
    Uint32 TempX1Count;
    Uint32 TempX2Count;
    InitSysCtrl();
    DINT;
    InitPieCtrl();
    IER = 0x0000;
    IFR = 0x0000;
    InitPieVectTable();
    // 中断入口地址
    EALLOW;
    PieVectTable.XINT1 = &xint1_isr;
    PieVectTable.XINT2 = &xint2_isr;
    EDIS;

    Xint1Count = 0;             // XINT1 中断计数器
    Xint2Count = 0;             // XINT2 中断计数器
    LoopCount = 0;
    // 使能 XINT1(PIE 第 1 组第 4 个)及 XINT2(PIE 第 1 组第 5 个)中断
    PieCtrlRegs.PIECTRL.bit.ENPIE = 1;
    PieCtrlRegs.PIEIER1.bit.INTx4 = 1;
    PieCtrlRegs.PIEIER1.bit.INTx5 = 1;
    IER |= M_INT1;              // 使能 CPU 级 INT1 中断
    EINT;                       // 使能总中断

    // GPIO30 和 GPIO31 为输出,初始化时 GPIO30=1, GPIO31=0
    EALLOW;
    GpioDataRegs.GPASET.bit.GPIO30 = 1;
    GpioCtrlRegs.GPAMUX2.bit.GPIO30 = 0;
    GpioCtrlRegs.GPADIR.bit.GPIO30 = 1;
```

```
GpioDataRegs. GPACLEAR. bit. GPIO31 = 1;
GpioCtrlRegs. GPAMUX2. bit. GPIO31 = 0;
GpioCtrlRegs. GPADIR. bit. GPIO31 = 1;
EDIS;
// GPIO0 和 GPIO1 为输入
EALLOW;
GpioCtrlRegs. GPAMUX1. bit. GPIO0 = 0;
GpioCtrlRegs. GPADIR. bit. GPIO0 = 0;
GpioCtrlRegs. GPAQSEL1. bit. GPIO0 = 0;          // XINT1 与 SYSCLKOUT 同步
GpioCtrlRegs. GPAMUX1. bit. GPIO1 = 0;
GpioCtrlRegs. GPADIR. bit. GPIO1 = 0;
// 使用采样窗口进行限定(6 个采样点)
GpioCtrlRegs. GPAQSEL1. bit. GPIO1 = 2;
// 每个窗口宽度为 510×SYSCLKOUT
GpioCtrlRegs. GPACTRL. bit. QUALPRD0 = 0xFF;
EDIS;
// GPIO0 和 GPIO1 引脚配置
EALLOW;
GpioIntRegs. GPIOXINT1SEL. bit. GPIOSEL = 0;     // GPIO0 配置为 XINT1
GpioIntRegs. GPIOXINT2SEL. bit. GPIOSEL = 1;     // GPIO1 配置为 XINT2
EDIS;
//配置 XINT1 及 XINT2
XIntruptRegs. XINT1CR. bit. POLARITY = 0;        // 下降沿中断
XIntruptRegs. XINT2CR. bit. POLARITY = 1;        // 上升沿中断
// 使能 XINT1 和 XINT2
XIntruptRegs. XINT1CR. bit. ENABLE = 1;
XIntruptRegs. XINT2CR. bit. ENABLE = 1;
for( ; ; )
{
    TempX1Count = Xint1Count;
    TempX2Count = Xint2Count;
    // 触发 XINT1
    GpioDataRegs. GPBSET. bit. GPIO34 = 1;        // GPIO34 = 1
    GpioDataRegs. GPACLEAR. bit. GPIO30 = 1;      // GPIO30 = 0 时触发 XINT1
    while( Xint1Count = = TempX1Count) { }
    // 触发 XINT2
    GpioDataRegs. GPBSET. bit. GPIO34 = 1;        // GPIO34 = 1
    DELAY_US( DELAY) ;                            // 等待限定
    GpioDataRegs. GPASET. bit. GPIO31 = 1;        // GPIO31 = 1 时触发 XINT2
    while( Xint2Count = = TempX2Count)
    { }
    if( Xint1Count = = TempX1Count+1 && Xint2Count = = TempX2Count+1)
    {
```

```
                LoopCount++;
                GpioDataRegs. GPASET. bit. GPIO30 = 1;        // GPIO30 = 1
                GpioDataRegs. GPACLEAR. bit. GPIO31 = 1;   // GPIO31 = 0
            }
        else
            {
                … …
            }
        }
    }

// 中断服务程序
__interrupt void xint1_isr( void)
    {
        Xint1Count++;
        // 响应 PIE1 组中断,以接收同组其他中断
        PieCtrlRegs. PIEACK. all = PIEACK_GROUP1;
    }


__interrupt void xint2_isr( void)
    {
        Xint2Count++;
        // 响应 PIE1 组中断,以接收同组其他中断
        PieCtrlRegs. PIEACK. all = PIEACK_GROUP1;
    }
```

应用实例 2—组内两个中断服务程序示例

```
    // 主程序
    int main( void)
        {
            DisableDog( );
            InitPll( 0x0A);
            InitSysCtrl( );
            InitPieCtrl( );
            InitPieVectTable( );
            IER |= ( M_INT3);                    // 仅使能 CPU 级的 INT3 中断
            IFR = 0x0000;
            MemCopy( &RamLoadStart, &RamLoadEnd, &RamRunStart);
            InitFlash( );
            InitCpuTimers( );
            PWMInit( );
            ADInit( );
            GPIOInit( );
            EINT;
```

```
            EnableDog( );
            while (1)                          //主循环起始点
            {
                ServiceDog( );
                …… ……
            }

// 中断服务程序
interrupt void EPWM1_INT_ISR( void)           //下溢中断 INT3. 1
{
            EPwm1Regs. ETCLR. bit. INT = 1;          // 清外设中断标志位
            // 应答第 3 组 PIE 中断,以便接收第 3 组的其他中断
            PieCtrlRegs. PIEACK. all = PIEACK_GROUP3;
            EPWM1IntFlag = 1;                   //由 EPWM1 引起的中断
            EPWM_INT_ISR( );
}
interrupt void EPWM2_INT_ISR( void)           //周期中断 INT3. 2
{
            EPwm2Regs. ETCLR. bit. INT = 1;          // 清外设中断标志位
            // 应答第 3 组 PIE 中断,以便接收第 3 组的其他中断
            PieCtrlRegs. PIEACK. all = PIEACK_GROUP3;
            EPWM1IntFlag = 0;                   //由 EPWM2 引起的中断
            EPWM_INT_ISR( );
}
```

2.3　F2833x 的低功耗模式

我们在使用仿真器调试时,貌似很少会关注低功耗模式。一般是在仿真器连不上的时候(特别是在 DSP 芯片被损坏之后),会看到"xxxxfault, the device may be in low power mode"。

CMOS 器件的主要功耗是动态功耗(主要发生在晶体管的开通与关断过程,而静态功耗几乎可以忽略),所以关闭外设时钟就取消了其动态工作条件。在供电电压不变的情况下,降低功耗意味着芯片需要的电流减小,从而降低供电电路的功耗。

2.3.1　低功耗的分类及应用

1. F2833x 低功耗模式的分类

低功耗模式是与普通运行模式相对的,包括空闲(Idle)、待机(Standby)、暂停(Halt)三种模式,它们的区别主要在于内核时钟、外设时钟、看门狗时钟、PLL/晶振的使能与否。

(1) IDLE(空闲)模式

IDLE 模式下,指令计数器 PC 不再增加,CPU 停止执行指令,处于休眠状态。复位信号$\overline{XRS}$、XNMI 信号、$\overline{WDINT}$信号及任何使能的中断均可使系统退出该模式。

IDLE 模式下可以只使能部分模块的时钟,通过关闭不用的外设,达到降低功耗的目的。

（2）STANDBY（待机）模式

该模式下，进出 CPU 的时钟均关闭。但看门狗模块时钟未关闭，看门狗仍然工作。复位信号$\overline{XRS}$、XNMI 信号、$\overline{WDINT}$信号及指定的 GPIOA 口信号可使系统退出该模式。

STANDBY 模式关闭了 CPU 和外设的时钟，但是保留 PLL，与 PC 的待机模式比较接近。

（3）HALT（暂停）模式

该模式下，振荡器和 PLL 模块关闭，看门狗模块也停止工作。复位信号$\overline{XRS}$、XNMI 信号及指定的 GPIOA 口信号可使系统退出该模式。

使用仿真器调试时，HALT 模式很容易观察到：仿真器连接 DSP 并下载程序后，CCS 的左下角就有"CPU Halted"的指示，在程序运行时单击 CCS 的 Halt 按钮之后，还可以看到 CCS 的左下角有"CPU Halted"的指示。

几种低功耗模式的比较见表 2.7。

表 2.7 三种低功耗模式的比较

功耗模式	LPMCR0（1:0）	OSCCLK	CLKIN	SYSCLKOUT	唤醒信号	
IDLE	00	On	On	On		$\overline{WDINT}$，任何使能的中断
STANDBY	01	On（看门狗运行）	Off	Off	$\overline{XRS}$ XNMI	$\overline{WDINT}$，GPIOA 口信号，Debugger
HALT	1X	Off（振荡器和 PLL 关闭）	Off	Off		GPIOA 口信号，Debugger

需要特别注意的是：

1）必须使用一个足够宽（一般由 GPIO 的输入限制寄存器来设置）的低电平信号，若低电平信号的宽度不够，则系统无法退出低功耗模式。

2）空闲模式下 C28x 的 SYSCLKOUT 会继续保持工作，这与 C24x 不同。

3）在 C28x DSP 中，即使关闭了 CPU 时钟（CLKIN），JTAG 仍然可保持工作。

4）无论哪种低功耗模式，都不会影响输出引脚的状态（包括 PWM 引脚），即 DSP 切换至低功耗模式时，输出引脚将保持切换前的状态，使用 PWM 时须特别注意！

2. 低功耗模式控制寄存器 LPMCR0

寄存器位寻址格式为 **SysCtrlRegs. LPMCR0**。位格式如图 2.20 所示。

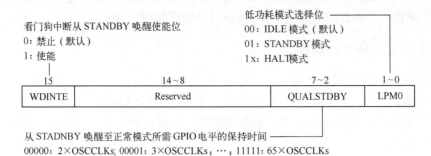

看门狗中断从 STANDBY 唤醒使能位
0：禁止（默认）
1：使能

低功耗模式选择位
00：IDLE 模式（默认）
01：STANDBY 模式
1x：HALT模式

15	14~8	7~2	1~0
WDINTE	Reserved	QUALSTDBY	LPM0

从 STADNBY 唤醒至正常模式所需 GPIO 电平的保持时间
00000：2×OSCCLKs；00001：3×OSCCLKs；…；11111：65×OSCCLKs

图 2.20 LPMCR0 的位格式

低功耗模式的进入可按如下步骤进行。

步骤 1：使能希望的外部中断。

例如，使能 PIE 中的 XINT1：PieCtrlRegs. PIEIER1. bit. INTx4 = 1。

步骤2：设置 LPM 标志位。

例如，CPU 进入 HALT 模式：SysCtrlRegs. LPMCR0. bit. LPM = 0x0002；

步骤3：按照预设的模式，硬件进入低功耗。

2.3.2 低功耗模式程序分析

1. HALT 模式

二维码 2.6

CPU 处于 HALT 模式，配置 GPIO0 为 CPU 唤醒引脚（高→低→高），GPIO1 为进入中断指示引脚。需要特别注意的是，低电平的保持时间至少是在晶振启动时间的基础上加 2 个晶振时钟。

```
void main( )
{
    InitSysCtrl( );
    EALLOW;
    GpioCtrlRegs. GPAPUD. all = 0;
    GpioCtrlRegs. GPBPUD. all = 0;
    GpioCtrlRegs. GPADIR. bit. GPIO1 = 1;
    GpioIntRegs. GPIOLPMSEL. bit. GPIO0 = 1;      // 配置 GPIO0 为唤醒引脚
    EDIS;

    DINT;
    InitPieCtrl( );
    IER = 0x0000;
    IFR = 0x0000;
    InitPieVectTable( );

    EALLOW;
    PieVectTable. WAKEINT = &WAKE_ISR;
    EDIS;

    IER | = M_INT1;
    PieCtrlRegs. PIEIER1. bit. INTx8 = 1;
    PieCtrlRegs. PIEACK. bit. ACK1 = 1;
    EINT;                                         // 使能总中断

    EALLOW;
    // 当 PLL 未处于低功耗模式时,CPU 进入 HALT 模式
    if (SysCtrlRegs. PLLSTS. bit. MCLKSTS ！ = 1)
    {
        SysCtrlRegs. LPMCR0. bit. LPM = 0x0002;
    }
```

```
        EDIS;
        for( ; ; ){ }
}


interrupt void WAKE_ISR( void )
{
        GpioDataRegs. GPATOGGLE. bit. GPIO1 = 1;
        PieCtrlRegs. PIEACK. bit. ACK1 = 1;
}
```

2. IDLE 模式

CPU 处于 IDLE 模式，GPIO0 配置为 XINT1，下降沿触发 XINT1 中断将 CPU 唤醒。GPIO1 为进入中断指示引脚。

二维码 2.7

```
void main( )
{
        InitSysCtrl( );
        EALLOW;
        GpioCtrlRegs. GPAPUD. all = 0;                      // 使能所有上拉电阻
        GpioCtrlRegs. GPBPUD. all = 0;
        GpioIntRegs. GPIOXINT1SEL. bit. GPIOSEL = 0;    // GPIO0 作为 XINT1
        // GPIO0 为输入,其余为输出
        GpioCtrlRegs. GPADIR. all = 0xFFFFFFFE;
        GpioDataRegs. GPADAT. all = 0x00000000;
        EDIS;

        XIntruptRegs. XINT1CR. bit. ENABLE = 1;           // 使能 XINT1
        XIntruptRegs. XINT1CR. bit. POLARITY = 0;         // 下降沿触发外部中断
        DINT;
        InitPieCtrl( );
        IER = 0x0000;
        IFR = 0x0000;
        InitPieVectTable( );
        EALLOW;
        PieVectTable. XINT1 = &XINT_ISR;
        EDIS;
        IER | = M_INT1;
        // 使能 XINT1 中断,PIE 第 1 组中的第 4 个
        PieCtrlRegs. PIEIER1. bit. INTx4 = 1;
        PieCtrlRegs. PIEACK. bit. ACK1 = 1;
        EINT;                                             // 使能总中断

        EALLOW;
        // 当 PLL 未处于低功耗模式时,CPU 进入 IDLE 模式
```

```
        if ( SysCtrlRegs. PLLSTS. bit. MCLKSTS！= 1)
        {
            SysCtrlRegs. LPMCR0. bit. LPM = 0x0000;        // 低功耗为 IDLE 模式
        }
        EDIS;
        for( ; ; )｛｝
}


_interrupt void XINT_ISR( void)
{
        GpioDataRegs. GPASET. bit. GPIO1 = 1;
        PieCtrlRegs. PIEACK. bit. ACK1 = 1;
        EINT;
        return;
}
```

3. STANDBY 模式

该模式下，配置 GPIO0 为 CPU 唤醒引脚（高→低→高），GPIO1 为进入中断指示引脚。需要特别注意的是，低电平至少保持（2+QUALSTDBY）个晶振时钟。

二维码 2.8

```
void main( )
{
        InitSysCtrl( );
        EALLOW;
        GpioCtrlRegs. GPAPUD. all = 0;                       // 使能上拉电阻
        GpioCtrlRegs. GPBPUD. all = 0;
        GpioCtrlRegs. GPADIR. bit. GPIO1 = 1;
        GpioIntRegs. GPIOLPMSEL. bit. GPIO0 = 1;            // 选择 GPIO0 为唤醒信号
        EDIS;

        DINT;
        InitPieCtrl( );
        IER = 0x0000;
        IFR = 0x0000;
        InitPieVectTable( );
        EALLOW;
        PieVectTable. WAKEINT = &WAKE_ISR;
        EDIS;
        IER ｜= M_INT1;
        // 使能 PIE 第 1 组第 8 个
        PieCtrlRegs. PIEIER1. bit. INTx8 = 1;
        PieCtrlRegs. PIEACK. bit. ACK1 = 1;
```

```
    EINT;                                        // 使能总中断
    // 低电平脉冲持续时间至少为（2+QUALSTDBY）时钟周期
    SysCtrlRegs. LPMCR0. bit. QUALSTDBY = 0;
    EALLOW;
    if ( SysCtrlRegs. PLLSTS. bit. MCLKSTS ！= 1)
    {
        SysCtrlRegs. LPMCR0. bit. LPM = 0x0001;
    }
    EDIS;
    for( ;;){}
}


__interrupt void WAKE_ISR( void)
{
    GpioDataRegs. GPATOGGLE. bit. GPIO1 = 1;
    PieCtrlRegs. PIEACK. bit. ACK1 = 1;
}
```

2.4 F2833x 的 CPU 定时器

F28335 片上有 3 个 32 位的 CPU 定时器，称为 Timer0、Timer1 和 Timer2。其中 Timer2 留给 DSP/BIOS 使用。若不使用 DSP/BIOS，3 个定时器都可供用户使用。

2.4.1 基础结构及原理

1. CPU 定时器结构原理

F28335 的 CPU 定时器结构如图 2.21 所示。当定时器控制寄存器的位 TCR.4＝0 时，定时器被启动，16 位的预分频计数器（PSCH：PSC）对系统时钟 SYSCLKOUT 进行减 1 计数，计数器下溢时产生借位信号。

二维码 2.9

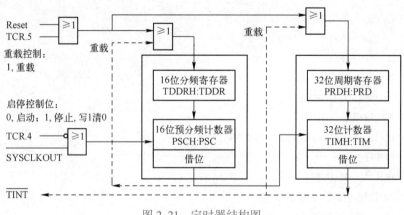

图 2.21　定时器结构图

16 位分频寄存器（TDDRH:TDDR）用于预分频计数器的重载，每当预分频计数器下溢时，分频寄存器中的内容都会装入预分频计数器。与此类似，计数器（TIMH:TIM）的重载会由 32 位的周期寄存器（PRDH:PRD）来完成。

当计数器（TIMH:TIM）下溢时，借位信号会产生中断信号$\overline{TINT}$，但应该注意，3 个 CPU 定时器产生的中断信号向 CPU 传递通道是不同的。定时器定时时间为

$$T = (TDDRH:TDDR+1)(PRDH:PRD+1)/SYSCLKOUT$$

例如，定时时间为 500 ms，示例代码如下：

CpuTimer0Regs. TPRH. all = 0；

CpuTimer0Regs. TPR. all = 149；

CpuTimer0Regs. PRD. all = 499999；

F28335 复位时，3 个 CPU 定时器均处于使能状态。在复位信号的控制下，16 位预分频计数器和 32 位计数器都会装入预置好的计数值。图 2.22 为 CPU 定时器控制寄存器的位格式。

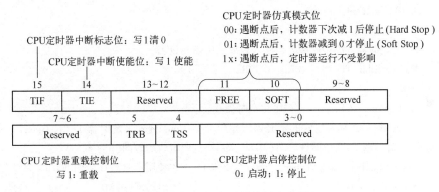

图 2.22　CPU 定时器控制寄存器

2. 定时器中断申请途径

尽管三个 CPU 定时器的工作原理相同，但它们向 CPU 申请中断的途径是不同的，如图 2.23 所示。定时器 2 的中断申请信号直接送到 CPU；定时器 1 的中断申请信号要经过多路器的选择后才能送到 CPU；而定时器 0 的中断申请信号要经过 PIE 模块的分组处理后才能送到 CPU。

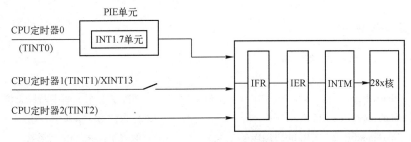

图 2.23　定时器的中断申请途径

2.4.2 定时器的应用设计

1. 设计目的

定时器 0 每隔 500 ms 进入一次中断，每进入一次中断，LED1 亮灭变化一次。

二维码 2.10

2. 主函数设计

```
void main(void)
{
    /*系统初始化*/
    InitSysCtrl();
    DINT;
    InitPieCtrl();
    IER = 0x0000;
    IFR = 0x0000;
    InitPieVectTable();
    EALLOW;
    // 将定时器 0 的中断服务程序入口放入中断向量表
    PieVectTable.TINT0 = &Timer0_ISR;
    EDIS;
    InitCpuTimers();        // 初始化定时器 0
    /*参数一:选择要定时的定时器  定时器 0-CpuTimer0  定时器 1-CpuTimer1  定时器 2-
CpuTimer2;参数二:系统时钟频率(MHz);参数三:要定时的时间(μs)*/
    ConfigCpuTimer(&CpuTimer0, 150, 500000);   // 使用定时器 0,定时 500 ms
    StartCpuTimer0();                          // 启动定时器 0
    PieCtrlRegs.PIECTRL.bit.ENPIE = 1;
    PieCtrlRegs.PIEIER1.bit.INTx7 = 1;         // 使能 PIE 中 CPU 定时器 0 中断
    IER |= M_INT1;                             // 使能 PIE 组 1,即 INT1
    EINT;                                      // 使能总中断 INTM
    LED_Init();                                // 初始化 LED
    LED1 = 1;                                  // 点亮 LED1
    while(1);
}
```

3. 中断服务函数设计

```
interrupt void Timer0_ISR(void)
{
    PieCtrlRegs.PIEACK.all = PIEACK_GROUP1;   // 清除 PIE 组 1 的中断标志位
    CpuTimer0Regs.TCR.bit.TIF = 1;            // 标志位写 1 清零
    CpuTimer0Regs.TCR.bit.TRB = 1;            // 重载 Timer0 的定时数据
    LED1 = ~LED1;                             // LED 亮灭变化
}
```

2.5 通用 IO 原理及应用

2.5.1 GPIO 功能结构

DSP 的外部引脚除了可配置为输入输出功能（General Purpose Input/Output，GPIO）外，也可配置为片上外设的功能引脚（Peripheral）。F2833x 的外部引脚可以配置为多达 4 类用途，如 F28335（LQFP17 封装，下同）9 号引脚，就可配置为：

1）普通数字输入输出引脚（输入、输出或者高阻）。

2）增强型脉宽调制模块 EPWM5B 的输出。

3）SCI-B 数据发送端口。

4）增强型捕获模块 ECAP3 的输入输出引脚。

F8335 共有 88 个 GPIO 引脚（都包含输入滤波），分为 3 组，如图 2.24 所示。

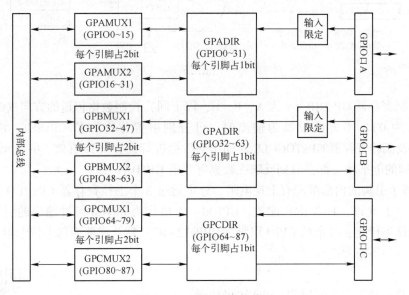

图 2.24　GPIO 引脚的分组

A 组由 GPIO0~31 组成，B 组由 GPIO32~63 组成，C 组由 GPIO64~87 组成。这些引脚的第一功能作为通用输入/输出，第二至第四功能作为片内外设功能。具体工作于哪种功能要由功能配置寄存器 GPxMUX1/2（x 为 A、B、C）进行配置，详见附录 A。可以看出，C 组还有 8 个空余的控制位，在寄存器上体现的含义是"保留状态"，为以后芯片的升级兼容性留下了余地。

这 6 个功能配置寄存器都是 32 位。每个寄存器的 32 位分成 16 个位域，每个位域对应一个引脚，对应关系是从寄存器的低位向高位（GPCMUX2 的高 16 位没有使用）。若某个位域为 00（复位时均默认为 00），对应的引脚功能就为 GPIO，若某个位域设置不是 00，对应的引脚功能就为外设功能。

例如，将 16 和 32 引脚配置为 GPIO，11 引脚为 PWM 输出，15 引脚为 SCI 接收端。

GpioCtrlRegs. GPAMUX2. bit. GPIO16 = 0;

GpioCtrlRegs. GPBMUX1. bit. GPIO32 = 0;

GpioCtrlRegs. GPAMUX1. bit. GPIO11 = 1;

GpioCtrlRegs. GPAMUX1. bit. GPIO15 = 2;

当引脚配置为 GPIO 时，如图 2.25 所示。

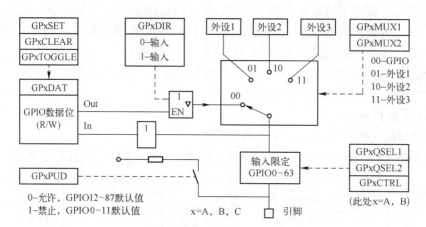

图 2.25　配置为 GPIO 功能时的控制逻辑

方向控制寄存器 GPxDIR（x 为 A、B、C，以下同）控制数据传送的方向（0-输入，1-输出。默认为 0），当方向设置为输出时，可分别由置位寄存器 GPxSET、清零寄存器 GPxCLEAR 及翻转寄存器 GPxTOGGLE 对输出的数据进行设置（1-有效，0-无效）；任何时候 GPIO 引脚的电平状态都会分别反映在数据寄存器 GPxDAT 中。

GPIO 每个引脚的内部都配有上拉电阻，分别通过 3 个上拉寄存器 GPxPUD 进行上拉的禁止或允许（0-允许，1-禁止）配置。GPIO0~11 可作为 ePWM 脉冲输出的引脚，内置的上拉电阻默认不使能，其余的 GPIO 引脚（GPIO12~87）默认使能内部上拉电阻，没有特殊的设计要求一般不需要改动。

1. 输出功能

例如，将 0 和 1 引脚配置为 GPIO 输出功能：

GpioCtrlRegs. GPADIR. bit. GPIO0 = 1;

GpioCtrlRegs. GPADIR. bit. GPIO1 = 1;

二维码 2.11

将 51 引脚置为高电平：GpioDataRegs. GPBSET. bit. GPIO51 = 1;

将 19 引脚置为低电平：GpioDataRegs. GPACLEAR. bit. GPIO19 = 1;

将 19 引脚电平进行翻转：GpioDataRegs. GPATOGGLE. bit. GPIO19 = 1;

注意：不建议使用 GPxDAT 寄存器进行引脚电平的设置！

2. 输入功能

例如，将 0 和 1 引脚配置为 GPIO 输入功能：

GpioCtrlRegs. GPADIR. bit. GPIO0 = 0;

GpioCtrlRegs. GPADIR. bit. GPIO1 = 0;

二维码 2.12

GPIO 被配置输入后，输入限制功能可滤除输入信号的噪声，如图 2.26 所示。

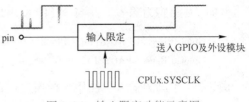

只有 A 组和 B 组的引脚具有输入限定功能，分别通过 2 个输入量化控制寄存器 GPxCTRL 和 4 个量化选择寄存器 GPxQSEL1/2 限定输入信号的最小脉冲宽度，从而滤除输入

图 2.26　输入限定功能示意图

信号存在的噪声。用户可为每个 GPIO 引脚选择输入限定的类型。

（1）仅同步（GPxQSEL1/2＝00）

复位时所有 GPIO 引脚的默认模式，只将输入信号同步至系统时钟 SYSCLKOUT。

（2）无同步（GPxQSEL1/2＝11）

该模式用于无须同步的外设。由于器件的多级复用，可能存在一个外设输入信号被映射到多个 GPIO 引脚的情况。

（3）用采样窗进行限定（GPxQSEL1/2＝01 或 10）

该模式下，输入信号与系统时钟 SYSCLKOUT 同步后，在输入被允许改变前，被一定数量的采样周期限定。采样间隔由 GPxCTRL 寄存器的 QUALPRD 位指定。采样输入信号指定了多个 SYSCLKOUT 周期。采样窗口为 3 个或 6 个采样点宽度，且只有当所有采样值全 0 或者全 1，输出才会改变，如图 2.27 所示。

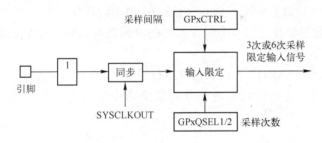

图 2.27　用采样窗对输入信号进行限定

图 2.28 所示为使用采样窗对输入进行限制以消除噪声的原理图。图中 QUALPRD＝1，GPxQSEL1/2＝10（二进制），噪声 A 的时间宽度小于输入限定所设定的采样窗宽度，所以被滤除。

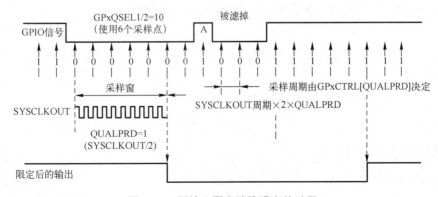

图 2.28　用输入限定消除噪声的过程

例如，0 引脚为输入，并与 SYSCLKOUT 同步。

```
GpioCtrlRegs. GPADIR. bit. GPIO0 = 0;
GpioCtrlRegs. GPAQSEL1. bit. GPIO0 = 0;
```

例如，1 引脚为输入，使用采样窗口进行限定，窗口宽度为 510×SYSCLKOUT。

```
GpioCtrlRegs. GPADIR. bit. GPIO1 = 0;
GpioCtrlRegs. GPAQSEL1. bit. GPIO1 = 2;              // 采样窗口限定(6 个采样点)
GpioCtrlRegs. GPACTRL. bit. QUALPRD0 = 0xFF;         // 窗口宽度为 510×SYSCLKOUT
```

3. 低功耗模式下的唤醒源

即，低功耗模式选择哪个引脚作为唤醒信号，使系统从待机状态恢复到正常状态。

外部中断源可以是 XINT1~XINT7 以及 XNMI。通过 GPIOXINTnSEL 与 GPIOXNMISEL 寄存器可将 A 组端口（GPIO0~GPIO31）配置为 XNMI 以及 XINT1/2/3，将 B 组端口（GPIO32~GPIO63）配置为 XINT4/5/6/7，C 组端口不能配置为外部中断。中断源的极性由 XINTnCR 与 XNMICR 寄存器来配置。需要注意的是，寄存器 GPIOXINTn 和 GPIOXNMISEL 配置后，需要两个 SYSCLKOUT 周期的延时才能生效。

同时有以下几个注意事项：

1）XNMI 以及 XINT1/2/3 可以分别配置到 GPIO0~31 里面的任何一个。

2）XINT4/5/6/7 可以分别配置到 GPIO32~63 里面的任何一个。

3）eCAP 模块的引脚及它们的中断在需要的时候也可以作为单独的外部中断（当然存在优先级别高低的问题）。

4）XNMI、XINT1 与 XINT2 都具有独立运行的 16 位计数器，用来计算不同次中断事件发送之间的时间间隔。这些计数器的值在每次新的中断发生之后被清零，然后重新开始计数。

2.5.2 GPIO 的示例详解

1. LED 输出功能

（1）设计目的

LED1 和 LED2，阳极分别通过电阻与 GPIO1 和 GPIO2 连接，阴极接地，如图 2.29 所示。编写程序使两个 LED 间隔 500 ms 循环亮灭。

二维码 2.13

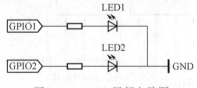

图 2.29　GPIO 局部电路图

（2）LED 初始化程序

```
void LED_Init( void)
{
    EALLOW;
```

```
        GpioCtrlRegs. GPAMUX1. bit. GPIO1 = 0;        // GPIO1 复用为 GPIO 功能
        GpioCtrlRegs. GPADIR. bit. GPIO1 = 1;         // GPIO1 设置为输出
        GpioCtrlRegs. GPAPUD. bit. GPIO1 = 0;         // GPIO1 允许上拉
        GpioCtrlRegs. GPAMUX1. bit. GPIO2 = 0;        // GPIO2 复用为 GPIO 功能
        GpioCtrlRegs. GPADIR. bit. GPIO2 = 1;         // GPIO2 设置为输出
        GpioCtrlRegs. GPAPUD. bit. GPIO2 = 0;         // GPIO2 允许上拉
        EDIS;
    }
```

（3）LED 宏定义

```
#define LED1GpioDataRegs. GPADAT. bit. GPIO1        //将 GPIO1 定义成 LED1
#define LED2GpioDataRegs. GPADAT. bit. GPIO2        //将 GPIO2 定义成 LED2
```

（4）主程序设计

```
int main( void)
{
    /* 系统初始化 */
    InitSysCtrl( );
    DINT;
    InitPieCtrl( );
    IER = 0x0000;
    IFR = 0x0000;
    InitPieVectTable( );
    LED_Init( );                    // 初始化 LED(原函数在 APP\LED. c 中)
    while(1)
    {
        LED1 = 1;                   // 点亮 LED1(LED1 宏定义在 APP\LED. h 中)
        DELAY_US(1);                // 使用 DAT 寄存器赋值,需等待 4 个时钟周期
        LED2 = 0;                   // 熄灭 LED2(LED2 宏定义在 APP\LED. h 中)
        DELAY_US(500000);           // 延时 500 ms
        LED1 = 0;                   // 熄灭 LED1
        DELAY_US(1);                // 使用 DAT 寄存器赋值,需等待 4 个时钟周期
        LED2 = 1;                   // 点亮 LED2
        DELAY_US(500000);           // 延时 500 ms
    }
}
```

2. 输入功能

（1）设计目的

GPIO0 和 GPIO1 通过电阻分别与按键和 LED1 相连，如图 2.30 所示。
当按键按下，LED 亮；当按键松开，LED 灭。

分析：将 GPIO0 配置成上拉输入模式，当按键按下时，输入电平为低
电平；当按键松开时，输入电平为高电平。因此，可以根据 GPIO0 的输入

二维码 2.14

电平判断按键是否按下，然后通过 GPIO1 控制 LED 的亮灭。

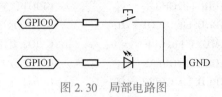

图 2.30　局部电路图

（2）按键初始化

```
void KEY_Init(void)                              //KEY 初始化
{
    EALLOW；
    GpioCtrlRegs. GPAMUX1. bit. GPIO0 = 0；      // GPIO0 复用为 GPIO 功能
    GpioCtrlRegs. GPADIR. bit. GPIO0 = 0；       // GPIO0 设置为输入
    GpioCtrlRegs. GPAPUD. bit. GPIO0 = 0；       // GPIO0 允许上拉
    GpioCtrlRegs. GPAQSEL1. bit. GPIO0 = 2；     // 采样窗口限定(6 个采样点)
    GpioCtrlRegs. GPACTRL. bit. QUALPRD0 = 0xFF；    // 采样周期 2×255×SYSCLKOUT
    EDIS；
}
```

（3）按键宏定义

```
#define KEY GpioDataRegs. GPADAT. bit. GPIO13       // 将 GPIO13 定义成 KEY
```

（4）主程序设计

```
int main(void)
{
    /＊系统初始化＊/
    InitSysCtrl( )；
    DINT；
    InitPieCtrl( )；
    IER = 0x0000；
    IFR = 0x0000；
    InitPieVectTable( )；

    LED_Init( )；            // 初始化 LED(原函数在 APP\LED. c 中)
    LED1 = 0；              // 熄灭 LED1
    KEY_Init( )；           // 初始化 KEY (原函数在 APP\LED. c 中)
    while(1)
    {
        if(KEY == 0)       // 如果按键按下
        {
            LED1 = 1；     // 点亮 LED1
        }
```

```
        else                  // 如果按键松开
        {
            LED1 = 0;         // 熄灭 LED1
        }
        DELAY_US(10);
    }
}
```

2.5.3 GPIO 常见问题

问题 1：GPIO 被配置为外设时，可否通过 GPxDAT 寄存器读取当前引脚状态？

答：就 **F28335** 而言，GPxDAT 可用于读/写 IO 引脚。若 GPIO 配置为普通数字 IO，且作为输入时，对该寄存器的读操作可知该引脚的电平状态；若 GPIO 配置为普通数字 IO，且用于输出时，对该寄存器的写操作可令某引脚输出高电平或低电平。当然，若 GPIO 被配置为外设功能，"对 GPxDAT 寄存器进行读操作" 依旧可以反映当前引脚状态。

但是**在 F281x 中不可以**。在该系列 DSP 中，GPxDAT 寄存器是反映 GPxDAT 输出的锁存状态；而在其他 DSP 中，GPxDAT 寄存器直接反映所对应的引脚电平状态。

问题 2：对 GPxDAT 寄存器的连续赋值应该注意什么？

答：以如下代码为例说明。

```
for(;;)
{
    GpioDataRegs.GPADAT.bit.GPIO1 = 1;        //熄灭红灯；        二维码 2.15
    GpioDataRegs.GPADAT.bit.GPIO2 = 0;        //点亮绿灯；
    DELAY_US(100);

    GpioDataRegs.GPADAT.bit.GPIO1 = 0;        //点亮红灯；
    GpioDataRegs.GPADAT.bit.GPIO2 = 1;        //熄灭绿灯；
    DELAY_US(100);
}
```

该代码所实现的功能是希望 GPIO1 与 GPIO2 所指示的红、绿灯交替闪烁。但实际上绿灯可以闪烁，红灯一直保持熄灭状态，其输出波形如图 2.31 所示。这是什么原因？

上述代码对 GPxDAT 寄存器进行了 "读-修改-写" 操作，由于 GPxDAT 寄存器直接反映所对应的引脚电平状态（除 F281x 之外），目标值作用于输出引脚并将该引脚状态反馈至 GPxDAT 寄存器，与对 GPxDAT 寄存器进行的写操作之间存在延迟，因而出现本例中的问题。

解决方法一：在两次 GPxDAT 赋值指令之间加入至少 4 个时钟周期的延时。波形如图 2.32 所示。

```
for(;;)
{
    GpioDataRegs.GPADAT.bit.GPIO1 = 1;        //熄灭红灯；
```

```
                DELAY_US( 1 );
                GpioDataRegs. GPADAT. bit. GPIO2 = 0;        //点亮绿灯;
                DELAY_US( 100 );
                GpioDataRegs. GPADAT. bit. GPIO1 = 0;        //点亮红灯;
                DELAY_US( 1 );
                GpioDataRegs. GPADAT. bit. GPIO2 = 1;        //熄灭绿灯;
                DELAY_US( 100 );
        }
```

解决方法二：使用 SET 或 CLEAR 对寄存器赋值。波形如图 2.32 所示。

```
        for( ;; )
        {
                GpioDataRegs. GPASET. bit. GPIO1 = 1;
                GpioDataRegs. GPACLEAR. bit. GPIO2 = 1;
                DELAY_US( 100 );
                GpioDataRegs. GPACLEAR. bit. GPIO1 = 1;
                GpioDataRegs. GPASET. bit. GPIO2 = 1;
                DELAY_US( 100 );
        }
```

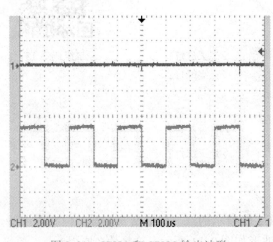

图 2.31　GPIO1 和 GPIO2 输出波形

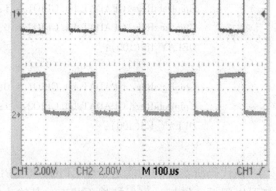

图 2.32　改进后的波形

问题 3：对 GPIO 引脚进行电平翻转，应该注意什么？

答：以如下代码为例说明。

```
        GpioDataRegs. GPACLEAR. bit. GPIO1 = 1;
        GpioDataRegs. GPASET. bit. GPIO1 = 1;
        GpioDataRegs. GPACLEAR. bit. GPIO1 = 1;
        GpioDataRegs. GPASET. bit. GPIO1 = 1;
```

使用该代码会发现，GPIO1 的电平翻转频率比我们设计的慢了一倍。原因是 GPIO 的位操作受"读-修改-写"指令流水线的保护，在进行一次"位写操作"时必须完成本次的

"位读操作"。

解决方式一：使用".all"对整个寄存器进行操作。

解决方式二：在使用 GPxCLEAR、GPxSET 和 GPxTOGGLE 指令对同一位进行连续操作时，加入"至少4个时钟周期延时"。

问题4：怎样使用 C 语言对 GPIO 引脚进行快速翻转？

答：最快的方法是对 TOGGLE 寄存器执行背对背写入。

如果这是在 for( ) 循环中完成的，那么循环将引入一个分支指令，它在每个循环的开始处需要4个周期。在浮点设备上，可以使用重复块指令（RPTB）来执行类似的操作。此外，对该外围帧的背对背写入将引入等待状态。如下代码所示：

```
for( ; ; )
{
    GpioDataRegs. GPBTOGGLE. all = 0x0002;
    GpioDataRegs. GPBTOGGLE. all = 0x0002;
    GpioDataRegs. GPBTOGGLE. all = 0x0002;
    GpioDataRegs. GPBTOGGLE. all = 0x0002;
    GpioDataRegs. GPBTOGGLE. all = 0x0002;
    GpioDataRegs. GPBTOGGLE. all = 0x0002;
    GpioDataRegs. GPBTOGGLE. all = 0x0002;
    GpioDataRegs. GPBTOGGLE. all = 0x0002;
    repeat. . . etc
}
```

问题5：复位后 GPIOB 的 MUX1 寄存器设置为"0x0000 0000"，但代码载入后发现该寄存器变为"0xFFF FFC0"，是什么原因？

答：应该是 TI 提供的 GEL 文件造成的，将 GPIO 配置为 XINTF 功能了。在 CCS 中找到"on file preload"功能，将 GEL 移除即可。

问题6：复位后 GPIO 的状态如何？

答：与所有 C2000 器件一致，复位时 GPIO 引脚默认为通用 IO 输入（高阻抗）。此条件在文档中没有明确说明，可通过"系统控制用户指南"中查看 GPxMUXy 和 GPxDIRy 寄存器的默认状态。

问题7：上拉和下拉电阻的大小？

答：内部上拉和下拉不是无源电阻，而是一种"有源电路"，因此没有办法将其用"欧姆"来度量。数据手册中给出了电流额定值，我们可以粗略地将这些额定值视为使引脚改变电平逻辑所需的电流量。

问题8：复位后使能或禁止了上拉和下拉功能，之后可以修改吗？

答：F281x 不可以，如果在复位后使能了"上拉功能"，用户不可通过软件修改。

F280x、F2802x、F2803x、F2805x、F2806x、F2823x、F2833x 及 C2823x 中，若复位后使能了"上拉功能"，用户可通过软件禁止；若复位后禁止了"上拉功能"，用户也可通过软件使能。

F2807x 和 F2837x 在复位后禁止了所有引脚的"上拉功能"，用户可通过软件使能。

问题 9：将 GPIO 配置为"外设功能"，可以使用输入限定功能吗？

答：可以。该功能在"通用 IO 功能"和"外设功能"下均有效。

2.6 寄存器的保护

EALLOW 是 Emulation Allow 的缩写，即允许程序的写操作。在使用 EALLOW 指令的情况下，可使用仿真器访问被保护的那些关键寄存器（被保护是为了防止意外或错误的写操作）。EDIS 是 Emulation Disable 的缩写，即禁止程序的写操作，与 EALLOW 成对使用。表 2.8 显示了在不同模式的读写操作下，EALLOW 和 EDIS 的限制。

表 2.8 不同模式的读写操作下，使用 EALLOW 和 EDIS 限制

指令	程序写	程序读	仿真器写	仿真器读
EALLOW	√	√	√	√
EDIS	×	√	√	√

EALLOW 和 EDIS 是 CPU 状态寄存器 ST1 的两个位，同时这对组合又是 C28x 汇编指令集中的两条指令，需在 C 语言编程中插入如下汇编指令：

```
asm(" EALLOW");        //CSMSCR register is EALLOW protected.
* CSMSCR = 0x8000;
asm("EDIS");
```

但阅读代码时，看到 C 程序中的 EALLOW 与 EDIS 都是直接使用的，例如：

```
EALLOW;
SysCtrlRegs. PCLKCR0. bit. ADCENCLK = 1;
EDIS
```

是因为已经在"DSP2833x_Device. h"头文件中预定义如下宏：

```
#define EALLOW    asm(" EALLOW")
#define EDIS      asm(" EDIS")
```

被 EALLOW 访问保护的寄存器有以下几类（详见附录 B）：

1）器件仿真类寄存器。

2）FLASH 寄存器。

3）CSM 密码块寄存器。

4）PIE 中断向量表。

5）系统控制寄存器（如 PLL、时钟、看门狗、低功耗寄存器）。

6）GPIO 控制类寄存器。

7）eCANA/B 的控制类寄存器，但邮箱不受保护。

8）ePWM1~6 的某些寄存器。

9）XINTF 寄存器。

特别注意的是，使用 JTAG 调试时，可在 CCS 中的 Watch Window 直接修改被保护的寄存器。

2.7 轻松玩转软件系统

2.7.1 如何在 CCS6.0 下新建一个 F28335 的工程

（1）下载 controlSUITE 并安装

官网下载地址：http://processors.wiki.ti.com/index.php/Download_CCS，下载完成后，安装即可。

（2）打开 CCS 建立工程

操作步骤：在 CCS_edit 界面，在菜单栏选择 Project→New CCS Project →按照图 2.33 填写→Finish，建立一个新的工程。

二维码 2.16

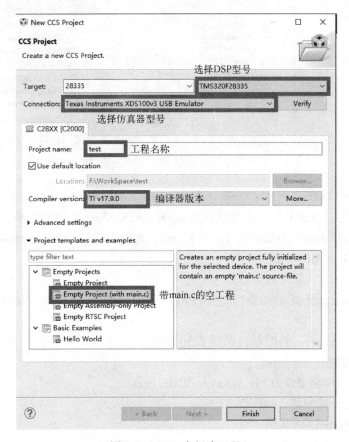

图 2.33 CCS 中新建工程

（3）复制底层文件到工程

1）将 controlSUITE \ device _ support \ f2833x \ v142 中的 "DSP2833x _ common" 和 "DSP2833x_headers" 两个文件夹复制到新建的工程。

2）将 controlSUITE\libs\math 中的 "FPUfastRTS" 和 "IQmath" 两个文件夹复制到新建工

程，如图 2.34 所示。

(4) 文件的删除/禁用

1) 删除 28335_RAM_lnk. cmd。

2) DSP2833x_common 的配置。

① 展开 DSP2833x_common，如图 2.35 所示。

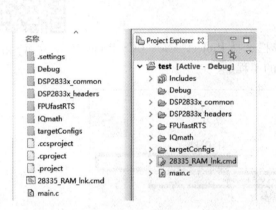

图 2.34 复制 controlSUITE 中的底层文件到工程   图 2.35 文件的删除/禁用

② 展开 cmd。

❖ 只保留 DSP2833x_common\cmd 下的 F28335_RAM_lnk. cmd 和 F28335. cmd 文件。注意：F28335_RAM_lnk. cmd 是烧录到 RAM，F28335. cmd 烧录到 FLASH。

❖ 屏蔽 F28335. cmd：右键单击 F28335. cmd，选择 Resouce Configurations→Exclude from Build→Select All→OK。

③ 展开 gel\ccsv4，只保留 f28335. gel 文件。

④ 展开 source，屏蔽 DSP2833x_SWPrioritizedDefaultIsr. c 和 DSP2833x_SWPrioritized-PieVect. c。

3) DSP2833x_headers 的配置，如图 2.36 所示。

① 展开 DSP2833x_headers。

② 展开 cmd，屏蔽 DSP2833x_Headers_BIOS. cmd。

4) FPUfastRTS 的配置，如图 2.37 所示。

① 展开 FPUfastRTS\V100。

② 只保留 "include"、"lib" 和 "source" 三个文件夹。

5) IQmath 的配置，如图 2.38 所示。

① 展开 IQmath，只保留 v160 文件夹。

② 展开 v160，只保留 "include"、"lib" 和 "source" 三个文件夹。

6) (选做) 在 test 工程下，新建一个文件夹，命名为 APPS，用来存放我们自己写的程序，如图 2.39 所示。

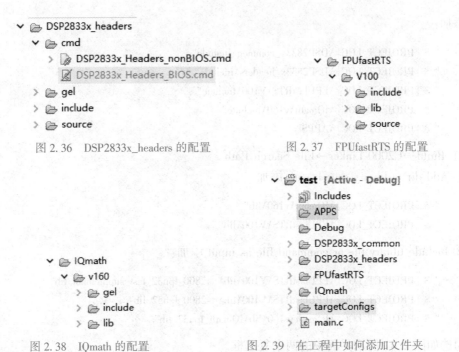

图 2.36　DSP2833x_headers 的配置　　　　图 2.37　FPUfastRTS 的配置

图 2.38　IQmath 的配置　　　　图 2.39　在工程中如何添加文件夹

鼠标放置 test 处然后单击右键，在弹出的对话框中依次单击 New→Floder，在 Floder name 处填写 APPS。

至此，各个文件夹配置完成了。

（5）索引配置：右键单击 test，选择 properties

1）Build→C2000 Compiler→Include Options→Add dir to #include search path，如图 2.40 所示。

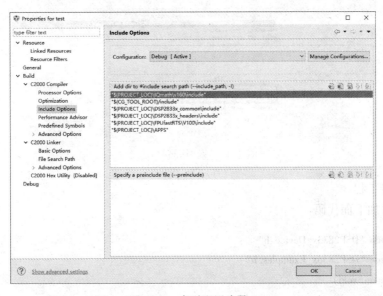

图 2.40　索引配置步骤 1

添加：

> " $ { PROJECT_LOC } \DSP2833x_common\include"
> " $ { PROJECT_LOC } \DSP2833x_headers\include"
> " $ { PROJECT_LOC } \FPUfastRTS\V100\include"
> " $ { PROJECT_LOC } \IQmath\v160\include"
> " $ { PROJECT_LOC } \APPS"

2）Build→C2000 Linker→File Search Path。

① Add dir to library search path 添加：

> " $ { PROJECT_LOC } \IQmath\v160\lib"
> " $ { PROJECT_LOC } \FPUfastRTS\V100\lib"

② Include library file or command file as input 添加：

> " $ { PROJECT_LOC } \FPUfastRTS\V100\lib\rts2800_fpu32_fast_supplement. lib"
> " $ { PROJECT_LOC } \FPUfastRTS\V100\lib\rts2800_fpu32. lib"
> " $ { PROJECT_LOC } \IQmath\v160\lib\IQmath_fpu32. lib"

勾选如图 2.41 所示界面中的两个复选框。

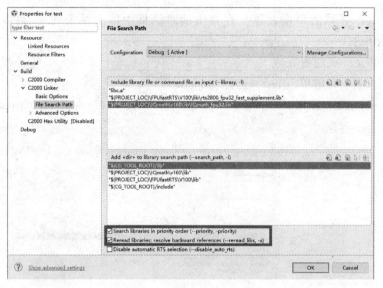

图 2.41　索引配置步骤 2

（6）完善工程

main. c 添加下面代码：

```
#include "DSP2833x_Device. h"
#include "DSP2833x_Examples. h"
void main(void)
{
    /＊系统初始化＊/
```

```
        InitSysCtrl();
        DINT;
        InitPieCtrl();
        IER = 0x0000;
        IFR = 0x0000;
        InitPieVectTable();
        //在此添加初始化代码
        while(1)
        {
            //在此添加主程序
        }
    }
```

（7）如何将代码烧写到 FLASH 中

屏蔽 28335_RAM_lnk. cmd，而不是 F28335. cmd，在 main 函数中添加下面代码：

```
    MemCopy(&RamfuncsLoadStart, &RamfuncsLoadEnd, &RamfuncsRunStart);
    InitFlash();
```

2.7.2 CCS6.0 导入工程

（1）导入工程

1）打开 CCS，单击 Project→Import CCS Project。

2）在弹出的窗口单击"Browser"，选择工程所在路径，勾选目标工

二维码 2.17

程，单击 Finish，如图 2.42 所示。注意：路径中不能含有中文。

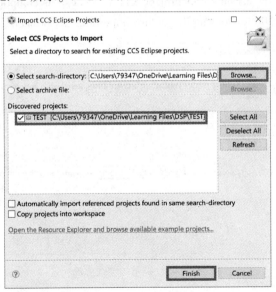

图 2.42　导入工程配置

（2）重新连接仿真器（选做）

1）单击 View→Target Configurations，在右侧会弹出窗口。

2）若在 User Defined 中没有文件，则鼠标右键选择 Target Configuration，并单击 OK；如果有，单击下一步。

3）双击 User Defined 里的文件（NewTargetConfiguration），在"Connection"中选择仿真器型号，在"Board or Device"中选择 TMS320F28335，单击 Save。此时需要为 DSP 上电，单击"Test Connection"测试仿真器是否连接成功，若成功，在弹出来的窗口末尾会有 succeed，如图 2.43 所示。

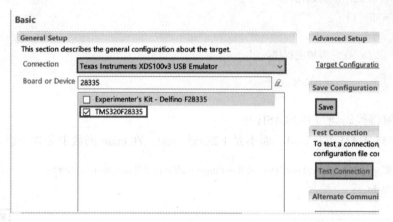

图 2.43　重新连接仿真器

4）右键单击 NewTargetConfiguration→Link File to Project→选择目标工程。

（3）常见的问题

导入工程时，出现了"Project Import Summary"窗口，单击 Details，将滑动条拉到最后，可以看到"Error：Import failed for project 'xxxxx' because its compiler definition is not available. Please install the C2000vx. y compiler before importing this project."如图 2.44 所示。

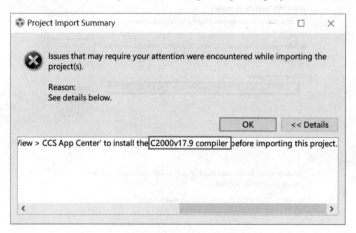

图 2.44　提示的错误界面

解决方法：

1）访问 http://software-dl. ti. com/codegen/non-esd/downloads/download. htm，下载对应版本的 compiler 编译器，本例中应下载 v17. 9 版本。

2）将下载下来的文件，移动到 CCS 安装路径目录\ccsv6\tools\compiler 安装。

3）重新导入工程。

2.7.3 CCS 浮点运算性能优化

1. 测试代码

```
float y1, y2;
float m1, m2;
float x1, x2;
float b1, b2;
void test(void)
{
    y1 = 0;          y2 = 0;
    m1 = 0.5;        m2 = 0.6;
    x1 = 3.4;        x2 = 7.3;
    b1 = 4.2;        b2 = 8.9;
    y1 = m1 * x1 + b1;
    y2 = m2 * x2 + b2;
}
```

2. 性能测试

（1）配置 CCS

右键单击工程→Properties→Build→C2000 Compiler→Optimization，在 Optimization level 右侧的下拉菜单，可以选择优化等级。我们选择不优化和优化等级为 4 进行对比实验。

设置完优化等级后，编译工程，进入 Debug 模式，单击 View→ Disassembly 即可看到汇编代码。

（2）不使用编译器优化

不优化的汇编代码如图 2.45 所示。从图中可以看出，未经优化的汇编代码共 7+7 = 14 行。

```
 93          y1 = m1*x1 + b1;
009442:   E2AF011A    MOV32      R1H, @0x1a, UNCF
009444:   E2AF0026    MOV32      R0H, @0x26, UNCF
009446:   E7000008    MPYF32     R0H, R1H, R0H
009448:   E2AF021E    MOV32      R2H, @0x1e, UNCF
00944a:   E7100080    ADDF32     R0H, R0H, R2H
00944c:   7700        NOP
00944d:   E2030022    MOV32      @0x22, R0H
 94          y2 = m2*x2 + b2;
00944f:   E2AF0118    MOV32      R1H, @0x18, UNCF
009451:   E2AF0024    MOV32      R0H, @0x24, UNCF
009453:   E7000008    MPYF32     R0H, R1H, R0H
009455:   E2AF021C    MOV32      R2H, @0x1c, UNCF
009457:   E7100080    ADDF32     R0H, R0H, R2H
009459:   7700        NOP
00945a:   E2030020    MOV32      @0x20, R0H
```

图 2.45　未经优化的汇编代码

（3）使用4级优化

4级优化后的汇编代码如图2.46所示。从图中可以看出，经优化的汇编代码共3+6=9行。

```
 93         y1 = m1*x1 + b1;
009488:   E80205E0   MOVIZ      R0, #0x40bc
00948a:   E80E6660   MOVXI      R0H, #0xcccc
00948c:   E2030022   MOV32      @0x22, R0H
 94         y2 = m2*x2 + b2;
00948e:   E8020AA0   MOVIZ      R0, #0x4154
009490:   E80BD708   MOVXI      R0H, #0x7ae1
009492:   E2030020   MOV32      @0x20, R0H
009494:   7625       ESTOP0
009495:   FF69       SPM        #0
009496:   0006       LRETR
```

图2.46 4级优化后的汇编代码

可见CCS优化后，可减少编译代码量，提高系统运行速度。

2.7.4 CCS及Code Generation常见问题

问题1：创建一个C28x工程最少需要哪些文件和选项？

答：需要RTS库文件、CMD文件和主函数。

1）对于定点DSP：

编译器选项：-v28 -ml -mt -g -pdr -w

RTS实时运行支持库文件：rts2800_ml.lib

2）对于浮点DSP：

编译器选项：-v28 --float_support=fpu32 -ml -mt -g -pdr -w

RTS实时运行支持库文件：rts2800_fpu32.lib

注意：对于支持CLA和VCU的器件，除了上面的基本配置外，编译选项还应该包含-cla_support=cla0和-vcu_support=vcu0。

问题2：编译器的典型配置有哪些？

答：表2.9、表2.10是开始使用DSP的基本推荐选项，正式开发时可进行优化器设置。

表2.9 处理器及编译选项

处理器类型	编译选项	别名	说　　明
TMS320C28x架构	-silicon_version=28	-v28	若要工作在C28x模式，必须启用此选项，否则CPU工作在C27x模式
含FPU的C28x器件	-float_support=fpu32		用于编译产生32bit单精度浮点指令，需要CCS编译器版本在v5.0.x以上。必须开启-v28和-ml选项
含VCU的C28x器件	-vcu_support=vcuN N = 0 for vcu type 0 N = 2 for vcu type 2		启用后汇编器可识别VCU汇编指令。VCU0的编译器版本在v6.0.1以上，VCU2的编译器版本在v6.2.4以上
带有CLA的C28x器件	-cla_support=claN N = 0 for cla type 0 N = 1 for cla type 1		启用后汇编器可识别CLA汇编指令。CLA0编译器版本在v6.1.0（支持C和汇编）以上或v5.2.x（只支持汇编）以上，CLA1编译器版本在v6.2.4以上

表 2.10a　存储器类型选项

表 2.10a　存储器类型选项

表 2.10a　存储器类型选项

存储器类型	编译选项	别名	说　明
大存储器模式	-large_memory_model	-ml	该选项会将编译器把整个地址空间当作一块完整的 22 bit 的空间（即超过 16 bit 位宽的高地址空间），此时 DSP 所有的指针被认为 22 bit。由于 C++不支持 far 关键字，因此 C++必须使用大存储器模式
统一存储器模式	-unified_memory	-mt	表示存储器在程序和数据空间都可用。编译器使用需要统一存储器的指令，如 PREAD / PWRITE 和 MAC

表 2.10b　故障排除选项

故障排除选项	编译选项	别名	说　明
编译提醒（Remarks）	-issue_remarks	-pdr	Remarks 经常指出应该解决的代码中的真正问题，以避免错误。TI 建议始终使用-pdr 进行构建
链接警告	-warn_sections	-w	在未定义的输出段被创建时产生警告消息。若该警告不消除，则相应代码可能无法执行
以详细形式发出诊断	-verbose diagnostics		提供详细的诊断，并在源程序中指示错误的位置。若错误消息对应的目标代码不清楚，该选项非常有用

表 2.10c　调试优化选项

调试优化方式	编译选项	别名	说　明
产生符号调试信息	-symdebug: dwarf	-g	当第一次编写代码时，应开启完整的符号调试，使代码开始工作。一旦代码被调试稳定，用户可尝试-symdebug: skelatal 选项。但这样做可能会严重限制调试功能，因此只可将其应用于时间关键代码

问题 3：大存储器模式和小存储器模式的区别是什么?

答：大存储器模式下，数据可以存放在内存空间中的任何位置；小存储器模式下，若不使用关键字"far"定义，所有数据只能存放在低 64 KB 的内存中。对于 F28x，TI 使用大存储器模式。对于 C27x 模式的 CPU，TI 使用小存储器模式。

问题 4：什么是统一内存模型?

答：将所有的存储空间定义为一个整体，例如片上 SRAM、ROM、OTP、使用 XINTF 接口的片外存储单元、外设寄存器（通常映射到数据存储空间中）。编译时可使用 PREAD/PWRITE/MAC 等指令来处理大部分的内存复制和结构体的分配。

问题 5：什么是实时运行库 RTS?

答：RTS 库是包含用于编译器实现编程语言的内置函数，以提供该语言程序运行时特殊的计算机程序库。DSP 编程中，用来建立 C/C++代码运行的环境，主要包括以下几个方面：

1）ANSI/ISO C/C++标准库。

2）C 语言输入输出 IO 库。

3）为主机操作系统提供底层 IO 支持。

4）DSP 的启动程序_c_int00。

问题 6：DSP 编程时 RTS 库应使用哪一个?

答：DSP 所支持的 RTS 库很多，具体使用规则见表 2.11。

表 2.11　RTS 库及使用规则

RTS 库	名　称	说　　明	需使用的编译选项
常使用的库	rts2800_ml. lib	C/C++大存储器模式 RTS 库。常用于 C28x 定点 DSP	–v28–ml
	rts2800_fpu32. lib	含 FPU 的 C/C++RTS 库。假设 CPU 已使用大存储器模式，则可与 FPU FastRTS 库组合使用	–v28–ml –float_support＝fpu32
C++异常处理的库	rts2800_ml_eh. lib	支持异常处理的 C/C++大存储器模式 RTS 库 注意：即使没有发生异常情况，异常处理依旧会耗费大量 CPU 资源。建议只在需要异常处理情况下才能使用此库	–v28 –ml –exceptions
	rts2800_fpu32_eh. lib	针对 FPU 器件，支持异常处理的 C/C ++大存储器模式 RTS 库 注意：即使没有发生异常情况，异常处理依旧会耗费大量 CPU 资源。建议只在需要异常处理情况下才能使用此库	–v28 –ml –exceptions –float_support＝fpu32
不推荐使用的库	rts2800. lib	C/C++小存储器模式 RTS 库。常用于 C27x 定点 DSP	–v28
	rts2800_eh. lib	支持异常处理的 C/C++小存储器模式 RTS 库	–v28

问题 7：RTS 库存放在何处？

答：它在 codegen 安装目录下的 "/lib" 子目录中。

1）查看 CCS 安装的工具目录，如 ti \ccsv5 \ tools \ compiler。

2）一些特殊的库，位于其安装目录下的 lib 文件夹中，如 \ FPUfastRTS \ V101 \ lib \ rts2800_fpu32_fast_supplement. lib。

问题 8：如何将 RTS 库添加到我的项目中？

答：详见新建工程的第 5 步索引配置。

问题 9：关于优化器（Optimizer）使用的小贴士。

答：优化器选项有很多，关于优化器使用的详细说明请参阅《TMS320C28x Optimizing C/C++ Compiler User's Guide》，简化流程如下：

1）根据功能将代码分割成单独的文件，以允许选择优化级别。

2）使能符号调试功能（Symbolic Debug Enabled），使用完全符号调试（–symdebug：dwarf 或–g）。

3）启动优化功能并再次验证代码功能：优化级别有 5 种，即 0、1、2、3 和 4。每种对应不同的优化程度。启用优化时必须指定优化级别，否则优化选项被编译器忽略，同时显示警告信息。其中，优化级别 0（–opt_level＝0 或 –o0）优化程度最低；优化级别 4（–opt_level＝4 或 –o4）优化程度最高，编译器从最低的优化级别开始进行验证。

4）优化级别 4（––opt_level＝4 或 –o4），从应用程序的整体角度进行代码优化，增加了构建时间，但可通过配置相应的链接选项来提高代码的运行效率。

5）调试已经优化的代码，需要在使用–opt_level 的同时开启符号调试选项–g。

6）去掉符号调试选项（–g）并使用––symdebug：skeletonal。

作为最后一步，移除符号调试选项，也就是说，希望使用––symdebug：skeletonal 而不是完全符号调试来编译关键代码。这是因为虽然符号调试选项对代码的效率影响非常小，但是在某些情况下可能会影响到特定代码的执行。例如，使用 FPU32 指令集，编译器可能使用更多并行指令来减少代码中 NOP 的数量。然而，这种操作可能会改变代码调试的能力，因此，一般仅对时间关键代码的特定文件应用此选项。

7）不要开启-ss 选项：-ss 会阻止代码优化（而-s 并不会妨碍代码优化）。

问题 10：CCS 编译时出现出现 warning：entry-point symbol other than "_c_int00" specified："code_start"。

答：单击 Project→Properties→C2000 Linker→Symbol Management，将 Specify program entry point for the output module（--entry_point）后的编辑框内容删除，单击 OK 即可。

问题 11：CCS 恢复默认窗口布局方法。

答：Windows→Reset Perspective。

问题 12：如何在 CCS 中切换编辑（Edit）界面和调试（Debug）界面。

答：在 CCS 右上角 ⊞ | 🖺 CCS Edit ⁶₅ CCS Debug ，单击"+"添加 CCS Debug，通过单击 CCS Edit 和 CCS Debug 切换编辑（Edit）界面和调试（Debug）界面。

第 3 章　程序应用语言

3.1　C 语言编程基础

3.1.1　F28335 的 C 语言数据类型

F28335 的 C 编译器对于标识符的前 100 个字符可以区分，并对大小写敏感。虽然 F28335 的 CPU 是 32 位的，但是其 char 型数据仍然是 16 位的。F28335 的 C 语言常用的数据类型汇总见表 3.1。

表 3.1　F28335 C 语言常用数据类型

数 据 类 型	字长/bit	最 小 值	最 大 值
char, signed char	16	-32 768	32 767
unsigned char	16	0	65 535
short	16	-32 768	32 767
unsigned short	16	0	65 535
int, signed int	16	-32 768	32 767
unsigned int	16	0	65 535
long, signed long	32	-2 147 483 648	2 147 483 647
unsigned long	32	0	4 294 967 295
enum	16	-32 768	32 767
float	32	1. 19 209 290e-38	3. 40 282 35e+38
double	32	1. 19 209 290e-38	3. 40 282 35e+38
pointers	16	0	0xFFFF
far pointers	22	0	0x3FFFFF

在 TI 提供的 DSP2833x_Device. h 文件中对数据类型进行了重新定义：

```
typedef int                int16;
typedef long               int32;
typedef unsigned int       Uint16;
typedef unsigned long      Uint32;
typedef float              float32;
typedef long double        float64;
```

例如，一个 16 位的无符号整数就可以直接定义为：Uint16　x。在此基础上，TI 公司对 F28335 的各种外设采用位域结构体的方法进行了规范定义。

3.1.2 几个重要的关键字

（1）volatile

有的变量不仅可以被程序本身修改，还可以被硬件修改，即变量是"易变的"（Volatile）。若变量用关键字 volatile 进行修饰，就是告诉编译器该变量随时可能发生变化，每次使用该变量时要从该变量的地址中读取。这样可以确保在用到这个变量时每次都重新读取这个变量的值，而不是使用保存在寄存器里的备份。volatile 常用于声明存储器、外设寄存器等。使用示例：

> volatile struct　CPUTIMER_REGS　* RegsAddr;

（2）cregister

cregister 是 F28335 的 C 语言扩充的关键字，用于声明寄存器 IER 和 IFR，表示允许高级语言直接访问控制寄存器。

cregister 只能对整型或者指针类型进行定义，并且只在本文件的作用域内生效，它既不能在函数内定义，也不能被用在浮点类型、结构体或者共同体类型上。若 cregister 类型定义的变量是可以被外部控制修改的，那么该变量也必须同时使用 volatile 类型进行声明。使用示例：

> cregister volatile unsigned int IER;
> cregister volatile unsigned int IFR;

注意：IFR 不能直接赋值，它的置位操作只能通过"或"操作（操作符是 | ）进行修改，且操作数必须是立即数，它的复位操作只能被"与"操作（操作符是 &）进行修改，例如：IFR | = 0x4；IFR & = 0x0800。

IER 寄存器除了通过"或"操作或者"与"操作进行修改之外，可直接赋值，例如：IER = x；IER | = 0x100。

（3）interrupt

interrupt 是 F28335 的 C 语言扩充的关键字，用于指定一个函数是中断服务函数。CCS 在编译时会自动添加保护现场、恢复现场等操作。使用示例：

> interrupt void INT14_ISR(void)
> {… …;}

注意：c_int00 函数，它是 C/C++程序的入口点，不被任何函数所调用，所以不需要保存任何状态。

（4）const

const 常用来定义常数表，CCS 在进行编译时会将这些常数放在".const 段"，并置于程序存储空间。示例：const int digits[ ] = {0,1,2,3,4,5,6,7,8,9}。

但在两种情况下 const 定义的全局变量仍然会被分配到 RAM 的地址空间中：

1）使用 const 定义的同时还使用了 volatile 关键字。

例如：volatile const int x;

volatile 类型的变量是存放在 RAM 中的，因此 volative const 也会被分配到 RAM 中，程序无法对 volatile const 定义的常量进行修改。

2）在函数的作用域内，对象被自动存储。

使用 const 关键字时，其位置非常重要，例如：

```
int * const p = &x;      //指针 p 为 constant 类型(p 不可变),指向的内容为可变的 int 类型变量
const int * q = &x;      //指针 q 为可变的,指向 constant 的 int 类型
```

有些读者可能会问：我们用#define 来预定义某些符号的值，#define 与 const 区别是什么？

const 定义的只读变量在程序运行过程中只有一份拷贝（比如它存放在 ROM 中，有固定的地址），而#define 定义的宏在内存中有若干拷贝。#define 在预编译阶段进行替换，没有固定类型；const 定义的只读变量在编译的时候会确定其值，具有特定的类型。const 引入了常量的概念，禁止我们修改不应修改的内存，万一改变了 const 变量的值，编译器会即刻告警。

（5）asm

利用 asm 关键字可以在 C 语言源程序中嵌入汇编语言指令，从而使操作 F28335 的某些寄存器的位变得非常容易。使用示例：

```
asm("   SETC INTM");   //这里应该注意,汇编指令前面必须留有空格
```

（6）far

默认情况下，C/C++的编译器只支持低 64 KB 存储空间，且所有的指针都默认为 16 位。但 C28x 的存储空间一般都超过 64 KB，通过使用 far 类型，C 代码的指针可为 22 bit，并支持对高达 4 MB 的存储空间的存取。（C++中，不支持 far 关键字，对高地址的存取是通过使用在编译器选项中开启 large memory model 选项实现的）

当一个变量被定义为 far 类型时，它被存储在高于 64 KB 的地址范围中，此时 far 类型的全局变量不再保存在 .bss 段中，而是保存在 .ebss 中。同样，far 类型的 const 变量也被保存到 .econst 段中。

注意：只有全局变量和静态变量可以被定义为 far 类型，函数中的非静态变量因为被分配到栈中，被自动当 near 类型处理。对于结构体，若结构体被声明为 far 类型，则全部成员都会自动继承为 far 类型。举例：

```
int far *ptr;          // 指针指向 far 类型的 int,但是指针本身是 near 类型
int * far ptr;         // 指针指向 near 类型的 int,但是指针本身是 far 类型
int far * far ptr;     // 指针和指向的内容都是 far 类型
int * far func();      // 错误:far 类型只能用于数据,不能用于函数
```

注意，对于两个 far 类型指针相减的操作，其结果是 16 位的指针。

3.1.3　C 语言程序渐进示例

1. 软件算法仿真 – Simulator

在 CCS6 开发平台下编写 C 语言程序，将数据区的几个常数相加，结果存到内存的某一单元。程序验证采用模拟仿真（Simulator）。示例步骤如下：

1）建立工程。双击 Code Composer Studio 6 图标，进入 CCS6 编辑状态；执行"File→

New→CCS Project"命令，建立一个新工程。

2）配置工程。执行"File→New→Target Configration File"命令，在Connection窗口选择Texas Instruments Simulator选项，在Divice列表中选择F283x CPU Cycle Accurate Simulator，单击Save，这时会生成配置文件，命名为F28335_Simulator_c. ccxml；系统自动生成了28335_RAM_lnk. cmd文件。

3）建立应用程序。建立C语言源文件，命名为main. c。

```
int x = 3;
int y = 5;
int main( )
{
    int z;
    z = x + y;
    return z;
}
```

4）编译下载。单击编译命令图标或执行Project菜单的"Rebuild All"命令，在自动产生的文件夹Debug中会生成可执行目标文件；单击调试命令图标或执行"Run→Debug"命令，目标程序会下载到RAM，系统进入仿真调试状态。

5）运行调试。单击View菜单的"Memory"及"Registers"，设置存储器及寄存器观察窗口；对比分析CMD文件和其他各文件与存储器间的关系；在Debug菜单，执行单步命令，观察各窗口信息的变化。图3.1所示为本例中各变量在内存的映射观察界面。

图3.1　各变量在内存的映射

2. 传统寄存器定义方法 – Emulator

采用传统寄存器定义方法编写 C 语言程序，通过 GPIO0、GPIO1 控制发光二极管的点亮和熄灭。程序验证采用硬件仿真（Emulator）。示例步骤如下：

1）建立工程。启动 CCS6，复制文件 DSP2833x_CodeStartBranch. asm 到工程文件夹，该文件功能是首先禁用看门狗，然后跳转到 C 应用接口（_c_int00）；复制文件 DSP2833x_usDelay. asm 到工程文件夹，该文件包含软件延时代码。

2）编写 C 语言应用程序，以 main. c 存盘，内容如下：

```
extern void DSP28x_usDelay(unsigned long Count);
#define CPU_RATE        6.667L        // 150 MHz CPU clock speed (SYSCLKOUT)
#define DELAY_US(A)    DSP28x_usDelay\
(((((long double) A * 1000.0L) / (long double)CPU_RATE) - 9.0L) / 5.0L)


#define GPAMUX1         (volatile unsigned int * )0x6F86
#define GPAMUX2         (volatile unsigned int * )0x6F88
#define GPADIR          (volatile unsigned int * )0x6F8A
#define GPADAT          (volatile unsigned int * )0x6FC0
#define GPASET          (volatile unsigned int * )0x6FC2
#define GPACLEAR        (volatile unsigned int * )0x6FC4
#define GPATOGGLE       (volatile unsigned int * )0x6FC6


#define EALLOW          asm(" EALLOW")
#define EDIS            asm(" EDIS")
extern wd_disable(void);


void main(void)
{
    wd_disable();
    EALLOW;
     * GPADIR | = 0x0003;             // GPIO1,GPIO0 为 OUT
    EDIS;
     * GPASET | = 0x0001;             // GPIO0 引脚置 1
    DELAY_US(100000);
    while(1)
    {
         * GPATOGGLE | = 0x0003;      // GPIO1,GPIO0 引脚翻转
        DELAY_US(500000);
    }
}
```

程序中 wd_disable() 函数的汇编代码为（以 initWD. asm 存盘）：

```
. global _wd_disable
```

```
            . text
    _wd_disable:
        SETC    OBJMODE                 ;置 c28x 目标码模式
        EALLOW
        MOVZ    DP, #7029h >>6          ;置 WDCR 数据页
        MOV     @ 7029h, #0068h         ;置 WDDIS 位,屏蔽 WD
        EDIS
        LRET
```

3. 寄存器位域结构方法 – Emulator

（1）GPIO 寄存器组类型构造

利用结构体类型进行位域描述旨在既可对某个寄存器的全体位进行同时操作，也可对该寄存器的某个位进行单独的操作。这给按位控制的需求带来了极大的方便。

TI 公司提供了 GPIO 模块的头文件 DSP2833x_Gpio.h，为众多 GPIO 控制寄存器及 GPIO 数据寄存器进行了位域的组织和描述。下面仅取文件中对描述 GPIO 数据寄存器的相关代码进行说明：

```
    // GPIO A DIR/TOGGLE/SET/CLEAR register bit definitions
    struct GPADAT_BITS {            // bits    description
        Uint16 GPIO0:1;             // 0       GPIO0
        Uint16 GPIO1:1;             // 1       GPIO1
        ... ... ... ... ...
        Uint16 GPIO31:1;            // 31      GPIO31
    };
```

结构体类型 GPADAT_BITS 对 GPADAT 寄存器进行了描述，GPADAT 寄存器的 32 位从低到高的每一个位都定义了一个易于识别的位的名字，以便进行单独操作。可通过定义共用体的方式，对数据寄存器进行整体描述。

```
    union GPADAT_REG {
        Uint32                  all;
        struct GPADAT_BITS      bit;
    };
```

有了各组数据寄存器位域描述后，再把它们的描述组合在一起，构造成如下的 GPIO 数据寄存器组类型：

```
    struct GPIO_DATA_REGS {
        union   GPADAT_REG      GPADAT;         // GPIO Data Register
        union   GPADAT_REG      GPASET;         // GPIO Data Set Register
        union   GPADAT_REG      GPACLEAR;       // GPIO Data Clear Register
        union   GPADAT_REG      GPATOGGLE;      // GPIO Data Toggle Register
        union   GPBDAT_REG      GPBDAT;         // GPIO Data Register
        union   GPBDAT_REG      GPBSET;         // GPIO Data Set Register
        union   GPBDAT_REG      GPBCLEAR;       // GPIO Data Clear Register
```

```
union   GPBDAT_REG        GPBTOGGLE;       // GPIO Data Toggle Register
union   GPCDAT_REG        GPCDAT;          // GPIO Data Register
union   GPCDAT_REG        GPCSET;          // GPIO Data Set Register
union   GPCDAT_REG        GPCCLEAR;        // GPIO Data Clear Register Union
union   GPCDAT_REG        GPCTOGGLE;       // GPIO Data Toggle Register
Uint16                    rsvd1[8];
};
```

采用保留字的占位,有利于寄存器整体映射到存储区的确定地址段。有了寄存器位结构的定义后,可以利用如下语句方便地操作外设寄存器:

```
GpioCtrlRegs. GPADIR. bit. GPIO1 = 1;        //置引脚 GPIO1 输出方式
GpioDataRegs. GPASET. bit. GPIO1 = 1;        //置引脚 GPIO1 高电平
```

(2) 定义存放寄存器组的存储器段

在 DSP2833x_GlobalVariableDefs. c 文件中有如下代码:

```
#ifdef __cplusplus
    #pragma DATA_SECTION("GpioCtrlRegsFile")
#else
    #pragma DATA_SECTION(GpioCtrlRegs,"GpioCtrlRegsFile");
#endif
volatile struct GPIO_CTRL_REGS GpioCtrlRegs;
#ifdef __cplusplus
    #pragma DATA_SECTION("GpioDataRegsFile")
#else
    #pragma DATA_SECTION(GpioDataRegs,"GpioDataRegsFile");
#endif
volatile struct GPIO_DATA_REGS GpioDataRegs;
```

其中, GpioCtrlRegs 和 GpioDataRegs 是 GPIO 控制寄存器组和 GPIO 数据寄存器组变量;
GpioCtrlRegsFile 和 GpioDataRegsFile 是存放这两个变量的两个数据段的段名。

(3) 寄存器组的存储器段地址定位

控制寄存器组占用 0x006F80～0x006FBF 共 64 个地址单元, 数据寄存器组占用 0x6FC0～
0x6FDF 共 32 个地址单元。寄存器组变量在存储器中的段地址定位由 CMD 文件实现。打开
TI 提供的 DSP2833x_Headers_nonBIOS. cmd 文件, 可看到如下内容:

```
MEMORY
{
    PAGE 0:    / * Program Memory */
    PAGE 1:    / * Data Memory */
        GPIOCTRL : origin = 0x006F80, length = 0x000040
        GPIODAT : origin = 0x006FC0, length = 0x000020
}
SECTIONS
```

```
    }
    /∗∗∗ Peripheral Frame 1 Register Structures ∗∗∗/
    ECanaRegsFile        : > ECANA,          PAGE = 1
    GpioCtrlRegsFile     : > GPIOCTRL        PAGE = 1
    GpioDataRegsFile     : > GPIODAT         PAGE = 1
    GpioIntRegsFile      : > GPIOINT         PAGE = 1

    /∗∗∗ Peripheral Frame 2 Register Structures ∗∗∗/
    SysCtrlRegsFile      : > SYSTEM,         PAGE = 1
    SpiaRegsFile         : > SPIA,           PAGE = 1
}
```

采用寄存器位结构方法编写程序，程序验证采用硬件仿真（Emulator）。

1）建立工程。启动 CCS6，添加应用程序需要的源文件链接或复制文件应用程序需要的源文件到工程文件夹；建立 include 搜索路径；复制 F28335 外设命令文件 DSP2833x_Headers _nonBIOS. cmd 到工程文件夹，如图 3.2 所示。

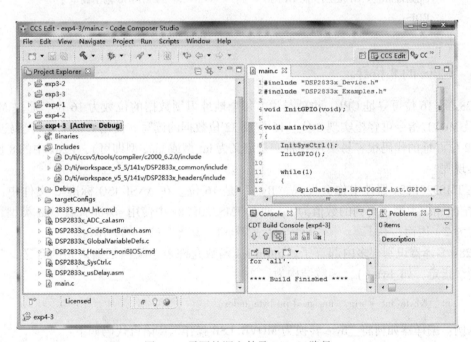

图 3.2　需要的源文件及 include 路径

2）编写 C 语言应用程序，以 main. c 存盘，然后编译、下载及调试。

```
#include "DSP2833x_Device. h"
#include "DSP2833x_Examples. h"

void main( void)
{
    InitSysCtrl( ) ;
```

```
        InitGPIO();
        while(1)
        {
            GpioDataRegs. GPATOGGLE. bit. GPIO0 = 1;        // GPIO0 翻转
            GpioDataRegs. GPATOGGLE. bit. GPIO1 = 1;        // GPIO1 翻转
            DELAY_US( 100000);

        }

    }

void InitGPIO( void)
{

    EALLOW;
    GpioCtrlRegs. GPAMUX1. bit. GPIO0 = 0;             // GPIO0 为 GPIO 功能
    GpioCtrlRegs. GPADIR. bit. GPIO0 = 1;              // GPIO0 为输出功能
    GpioCtrlRegs. GPAMUX1. bit. GPIO1 = 0;             // GPIO1 为 GPIO 功能
    GpioCtrlRegs. GPADIR. bit. GPIO1 = 1;              // GPIO1 为输出功能
    GpioDataRegs. GPASET. bit. GPIO0 = 1;              // GPIO0 输出高电平
    EDIS;

}
```

3.1.4　F28x 的 8 位寻址

　　F28x 是 16 位可寻址 CPU。也就是说，每个地址识别数据的位数为 16 位。通过 MOVB、MOV 及 MOVL 指令可轻松实现 8 位、16 位及 32 位数据的读写。使用 C 或 C++代码进行 16 位及 32 位寻址的代码很容易实现（将变量定义为 int 型或 long 型即可），F28x 中的 8 位寻址如何实现呢？

　　在 TMS320F28x 器件中你会发现 "Byte" 是 16 位。在 ANSI/ISO 标准 C 文件中，使用 sizeof 查看 char 类型，得到的数值为 1；而在 TMS320F28x 中使用 sizeof 查看 char 类型，得到的数值为 2。因而，在 F28x 中 "Byte" 与 "Word" 是等效的，均为 16 位。

　　C28x 编译器识别很多内部算子。Intrinsics 函数允许表达某些汇编语句的含义，并用前置下划线指定，如_byte()，函数结构为

```
    int __&byte(int  * array, unsigned int byte_index)
```

　　示例：编译器如何将__byte 转换为 MOVB. LSB 操作。C 语言代码如下：

```
int16 MyArray[20];
int16 Val;
int16 Read1;
int16 Read2;
int16 Read3;
int16 Read4;
void main( void)
{

    __byte( MyArray,0) = 0x00;               // MyArray[0] = 0x--00
```

__byte(MyArray,1) = 0x11;	// MyArray[0] = 0x1100
__byte(MyArray,2) = 0x22;	// MyArray[1] = 0x--22
__byte(MyArray,3) = 0x33;	// MyArray[1] = 0x3322
__byte(MyArray,4) = 0x44;	// MyArray[2] = 0x--44
__byte(MyArray,5) = 0x55;	// MyArray[2] = 0x5544
__byte(&Val,0) = 0x66;	// Val1 = 0x--66
__byte(&Val,1) = 0x77;	// Val1 = 0x7766
Read1 = __byte(MyArray,2);	// Read1 = 0x0022 (clears upper byte)
Read2 = __byte(MyArray,5);	// Read2 = 0x0055 (clears upper byte)
Read3 = __mov_byte(MyArray,4);	// Read3 = 0x0044 (clears upper byte)
Read4 = __mov_byte(MyArray,5);	// Read4 = 0x0055 (clears upper byte)
...	
}	

执行后的内存内容为

0x0000 C000	Read3
0x0000 C000	0044
0x0000 C001	Read4
0x0000 C001	0055
0x0000 C002	Read1
0x0000 C002	0022
0x0000 C003	Read2
0x0000 C003	0055
0x0000 C004	Val
0x0000 C004	7766
0x0000 C005	MyArray
0x0000 C005	1100 3322 5544

反汇编部分代码如图 3.3 所示。

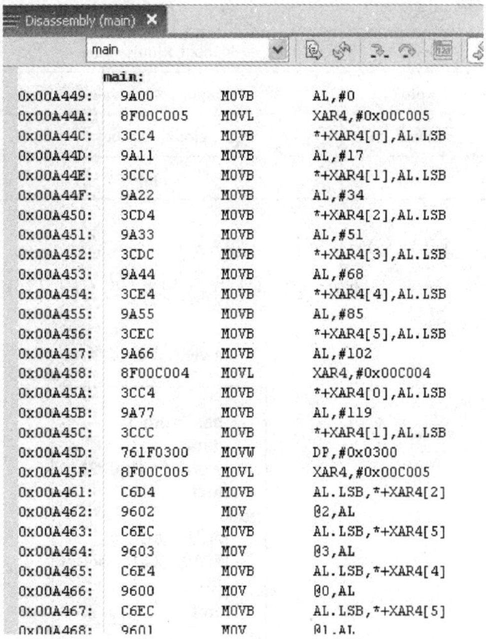

图 3.3 反汇编部分代码

3.2 链接器命令文件 CMD

F28335 片上 FLASH 和 SARAM 存储器在逻辑上既可以映射到程序空间，也可以映射到数据空间。到底映射到哪个空间，这要由 CMD 文件来指定。

CCS 生成的可执行文件（.out）格式采用 COFF 格式，这种格式的突出优点是便于模块化编程，程序员能够自由地决定把由源程序文件生成的不同代码及数据定位到哪种物理存储器及地址空间指定段。

由编译器生成的可重定位的代码或数据块叫作"SECTIONS"（段）。不同的系统资源，SECTION 的分配方式也不同。链接器通过 CMD 文件的 SECTIONS 关键字来控制代码和数据的存储器分配。

3.2.1 存储器映射说明及程序段放置

1. 汇编伪指令

（1）常用汇编伪指令

常用汇编伪指令见表 3.2。

表 3.2 常用汇编伪指令

伪指令	格 式	功 能 说 明
. text	. text	汇编到代码段
. data	. data	汇编到已初始化数据段
. bss	. bss symbol，size	在未初始化数据段保留空间
. sect	. sect "name"，size	创建已初始化段，可放数据表及可执行代码
. usect	. usect "name"，size	创建未初始化段
. long	symbol . long value	初始化 32 位整数
. word	symbol . word value	初始化 16 位整数
. global	. global symbol	定义全局变量
. end	. end	汇编结束

（2）CMD 文件的编写

图 3.4 所示为汇编语言分配的 SECTIONS（段）与存储器的关系。

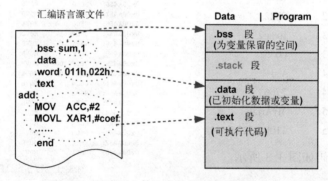

图 3.4　汇编源文件生成的段在存储器的定位

由汇编语言程序生成的段可以分为两类：初始化段和未初始化段。

初始化段有如下几种：

1）. text 段，存放汇编生成的可执行代码。

2）. data 段，存放数据表或已初始化的变量。

3）. sect 段，用于创建新的初始化段。

未初始化段有如下几种：

1）. bss 段，为未初始化变量保留的空间。

2）. usect 段，用于创建新的未初始化段。

（3）典型的 CMD 文件

CMD 文件可指示链接程序如何计算和分配存储器空间。因不同的芯片会有不同大小的 FLASH 和 SARAM，所以 CMD 文件需要根据不同的芯片进行调整。下面是一个简单的 CMD 文件：

```
MEMORY
{
    PAGE0：
        RAML1：o = 0x009000，l = 0x1000
    PAGE1：
        RAML4：o = 0x00C000，l = 0x1000
}
SECTIONS
{
    .text：> RAML1，  PAGE = 0      / * .text 段配置在 RAML1 区 * /
    .data：> RAML1，  PAGE = 0      / * .datd 段配置在 RAML1 区 * /
    .bss ：> RAML4，  PAGE = 1      / * .bss 段配置在 RAML4 区 * /
}
```

在该 CMD 文件中，采用 MEMORY 伪指令建立目标存储器的模型（列出存储器资源清单）。PAGE 关键词用于对独立的存储区进行标记。通常的应用中分为两页，PAGE 0 为程序存储区、PAGE 1 为数据存储区。RAML1 和 RAML4 是为定义的存储区名字，同一个 PAGE 内不允许有相同的存储区名，但不同的 PAGE 上可以出现相同的名字。

‘o’和‘l’分别是 origin 和 length 的缩写。origin 标识该段存储区的起始地址，length 标识该段存储区的长度。有了存储器模型，就可以定义各个段在不同存储区的具体位置了。这要使用 SECTIONS 伪指令。每个输出段的说明都是从段名开始，段名之后是给段分配存储器的参数说明。

2. C 语言伪指令

（1）C 编译器产生的段

与汇编器类似，C 编译器也可以生成初始化段和未初始化段。

初始化段有如下几种：

1）text 段，存放编译生成的可执行代码。

2）cinit 段，存放全局变量和静态变量的初始化数据。

3）const 段，存放字符串常数及用 const 限定的全局变量和静态变量的初始化数据（字符串常数及 const 由 far 限定时，要存放在 .econst 段）。

4）switch 段，存储 C 语言 switch 语句产生的跳转表。

5）reset 段，编译器生成一个名为 .reset 的段，它只包含_c_init00 的地址，其目的是提供复位向量。然而，对于大多数 F28x 设备，复位向量位于引导 ROM 中。因此，CMD 文件中的 .reset 段可设置为"TYPE = DSECT"。

未初始化段有如下几种：

1）bss 段，为全局变量和静态变量保留的空间。当用户程序启动时，在 .cinit 空间中的数据会由引导程序复制到 .bss 空间。

2）stack 段，存放 C 语言系统堆栈，为参数传递及局部变量的保留空间。

3）system 段，用于调用 malloc( ) 函数时为动态内存分配空间。

4）ebss 段，在大内存模式下，far 定义的全局变量和静态变量保留的空间。

5）esystem 段，对于大内存模型，声明 far malloc( ) 函数时分配的空间。

自定义段，采用以下 2 条语句：

1）#pragma DATA_SECTION（函数名或全局变量名，"自定义在数据空间的段名"）。

2）#pragma CODE_SECTION（函数名或全局变量名，"自定义在程序空间的段名"）。

（2）C 程序与各段的对应关系

C 语言源程序生成的段在存储器的定位如图 3.5 所示。

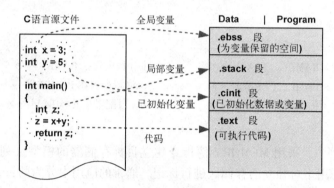

图 3.5　C 源文件生成的段在存储器的定位

与汇编语言编程时使用的 CMD 文件相比，C 语言编程时采用的 CMD 文件需要进行简单的调整：一是用 .cinit 代替 .data；二是增加了 .reset 段，虽然在 SRAM 仿真模式没有用到 .reset 段，但加上后可以避免编译时的警告提示。

C 语言程序经常要调用一些标准函数，如动态内存分配、字符串操作、求绝对值、计算三角函数、计算指数函数以及一些输入/输出函数等。这些函数并不是 C 语言的一部分，但是却像内部函数一样，只要在源程序中加入对应的头文件（如 stdlib.h、string.h、math.h 和 stdio.h 等）即可。这些标准函数是 ANSI C/C++编译器运行时的支持函数。运行时支持库作为链接器的输入，要与用户程序一起链接以生成可执行的目标代码。

（3）CMD 文件的编写

CMD 文件可以自己编写，也可由 CCS6 集成开发环境自动生成。为了便于理解，下面的程序对 CCS6 系统生成的 CMD 文件（28335_RAM_lnk.cmd）进行了简化。

```
MEMORY
{
    PAGE0 :
        / *  BEGIN is used for the "boot to SARAM"   * /
        BEGIN      : origin = 0x000000, length = 0x000002
        RAML0      : origin = 0x008000, length = 0x001000
        RAML1      : origin = 0x009000, length = 0x001000
```

```
        RAML2        : origin = 0x00A000, length = 0x001000
        RAML3        : origin = 0x00B000, length = 0x001000
        RESET        : origin = 0x3FFFC0, length = 0x000002
    PAGE1 :
        RAMM1        : origin = 0x000400, length = 0x000400
        RAML4        : origin = 0x00C000, length = 0x001000
        RAML5        : origin = 0x00D000, length = 0x001000
        RAML6        : origin = 0x00E000, length = 0x001000
        RAML7        : origin = 0x00F000, length = 0x001000
}

SECTIONS
{

    codestart    : > BEGIN,      PAGE = 0
    ramfuncs     : > RAML0,      PAGE = 0
    . cinit      : > RAML0,      PAGE = 0
    . pinit      : > RAML0,      PAGE = 0
    . switch     : > RAML0,      PAGE = 0
    . text       : > RAML1,      PAGE = 0
    . reset      : > RESET,      PAGE = 0, TYPE = DSECT / *  not used * /

    . stack      : > RAMM1,      PAGE = 1
    . esysmem    : > RAMM1,      PAGE = 1
    . ebss       : > RAML4,      PAGE = 1
    . econst     : > RAML5,      PAGE = 1

}
```

3. 2. 2 CMD 常见问题

问题 1：提示 "placement fails for object"，但可用内存足够大，为什么?

答：段在物理地址的分配并非一个挨一个，而是被编译器"分块"管理了。内存地址分配时，一个段需要完全适配到页（Page）中，或者从页的边界开始连续分配。因而段在分配时，可能无法完全利用某些页，导致内存地址中产生了间隙（Hole），使得实际所需的内存空间超过了理论计算的空间。编译器这样做的目的是为了优化数据页（DP）寄存器的加载，达到减小代码尺寸和优化程序性能的目的。例如，定义一个数组，若数组的长度小于 64 word（1 word = 16 bit），则编译器仅需加载 DP 一次就可以访问数组的全部元素；若访问多个 64 word 的数组元素则需多次加载 DP 指针。

举例说明：

CMD 定义：

RAMM1 : origin = 0x000400, length = 0x000400

LabBuff : > RAMM1 PAGE = 1

main. c 定义如下变量：

```
#pragma DATA_SECTION( Receiver, "LabBuff" )
Uint16 Receiver[ 260 ];

#pragma DATA_SECTION( Transfer, "LabBuff" )
Uint16 Transfer[ 260 ];

#pragma DATA_SECTION( Cnt, "LabBuff" )
Uint32 Cnt[ 250 ];
```

理论计算共需 520Word + 250Word × 2 = 1020Word，CMD 文件分配给 LabBuff 的空间为 1024Word，因此正好放得下。但 ccs 提示空间不够：（run placement fails for object "LabBuff"，size 0x474 （page 1）. Available ranges：RAMM1 size：0x400 unused：0x400 max hole：0x400）。

错误产生的原因是依据 DP 加载的原则：存储空间被划成各个页（Page），每页占用 64 个 Word，数组被存储在连续的、整块的页中，页内未被使用的空间不会再分配给其他数组或者变量。因此按照本例，长度为 260（16 bit）的数组占用 5 页（260/64 = 4.0625），长度为 250 的（32 bit）数组占用 8 页（250×2/64 = 7.8125），总占用为 18 页，总计 18×64Word = 1152Word = 0x480Word。按照 CCS 的提示，LabBuff 实际占用空间为 0x474Word，与计算有别。原因是：Receiver 和 Transfer 各占用 5 个 Page，Cnt 占用 8 个 Page，Cnt 占用最后一个 Page 的空闲空间并不会被其他变量所使用，因而 CCS 显示的空间为 5 页×2×64Word + 250Word×2 = 0x474Word。超出 LabBuff 存放的空间 0x400Word，因而系统报错。

解决方案：内存读取操作前对 DP 进行加载操作，可禁用"分块"管理特性。尽管可降低内存地址空间中的"间隙"，但增加了存储代码的空间；也可启用编译器的 –disable_dp_load_opt，或 –md 选项来实现。

问题 2：提示 "placement fails for object'. text"，如何为 ". text 段"分配更多内存？

答：". text 段"包含可执行的代码及初始化常量。若代码超过了 CMD 文件中默认分配的空间，就会产生上面的错误。通常有两种解决方法。

解决方法一：分割 ". text 段"，把它平均分配到多个内存区域中，几个内存区域模块的总长度要满足要求。例如：

```
. text : >> FLASHA │ FLASHC │ FLASHD, PAGE = 0
```

解决方法二：完整分割法。其本质仍然是把 ". text 段"分割，目标区域也可有多个，但当第一个区域满足要求时，则只把它分配到第一个区域即可，剩余部分未被使用。

问题 3：是否能把连续的 FLASH 模块组合为一个整体？

答：可以，有两种方法。

解决方法一：直接合并法。以两个 FLASH 扇区组合为例进行说明。合并前两个扇区的定义是

```
MEMORY
{
    FLASHA : origin = 0x308000, length = 0x008000 / * on-chip FLASH * /
```

FLASHB : origin = 0x310000, length = 0x008000 / * on-chip FLASH * /
}

合并之后的 FLASH 区间为

MEMORY
{
FLASHAB : origin = 0x308000, length = 0x010000
}

解决方法二：把段分配到多个 FLASH 模块中。例如：

SECTIONS
{
. text: { * (. text) } >> FLASHE | FLASHH
}

问题 4：可以把相邻的 SARAM 模块组合为一个整体的区间吗?

答：可以，与 FLASH 组合的方法一致。注意，SARAM 单周期内只能访问一次，为了提高程序的性能，还是建议把代码分区到不同的 SARAM 模块中，可大量减少读/写操作的资源冲突。

问题 5：为什么需要开启链接器 – w 选项?

答：–w 的含义是，在未定义的输出段被创建时产生警告信息。因此，如果在程序中创建了段，例如：

. sect“. func”
#pragma CODE_SECTION(function,“. func”)

但 CMD 文件中没有明确段的类型（例如，. text、. bss 等），则链接器有可能任意地给自定义的段分配一个地址，极有可能这个地址是错误和无效的。使用–w 选项将使链接器提示我们有关段未定义的信息，从而避免上述问题的发生。

问题 6：. test 程序空间太大，在内部 RAM 中放不下，如何放在外部 RAM 中运行?

答：配置芯片 GPIO84~87 引脚的电平，将引导模式配置为 Jump to XINTF x16，这种模式下芯片会从 0x10 0000 执行代码，需要将外部 RAM 的空间放在这个区间，基本操作步骤如下。

步骤 1： 修改 CMD 文件，将 . text 段放到 XINTF zone6 区间，将 BEGIN 改成 0x10 0000。
步骤 2： 初始化与 XINTF zone6 相关的寄存器，加载到 RAM 中运行。
步骤 3： 复位 CPU，运行主函数。

3.3 F2833x 数据格式解析

所有微处理器分为两大类，即"浮点"和"定点"。
常见的定点处理器有：
1）基于 Atmel AVR，ARM7 和 Cortex-M3 内核的处理器。

2）Freescale HCS12X，MC56F83x，MCF523x。

3）Renesas SH4。

4）Texas Instruments MSP430，TMS320F280xx，Stellaris M3。

5）Infineon XE166，XC878。

6）ST Microelectronics STM32。

7）NEC V850ES／IE2。

8）Fujitsu MB91480。

9）MicrochipdsPIC 33FJxx。

10）NXP LPC2900。

11）Toshiba TMP370。

常见的浮点处理器有：

1）Intel x86 Pentium。

2）Freescale MPC556，PowerPC。

3）Texas Instruments C6000，DaVinci，TMS320F2833x。

"定点数"，俗称小数点固定的数。浮点数，就是小数点不固定的数。例如，数字"1234"，就是纯整数的定点数，若将其写成浮点数，可以写成 $1.234×10^3$、$12.34×10^2$ 或者 $123.4×10^1$。

F2833x 涵盖了定点和浮点两种数据格式。其中所包含的硬件浮点运算单元（FPU）支持 IEEE 754 标准。当需要操作浮点数据或进行高动态范围数值计算时，这种浮点处理器非常有效。但当进行位操作、输入输出控制、中断操作等相关控制任务时，效率不高。具有硬件浮点处理能力的微处理器价格比定点微处理器价格高。

定点处理器内部的硬件结构支持整型数据。算数逻辑单元 ALU 和硬件乘法器单元 MAC 要求参与运算的数据格式为整型，这就大大限制了定点处理器进行数据运算的动态范围。在定点处理器中使用 C 语言声明一个浮点型数据（"float"或"double"）时，会发生什么情况？一相关的库函数会支持这类操作。但是标准 ANSIC 函数会消耗大量的 CPU 资源，在实时性较高的场合并不适用。

F2833x 提供两种解决方案：调用"IQMath"优化库函数和 FPU 浮点单元。IQMath 是一套高度优化的库函数，它能实现浮点算法与数学定点代码进行无缝链接。使用 IQMath 可明显地缩短嵌入式控制开发时间。FPU 支持的浮点汇编指令详见附录 C。

3.3.1 IEEE754 单精度浮点格式

IEEE 754 单精度 32 bit 浮点包含以下几个部分，如图 3.6 所示。

图 3.6　IEEE754 单精度 32bit 浮点格式

其中：

1 bit 符号位 S：0 表示正，1 表示负；

8 bit 指数位 E：指数位可为正也为负，位于 S 与 M 之间；

23 bit 尾数位 M：有时被称为有效数字位，甚至被称为"小数位"。

按照上述格式构成的 10 进制数据可由式（3.1）表示：

$$Value = (-1)^S \times (M+1) \times 2^{(E-127)} \qquad (3.1)$$

例：0x3FE0 0000 = 0011 1111 1110 0000 0000 0000 0000 0000 B

则：

$\quad$ S = 0；

$\quad$ E = 0111 1111 = 127

$\quad$ M = (1).11000 = 1+0.5+0.25 = 1.75

$\quad$ Value = (-1)$^0 \times$ 1.75 $\times 2^{127-127}$ = 1.75

例：0xBFB0 0000 = 1011 1111 1011 0000 0000 0000 0000 0000 B

则：

$\quad$ S = 1；

$\quad$ E = 0111 1111 = 127

$\quad$ M = (1).011 = 1+0.25+0.125 = 1.375

$\quad$ Value = (-1)$^1 \times$ 1.375 $\times 2^{127-127}$ = -1.375

例：Value = -2.5

则：

$\quad$ S = 1；

$\quad$ 2.5 = 1.25 $\times 2^1$

$\quad$ 1 = E-offset => E = 128

$\quad$ M = 1.25 = (1).01 = 1+0.25

二进制结果为 1100 0000 0010 0000 0000 0000 0000 0000 B = 0xC020 0000

浮点运算的优势在于具有较大的数据运算动态范围：$\pm(1-224) \times 2128 \approx \pm 3.403 \times 1038$；单精度浮点的分辨率为 $2^{-23} \times 2^{-126} = 2^{-149} \approx 1.401 \times 10^{-45}$。

如此看来，这种分辨率和数据范围能够解决很多数学操作。然而，在进行一个简单的大数据和小数据加法时，即使浮点设备也可能失败。以图 3.7 所示的加法操作 Z = X+Y 来说明问题，应该得到 10.000 000 240 的结果，但实际上结果并不等于 10.000 000 240。因为 0x41 200 000 = 10.000 000 000，而 0x41 200 001 = 10.000 001 000，所以 10.000 000 240 无法表示。因此，图 3.7 所示的结果应该是 10.000 000 000。

然而使用 IQMath 进行 10.0 和 0.000 000 24 的加法运算时，会得出 10.000 000 24 的正确结果，这方面定点数比浮点数更有优势！

$$
\begin{aligned}
&\quad X = 10.0 && (0x4120\ 0000) \\
+\ &\quad Y = 0.000\ 000\ 240 && (0x3480\ D959) \\
\hline
&\quad Z = 10.000\ 000\ 240
\end{aligned}
$$

图 3.7　Z = X+Y

3.3.2　整型数据格式

1. 二进制补码

在这里复习一下二级制补码的计算方式，这部分内容在相应的教材有详细的介绍。

(1) 二进制数

$(0110)_2=(0\times 8)+(1\times 4)+(1\times 2)+(0\times 1)=(6)10$

$(11110)_2=(1\times 16)+(1\times 8)+(1\times 4)+(1\times 2)+(0\times 1)=(30)_{10}$

(2) 二进制补码

$(0110)_2=(0\times -8)+(1\times 4)+(1\times 2)+(0\times 1)=(6)_{10}$

$(11110)_2=(1\times -16)+(1\times 8)+(1\times 4)+(1\times 2)+(0\times 1)=(-2)_{10}$

在有符号整数格式中，最高有效位（MSB）的负权重为-1。若 MSB 被置位，必须将其系数乘以“-1”。

2. 二进制乘法

将两个补码相乘，如图 3.8 所示，十进制数 4×(-3) 得到十进制数-12。但需注意，图 3.8 所显示的并不是 F2833x 使用整数相乘的方法，它只是一种观察二进制数算术运算的过程。

3. 二进制分数

上述的两种方法可表示正整数及负整数两种情况，但是小数如何表达？我们可以用图 3.9 所示的数据进行表达。

```
          0 1 0 0            4
        × 1 1 0 1          × -3
      ---------------     -------
      0 0 0 0 0 1 0 0
      0 0 0 0 0 0 0
      0 0 0 1 0 0
    + 1 1 1 0 0
      ---------------     -------
ACC   1 1 1 1 0 1 0 0       -12
```

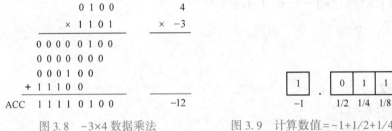

图 3.8　-3×4 数据乘法

图 3.9　计算数值=-1+1/2+1/4+1/8=-5/8

4. 二进制分数的乘法

输入数字现在分为两部分：整数部分（I—“整数”）和小数部分（Q—“商”）。这类定点数据通常被称为“IQ”数据，或者简单地称为 Q 数据。如图 3.10 所示为两个 I1Q3 的数据相乘。

这种方式的优点是计算速度高，但缺点也不容忽视：计算结果很可能不够精确。实际计算结果应为-3/16，但计算机存储结果为-1/4，Bit 4～Bit 6 被截断。

```
             0.1 0 0             1/2
           × 1.1 0 1          × -3/8
         ---------------      -------
         0 0 0 0 0 1 0 0
         0 0 0 0 0 0 0
         0 0 0 1 0 0
       + 1 1 1 0 0
         ---------------      -------
         1 1 1 1 0 1 0 0        -3/16
ACC      1 1.1 1 0 1 0 0
Memory     1.1 1 0               -1/4
```

图 3.10　1/2×(-3/8)

3.3.3　IQ 数据格式

IQ 格式与浮点格式有相似的地方，但若把一个 Uint16 型数据赋给 IQ15 型，再转换回整型时，数值已经改变了。而先将 Uint16 型数据赋给 Float 型，再使用语句 temp=_IQ(float32)(浮点型转换为 IQ15 格式)，转换回的整型数据和原始数据相同。

float 型的固定长度为 4 字节（32 位器件）。int 型是简单地按照“0”“1”进行存储的，而 float 是把 4 个字节划分为“符号位”“指数位”“尾数位”（比如 1. 123 123×10^32）。

因为有指数位的存在，所以存储范围比 int 型大很多，但是这 3 个部分具有范围限制：单精度浮点型的有效数字长度为 7 位，数字 2.123 456 789 1×10^14 赋给 float 型后变为 2.123 456 7×10^14，该数字的无效范围为 21 345 670 000 000～2 134 567 999 999 999，可见其精确度不高。

IQMath 是不是可以按照相似的方法理解呢？答案是肯定的。IQMath 的 IQ 型分成了 2 个部分，整数位（包括符号位）和小数位。每个 IQ 都是 LONG 型，通过不同的位数定标（其实就是定小数点的位置）来实现不同精度的小数和取值范围。例如，IQ15 就是用低 15 位来表示小数位，高（32～15）位来表示整数位。按照这个思路，把一个 Uint16 型直接赋给 IQ15 型也是很容易的，只要赋值后将 IQ 值向左移 15 位就可以。如图 3.11 所示为小数的表达方式。

```
31                                          0
S IIIIIIII.fffffffffffffffffffffff
```

图 3.11　小数表达方式

1）图 3.12 为 I1Q3 数据格式。

该格式的负向最小值为 $-1.0 = 1.000\ B$

该格式的正向最大值为 $+0.875 = 0.111\ B$

该格式的负向最大值为 $-1×2^{-3}(-0.125) = 1.111\ B$

该格式的正向最小值为 $+2^{-3}(+0.125) = 0.001\ B$

数据分辨率为 2^{-3}

2）图 3.13 为 I3Q1 数据格式。

图 3.12　I1Q3 数据格式　　　　　图 3.13　I3Q1 数据格式

该格式的负向最小值为 $-4.0 = 1.000\ B$

该格式的正向最大值为 $+3.5 = 011.1\ B$

该格式的负向最大值为 $-1×2^{-1}(-0.5) = 111.1\ B$

该格式的正向最小值为 $+2^{-1}(+0.5) = 000.1\ B$

数据分辨率为 2^{-1}

3）图 3.14 为 I1Q31 数据格式。

```
31                                          0
S.fff ffff ffff ffff ffff ffff ffff ffff
```

图 3.14　I1Q31 数据格式

该格式的负向最小值为 $-1.0 = 1.000\ 0000\ 0000\ 0000\ 0000\ 0000\ 0000\ 0000\ B$

该格式的正向最大值为 $+1.5 = 0.111\ 1111\ 1111\ 1111\ 1111\ 1111\ 1111\ 1111\ B$

该格式的负向最大值为 $-1×2^{-31} = 1.111\ 1111\ 1111\ 1111\ 1111\ 1111\ 1111\ 1111\ B$

该格式的正向最小值为 $+2^{-31} = 0.000\ 0000\ 0000\ 0000\ 0000\ 0000\ 0000\ 0001\ B$

数据分辨率为 2^{-31}

4）图 3.15 为 I8Q24 数据格式。

```
31                                                                                    0
S III IIII.ffff ffff ffff ffff ffff ffff
```

图 3.15　I8Q24 数据格式

负向最小值为 $-128 = 1000\ 0000.0000\ 0000\ 0000\ 0000\ 0000\ 0000\ B$

正向最大值为 $+1.5 = 0111\ 1111.1111\ 1111\ 1111\ 1111\ 1111\ 1111\ B$

负向最大值为 $-1 \times 2^{-31} = 1111\ 1111.1111\ 1111\ 1111\ 1111\ 1111\ 1111\ B$

正向最小值为 $+2^{-31} = 0000\ 0000.0000\ 0000\ 0000\ 0000\ 0000\ 0001\ B$

数据分辨率为 2^{-24}

现在看一下浮点运算时遇到的问题，如图 3.16 所示。可见 IQ 模式计算的精度能够达到要求。

X = 10.0	(0x4120 0000)		X = 10.0	(0x0A00 0000)
+ Y = 0.000 000 240	(0x3480 D959)	+	Y = 0.000 000 240	(0x0000 0004)
Z = 10.000 000 240			Z = 10.000 000 240	(0x0A00 0004)
a)			b)	

图 3.16　浮点计算
a）浮点模式计算　b）IQ 模式计算

分数比其他数据更具优势，但如何在 ANSI-C 环境中编写分数？ANSI-C 标准没有专用定义"分数"的数据类型，现在可以使用以下技巧，如图 3.17 所示。

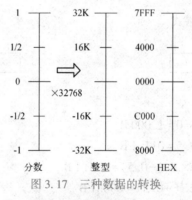

图 3.17　三种数据的转换

因此，0.707 可按此定义：int coef = 32768×707/1000。

3.4　浮点运算的定点编程

F2833x 处理器进行浮点运算最快捷的方法是直接使用浮点类型（定义 float 来完成）。但这样会使编译器产生大量代码来完成一段看似十分简单的浮点运算，不可避免地大量占用系统资源。定点处理器中如何对浮点运算进行高效处理变成十分重要的问题。

3.4.1　定点-浮点数据的转换

（1）浮点数转定点数

实现定点数和浮点数之间的转换，只需规定浮点数的整数位和小数位。以 32 位定点数为例，设转换因子为 Q（即小数位数为 Q），整数位数为 31-Q（有符号数的情况），则定点数与浮点数的换算关系为定点数=浮点数×2^Q。

例如，浮点数-2.0 转换到定点数（Q=30）：$-2×2^{30}=-2\,147\,483\,648$。

（2）定点数转浮点数

32 位有符号数的范围是-2 147 483 648~2 147 483 647。将 2 147 483 647 转换为浮点数为 2 147 483 647/2^{30}，即 1.999 999 999

这表明 Q30 格式下，所能表示的最大浮点数为 1.999 999 999（并不等于 2），存在 1e-9 的误差。

表 3.3 所示为 Q0~Q30 对应的数据范围和分辨率。可借助 MATLAB 求取它们之间的转换，即在命令窗口中输入：

```
q = quantizer('fixed', 'ceil', 'saturate', [32 30]);
FixedNum = bin2dec(num2bin(q, 1.999999999));
```

表 3.3 Q0~Q30 对应的数据范围和分辨率

数据类型	范围		精度
	最 小 值	最 大 值	
iq30	-2	1.999 999 999	0.000 000 001
iq29	-4	3.999 999 998	0.000 000 002
iq28	-8	7.999 999 996	0.000 000 004
iq27	-16	15.999 999 993	0.000 000 007
iq26	-32	31.999 999 985	0.000 000 015
iq25	-64	63.999 999 970	0.000 000 030
iq24	-128	127.999 999 940	0.000 000 060
iq23	-256	255.999 999 981	0.000 000 119
iq22	-512	511.999 999 762	0.000 000 238
iq21	-1024	1 023.999 999 046	0.000 000 447
...	...	...	...
iq7	-16 777 216	16 777 215.992 187 500	0.007 812 500
iq6	-33 554 432	33 554 431.984 375 000	0.015 625 000
iq5	-67 108 864	67 108 863.968 750 000	0.031 250 000
iq4	-134 217 728	134 217 727.937 500 000	0.062 500 000
iq3	-268 435 456	268 435 455.875 000 000	0.125 000 000
iq2	-536 870 912	536 870 911.750 000 000	0.250 000 000
iq1	-1 073 741 824	1 073 741 823.500 000 000	0.500 000 000

例如，将 5.0 转换成 Q 格式，只能从 iq1~iq28 当中进行选择，而不能转换为 iq29 和 iq30。因为 iq29 能转换的最大值为 3.999 999 998，所以进行 Q 格式定标时要对数的范围做一下估计，也正是因为这个原因，诸如 IQNsin、IQNcos、IQNatan2、IQNatan2PU、IQatan 的三角函数不能采用 Q30 格式。

3.4.2 IQMath 库的使用

BootROM 中内置了强大的数学表来帮助我们完成这些转换工作，只要按照一定的格式进行书写，编译器就会自动调用相关的库函数完成。TI 所提供的 IQmath 库是由高度优化的高精度数学函数组成的集合，能够帮助 C/C++编程人员将浮点算法无缝地连接到 F28x 器件中，通过使用现成的 IQMath 库来完成这些烦琐的工作。

1. IQMath 数据类型

IQmath 函数的输入/输出是典型的 32 位定点数据且定点数的 Q 格式可以在 Q1 和 Q30 之间变化。我们使用 typedef 来定义这些 IQ 数据类型。

```
typedef long _iq;          /* Fixed point data type: GLOBAL_Q format */
typedef long _iq30;        /* Fixed point data type: Q30 format */
typedef long _iq29;        /* Fixed point data type: Q29 format */
typedef long _iq28;        /* Fixed point data type: Q28 format */
typedef long _iq27;        /* Fixed point data type: Q27 format */
typedef long _iq26;        /* Fixed point data type: Q26 format */
typedef long _iq25;        /* Fixed point data type: Q25 format */
......
typedef long _iq5;         /* Fixed point data type: Q5 format */
typedef long _iq4;         /* Fixed point data type: Q4 format */
typedef long _iq3;         /* Fixed point data type: Q3 format */
typedef long _iq2;         /* Fixed point data type: Q2 format */
typedef long _iq1;         /* Fixed point data type: Q1 format */
```

2. IQMath 函数的调用

（1）在工程中引用库文件

1）C 语言编程时：包含头文件 IQmathLib.h。

2）C++语言编程时：包含头文件 IQmathLib.h 和 IQmathCPP.h。

```
extern "C" {
#include "IQmathLib.h"
}
```

（2）主程序中引用相关的头文件

1）C 语言编程时：

```
#include<IQmathLib.h>
#define PI 3.14159
iq input, sin_out;
void main(void)
{
    // 0.25×PI radians represented in Q29 format
    input=_IQ29(0.25 * PI);
    sin_out = _IQ29sin(input);
}
```

2）C++语言编程时：

```
extern "C" {
#include "IQmathLib. h"
}
#include "IQmathCPP. h"
#define PI 3. 14159

iq input, sin_out;
void main( void)
{
    // 0. 25×PI radians represented in Q29 format
    input = IQ29( 0. 25 * PI);
    sin_out = IQ29sin( input);
}
```

（3）CMD 文件中指明 IQMath 数学表的位置

```
MEMORY
{
    PAGE 0:
        PRAML0 ( RW)          : origin = 0x008000, length = 0x001000
    PAGE 1:
        IQTABLES ( R)         : origin = 0x3FE000, length = 0x000b50
        IQTABLES2 ( R)        : origin = 0x3FEB50, length = 0x00008c
        DRAML1 ( RW)          : origin = 0x009000, length = 0x001000
}
SECTIONS
{
    IQmathTables : load = IQTABLES, type = NOLOAD, PAGE = 1
    IQmathTables2 > IQTABLES2, type = NOLOAD, PAGE = 1
    {
        IQmath. lib<IQNexpTable. obj> ( IQmathTablesRam)
    }
    IQmathTablesRam : load = DRAML1, PAGE = 1
    IQmath : load = PRAML0, PAGE = 0
}
```

3. IQMath 命名规则

每一个 IQMath 函数都包含两种类型：全局 Q 格式和特定 Q 格式。

1）全局 Q 格式：_IQxxx( )，xxx 表示函数名称。

❖ 代码示例：

```
_IQsin( A)          // High Precision SIN
_IQcos( A)          // High Precision COS
```

```
_IQrmpy(A,B)        // IQ multiply with rounding
_IQmpy(A,B)         // IQ multiply
```

❖ C++代码示例:

```
IQsin(A)            // High Precision SIN
IQcos(A)            // High Precision COS
IQrmpy(A,B)         // IQ multiply with rounding
IQmpy(A,B)          // IQ multiply
```

2) Q1~Q30 的具体函数:_IQNxxx(),xxx 表示函数名,N 表示 Q 格式。

❖ C 代码示例:

```
_IQ29sin(A)         // High Precision SIN: input/output are in Q29
_IQ28sin(A)         // High Precision SIN: input/output are in Q28
_IQ27sin(A)         // High Precision SIN: input/output are in Q27
_IQ26sin(A)         // High Precision SIN: input/output are in Q26
_IQ25sin(A)         // High Precision SIN: input/output are in Q25
_IQ24sin(A)         // High Precision SIN: input/output are in Q24
```

❖ C++代码示例:

```
IQ29sin(A)          // High Precision SIN: input/output are in Q29
IQ28sin(A)          // High Precision SIN: input/output are in Q28
IQ27sin(A)          // High Precision SIN: input/output are in Q27
IQ26sin(A)          // High Precision SIN: input/output are in Q26
IQ25sin(A)          // High Precision SIN: input/output are in Q25
IQ24sin(A)          // High Precision SIN: input/output are in Q24
```

3.4.3　IQMath 库的功能说明

1. 格式转换操作

(1) IQN:将浮点数转为定点数

❖ 声明:

全局 Q 格式(GLOBAL_Q)

C:_iq _IQ(float F);C++:iq IQ(float F)

特定 Q 格式(IQ1 to IQ29)

C:_iqN _IQN(float F);C++:iq IQN(float F)

❖ 示例 1:将浮点等式 Y = M×1.26 + 2.345 转换为 IQ 格式

```
Y =_IQmpy(M, _IQ(1.26)) +_IQ(2.345)              // GLOBAL_Q
Y =_IQ23mpy(M, _IQ23(1.26)) +_IQ23(2.345)        // IQ23
```

❖ 示例 2:将浮点型变量转换为 IQ 数据类型

```
#include "IQmathLib.h"
float x = 3.343;
```

```
_iq y1;
_iq23 y2;
y1 = _IQ(x)              // GLOBAL_Q
y2 = _IQ23(x)            // IQ23
```

❖ 示例3：初始化全局变量或数组

```
#include "IQmathLib. h"
// GLOBAL_Q
_iqArray[4] = {_IQ(1.0), _IQ(2.5) _IQ(-0.2345), _IQ(0.0)}
// IQ23
_iq23Array[4] = {_IQ23(1.0), _IQ23(2.5) _IQ23(-0.2345), _IQ23(0.0)}
```

（2）IQNtoF：将定点数转为浮点数

❖ 声明：

全局 Q 格式（GLOBAL_Q）

C：float _IQtoF(_iq A)；C++：float IQtoF(const iq &A)

特定 Q 格式（IQ1 to IQ29）

C：float _IQNtoF(_iqN A)；C++：float IQNtoF(const iqN &A)

❖ 示例：将 IQ 格式的数组转换为其等效的浮点数据

```
_iq DataIQ[N];
float DataF[N];
for(i = 0; i < N; i++)
{
    DataF[i] = _IQtoF(DataIQ[i]);
}
```

（3）atoIQN：将字符串型（如 12.234 56、-12.234 56、0.234 5、0.0、0、127、-89）转换为定点数

❖ 声明：

全局 Q 格式（IQ format = GLOBAL_Q）

C：float _atoIQ(char *S)；C++：float atoIQ(char *S)

特定 Q 格式（IQ format = IQ1 to IQ29）

C：float _atoIQN(char *S)；C++：float atoIQN(char *S)

❖ 示例：如下代码提示用户输入值 x

```
char buffer[N];
_iq X;
printf("Enter value X = ");
gets(buffer);
X = _atoIQ(buffer); // GLOBAL_Q
```

（4）IQNtoa：将定点数转换为字符串

注意：输出字符串格式必须为 "%xx. yyf"，其中，xx 和 yy 最多为 2 个字符。例如，

"%10. 12f""%2. 4f""%11. 6f"。最大的整数字段宽度（xx）为 11 bit（含符号），即 I2Q30~I31Q1 之间的整数范围。若 MATH_TYPE 设置为 IQ_MATH，则返回值为：0＝无错误；1＝width 太小，不能保存整数字符；2＝非法格式。

❖ 声明：

全局 Q 格式（GLOBAL_Q）

C：int _IQtoa(char ＊string, const char ＊format, _iq x)

C++：int IQtoa(char ＊string, const char ＊format,const iq &x)

特定 Q 格式（IQ1 to IQ29）

C：int _IQNtoa(char ＊string, const char ＊format, _iqN x)

C++：int IQNtoa(char ＊string, const char ＊format,const iqN &x)

❖ 示例：

```
char buffer[30];
_iq x1 = _IQ(1. 125);
_iq1 x2 = _IQ1(-6789546. 3);
_iq14 x3 = _IQ14(-432. 6778);
_iq30 x4 = _IQ30(1. 127860L);
int error;
error = _IQtoa(buffer, "%10. 10f", x1);        // Global_Q
error = _IQ1toa(buffer, "%8. 2f", x2);         // IQ1
error = _IQ14toa(buffer, "%6. 6f", x3);        // IQ14
error = _IQ30toa(buffer, "%11. 12f", x4);      // IQ30
```

（5）IQNint：返回定点数据的整数部分

❖ 声明：

全局 Q 格式（GLOBAL_Q）

C：long _IQint(_iq A)；C++：long IQint(const iq &A)

特定 Q 格式（IQ1 to IQ29）

C：long _IQNint(_iqN A)；C++：long IQNint(const iqN &A))

❖ 示例 1：提取 IQ 格式数据的整数部分和小数部分

```
_iq Y0 = 2. 3456;
_iq Y1 = -2. 3456
long Y0int, Y1int;
_iq Y0frac, Y1frac;
Y0int = _IQint(Y0);           // Y0int = 2
Y1int = _IQint(Y1);           // Y1int = -2
Y0frac = _IQfrac(Y0);         // Y0frac = 0. 3456
Y1frac = _IQfrac(Y1);         // Y1frac = -0. 3456
```

❖ 示例 2：将整数部分和小数部分构成 IQ 格式

```
_iq Y;
long Yint;
```

_iqYfrac;

Y = _IQmpyI32(_IQ(1.0), Yint) + Yfrac;

（6）IQNfrac：返回定点数据的小数部分

❖ 声明：

全局 Q 格式（GLOBAL_Q）

C：long _IQfrac(_iq A)；C++：long IQfrac（const iq &A）

特定 Q 格式（IQ1 to IQ29）

C：long _IQNfrac（_iqN A)；C++：long IQNfrac（const iqN &A))

❖ 示例：同 IQNint

（7）IQtoIQN：将全局 Q 格式变为特定 Q 格式

❖ 声明：

C：_iqN _IQtoIQN(_iq A)；C++：iqN IQtoIQN(const iq &A)

❖ 示例：使用 Q26 格式计算复数（x+jy）的模

```
#include "IQmathLib. h"
_iq Z, Y, X;              // GLOBAL_Q = 26
_iq23 temp;
temp = _IQ23sqrt( _IQ23mpy(_IQtoIQ23(X), _IQtoIQ23(X)) +
    _IQ23mpy(_IQtoIQ23(Y), _IQtoIQ23(Y)));
Y = _IQ23toIQ(temp);
```

（8）IQNtoIQ：将特定的 Q 格式变为全局 Q 格式

❖ 声明：

C：_iqN _iq _IQNtoIQ(_iqN A)；C++：iq IQNtoIQ(const iqN &A)

❖ 示例：同 IQtoIQN

（9）IQtoQN：将 32 位全局 Q 格式变为 16 位 Q 格式

❖ 声明：

C：int _IQtoQN(_iq A)；C++：int IQtoQN(const iq &A)

❖ 示例：计算 Y = X0×C0+X1×C1+X2×C2

```
int X0, X1, X2;          // Q15 short
iq C0, C1, C2;           // GLOBAL_Q
int Y;                   // Q15
_iq sum;                 // IQ (GLOBAL_Q)
sum = _IQmpy(_Q15toIQ(X0), C0);
sum += _IQmpy(_Q15toIQ(X1), C1);
sum += _IQmpy(_Q15toIQ(X2), C2);
Y = _IQtoQ15(sum);
```

（10）QNtoIQ：将 16 位特定的 Q 格式变为 32 位全局 Q 格式

❖ 声明：

C：_iq _QNtoIQ(int A)；C++：iq QNtoIQ(int A)

❖ 示例：同 IQtoQN

2. 算术运算

（1）IQNmpy：IQN×IQN，两个 IQ 数据相乘，无饱和及四舍五入处理

❖ 声明：

全局 Q 格式（GLOBAL_Q）

C：_iq _IQmpy(_iq A, _iq B)

C++：iq IQmpy ＊（const iq &A, const iq &B）

　　iq &iq：：IQmpy ＊ =（const iq &A）

特定 Q 格式（IQ1 to IQ30）

C：_iqN _IQNmpy(_iqN A, _iqN B)

C++：iqN IQNmpy ＊（const iqN &A, const iqN &B）

　　iqN &iqN：：IQNmpy ＊ =（const iqN &A）

❖ 示例 1：计算 Y＝M×X+B（全局 Q 格式）

```
    _iq Y, M, X, B;
    Y = _IQmpy(M,X) + B;
```

❖ 示例 2：计算 Y＝M×X+B（Q10 格式）

```
    _iq10 Y, M, X, B;
    Y = _IQ10mpy(M,X) + B;
```

（2）IQNrmpy：IQN×IQN，两个 IQ 数据相乘，含四舍五入处理

❖ 声明：

全局 Q 格式（GLOBAL_Q）

C：_iq _IQrmpy(_iq A, _iq B)

C++：iq IQrmpy(const iq &A, const iq &B)

特定 Q 格式（IQ1 to IQ30）

C：_iqN _IQNrmpy(_iqN A, _iqN B)

C++：iqN IQNrmpy(const iqN &A, const iqN &B)

❖ 示例 1：计算 Y＝M×X+B（全局 Q 格式）

```
    _iq Y, M, X, B;
    Y = _IQrmpy(M,X) + B;
```

❖ 示例 2：计算 Y＝M×X+B（Q10 格式）

```
    _iq10 Y, M, X, B;
    Y = _IQ10rmpy(M,X) + B;
```

（3）IQNrsmpy：IQN×IQN，两个 IQ 数据相乘，含饱和及四舍五入处理

❖ 声明：

全局 Q 格式（GLOBAL_Q）

C：_iq _IQrsmpy(_iq A, _iq B)

C++：iq IQrsmpy(const iq &A, const iq &B)

特定 Q 格式（IQ1 to IQ30）

C：_iqN _IQNrsmpy(_iqN A，_iqN B)

C++：iqN IQNrsmpy(const iqN &A，const iqN &B)

❖ 示例1：计算 Y=M×X+B(全局 Q 格式)

```
_iq Y, M, X;
M=_IQ(10.9);          // M=10.9
X=_IQ(4.5);           // X=4.5
Y = _IQrmpy(M,X);     // Y=32.0, output is Saturated to MAX
```

❖ 示例2：计算 Y=M×X+B(Q26 格式)

```
_iq26 Y, M, X;
M=_IQ26(-10.9);       // M=-10.9
X=_IQ26(4.5);         // X=4.5
Y = _IQ26rmpy(M,X);   // Y = -32.0, saturated to MIN
```

(4) IQNmpyI32：IQN×Long，IQ 格式与长整型数据相乘

❖ 声明：

全局 Q 格式(GLOBAL_Q)

C：_iq _IQmpyI32(_iq A，long B)

C++：iq IQmpyI32(const iq &A，long B)

特定 Q 格式(IQ1 to IQ30)

C：_iqN _IQNmpyI32(_iqN A，long B)

C++：iqN IQNmpyI32(const iqN &A，long B)

❖ 示例1：计算 Y=5×X(令 GLOBAL_Q = IQ26)

```
_iq Y, X;
X = _IQ(5.1);         // X=5.1 in GLOBAL_Q format
Y = IQmpyI32(X,5);    // Y= 25.5 in GLOBAL_Q format
```

❖ 示例2：计算 Y=5×X (Q26 格式)

```
_iq26 Y, X;
long M;
M=5;                  // M=5
X = _IQ26(5.1);       // X=5.1 in IQ29 format
Y = _IQ26mpyI32(X,M); // Y=25.5 in IQ29 format
```

(5) IQNmpyI32int：IQ 格式与长整型数据相乘之后，取乘积的整数部分

❖ 声明：

全局 Q 格式(GLOBAL_Q)

C：long _IQmpyI32int(_iq A，long B)

C++：long IQmpyI32int(const iq &A，long B)

特定 Q 格式(IQ1 to IQ30)

C：long _IQNmpyI32int(_iqN A，long B)

C++: long IQNmpyI32int(const iqN &A, long B)

❖ 示例：将范围为 [-1.0, +1.0] 的 IQ 数转换至范围 [0, 1023]

```
_iq Output;
long temp;
short OutputDAC;
temp = _IQmpyI32int(Output, 512);        // value converted to +/- 512
temp += 512;                             // value scaled to 0 to 1023
// saturate within range of DAC
if( temp > 1023 )temp = 1023;
if( temp < 0 ) temp = 0;
OutputDAC = ( int )temp;                 // output to DAC value
```

（6）IQNmpyI32frac：IQ 格式与长整型数据相乘之后，取乘积的小数部分

❖ 声明：

全局 Q 格式(GLOBAL_Q)

C：long _IQmpyI32frac(_iq A, long B)

C++：long IQmpyI32 frac (const iq &A, long B)

特定 Q 格式(IQ1 to IQ30)

C：long _IQNmpyI32 frac(_iqN A, long B)

C++：long IQNmpyI32 frac(const iqN &A, long B)

❖ 示例：

```
_iq X1 = _IQ(2.5);
_iq X2 = _IQ26(-1.1);
_iq Y1frac, Y2frac;
long M1 = 5, M2 = 9;
Y1frac = IQmpyI32frac(X1, M1);          // Y1frac = 0.5 in GLOBAL_Q
Y2frac = IQ26mpyI32frac(X2, M2);        // Y2frac = -0.9 in GLOBAL_Q
```

（7）IQNmpyIQX：不同 IQ 格式数据相乘 GLOBAL_Q = IQN1 × IQN2

❖ 声明：

全局 Q 格式(GLOBAL_Q)

C：_iq _IQmpyIQX(_iqN1 A, int N1, _iqN2 B, int N2)

C++：iq IQmpyIQX(iqN1 A, int N1, iqN2 B, int N2)

特定 Q 格式(IQ1 to IQ30)

C：_iqN _IQNmpyIQX(_iqN1 A, int N1, _iqN2 B, int N2)

C++：iqN IQNmpyIQX(iqN1 A, int N1, iqN2 B, int N2)

❖ 示例：计算 Y = X0×C0 + X1×C1 + X2×C2

方式 1：

```
_iq30 X0, X1, X2;        // All values IQ30
_iq28 C0, C1, C2;        // All values IQ28
_iq Y;                   // Result GLOBAL_Q = IQ25
```

```
Y = _IQmpyIQX(X0, 30, C0, 28);
Y += _IQmpyIQX(X1, 30, C1, 28);
Y += _IQmpyIQX(X2, 30, C2, 28);
```

方式2：

```
_iq30 X0, X1, X2;        // All values IQ30
_iq28 C0, C1, C2;        // All values IQ28
_iq25 Y;                 // Result GLOBAL_Q = IQ25
Y = _IQ25mpyIQX(X0, 30, C0, 28);
Y += _IQ25mpyIQX(X1, 30, C1, 28);
Y += _IQ25mpyIQX(X2, 30, C2, 28);
```

3. 三角函数

（1）IQNasin/IQNacos：反正弦/反余弦运算

❖ 声明：

全局 Q 格式（IQ format = GLOBAL_Q）

C：_iq _IQasin(_iq A)/_iq _IQacos(_iq A)

C++：iq IQasin(const iq &A)/ iq IQacos(const iq &A)

特定 Q 格式（IQ format = IQ1 to IQ29）

C：_iqN _IQNasin(_iqN A)/ _iqN _IQNacos(_iqN A)

C++：iqN IQNasin(const iqN &A)/ iqN IQNacos(const iqN &A)

❖ 示例：$asin(0.70710678) = (0.25 \times \pi)$

```
#include "IQmathLib. h"
#define PI 3.14156
_iq in1, out1;
_iq29 in2, out2;
void main(void)
{
    // in1 = in2 = 0.70710678L×2^29 = 0x16A09E60
    // out1 = out2 = asin(0.70710678) = 0x1921FB4A
    in1 = _IQ(0.70710678L);
    out1 = _IQasin(in1);
    in2 = _IQ29(0.70710678L);
    out2 = _IQ29asin(in2);
}
```

（2）IQNsin/IQNcos：定点正弦/余弦运算（输入单位:弧度）

❖ 声明：

全局 Q 格式（IQ format = GLOBAL_Q）

C：_iq _IQsin(_iq A)/ _iq _IQcos(_iq A)

C++：iq IQsin(const iq &A)/ iq IQcos、(const iq &A)

特定 Q 格式（IQ format = IQ1 to IQ29）

C：_iqN _IQNsin(_iqN A)/_iqN _IQNcos(_iqN A)

C++：iqN IQNsin(const iqN &A)/iqN IQNcos(const iqN &A)

❖ 示例：

```
#include "IQmathLib. h"
#define PI 3. 14156
_iq in1, out1;
_iq28 in2, out2;
void main(void)
{
    // in1 = 0. 25×PI×2^29 = 0x1921FB54
    // out1 = sin(0. 25×PI)×2^29 = 0x16A09E66
    // in2 = 0x25×PI×2^29 = 0x1921FB54
    // out2 = sin(0. 25×PI)×2^29 = 0x16A09E66
    in1 = _IQ(0. 25 * PI);
    out1 = _IQsin(in1)
    in2 = _IQ29(0. 25 * PI)
    out2 = _IQ29sin(in2);
}
```

（3）IQNsinPU/IQNcosPU：正弦/余弦运算(输入单位:弧度的 PU 值)

PU 的含义即在该函数中 π 已经折算为 1。例如，$\sin(0.25\times\pi)=\sinPU(0.25)$。

❖ 声明：

全局 Q 格式(GLOBAL_Q)

C：_iq _IQsinPU(_iq A)/_iq _IQcosPU(_iq A)

C++：iq IQsinPU(const iq &A)/iq IQcosPU(const iq &A)

特定 Q 格式(IQ1 to IQ29)

C：_iqN _IQNsinPU(_iqN A)/_iqN _IQNcosPU(_iqN A)

C++：iqN IQNsinPU(const iqN &A)/iqN IQNcosPU(const iqN &A)

❖ 示例：

```
#include "IQmathLib. h"
#define PI 3. 14156
_iq in1, out1;
_iq30 in2, out2;
void main(void)
{
    // in1 = (0. 25×PI)/(2×PI)×2^30 = 0x08000000
    // out1 = sin(0. 25×PI)×2^30 = 0x2D413CCC
    // in2 = (0. 25×PI)/(2×PI)×2^30 = 0x08000000
    // out2 = sin(0. 25×PI)×2^30 = 0x2D413CCC
    in1 = _IQ(0. 25L * PI);
    out1 = _IQsinPU(in1)
```

```
in2 = _IQ30(0. 25 * PI/PI);
out2 = _IQ30sinPU(in2);
}
```

（4）IQNatan2：第四象限反正切运算，输出范围$(-\pi, +\pi)$

❖ 声明：

全局 Q 格式（GLOBAL_Q）

C：_iq _IQatan2(_iq A, _iq B)

C++：iq IQatan2(const iq &A, const iq &B)

特定 Q 格式（IQ1 to IQ29）

C：_iqN _IQNatan2(_iqN A, _iqN B)

C++：iqN IQNatan2(const iqN &A, const iqN &B)

❖ 示例：计算 $\arctan(\sin(\pi/5), \cos(\pi/5)) = \pi/5$

```
#include "IQmathLib. h"
#define PI 3. 14156L
_iq xin1, yin1, out1;
_iq29 xin2, yin2, out2;
void main(void)
{
    // xin1 = xin2 = cos(PI/5)×2^29 = 0x19E37FA8
    // yin1 = yin2 = sin(PI/5)×2^29 = 0x12CF17EF
    // out1 = out2 = PI/5×2^29 = 0x141B21C3
    xin1 = _IQcos(_IQ(PI/5.0L));
    yin1 = _IQsin(_IQ(PI/5.0L));
    out1 = _IQatan2(yin1, xin1);
    xin2 = _IQ29cos(_IQ29(PI/5.0L));
    yin2 = _IQ29sin(_IQ29(PI/5.0L));
    out2 = _IQ29atan2(yin1, xin1);
}
```

（5）IQNatan：反正切运算，输出范围$(-\pi/2, +\pi/2)$

❖ 声明：

全局 Q 格式（GLOBAL_Q）

C：_iq _IQatan(_iq A)；C++：iq IQatan(const iq &A)

特定 Q 格式（IQ1 to IQ29）

C：_iqN _IQNatan(_iqN A)；C++：iqN IQNatan(const iqN &A)

❖ 示例：计算 $\arctan(1) = \pi/4$

```
#include "IQmathLib. h"
_iq in1, out1;
_iq29 in2, out2;
void main(void)
```

```
        {
            in1 = _IQ(1.0L);
            out1 = _IQatan(in1);
            in2 = _IQ29(1.0L);
            out2 = _IQ29atan(in2)
        }
```

4. 代数运算

（1）IQNexp：指数运算

❖ 声明：

全局 Q 格式（GLOBAL_Q）

C：_iq _IQexp(_iq A)；C++：iq IQexp(const iq &A)

特定 Q 格式（IQ1 to IQ30）

C：_iqN _IQNexp(_iqN A)；C++：iqN IQNexp(const iqN &A)

❖ 示例：计算 exp(1.8) = 6.0496474

```
        #include "IQmathLib. h"
        _iq in1, out1;
        _iq30 in2, out2;
        void main(void)
        {
            // in1 = in2 = 1.8×2^24 = 0x01CCCCCC
            // out1 = out2 = exp(1.8)×2^24 = 0x060CB5AA
            in1 = _IQ(1.8);
            out1 = _IQexp(x);
            in2 = _IQ24(1.8);
            out2 = _IQ24exp(x);
        }
```

（2）IQNsqrt：平方根

❖ 声明：

全局 Q 格式（GLOBAL_Q）

C：_iq _IQsqrt(_iq A)；C++：iq IQsqrt(const iq &A)

特定 Q 格式（IQ1 to IQ30）

C：_iqN _IQNsqrt(_iqN A)；C++：iqN IQNsqrt(const iqN &A)

❖ 示例：计算 (1.8)^{0.5} = 1.34164

```
        #include "IQmathLib. h"
        _iq in1, out1;
        _iq30 in2, out2;
        void main(void)
        {
            // in1 = in2 = 1.8×2^30 = 0x73333333
            // out1 = out2 = sqrt(1.8)×2^30 = 0x55DD7151
```

```
        in1 = _IQ(1.8);
        out1 = _IQsqrt(x);
        in2 = _IQ30(1.8);
        out2 = _IQ30sqrt(x);
    }
```

（3）IQNisqrt：平方根的倒数

❖ 声明：

全局 Q 格式（GLOBAL_Q）

C：_iq _IQisqrt(_iq A)；C++：iq IQisqrt(const iq &A)

特定 Q 格式（IQ1 to IQ30）

C：_iqN _IQNisqrt(_iqN A)；C++：iqN IQNisqrt(const iqN &A)

❖ 示例：计算$(1.8)^{-0.5} = 0.74535$

```
    #include "IQmathLib. h"
    _iq in1, out1;
    _iq30 in2, out2;
    void main(void)
    {
        // in1 = in2 = 1.8×2^30 = 0x73333333
        // out1 = out2 = 1/sqrt(1.8)×2^30 = 0x2FB3E99E
        in1 = _IQ(1.8);
        out1 = _IQisqrt(in1);
        in2 = _IQ30(1.8);
        out2 = _IQ30isqrt(in2);
    }
```

（4）IQNmag：计算复数的模$(A^2+B^2)^{0.5}$

❖ 声明：

全局 Q 格式（GLOBAL_Q）

C：_iq _IQmag(_iq A, _iq B)；C++：iq IQmag(const iq &A, const iq &B)

特定 Q 格式（IQ1 to IQ30）

C：_iqN _IQNmag(_iqN A, _iqN B)

C++：iqN IQNmag(const iqN &A, const iqN &B)

❖ 示例：

```
    #include "IQmathLib. h"
    // Complex number = real1 + j×imag1
    // Complex number = real2 + j×imag2
    _iq real1,imag1, mag1;
    _iq28 real2,imag2, mag2;
    void main(void)
    {
        // mag1 = 5.6568 in IQ28 format
```

```
        real1 = _IQ(4.0);
        imag1 = _IQ(4.0);
        mag1 = _IQmag(real1, imag1);
        // mag2 = ~8.0, saturated to MAX value (IQ28)!!!
        real2 = _IQ28(7.0);
        imag2 = _IQ28(7.0);
        mag2 = _IQ28mag(real2, imag2);
    }
```

(5) IQNabs：绝对值

❖ 声明：

全局 Q 格式(GLOBAL_Q)

C：_iq _IQabs(_iq A)；C++：iq IQabs(const iq &A)

特定 Q 格式(IQ1 to IQ30)

C：_iqN _IQNabs(_iqN A)；C++：iqN IQNabs(const iqN &A)

❖ 示例：

```
    #include "IQmathLib.h"
    void main(void)
    {
        _iq xin1, xin2, xin3,xsum;
        _iq20 yin1, yin2, yin3,ysum;
        xsum = _IQabs(X0) + _IQabs(X1) + _IQabs(X2);
        xsum = _IQ28abs(X0) + _IQ28abs(X1) + _IQ28abs(X2);
    }
```

(6) IQsat：限幅处理

❖ 声明：

```
    _iq _IQsat(_iq A, long P, long N)
```

❖ 示例：计算 Y = M×X+B，并对其限幅操作

```
    #include "IQmathLib.h
    void main(void)
    {
        _iq Y, M, X, B;          // GLOBAL_Q = 26
        _iq20 temp;              // IQ = 20
        temp = _IQ20mpy(_IQtoIQ20(M), _IQtoIQ20(X)) +_IQtoIQ20(B);
        temp = _IQsat(temp,_IQtoIQ20(MAX_IQ_POS),_IQtoIQ20(MAX_IQ_NEG));
        Y = _IQ20toIQ(temp);
    }
```

第4章　F2833x片上控制类外设

4.1　增强型脉宽调制模块 ePWM

4.1.1　PWM 原理概述

F28335 具有 6 个增强型脉宽调制单元 ePWM，每个单元由自己的逻辑块控制，如图 4.1 所示。

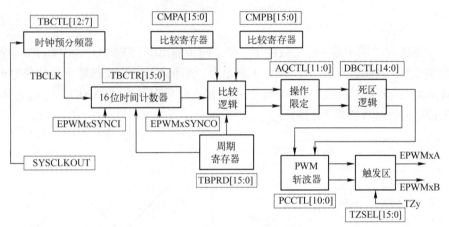

图 4.1　ePWM 原理框图

ePWM 单元输出的信号为 EPWMxA 和 EPWMxB。小写字母 x（1~6）为 ePWM 单元号。为了生成 PWM 信号，需要设置时基、比较逻辑、动作限定、死区、斩波器和触发区子模块。

注意，ePWM 模块有两种基本模式：16 位标准 ePWM 模式和 24 位高分辨率 PWM 模式（HRPWM）。本节将讨论 16 位标准模式。

4.1.2　时间基准子模块及应用

1. 基本组成

图 4.2 所示的粗体部分为时间基准子模块：

1）核心单元是 16 位定时计数器（TBCTR），CPU 的系统时钟（SYSCLKOUT）作为其时钟基准。

2）时钟预分频器（寄存器 TBCTL 中的 bit12~bit07）用于降低输入计数频率（可选因子 1~1792）。

比较寄存器和周期寄存器具有"映射"功能，该功能是两级缓存的意思。对这类寄存器赋值时，首先将新数据写到映射寄存器，当设定的重载条件发生时（立即加载、计数值下溢加载、周期加载），映射寄存器的值才会放入比较寄存器中。

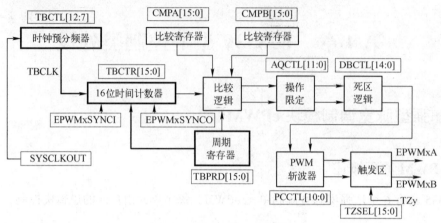

图 4.2　时间基准子模块

2. 相位同步

F2833x 可通过"同步输入"（SYNCI）和"同步输出"（SYNCO）实现 ePWM 各模块之间的计数器同步。例如，定义一个 ePWM 单元为"主机"，当计数器等于周期值时产生输出信号"SYNCO"；余下"从机"（ePWM 单元）将该信号识别为"SYNCI"并以此开始计数。图 4.3 所示为 3 个 ePWM 单元的同步。

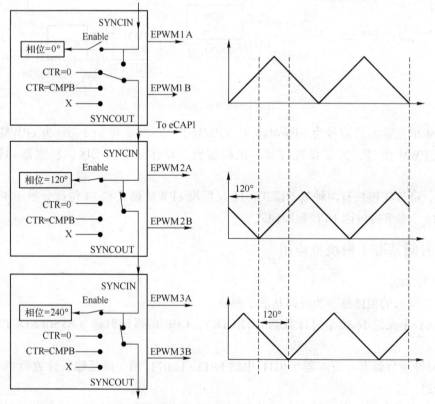

图 4.3　3 个 ePWM 单元的同步

通过 TBPHS 寄存器，可在主机、从机 1 和从机 2 之间引入相移。ePWM2 和 ePWM3 的寄存器 TBCNT 分别初始化为 120° 和 240°。其中 ePWM1 被配置为主器件且在每次计数寄存器等于零时生成 SYNCO。使能 ePWM2 和 ePWM3 的相位输入功能，并按要求配置 TBPHS 寄存器。

3. 定时器工作模式

每个 ePWM 模块都可独立地工作在由寄存器 TBCTL 中 bit1~bit0 选择的三种计数模式之一：递增计数、递减计数及递增/递减计数模式，如图 4.4 所示。前两种称为"不对称"模式，第三种称为"对称"模式。

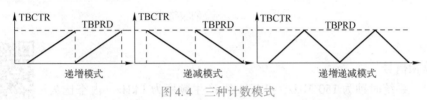

图 4.4　三种计数模式

4. 时基寄存器

1）时基控制寄存器 TBCTL 的位格式如图 4.5 所示。

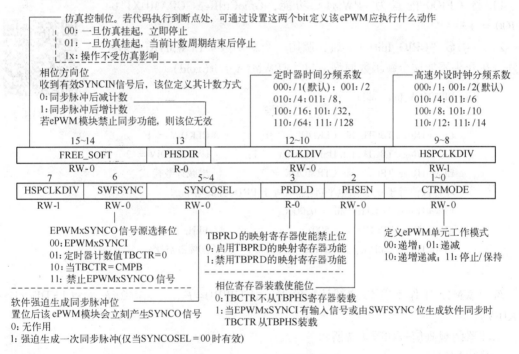

图 4.5　TBCTL 寄存器的位格式

其中：时基计数器的定时频率 TBCLK = SYSCLKOUT/（HSPCLKDIV×CLKDIV）。

对于 PRLD 位：若禁用（置 0），则所有对 TBPRD 的写指令将直接改变周期寄存器。若使能（置 1），则写指令将在映射寄存器中存储一个新值，当下一个事件 CTR = 0 时，映射寄存器的值将自动加载到 TBPRD 中。

例如，对完整的寄存器 TBCTL 进行访问：EPwm1Regs. TBCTL. all = 0x1234；

对寄存器 TBCTL 中的字段"CLKDIV"进行访问：EPwm1Regs. TBCTL. bit. CLKDIV = 7。

2）时基状态寄存器 TBSTS 的位格式如图 4.6 所示。

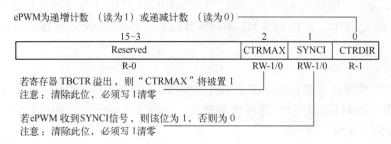

图 4.6　TBSTS 的位格式

5. 应用实例

（1）单相信号

本例中，系统时钟为 150 MHz，ePWM1A 产生频率为 1 kHz、占空比为 50% 的方波。

操作步骤如下：

1）将 GPIO0 配置为 ePWM1A 功能，GpioCtrlRegs. GPAMUX1. bit. GPIO0 = 1。

二维码 4.1

2）主函数"GPIO_Init（ ）"后，调用一个新函数"EPWM1A_Init（ ）"。另外，在开头添加这个新函数原型 void　EPWM1A_Init（ void）。

二维码 4.2

```
void EPWM1A_Init( void)
{
    EPwm1Regs. TBCTL. bit. CLKDIV  =  0;       // CLKDIV = 1
    EPwm1Regs. TBCTL. bit. HSPCLKDIV = 1;      // HSPCLKDIV = 2
    EPwm1Regs. TBCTL. bit. CTRMODE = 2;        // 增减计数模式
    //计数值等于0,置高电平;计数值等于 PRD,置低电平
    EPwm1Regs. AQCTLA. all = 0x0006;
    EPwm1Regs. TBPRD = 37500;                  // 1 kHz PWM
    EPwm1Regs. CMPA. half. CMPA = 37500/2      // 50%占空比
}
```

若 ePWM1A 工作于递增/递减计数模式，则 $TBPRD = F_{SYSCLKOUT}/(2 \times F_{PWM} \times CLKDIV \times HSPCLKDIV)$。

示波器的观测信号如图 4.7 所示。

（2）三相信号

本例中，系统时钟为 150 MHz，生成三个频率为 1 kHz，占空比为 50% 的方波，信号之间的相移为 120° 和 240°。使用 ePWM1 ~ ePWM3 模块，其中 ePWM1 是主相位，ePWM2 和 ePWM3 分别滞后 120° 和 240°。操作步骤如下：

二维码 4.3

1）在函数"GPIO_Init（ ）"中，将 GPIO0、GPIO2 和 GPIO4 配置为 ePWM1A、ePWM2A 和 ePWM3A。

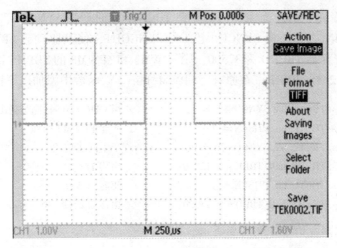

图 4.7　实验波形 1

2）在函数"EPWM_Init( )"中，按照与 ePWM1A 完全相同的参数初始化 ePWM2A 和 ePWM3A。

```
void EPWM_Init(void)
{
        EPwm1Regs. TBCTL. bit. CLKDIV   =   0;
        EPwm1Regs. TBCTL. bit. HSPCLKDIV = 1;
        EPwm1Regs. TBCTL. bit. CTRMODE = 2;          // 增减计数模式
        //计数值等于 0,置高电平;计数值等于 PRD,置低电平
        EPwm1Regs. AQCTLA. all = 0x0006;
        EPwm1Regs. TBPRD = 37500;                    // 产生 1 kHz PWM 信号


        EPwm2Regs. TBCTL. bit. CLKDIV   =   0;
        EPwm2Regs. TBCTL. bit. HSPCLKDIV = 1;
        EPwm2Regs. TBCTL. bit. CTRMODE = 2;          // 增减计数模式
        //计数值等于 0,置高电平;计数值等于 PRD,置低电平
        EPwm2Regs. AQCTLA. all = 0x0006;
        EPwm2Regs. TBPRD = 37500;                    // 产生 1 kHz PWM 信号


        EPwm3Regs. TBCTL. bit. CLKDIV   =   0;
        EPwm3Regs. TBCTL. bit. HSPCLKDIV = 1;
        EPwm3Regs. TBCTL. bit. CTRMODE = 2;          // 增减计数模式
        //计数值等于 0,置高电平;计数值等于 PRD,置低电平
        EPwm3Regs. AQCTLA. all = 0x0006;
        EPwm3Regs. TBPRD = 37500;                    // 产生 1 kHz PWM 信号
}
```

使用示波器观察此信号如图 4.8 所示。

添加 ePWM1A、ePWM2A 和 ePWM3A 相移指令，须对 ePWM2A 和 ePWM3A 的相位寄存

器进行编程。定义 ePWM1A 为主相位，并在 TBCNT = 0 时产生 SYNCOUT 脉冲。ePWM2 单元必须使能 SYNCIN 功能并将 SYNCIN 定义为 SYNCOUT，使其驱动到 ePWM3 单元。由于 ePWM1A 的周期寄存器 TBPRD 为 37500，则 ePWM2 和 ePWM3 的 TBPHS 寄存器应分别赋值为 1/3×TBPRD 和 2/3×TBPRD。在原有 "EPWM_Init( )" 函数中添加以下指令：

```
EPwm1Regs. TBCTL. bit. SYNCOSEL = 1;        // 当 CTR = 0 时,同步输出
EPwm2Regs. TBCTL. bit. PHSEN = 1;           // 使能 EPWM2 相移
EPwm2Regs. TBCTL. bit. SYNCOSEL = 0;        // 产生同步相位
EPwm2Regs. TBPHS. half. TBPHS = 12500;      // 相移 1/3,即 120°
EPwm3Regs. TBCTL. bit. PHSEN = 1;           // 使能 ePWM3 相移
EPwm3Regs. TBPHS. half. TBPHS = 25000;      // 相移 2/3,即 240°
```

使用示波器观察此信号如图 4.9 所示。

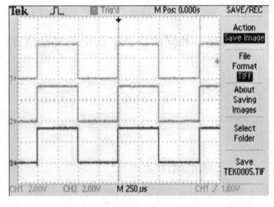

图 4.8　三相信号（无相移）

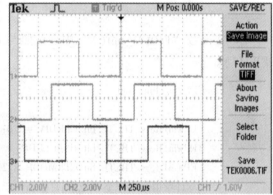

图 4.9　三相信号（有相移）

4.1.3　计数器比较子模块及应用

前一节建立了占空比为 50% 的方波信号，但仍然不能改变信号的脉宽。本节要讨论的计数器比较子模块可完成这种工作。

1. 脉宽调制

脉宽调制（Pulse Width Modulation，PWM）是将模拟信号转变为脉冲序列的过程，具有固定的载波频率和脉冲幅度、脉宽与瞬时信号幅度成比例的特点，且 PWM 能量 ≈ 原始信号能量，如图 4.10 所示。PWM 是幅度为 0 或 1 的二进制数字信号，对应 IO 引脚输出电压为 0 V 或 3.3 V。PWM 可将任何模拟信号变为数字脉冲，这些脉冲通过低通滤波又能还原之前的模拟信号。

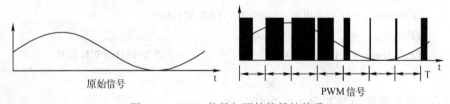

图 4.10　PWM 信号与原始信号的关系

PWM 常用于数字电机控制（DMC），为了将正弦波注入电机的绕组，最简单的方式是通过 NPN 或 PNP 晶体管放大集电极电流。但对于大电流，我们不能迫使晶体管进入线性区，这样会产生较高的工作损耗。解决方案是将晶体管工作在饱和（$I_{ce}=I_{cesat}$）及截止状态（$I_{ce}=0$），如图 4.11 所示。

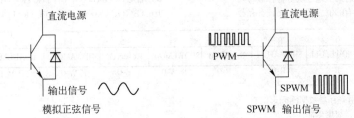

图 4.11 PWM 的生成

2. ePWM 比较单元

图 4.12 所示的粗体部分为比较子模块。核心部分为 1 对寄存器"比较寄存器 A 和 B"（CMPA 和 CMPB）。注意，字母 A 和 B 之间没有关系，EPWMxA 和 EPWMxB 之间也没有关系，TI 这个命名有些误导。

二维码 4.4

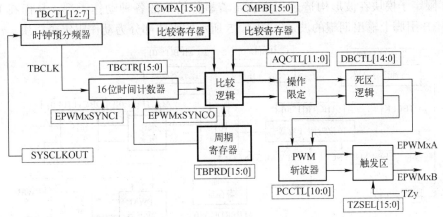

图 4.12 比较子模块

根据 ePWM 的计数模式，可在 CMPA/CMPB 中选择适当的值，实现 4 个比较事件（TBCTR=TBPRD、TBCTR=0、TBCTR=CMPA 及 TBCTR=CMPB），如图 4.13 所示。

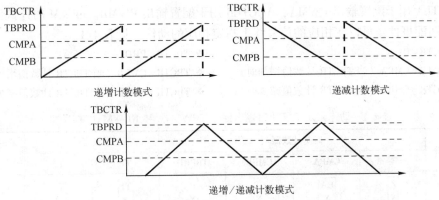

图 4.13 计数器三种工作模式下 CMPA 与 CMPB 的比较操作

3. ePWM 比较单元寄存器

计数器比较控制寄存器 CMPCTL 的位格式如图 4.14 所示。

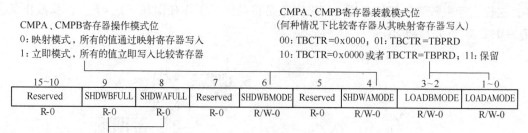

CMPA、CMPB 寄存器操作模式位
0：映射模式，所有的值通过映射寄存器写入
1：立即模式，所有的值立即写入比较寄存器

CMPA、CMPB 寄存器装载模式位
（何种情况下比较寄存器从其映射寄存器写入）
00：TBCTR=0x0000；01：TBCTR=TBPRD
10：TBCTR=0x0000 或者 TBCTR=TBPRD；11：保留

15~10	9	8	7	6	5	4	3~2	1~0
Reserved	SHDWBFULL	SHDWAFULL	Reserved	SHDWBMODE	Reserved	SHDWAMODE	LOADBMODE	LOADAMODE
R-0	R-0	R-0	R-0	R/W-0	R-0	R/W-0	R/W-0	R/W-0

CMPA、CMPB 映射寄存器数据满标志位
0：CMPx 映射寄存器数据未满
1：CMPx 映射寄存器数据已满。当 CPU 继续写入，将覆盖当前映射寄存器的值

图 4.14　计数器比较控制寄存器 CMPCTL 的位格式

实际应用中，强烈建议使用映射功能，可以减少 CPU 访问 CMP 寄存器的紧迫性。

4.1.4　动作限定子模块

动作限定子模块在波形构造过程中决定着事件转换的各种动作类型，从而在 EPWMxA 和 EPWMxB 引脚上输出期望的波形。图 4.15 所示的粗体部分为动作限定子模块。

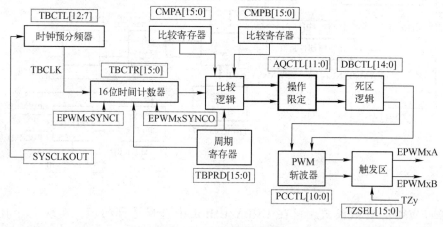

图 4.15　动作限定子模块

AQCTLA 用于配置输出 PWMA，AQCTLB 用于配置输出 PWMB。ePWM 的计数值可产生 6 种比较匹配事件，可以在相应的信号线上指定相应的动作，见表 4.1。

❖ TBCTR=0；
❖ TBCTR=CMPA（当 TBCTR 计数值增加时）；
❖ TBCTR=CMPA（当 TBCTR 计数值减少时）；

❖ TBCTR=PRD；
❖ TBCTR=CMPB（当 TBCTR 计数值增加时）；
❖ TBCTR=CMPB（当 TBCTR 计数值减少时）；

表 4.1　动作限定子模块对输出信号 EPWMxA 和 EPWMxB 的调整

软件强制	时基计数器=				触发事件		EPWM 动作
	零	CMPA	CMPB	TBPRD	T1	T2	
SW X	Z X	CA X	CB X	P X	T1 X	T2 X	无动作

132

软件强制	时基计数器=				触发事件		EPWM动作
	零	CMPA	CMPB	TBPRD	T1	T2	
SW L	Z L	CA L	CB L	P L	T1 L	T2 L	置低
SW H	Z H	CA H	CB H	P H	T1 H	T2 H	置高
SW T	Z T	CA T	CB B	P T	T1 T	T2 T	翻转

1. 动作限定子模块产生的 PWM 波形图

图 4.16 为动作限定子模块 AQ 产生的不同 PWM 波形。

图 4.16a 为在 EPWMxA/B 上独立调制的非对称波形；图 4.16b 为在 EPWMxA/B 上独立调制的对称波形。通过调整计数比较寄存器 CMPA、CMPB 的值或时间基准周期寄存器 TBPRD 的值，就可以改变 PWM 波形的占空比。

二维码 4.5

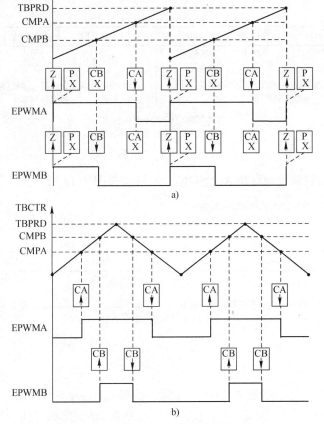

图 4.16 动作限定子模块波形示意图

a）ePWM 递增非对称波形 b）ePWM 递增/递减对称波形

2. 动作限定子模块寄存器

1）AQ 输出控制 A/B 寄存器 AQCTLA 及 AQCTLB 的位格式如图 4.17 所示。

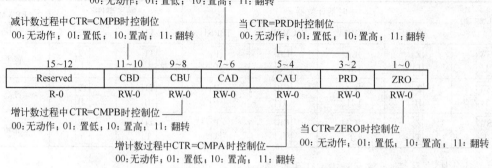

图 4.17　AQCTLA 及 AQCTLB 的位格式

2）软件强制触发寄存器 AQFRC，此寄存器允许强制设置输出 PWM 信号的状态。位格式如图 4.18 所示。

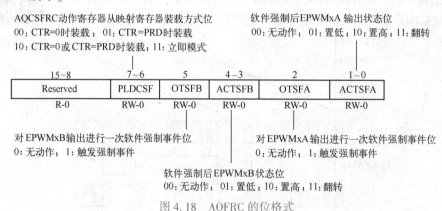

图 4.18　AQFRC 的位格式

3）软件连续强制触发寄存器 AQCSFRC，位格式如图 4.19 所示。

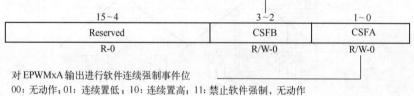

图 4.19　AQCSFRC 的位格式

3. 动作限定子模块应用

1）本例中，生成具有可变的 1 kHz 的脉宽，使用 CpuTimer0 作为时基，每 100 ms 改变 1 kHz 信号的脉宽一次，使占空比在 0 和 100% 之间变化。操作步骤如下：

① "EPWM1_Init( )" 加入比较模式：TBCTR 增计数且 TBCTR = CMPA 时 ePWM1A = 1；TBCTR 减计数且 TBCTR = CMPA 时 ePWM1A = 0。CMPA 初始化为 0，定义脉宽为 100%。

二维码 4.6

134

```
void EPWM1_Init( void)
{
    EPwm1Regs. TBCTL. bit. CLKDIV  =  0;          // CLKDIV = 1
    EPwm1Regs. TBCTL. bit. HSPCLKDIV = 1;         // HSPCLKDIV = 2
    EPwm1Regs. TBCTL. bit. CTRMODE = 2;           // 增减计数模式

    //增计数时,ePWM1A 计数值等于 CMPA 置高电平
    //减计数时,ePWM1A 计数值等于 CMPA 置低电平
    EPwm1Regs. AQCTLA. all = 0x0060;
    EPwm1Rgs. TBPRD = 37500;                      // 产生 1 kHz PWM
    EPwm1Regs. CMPA. half. CMPA  = 0;             // 占空比为 100%
}
```

② 更改 "ConfigCpuTimer( )" 函数, 定时器 0 的周期设为 100 ms: ConfigCpuTimer (&CpuTimer0 , 150 , 100)。

③ CpuTimer0 初始化为每 100 ms 进入中断服务程序 "Timer0_ISR( )" 一次。在该中断服务程序增加寄存器 CMPA 中的值, 直到它达到 TBPRD 为止。

```
interrupt void Timer0_ISR( void)
{
    static int up_down = 1;
    CpuTimer0. InterruptCount++;
    EALLOW;
    SysCtrlRegs. WDKEY = 0x55;
    SysCtrlRegs. WDKEY = 0xAA;              // 喂狗
    EDIS;
    if( up_down)
    {
        if( EPwm1Regs. CMPA. half. CMPA < EPwm1Regs. TBPRD)
        {
            EPwm1Regs. CMPA. half. CMPA++;
        }
        else
        {
            up_down = 0;
        }
    }
    else
    {
        if( EPwm1Regs. CMPA. half. CMPA > 0)
        {
            EPwm1Regs. CMPA. half. CMPA--;
        }
```

```
        else
        {
            up_down = 1;
        }
    }
    PieCtrlRegs. PIEACK. all = PIEACK_GROUP1;
}
```

使用示波器观察此信号如图 4.20 所示，信号的脉宽应在 100% 和 0% 之间变化。

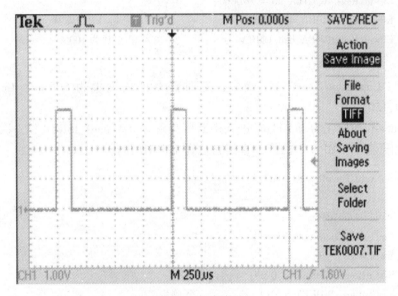

图 4.20   实验波形 2

2）产生一对互补的 1 kHz 信号。

本例中，修改 1）中程序，使 ePWM1A 和 ePWM1B 输出一对互补脉冲。以 CpuTimer0 为时基，每 100 ms 改变信号的脉宽 1 次。操作步骤如下：

① 编辑函数 "GPIO_Init( )"，GPIO1 配置为 ePWM1B。

二维码 4.7

```
    GpioCtrlRegs. GPAMUX1. bit. GPIO1 = 1;   // 将 GPIO1 配置成 ePWM1B
```

② 设置 AQCTLB 动作寄存器：增计数且 TBCTR = CMPA 时，ePWM1B = 0；减计数且 TBCTR = CMPA 时，ePWM1B = 1。与 A 形成互补信号。

```
    void EPWM1_Init( void)
    {
        EPwm1Regs. TBCTL. bit. CLKDIV =   0;        // CLKDIV = 1
        EPwm1Regs. TBCTL. bit. HSPCLKDIV = 1;       // HSPCLKDIV = 2
        EPwm1Regs. TBCTL. bit. CTRMODE = 2;         // 增减计数模式
        //增计数时,ePWM1A 计数值等于 CMPA 置高电平
        //减计数时,ePWM1A 计数值等于 CMPA 置低电平
```

136

```
EPwm1Regs. AQCTLA. all = 0x0060；

//增计数时,ePWM1B 计数值等于 CMPA 置低电平
//减计数时,ePWM1B 计数值等于 CMPA 置高电平
EPwm1Regs. AQCTLB. all = 0x0090；
EPwm1Regs. TBPRD = 37500；                    // 产生 1 kHz PWM 信号
EPwm1Regs. CMPA. half. CMPA  = 0；           // 占空比为 100%
}
```

使用示波器观察此信号如图 4.21 所示，信号的脉宽在 100% 和 0% 之间变化。

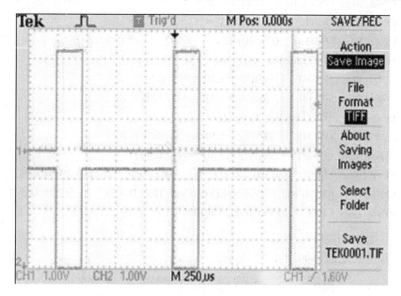

图 4.21　实验波形 3

3）ePWM1A 和 ePWM1B 进行独立调制。

本例中，ePWM1A 引脚产生 1kHz 的方波信号，ePWM1B 产生第二信号。ePWM1A 由寄存器 CMPA 控制，ePWM1B 由寄存器 CMPB 控制，触发方式如图 4.22 所示。

二维码 4.8

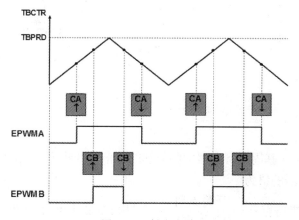

图 4.22　触发方式

137

操作步骤如下：

① "EPWM1_Init()"中，初始化 EPwm1Regs. AQCTLB 寄存器。AQCTLB 设置为：增计数且 TBCTR＝CMPB 时，ePWM1B＝1；减计数且 TBCTR＝CMPB 时，ePWM1B＝0。

② 初始化 CMPA 和 CMPB 寄存器以产生 50%的脉宽。

```
EPwm1Regs. CMPA. half. CMPA = EPwm1Regs. TBPRD / 2;
EPwm1Regs. CMPB = EPwm1Regs. TBPRD / 2;
void EPWM1_Init( void)
{
    EPwm1Regs. TBCTL. bit. CLKDIV =  0;
    EPwm1Regs. TBCTL. bit. HSPCLKDIV = 1;
    EPwm1Regs. TBCTL. bit. CTRMODE = 2;            // 增减计数模式
    EPwm1Regs. AQCTLA. all = 0x0060;
    //增计数时,ePWM1A 计数值等于 CMPA 时置高电平
    //减计数时,ePWM1A 计数值等于 CMPA 时置低电平
    EPwm1Regs. AQCTLB. all = 0x0600;
    //增计数时,ePWM1B 计数值等于 CMPA 时置高电平
    //减计数时,ePWM1B 计数值等于 CMPA 时置低电平
    EPwm1Regs. TBPRD = 37500;                    // 产生 1 kHz PWM 信号
    EPwm1Regs. CMPA. half. CMPA = EPwm1Regs. TBPRD / 2;   // 占空比为 50%
    EPwm1Regs. CMPB = EPwm1Regs. TBPRD / 2;
}
```

使用示波器观察此信号如图 4.23 所示。

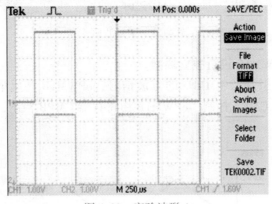

图 4.23　实验波形 4

4.1.5　如何产生对称及非对称信号

1. PWM 的开关频率

PWM 载波频率由时基周期寄存器中的值和时钟信号的频率决定。

周期寄存器中所需的值为

非对称 PWM：周期寄存器 $= \dfrac{开关周期}{定时器周期} - 1$；对称 PWM：周期寄存器 $= \dfrac{开关周期}{2\times定时器周期} - 1$

2. PWM 的分辨率

PWM 比较功能分辨率可以在确定周期寄存器值之后计算得出，数值应小于（或接近）周期值 2 的最大幂。例如，如果非对称波形周期值为 1000，对称波形周期值为 500，则

非对称 PWM：约 10 位的分辨率，$2^{10} = 1024 \approx 1000$；

对称 PWM：约 9 位的分辨率，$2^9 = 512 \approx 500$。

3. PWM 的占空比

占空比计算只需记住一点，在任何特定的定时器周期中，PWM 信号初始时均处于不活动状态，在（第一个）比较匹配事件发生后变为活动状态。定时器比较寄存器应装载的值如下。

1）非对称 PWM：TxCMPR=（100%–占空比）×TxPR。

2）对称 PWM：TxCMPR=（100%–占空比）×（TxPR+1）–1。

在这里需要注意的是，对于对称 PWM，只有比较寄存器在时基周期的递增计数比较部分和递减计数比较部分均包含该计算值时，才会达到所需的占空比。

4. PWM 计算示例

对称 PWM 计算示例：一个开关频率为 100 MHz，占空比为 25% 的对称 PWM 的波形，如图 4.24a 所示，求其 TBPRD 和 CMPA。其中，定时器的时基时钟频率为 100 kHz。

$$TBPRD = \frac{1}{2} \times \frac{F_{TBCLK}}{F_{PWM}} = \frac{1}{2} \times \frac{100\ MHz}{100\ kHz} = 500$$

$$CMPA = (100\% - 占空比) \times TBPRD = 0.75 \times 500 = 375$$

非对称 PWM 计算示例：一个开关频率为 100 MHz，占空比为 25% 的非对称 PWM 的波形，如图 4.24b 所示，求其 TBPRD 和 CMPA。其中，定时器的时基时钟频率为 100 kHz。

$$TBPRD = \frac{F_{TBCLK}}{F_{PWM}} - 1 = \frac{100\ MHz}{100\ kHz} - 1 = 999$$

$$CMPA = (100\% - 占空比) \times (TBPRD + 1) - 1 = 0.75 \times (999 + 1) - 1 = 749$$

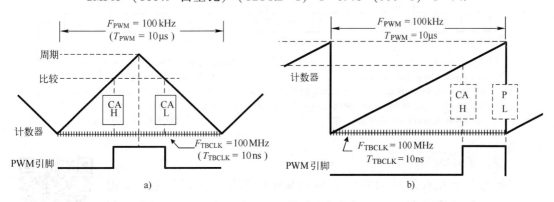

图 4.24　PWM 波形示意图

4.1.6　死区子模块

1. 死区的作用

同一桥臂的上下两个开关器件同时开通时，开关器件会发生击穿。由于晶体管的开启速

度快于关断速度，尽管同一桥臂开关器件的驱动信号为互补信号（如图 4.25 所示），但依旧会发生击穿，死区控制可方便地解决功率转换器中的电流击穿问题。

2. 死区子模块的构成

二维码 4.9

死区控制子模块（DB）对动作限定子模块（AQ）的 EPWMxA 和 EP-WMxB 输出信号进行配置，内部结构如图 4.25 所示。可见，死区控制寄存器 DBCTL[IN_MODE] 位决定两路 PWM 信号是否经过上升沿或者下降沿延时，DBCTL[POLSEL] 位决定经过延时处理后的 PWM 信号是否取反，DBCTL[OUT_MODE] 位决定最终输出信号是否经过延时或者原信号输出。其中上升沿和下降沿延时时间分别为 $RED = DBRED \times T_{TBCLK}$，$FED = DBFED \times T_{TBCLK}$。

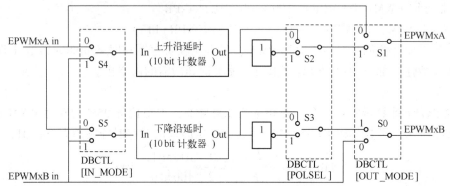

图 4.25　死区控制子模块（DB）内部结构图

死区控制寄存器 DBCTL 的位含义如图 4.26 所示。

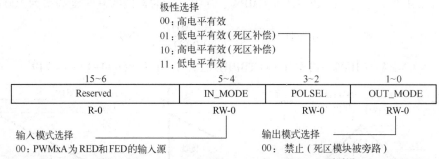

图 4.26　死区控制寄存器 DBCTL 的位含义

3. 死区子模块的应用

二维码 4.10

本例为一对互补信号 ePWM1A 和 ePWM1B 添加上升沿延迟，采用 AHC 模式；死区子模块的输入信号为 ePWM1A，输出信号为 ePWM1A 和 ePWM1B。操作步骤如下：

1）"EPWM1_Init()"中，初始化死区子模块。死区时间以 TBCLK 的倍数计算。CLKDIV 设置为 1，HSPCLKDIV 设置为 2，SYSCLKOUT 为 150 MHz，则 TBCLK 为 13.33334 ns。若延迟时间为 10 ms，则 EPwm1Regs.DBRED = 750；EPwm1Regs.DBFED = 750。

2）初始化 DBCTL 寄存器，必须配置图 4.25 中 S0~S5 的开关状态：

① 设置 S4 = 0、S5 = 0，输入信号为 ePWM1A，输出信号为 ePWM1A 和 ePWM1B。

② 设置 S2 = 0、S3 = 1，输出信号 ePWM1B 的极性与 ePWM1A 相反。

③ 设置 S0 = 1、S1 = 1，输出信号 ePWM1A 和 ePWM1B 均加入延迟。

```
void EPWM1_Init(void)
{
    EPwm1Regs. TBCTL. bit. CLKDIV  =  0;
    EPwm1Regs. TBCTL. bit. HSPCLKDIV = 1;
    EPwm1Regs. TBCTL. bit. CTRMODE = 2;              // 增减计数模式

    //增计数时,ePWM1A 计数值等于 CMPA 置高电平
    //减计数时,ePWM1A 计数值等于 CMPA 置低电平
    EPwm1Regs. AQCTLA. all = 0x0060;
    EPwm1Regs. TBPRD = 37500;                        // 产生 1 kHz PWM 信号
    EPwm1Regs. CMPA. half. CMPA   = 18750;           // 占空比为 50%

    EPwm1Regs. DBRED = 750;                          // 上升沿延时 10 ms
    EPwm1Regs. DBFED = 750;                          // 下降沿延时 10 ms
    EPwm1Regs. DBCTL. bit. OUT_MODE = 3;             // ePWM1A = RED
    EPwm1Regs. DBCTL. bit. POLSEL = 2;               // S3 = 1 ePWM1B 反相信号
    EPwm1Regs. DBCTL. bit. IN_MODE = 0;              // ePWM1A 作为输入信号
}
```

示波器在通道 1 上升沿触发（ePWM1A），与 ePWM1B 之间的关系如图 4.27a 所示；在通道 1 的下降沿触发（ePWM1A），与 ePWM1B 之间的关系如图 4.27b 所示。

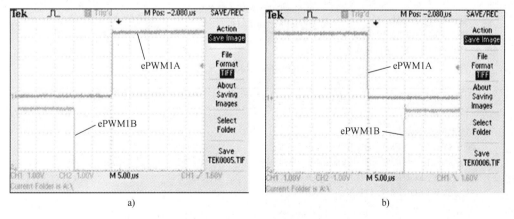

图 4.27　实验波形 5

4.1.7　斩波子模块

1. 基本原理

PWM 斩波子模块是通过高频载波信号调制由动作限定子模块和死区子模块产生的

PWM，即将 PWM 的输出进行斩波，将之前的高电平输出变为电脉冲串输出。这种信号常用于驱动脉冲变压器场合。若不需要，该模块可通过 PCCTL 寄存器中的 CHPEN 位禁止，此时并不会影响 PWM 的正常使用。ePWM 斩波子模块的载波时钟源自 SYSCLKOUT，斩波单元的频率和占空比通过 PCCTL 寄存器中的 CHPFREQ 和 CHPDUTY 位控制。

图 4.28 为单次触发模式，该模式提供的第一个脉冲能量较高，以确保功率开关的迅速导通，脉宽为 $T_{\text{1stPULSE}}=T_{\text{SYSCLKOUT}}×8×\text{OSHTWTH}$（其中，$T_{\text{SYSCLKOUT}}$ 是系统时钟 SYSCLKOUT 的周期，OSHTWTH 为 1~16 之间的值），而随后的脉冲序列仅保证功率开关处于导通状态即可。

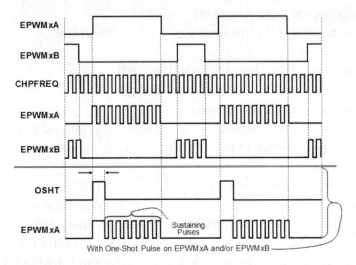

图 4.28　单次触发模式

2. 斩波子模块寄存器

斩波子模块控制寄存器 PCCTL 的位格式如图 4.29 所示。

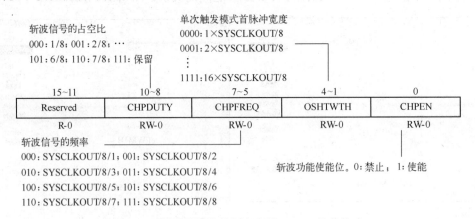

图 4.29　斩波子模块控制寄存器 PCCTL 的位格式

3. 斩波子模块的应用

本例中，对 ePWM1A 和 ePWM1B 这一对互补信号进行 2.344 MHz 的高频斩波，占空比为 50%，单触发脉宽为 800 ns。操作步骤如下：

二维码 4.11

142

在"EPWM1_Init()"中，初始化斩波子模块：由于SYSCLKOUT为
150 MHz，因此在寄存器"EPwm1Regs. PCCTL"中将斩波频率设置为
2.34375 MHz（SYSCLKOUT / 64）、将斩波占空比设置为50%、将单触发脉
冲设置为800 ns并启用斩波功能。

二维码 4.12

```
void EPWM1_Init( void)
{
    EPwm1Regs. TBCTL. bit. CLKDIV   =   0;
    EPwm1Regs. TBCTL. bit. HSPCLKDIV = 1;
    EPwm1Regs. TBCTL. bit. CTRMODE = 2;              // 增减计数模式

    //增计数时,ePWM1A 计数值等于 CMPA 时置高电平
    //减计数时,ePWM1A 计数值等于 CMPA 时置低电平
    EPwm1Regs. AQCTLA. all = 0x0060;
    //增计数时,ePWM1B 计数值等于 CMPA 时置高电平
    //减计数时,ePWM1B 计数值等于 CMPA 时置低电平
    EPwm1Regs. AQCTLB. all = 0x0600;

    EPwm1Regs. TBPRD = 37500;                        // 产生 1 kHz PWM 信号
    EPwm1Regs. CMPA. half. CMPA = EPwm1Regs. TBPRD / 2;   // 占空比为 50%
    EPwm1Regs. CMPB   = EPwm1Regs. TBPRD / 2;
    EPwm1Regs. PCCTL. bit. CHPFREQ = 7;              // SYSCLKOUT / 64 = 2. 34375 MHz
    EPwm1Regs. PCCTL. bit. CHPDUTY = 3;              // 占空比为 50%
    EPwm1Regs. PCCTL. bit. CHPEN = 1;                // 使能斩波模式
    EPwm1Regs. PCCTL. bit. OSHTWTH = 14;             // 120×6. 67 ns = 800 ns
}
```

示波器在通道1（ePWM1A）的上升沿触发，信号 ePWM1A 和 ePWM1B 的波形如图 4.30
所示。

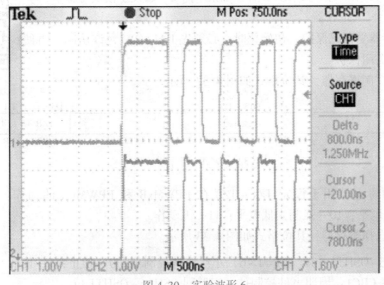

图 4.30 实验波形 6

4.1.8 触发子模块

1. 触发区工作原理

触发区具有一个快速且不依赖时钟的逻辑路径，可将 EPWMxA/B 输出信号强制为高阻态。图4.31所示为触发区特性结构图。

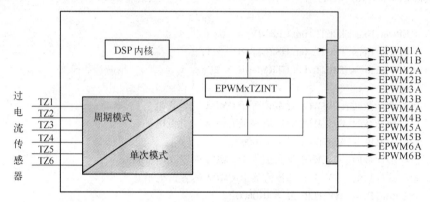

图4.31 触发区特性结构图

触发区 TZ 是 ePWM 单元的一个选用模块，但在大多数应用场合的重要性却超过其他子模块，因为它提供了一种安全的功率驱动保护机制。这种保护有助于系统（例如功率转换器和电机驱动器）安全运行，可将电机驱动器的异常状况（例如过电压、过电流和温升过高）立即通知给监控。若功率驱动保护中断未被屏蔽，则 PWM 输出引脚将在被驱动为低电平后立刻进入高阻抗状态，同时还将产生中断。

每个 ePWM 模块都连接到 6 个 Trip-Zone 信号（TZ1~TZ6）。出现故障时，可将 EPWMxA 和 EPWMxB 信号强制为高电平、低电平、高阻态或无动作。

触发子模块具有两种操作模式：单触发（OSHT）模式，一般用于短路或过电流保护；周期触发（CBC）模式，一般用于限流操作。如果不需要，触发子模块可忽略。

2. 触发子模块寄存器

触发寄存器受密码保护。初始化时，必须先 EALLOW 允许访问，再使用 EDIS 指令关闭保护。

1）触发控制寄存器，其位格式如图4.32所示。

二维码4.13

D15~D4	D3~D2	D1~D0
Reserved	TZB	TZA
R-0	R/W-0	R/W-0

图4.32 TZCTL 寄存器的位定义

触发控制寄存器用于设定 TZ1~TZ6 在 EPWMxB 和 EPWMxA 的动作：00—高阻态；01—强制为高电平；10—强制为低电平；11—无动作。

2）触发选择寄存器，其位格式如图4.33所示。

① OSHT6~OSHT1：$\overline{TZ}_y$（$y=1\sim6$）单次事件控制位。0—禁止；1—使能。

② CBC6~CBC1：周期事件控制位。配置同 OSHT6~OSHT1 位。

D15 ~ D14	D13	D12	D11	D10	D9	D8
Reserved	OSHT6	OSHT5	OSHT4	OSHT3	OSHT2	OSHT1
R-0	R/W-0	R/W-0	R/W-0	R/W-0	R/W-0	R/W-0
D7 ~ D6	D5	D4	D3	D2	D1	D0
Reserved	CBC6	CBC5	CBC4	CBC3	CBC2	CBC1
R-0	R/W-0	R/W-0	R/W-0	R/W-0	R/W-0	R/W-0

图 4.33　TZSEL 寄存器位格式

3) 触发中断使能、清除、强制触发及中断标志寄存器位格式相同, 如图 4.34 所示。

15~3	2	1	0
Reserved	OST	CBC	Reserved
R-0	R/W-0	R/W-0	R-0

图 4.34　TZEINT/TZFRC/TZFLG/TZCLR 寄存器位格式

3. 触发子模块的应用

本例中, 通过硬件模拟过电流信号 (GPIO17), 将 ePWM1A 和 ePWM1B 强制为低电平。操作步骤如下:

1) 在 "GPIO_Init( )" 函数中, 将 GPIO17 配置为 TZ6。

二维码 4.14

```
GpioCtrlRegs. GPAMUX2. bit. GPIO17 = 3;    //将 GPIO17 复用成 TZ6
```

2) 在 "EPWM1_Init( )" 函数中, 配置寄存器 "EPwm1Regs. TZSEL", 选择 TZ6 作为源信号; 初始化 TZ 寄存器: 在 TZ6 有效时, 将 ePWM1A、ePWM1B 强制为低电平。

```
void EPWM1_Init(void)
{
    EPwm1Regs. TBCTL. bit. CLKDIV   = 0;
    EPwm1Regs. TBCTL. bit. HSPCLKDIV = 1;
    EPwm1Regs. TBCTL. bit. CTRMODE  = 2;          // 增减计数模式


    EPwm1Regs. AQCTLA. all = 0x0060;
    //增计数时,ePWM1A 计数值等于 CMPA 置高电平
    //减计数时,ePWM1A 计数值等于 CMPA 置低电平
    EPwm1Regs. AQCTLB. all = 0x0600;
    //增计数时,ePWM1B 计数值等于 CMPB 置高电平
    //减计数时,ePWM1B 计数值等于 CMPB 置低电平

    EPwm1Regs. TBPRD = 37500;                     // 产生 1 kHz PWM 信号
    EPwm1Regs. CMPA. half. CMPA = EPwm1Regs. TBPRD / 2;   // ePWM1A 占空比为 50%
    EPwm1Regs. CMPB   = EPwm1Regs. TBPRD / 2;            // ePWM1B 占空比为 50%
    EALLOW;
    EPwm1Regs. TZCTL. bit. TZA = 2;               // 强制 ePWM1A 为 0
    EPwm1Regs. TZCTL. bit. TZB = 2;               // 强制 ePWM1B 为 0
```

```
        EPwm1Regs. TZSEL. bit. CBC6 = 1;          // 使能周期性错误事件控制位
        EPwm1Regs. TZEINT. bit. CBC = 1;          // 使能 CBC 中断
        EDIS;
    }
```

实验波形如图 4.35 所示。

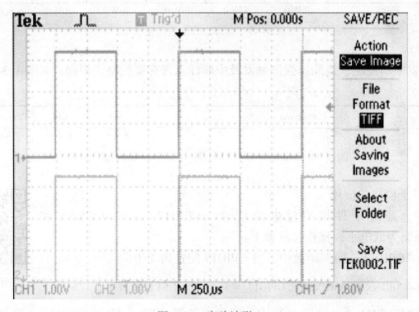

图 4.35　实验波形 7

4.1.9　事件触发器子模块

1. 基本工作原理

事件触发器子模块具备如下作用：

1）接收时间基准模块和计数比较模块的事件输入。

2）使用时间基准方向信息确定递增/递减计数。

3）使用预定标逻辑确定中断请求和 ADC 转换启动。

4）允许软件强制中断。

二维码 4.15

如图 4.36 所示为事件触发中断和 ADC 启动转换图。事件触发子模块由时间基准子模块和计数比较模块组成，当选择的事件发生时，向 CPU 产生中断或启动 ADC 转换。

2. 相关寄存器

1）ETSEL：该寄存器选择哪些事件将触发中断或启动 ADC 转换，位格式如图 4.37 所示。

2）ETPS：该寄存器用于编程上述事件预分频选项，其位格式如图 4.38 所示。

3）ETFLG：指示所选事件和预分频事件的状态。

4）ETCLR：允许通过软件清除 ETFLG 寄存器的标志位。

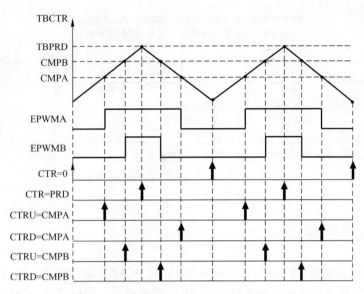

图 4.36　事件触发中断和 ADC 启动转换图

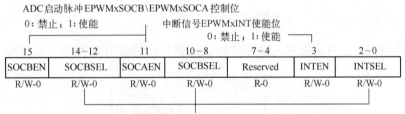

ADC 启动脉冲 EPWMxSOCB\EPWMxSOCA 控制位

0：禁止；1：使能　　　　　中断信号 EPWMxINT 使能位

0：禁止；1：使能

15	14~12	11	10~8	7~4	3	2~0
SOCBEN	SOCBSEL	SOCAEN	SOCBSEL	Reserved	INTEN	INTSEL
R/W-0	R/W-0	R/W-0	R/W-0	R-0	R/W-0	R/W-0

EPWMxSOCB\EPWMxSOCA\EPWMxINT 触发事件产生的条件

000，011：保留；001：CTR=ZERO；010：CTR=PRD

100：CTR=CMPA 且计数方向递增；101：CTR=CMPA 且计数方向递减

110：CTR=CMPB 且计数方向递增；111：CTR=CMPB 且计数方向递减

图 4.37　ETSEL 的位格式

EPWMxSOCB 触发事件\EPWMxSOCA 触发事件\EPWMxINT 中断事件发生的次数

00：无；01：1 次；10：2 次；11：3 次

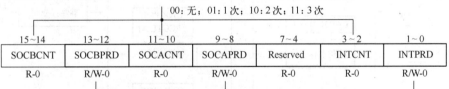

15~14	13~12	11~10	9~8	7~4	3~2	1~0
SOCBCNT	SOCBPRD	SOCACNT	SOCAPRD	Reserved	INTCNT	INTPRD
R-0	R/W-0	R-0	R/W-0	R-0	R-0	R/W-0

EPWMxSOCB\ EPWMxSOCA 触发事件的周期设定　　中断周期设定

00：禁用事件计数器，不产生相关 ADC 启动信号　　00：禁用事件计数器，不产生中断信号

01：每发生一次事件产生 ADC 启动信号　　　　　01：每发生一次事件产生中断信号 EPWMx_INT

10：每发生两次事件产生 ADC 启动信号　　　　　10：每发生两次事件产生中断信号 EPWMx_INT

11：每发生三次事件产生 ADC 启动信号　　　　　11：每发生三次事件产生中断信号 EPWMx_INT

图 4.38　ETPS 的位格式

5）ETFRC：允许软件强制干预。

这三个寄存器的位格式相同，如图 4.39 所示。

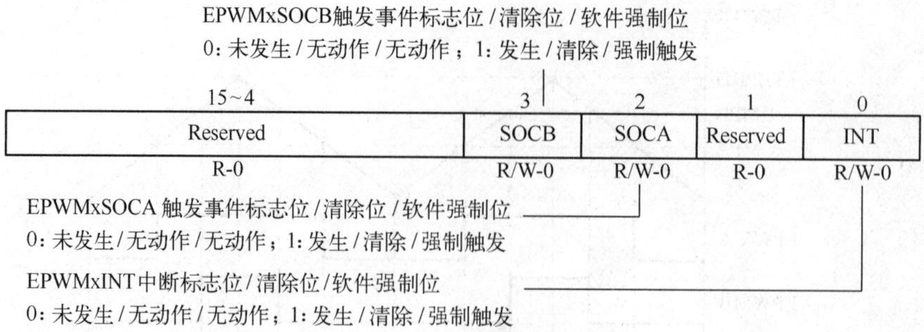

EPWMxSOCB触发事件标志位/清除位/软件强制位
0：未发生/无动作/无动作；1：发生/清除/强制触发
15~4
3
2
1
0
Reserved
SOCB
SOCA
Reserved
INT
R-0
R/W-0
R/W-0
R-0
R/W-0
EPWMxSOCA 触发事件标志位/清除位/软件强制位
0：未发生/无动作/无动作；1：发生/清除/强制触发
EPWMxINT中断标志位/清除位/软件强制位
0：未发生/无动作/无动作；1：发生/清除/强制触发

图 4.39　ETFLG、ETCLR、ETFRC 的位格式

4.2　增强型捕获模块 eCAP

增强型脉冲捕获模块（Enhanced Capture Module，eCAP）能够捕获外部 eCAP 引脚的上升沿或下降沿变化，也可配置成单通道输出的 PWM 信号模式。F28335 的 eCAP 模块有6 个独立的 eCAP 通道（eCAP1~eCAP6），每个通道都有两种工作模式：捕获模式和APWM 模式。

4.2.1　eCAP 模块的捕获操作模式

捕获工作模式下，可完成输入脉冲信号的捕捉和相关参数的测量，结构框图如图 4.40 所示。

CAP1[31:0]
捕获寄存器1
CAP2[31:0]
捕获寄存器2
CAP3[31:0]
捕获寄存器 3
CAP4[31:0]
捕获寄存器 4
TSCTR.[31:0]
32位时间
计数器
SYSCLKOUT
事
件
逻
辑
CAP1POL
[ECCTL.0]
极性选择1
CAP2POL
[ECCTL.2]
极性选择2
CAP3POL
[ECCTL.4]
极性选择3
CAP4POL
[ECCTL.6]
极性选择4
PRESCALE
[ECCTL.13-9]
事件预分频
ECAPx
引脚

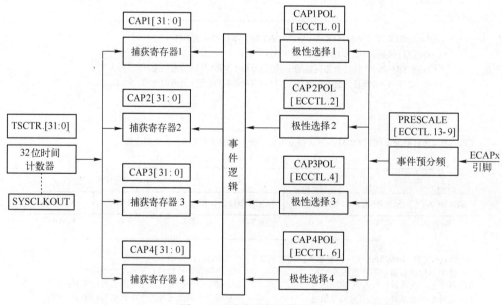

图 4.40　捕获功能结构框图

F2833x 具有 4 个独立的捕获单元，每个捕获单元与捕获输入引脚相连。信号从外部引脚 eCAPx 引入，经事件预分频子模块进行N 分频，由控制寄存器 ECCTL1[CAPxPOL]选择信号上升沿或者下降沿触发捕获功能（x 表示 4 个捕获事件 CEVT1~CEVT4），然后经事件选择控制（模 4 计数器）位 ECCTL1［CAPLDEN，CTRRSTx］来设定捕获事件发生时是否装

载 CAP1~CAP4 的值及计数器复位与否。其中，TSCTR 计数器为捕获事件提供基准时钟，由系统时钟 SYSCLKOUT 直接驱动，当产生捕获事件后，该计数器的当前值被捕获并存储在相应的捕获寄存器中。相位寄存器 CTRPHS 实现 eCAP 模块间计数器的同步。

捕获工作模式主要分为连续和单次控制两种方式。

1）连续捕获模式下，每捕获一个捕获触发事件，模 4 计数器计数值加 1，按照 0→1→2→3→0 进行循环计数，捕获值连续装载入 CAP1~CAP4 寄存器。

2）单次捕获模式下，模 4 计数器与停止寄存器（ECCTL2[SOTP_WRAP]）的设定值进行比较，若相等则模 4 停止计数，并禁止装载 CAP1~CAP4 寄存器，后续可由软件设置重启功能。

4.2.2 辅助脉宽调制 APWM 操作模式

APWM（辅助脉宽调制）工作模式下，可实现一个单通道输出 PWM 信号发生器，如图 4.41 所示。

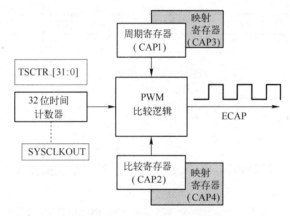

图 4.41　APWM 模块示意图

TSCTR 计数器工作在递增模式。CAP1、CAP2 分别是周期动作寄存器和比较动作寄存器，CAP3、CAP4 分别是周期映射寄存器和比较映射寄存器。APWM 模式下生成的 PWM 如图 4.42 所示。

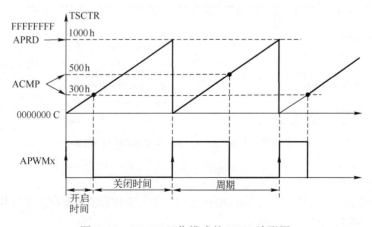

图 4.42　APWM 工作模式的 PWM 波形图

此时 APWM 工作在高有效模式（APWMPOL=0）。计数器 TSCTR=CAP1，即周期匹配时（CTR=PRD），eCAPx 引脚输出高电平；计数器 TSCTR=CAP2，即发生比较匹配时（CTR=CMP），eCAPx 引脚输出低电平；调整寄存器 CAP2 的值，即可改变输出 PWM 脉宽。

捕获工作模式下的 4 种捕获事件 CEVT1～CEVT4、计数器溢出事件 CTR_OVF 和 APWM 工作模式下的周期匹配事件（CTR=PRD）、比较匹配事件（CTR=CMP）都会产生中断请求。

4.2.3　eCAP 模块的寄存器

1）控制寄存器 ECCTL1（ECapxRegs. ECCTL1），其位格式如图 4.43 所示。

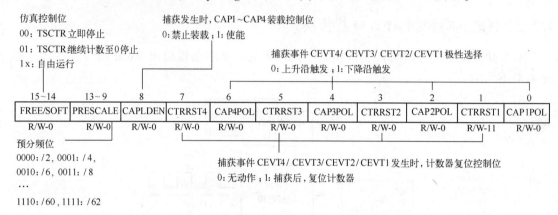

图 4.43　控制寄存器 ECCTL1 的位格式

2）控制寄存器 ECCTL2（ECapxRegs. ECCTL2），其位格式如图 4.44 所示。

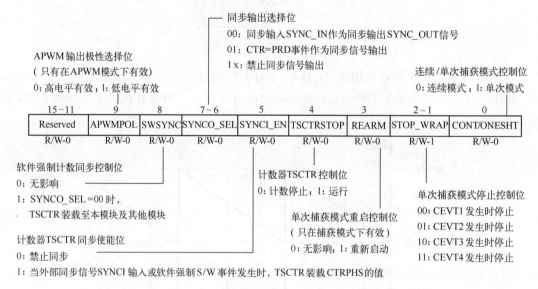

图 4.44　控制寄存器 ECCTL2 的位格式

3）中断使能寄存器 ECEINT（ECapxRegs. ECEINT）与中断强制寄存器 ECFRC（ECapxRegs. ECFRC）位格式相同，如图 4.45 所示。

D15 ~ D8	D7	D6	D5	D4	D3	D2	D1	D0
Reserved	CTR=CMP	CTR=PRD	CTROVF	CEVT4	CEVT3	CEVT2	CEVT1	Reserved
R-0	R/W-0	R/W-0	R/W-0	R/W-0	R/W-0	R/W-0	R/W-0	R-0

图 4.45　ECEINT/ECFRC 寄存器的位格式

中断使能寄存器 ECEINT 中，各位含义分别为计数匹配 CTR＝CMP、周期匹配 CTR＝PRD、计数溢出 CTROVF、捕获 CEVT4 事件、捕获 CEVT3 事件、捕获 CEVT2 事件、捕获 CEVT1 事件中断使能位。将相应位置 0 则禁止中断，置 1 则使能中断。中断强制寄存器 ECFRC 与 ECEINT 寄存器各位信息一致，相应位置 1 时，可强制该中断事件的发生。

4) 中断标志寄存器 ECFLG 和中断清除寄存器 ECCLR，位格式如图 4.46 所示。

D15 ~ D8	D7	D6	D5	D4	D3	D2	D1	D0
Reserved	CTR=CMP	CTR=PRD	CTROVF	CEVT4	CEVT3	CEVT2	CEVT1	INT
R-0	R/W-0	R/W-0	R/W-0	R/W-0	R/W-0	R/W-0	R/W-0	R/W-0

图 4.46　ECFLG/ECCLR 寄存器的位格式

中断标志寄存器 ECFLG 中，各位含义与中断使能寄存器 ECEINT 类同，最低位为全局中断 INT 控制位，相应中断事件发生时，对应位置 1。中断清除寄存器 ECCLR 与 ECFLG 寄存器各位信息一致，相应位置 1 时，可清除各位标志。

4.2.4　捕获及 APWM 操作模式示例

1. 捕获操作模式

本例中，eCAP1 捕获 ePWM1A 产生的方波信号（频率为 1 kHz，占空比为 50%）。使用 eCAP1 测量该信号的周期和占空比。捕获 3 次：第一次捕获上升沿、第二次捕获下降沿、第三次捕获上升沿。操作步骤如下：

1)"ECAP1_Init( )"中，初始化 eCAP1 模块。

二维码 4.16

```
void ECAP1_Init( void)
{
    ECap1Regs. ECEINT. all = 0;            // 禁用所有 eCAP 中断
    ECap1Regs. ECCTL1. bit. CAPLDEN = 0;   // 禁用等待
    ECap1Regs. ECCTL2. bit. TSCTRSTOP = 0; // 停止计数
    ECap1Regs. TSCTR = 0;                  // 清除计数值
    ECap1Regs. CTRPHS = 0;                 // 清除计数器相位寄存器

    ECap1Regs. ECCTL2. all = 0x0096;       // ECAP 控制寄存器 2
    // bit 15~11 00000:保留
    // bit 10        0:APWMPOL,在 CAP 模式无效
    // bit 9         0:CAP/APWM, 0 = 捕获模式
    // bit 8         0:SWSYNC, 0 = 无动作
    // bit 7~6       10:SYNCO_SEL, 10 = 禁用同步信号输出
    // bit 5         0:SYNCI_EN, 0 = 禁用同步
    // bit 4         1:TSCTRSTOP, 1 = 使能计数器
```

```
// bit 3          0:RE-ARM, 0 = 无影响
// bit 2~1        11:STOP_WRAP, CEVT4 发生时停止
// bit 0          0: CONT/ONESHT, 0 = 连续模式

ECap1Regs. ECCTL1. all = 0x01C4;          // ECAP 控制寄存器 1
// bit 15~14      00:        FREE/SOFT, 00 = TSCTR 立即停止
// bit 13~9       00000:     PRESCALE, 00000 = 预分频系数为 1
// bit 8          1：CAPLDEN, 1 = 使能装载控制
// bit 7          1：CTRRST4, 1 = 捕获事件 CEVT4 发生时,复位计数器
// bit 6          1：CAP4POL, 1 = 下降沿触发
// bit 5          0：CTRRST3, 0 = 捕获事件 CEVT3 发生时,不复位计数器
// bit 4          0：CAP3POL, 0 = 上升沿触发
// bit 3          0：CTRRST2, 0 = 捕获事件 CEVT2 发生时,不复位计数器
// bit 2          1：CAP2POL, 1 = 下降沿触发
// bit 1          0：CTRRST1, 0 = 捕获事件 CEVT1 发生时,不复位计数器
// bit 0          0：CAP1POL, 0 = 上升沿触发

ECap1Regs. ECEINT. all = 0x0008;          // 使能捕获 CEVT3 事件中断
// bit 15~8       0:保留
// bit 7          0：CTR=CMP, 0 = 计数匹配 CTR=CMP,禁用中断
// bit 6          0：CTR=PRD, 0 = 周期匹配 CTR=PRD,禁用中断
// bit 5          0：CTROVF, 0 = 计数溢出 CTROVF,禁用中断
// bit 4          0：CEVT4, 0 = 禁用捕获 CEVT4 事件中断
// bit 3          1：CEVT3, 1 = 使能捕获 CEVT3 事件中断
// bit 2          0：CEVT2, 0 = 禁用捕获 CEVT3 事件中断
// bit 1          0：CEVT1, 0 = 禁用捕获 CEVT3 事件中断
// bit 0          0：保留
}
```

2）使能捕获中断。

```
PieCtrlRegs. PIEIER1. bit. INTx7 = 1;     // 使能 CPU 定时器 0 中断
PieCtrlRegs. PIEIER4. bit. INTx1 = 1;     // 使能 PIE 组 4 中断,即 ECAP1_INT
IER | = 0x0009;                           // 使能 INT4 和 INT1 中断
```

3）捕获的中断服务程序。

```
interrupt void ECAP1_ISR( void)
{
    ECap1Regs. ECCLR. bit. INT = 1;                    // 清除 ECAP1 中断标志
    ECap1Regs. ECCLR. bit. CEVT3 = 1;                  // 清除 CEVT3 标志
    //计算 PWM 占空比(上升沿到下降沿)
    PWM_Duty = ( int32) ECap1Regs. CAP2 - ( int32) ECap1Regs. CAP1;
    //计算 PWM 周期(上升沿到上升沿)
    PWM_Period = ( int32) ECap1Regs. CAP3 - ( int32) ECap1Regs. CAP1;
```

```
        PieCtrlRegs. PIEACK. all = PIEACK_GROUP4;      // PIE 组 4 应答
    }
```

"PWM_Duty"表示 PWM 的占空比、"PWM_Period"表示 PWM 的周期。由于 ePWM1A 产生 1 kHz 的信号，因此周期为 1 ms，脉宽为 0.5 ms。

由于测量单元的分辨率为 1/150 MHz＝6.667 ns，因此，"PWM_Period"的值 150 000 转换为 150 000×6.667 ns＝1 ms，与给定一致。

2. APWM 工作模式 1 示例

APWM 工作模式下，可实现一个单通道输出 PWM 信号，如图 4.42 所示。由 APWMPOL 位的状态信息决定输出信号高/低电平有效，CAP2 为有效电平时长。

```
        // ECAP 1 配置
        ECap1Regs. CAP1 = 0x1000;                       // 设定 PWM 周期
        ECap1Regs. CTRPHS = 0x0;                        // 清零相位寄存器
        ECap1Regs. ECCTL2. bit. CAP_APWM = 0x1;         // 配置 APWM 工作模式
        ECap1Regs. ECCTL2. bit. APWMPOL = 0x0;          // PWM 高电平有效
        ECap1Regs. ECCTL2. bit. SYNCI_EN = 0x2;         // 禁止同步输出信号
        ECap1Regs. ECCTL2. bit. SYNCO_SEL = 0x0;        // 禁止计数器同步功能
        ECap1Regs. ECCTL2. bit. TSCTRSTOP =0x1;         // 启动计数器
        // 运行时段,改变占空比
        ECap1Regs. CAP2 = 0x300;
        ECap1Regs. CAP2 = 0x500;
```

3. APWM 工作模式 2 示例

```
        #include "F28x_Project. h"
        Uint16 direction = 0;
        void main( void)
        {
            InitSysCtrl( );
            InitAPwm1Gpio( );
            DINT;
            InitPieCtrl( );
            IER = 0x0000;
            IFR = 0x0000;
            InitPieVectTable( );
            ECap1Regs. ECCTL2. bit. CAP_APWM = 1;           // 使能 APWM 模式
            ECap1Regs. CAP1 = 0x01312D00;                   // 设置周期值
            ECap1Regs. CAP2 = 0x00989680;                   // 设置比较值
            ECap1Regs. ECCLR. all = 0x0FF;                  // 清除中断挂起
            ECap1Regs. ECEINT. bit. CTR_EQ_CMP = 1;         // 使能比较
            // 开始计数
            ECap1Regs. ECCTL2. bit. TSCTRSTOP = 1;
            for( ;; )
```

```
        ECap1Regs. CAP4 = ECap1Regs. CAP1 >> 1；  // 50%占空比
    // 改变频率
    if( ECap1Regs. CAP1 >= 0x01312D00)
    {

        direction = 0；
    }
    else if（ECap1Regs. CAP1 <= 0x00989680）
    {

        direction = 1；
    }
    if( direction == 0)
    {

        ECap1Regs. CAP3 = ECap1Regs. CAP1 - 500000；
    }
    else
    {

        ECap1Regs. CAP3 = ECap1Regs. CAP1 + 500000；
    }
  }
}
```

4.3 增强型 QEP 模块

4.3.1 QEP 功能概述

  编码器是把角位移或直线位移转换成电信号的一种装置。常见的增量式编码器码盘结构及输出波形如图 4.47 所示,码盘的一周均匀地分布着许多槽,槽的个数决定了编码器的精度。码盘与电动机转轴同轴安装,因此电动机旋转过程中,发光管发出的光被码盘上的不透光部分遮挡,在光敏传感器中产生规则的通断变化,进而产生相应的脉冲信号。两个光敏传感器安装时相距两个槽距的 1/4,故其对应的两路输出脉冲信号 QEPA 和 QEPB 相位互差90°。另外,码盘上有一个索引脉冲槽,输出信号 QEPI,码盘旋转一周产生一个脉冲信号,用于判定码盘的绝对位置。

  电动机控制中,常见的测速方法有 M 法和 T 法两种,分别为

$$v(k) \approx \frac{x(k)-x(k-1)}{T} = \frac{\Delta x}{T} \tag{4.1}$$

$$v(k) \approx \frac{X}{t(k)-t(k-1)} = \frac{X}{\Delta t} \tag{4.2}$$

式中,$v(k)$ 为 k 时刻电动机的转速;$x(k)$、$x(k-1)$ 为 k、$k-1$ 时刻的位置;T 为固定的单位时间;Δx 为单位时间内位置的变化;X 为固定的位移量;$t(k)$、$t(k-1)$ 为 t、$t-1$ 时刻;Δt 为固定位移量所用的时间。

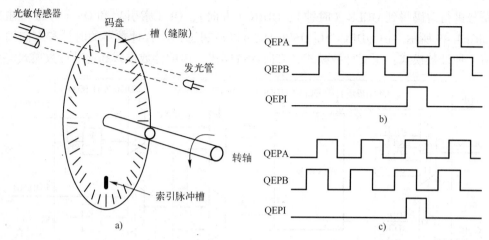

图 4.47　增量式编码器码盘结构及输出波形

M 法测速是在固定的单位时间内读取位置的变化量，即可求取平均速度。此方法测速的精度依赖于传感器的精度及时间周期 *T*，低速模式时精度不高。T 法测速是通过计算两个连续脉冲的相隔时间来求取电动机的转速，在电动机高速运行系统中，间隔时间较小，计算误差较大，所以多运用在低速时测速。实际运用中，常常将两种方法结合使用。

4.3.2　eQEP 模块结构单元

eQEP 模块主要包括正交解码单元（QDU）、时间基准单元（UTIME）、边沿捕获单元（QCAP）、看门狗电路（QWDOG）和位置计数及控制单元（PCCU），其结构框图及其外部接口如图 4.48 所示。

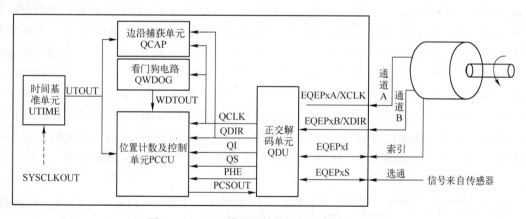

图 4.48　eQEP 模块的结构框图及其外部接口

其中，正交解码单元对 EQEPxA/XCLK、EQEPxB/XDIR、EQEPxI 和 EQEPxS（x = 1、2）四路信号进行解码，得到其他模块所需信号；时间基准单元用于速度测量中提供时间基准；边沿捕获单元主要用于低速测量，即 T 法测速；看门狗电路用来监测正交编码脉冲信号状态；位置计数及控制单元用于位置测量。

1. 正交解码单元（QDU）

正交解码单元将 EQEPxA/XCLK、EQEPxB/XDIR、EQEPxI 和 EQEPxS（x = 1、2）四路

输入信号进行解码得到 QCLK（时钟）、QDIR（方向）、QI（索引）和 QS（选通）输出信号，如图 4.49 所示。由 QDECCTL[QSRC]位可以控制选择位置计数器的时钟和方向输入信号，有 4 种计数模式：正交计数模式、方向计数模式、递增计数模式和递减计数模式。

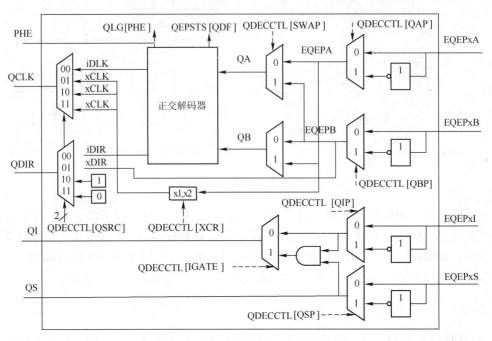

图 4.49　正交解码单元结构框图

　　正交计数模式下，EQEPxA 和 EQEPxB 分别接收正交编码器的通道 A 和通道 B 输出，EQEPxI 用于接收索引信号，EQEPxS 是通用选通引脚。EQEPxA 和 EQEPxB 经解码控制寄存器 QDECCTL[QAP]和 QDECCTL[QBP]位控制是否取反后，得到 QEPA 和 QEPB 信号。方向判断逻辑电路通过判断 QEPA 及 QEPB 脉冲信号之间的相位关系来获得方向信息，并存储在状态寄存器 QEPSTS[QDF]位中，同时将脉冲数量计入位置计数器 QPOSCNT 中，如图 4.50a 所示。可见，QEPA 和 QEPB 信号的上升沿和下降沿均产生一次脉冲信号，因此 QCLK 信号频率是 QEPA 和 QEPB 信号的 4 倍。另外，当电动机正转时，QEPA 和 QEPB 信号状态按00→10→11→01 循环变化，QDIR 方向信号为高电平输出；当电动机反转时，QEPA 和 QEPB 信号状态按11→10→00→01 循环变化，QDIR 方向信号为低电平输出，如图 4.50b 所示。

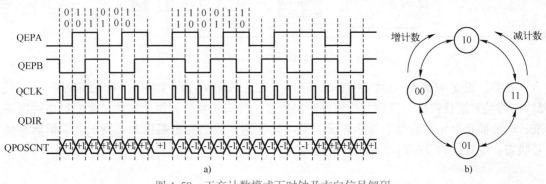

图 4.50　正交计数模式下时钟及方向信号解码

方向计数模式下，EQEPxA 作为时钟输入，EQEPxB 作为方向输入，当方向输入为高电平时，位置计数器 QPOSCNT 会在 EQEPxA 信号的上升沿增计数，当方向输入为低电平时，位置计数器 QPOSCNT 会在 EQEPxA 信号的上升沿减计数；递增计数模式和递减计数模式下，此时计数器的方向信号被强制为增计数或减计数，同时根据正交解码控制寄存器 QDECCTL[XCR]位决定对 QEPA 原信号或其 2 倍频进行计数。

2. 时间基准单元（UTIME）

时间基准单元为边沿捕获单元、位置计数及控制单元提供时间基准，如图 4.51 所示，它包括一个由 SYSCLKOUT 提供的 32 位定时器 QUTMR 和 32 位周期寄存器 QUPRD。当定时器与周期寄存器发生匹配时（QUTMR = QUPRD），则会产生单位超时中断，将 QFLG[UTO]置位，同时输出 UTOUT 信号给 PCCU 和 QCAP 单元使用。

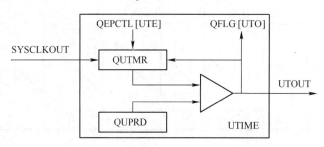

图 4.51　时间基准单元结构框图

3. 边沿捕获单元（QCAP）

通过边沿捕获单元可测量单位位移所用的时间，利用式（4.2）完成低速时的速度测量，边沿捕获单元结构框图如图 4.52 所示。

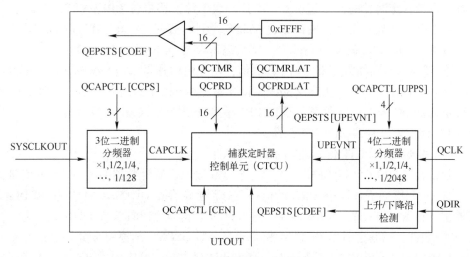

图 4.52　边沿捕获单元结构框图

边沿捕获单元包括一个 16 位的捕获定时器 QCTMR，以 CAPCLK 为基准计数时钟（CAPCLK 是系统时钟 SYSCLKOUT 经捕获控制寄存器 QCAPCTL[CCPS]分频后的信号），其锁存控制信号为 QCLK（该信号经 QCAPCTL[UPPS]分频后生成单位位移事件 UPEVNT）。

如图 4.53 所示，UPEVNT 脉冲间隔为 QCLK 的整数倍，每次 UPEVNT 事件发生后，都会将捕获定时器 QCTMR 的值锁存到捕获周期寄存器 QCPRD 中, 然后捕获定时器 QCTMR 复位。同时状态寄存器 QEPSTS[UPEVNT]置位, 表明 QCPRD 中锁存了一个新值, CPU 读取后, 可写 1 清零。

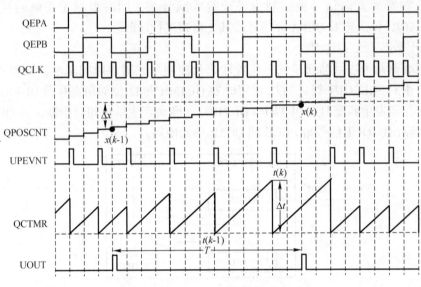

图 4.53 边沿捕获单元功能时序图

由于每次单位位移事件都将捕获定时器 QCTMR 复位, 因此读取的周期寄存器 QCPRD 的值即表示本次单位位移所用的时间为 QCPRD+1 个计数周期, 代入式 (4.2) 可得低速时速度值。

注意: 当捕获定时器的值不超过 65535 且两次单位位移事件 UPEVNT 转动方向不变时, 所测速度才准确; 若捕获定时器的值超过 65535, 则状态寄存器 QEPSTS[COEF]置位, 若两次单位位移事件 UPEVNT 转动方向改变, 则状态寄存器 QEPSTS[CDEF]置位。

$T=$ 时间基准单元周期寄存器 QUPRD 的值; 增加的位移量 $\Delta x = $ QPOSLAT$(k)-$QPOSLAT $(k-1)$; $X=$QCAPCTL[UPPS]为定义的固定位移量; $\Delta t=$ 捕获周期寄存器 QCPRDLAT 的值。

捕获定时器 QCTMR 和周期寄存器 QCPRD 在以下两个事件发生时锁存:

1) CPU 读位置计数器 QPOSCNT 值。

2) 时间基准单元 (UTIME) 超时事件 UTOUT。

若控制寄存器 QEPCTL[QCLM]=0, 则当 CPU 读取位置计数器 QPOSCNT 的值时, 捕获定时器 QCTMR 和周期寄存器 QCPRD 的值将会分别被锁存至 QCTMRLAT 和 QCPRDLAT 寄存器; 若控制寄存器 QEPCTL[QCLM]=1, 则当时间基准单元超时事件 UTOUT 发生时, 位置计数器 QPOSCNT、捕获定时器 QCTMR 和周期寄存器 QCPRD 的值将会分别被锁存至 QPOS-LAT、QCTMRLAT 和 QCPRDLAT 寄存器。利用此锁存功能, 可应用式 (4.1) 测量高速段的转速。

4. 看门狗电路 (QWDOG)

看门狗电路结构框图如图 4.54 所示, 用来监测正交编码脉冲信号 QCLK 的工作状态。它包括一个 16 位看门狗定时器 QWDTMR (系统时钟的 64 分频信号作为基准计数时钟)。当计数值达到 16 位周期寄存器 QWDPRD 值时, 若未检测到正交编码脉冲信号 QCLK, 定时器将会超时，产生中断并置位中断标志 QFLG[WTO]，同时输出 WDTOUT 信号；若期间监测到信号 QCLK，则定时器复位，重新开始计时。

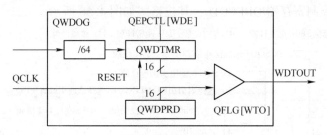

图 4.54　看门狗电路结构框图

5. 位置计数及控制单元（PCCU）

位置计数及控制单元包括一个 32 位的位置计数器 QPOSCNT，该寄存器对输入时钟脉冲信号 QCLK 进行计数。32 位比较寄存器 QPOSCMP 用来设定比较值完成位置比较事件，并且可以通过 QEPCTL 和 QPOSCTL 两个寄存器设置运行模式、初始化/锁存模式以及位置比较同步信号的产生。

（1）位置计数器的运行模式

位置计数器可以配置 4 种运行模式：索引脉冲复位位置计数器（QEPCTL[PCRM]=00）、最大计数值复位位置计数器（QEPCTL[PCRM]=01）、第一个索引脉冲来临时复位位置计数器（QEPCTL[PCRM]=10）、单位超时事件 UTOUT 复位位置计数器（QEPCTL[PCRM]=11）。

（2）位置计数器的初始化/锁存模式

位置计数器可使用索引事件、选通事件和软件 3 种方法初始化，分别通过正交控制寄存器 QEPCTL[IEI]、QEPCTL[SEI]和 QEPCTL[SWI]进行控制。

实际应用中，不需要在每个索引事件（Index Input）发生时都复位位置计数器，所以可通过正交控制寄存器 QEPCTL[IEL]将位置计数器的值进行锁存，但不复位。当选通信号输入（Strobe Input）时，可通过正交控制寄存器 QEPCTL[SEL]设置位置计数器的锁存。

（3）位置计数器的位置比较

当位置比较单元使能时（QPOSCTL[PCE]=1），位置计数器 QPOSCNT 的值不断与比较寄存器 QPOSCMP 的值进行比较，如图 4.55 所示，当二者匹配（QPOSCNT = QPOSCMP）时，中断标志寄存器 QFLG[PCM]置位，并触发脉宽可调的同步信号 PCSOUT。

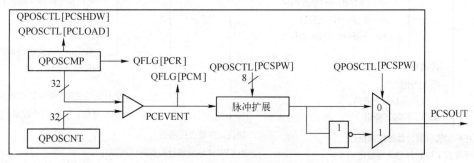

图 4.55　位置比较单元结构框图

4.3.3 eQEP 模块寄存器

1）正交解码控制寄存器 QDECCTL，其位格式如图 4.56 所示。

图 4.56　QDECCTL 的位格式

2）控制寄存器 QEPCTL，其位格式如图 4.57 所示。

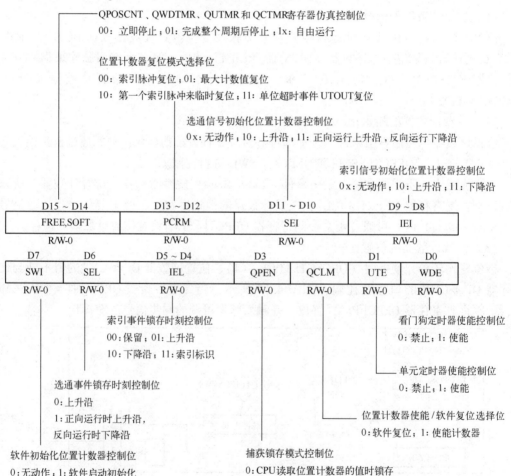

图 4.57　控制寄存器 QEPCTL 的位格式

3）位置比较控制寄存器 QPOSCTL，其位格式如图 4.58 所示。

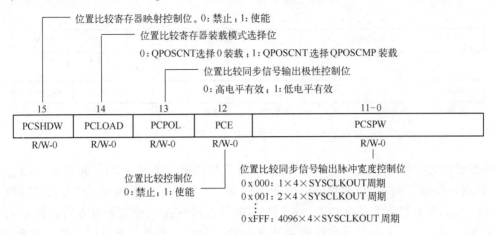

图 4.58　QPOSCTL 的位格式

4）捕获控制寄存器 QCAPCTL，其位格式如图 4.59 所示。

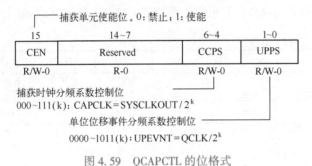

图 4.59　QCAPCTL 的位格式

5）位置计数器寄存器 QPOSCNT、位置计数器初始化寄存器 QPOSINIT、位置计数器最大值寄存器 QPOSMAX、位置比较寄存器 QPOSCMP、索引事件位置锁存寄存器 QPOSILAT、选通事件位置锁存寄存器 QPOSSLAT、位置计数器锁存寄存器 QPOSLAT、时间基准单元定时器寄存器 QUTMR、时间基准单元周期寄存器 QUPRD，其位格式相同，如图 4.60 所示。

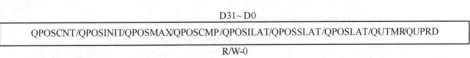

图 4.60　QPOSCNT/QPOSINIT/QPOSMAX/QPOSCMP/QPOSILAT
/QPOSSLAT/QPOSLAT/QUTMR/QUPRD 的位格式

6）看门狗定时器寄存器 QWDTMR、看门狗周期寄存器 QWDPRD，其位格式相同，如图 4.61 所示。

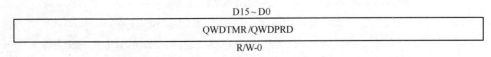

图 4.61　QWDTMR/QWDPRD 的位格式

7）中断使能寄存器 QEINT、中断强制寄存器 QFRC，其位格式相同，如图 4.62 所示。

D15~D12				D11	D10	D9	D8
Reserved				UTO	IEL	SEL	PCM
R-0				R/W-0	R/W-0	R/W-0	R/W-0

D7	D6	D5	D4	D3	D2	D1	D0
PCR	PCO	PCU	WTO	QDC	QPE	PCE	Reserved
R/W-0	R/W-0	R/W-0	R/W-0	R/W-0	R/W-0	R/W-0	R-0

图 4.62　QEINT/QFRC 寄存器的位格式

中断使能寄存器 QEINT 中，各位含义分别为单位超时中断 UTO、索引事件锁存中断 IEL、选通事件锁存 SEL、位置比较匹配事件 PCM、位置比较准备 PCR、位置计数器向上溢出 PCO、位置计数器向下溢出 PCU、看门狗定时器溢出 WTO、正交信号方向转换 QDC、正交信号相位错误 QPE 和位置计数器错误 PCE 中断使能位，将各位置 0 时，禁止中断，置 1 时，使能中断。中断强制寄存器 QFRC 与 QEINT 寄存器各位信息一致，相应位置 1 时，可强制该中断事件的发生。

8）中断标志寄存器 QFLG、中断清除寄存器 QCLR，其位格式相同，如图 4.63 所示。

D15~D12				D11	D10	D9	D8
Reserved				UTO	IEL	SEL	PCM
R-0				R/W-0	R/W-0	R/W-0	R/W-0

D7	D6	D5	D4	D3	D2	D1	D0
PCR	PCO	PCU	WTO	QDC	PHE	PCE	INT
R/W-0	R/W-0	R/W-0	R/W-0	R/W-0	R/W-0	R/W-0	R/W-0

图 4.63　QFLG/QCLR 的位格式

中断标志寄存器 QFLG 中，各位含义与中断使能寄存器 QEINT 类同，最低位为全局中断 INT 控制位，相应中断事件发生时，对应位置 1。中断清除寄存器 QCLR 与 QFLG 寄存器各位信息一致，相应位置 1 时，可清除各位标志。

9）状态寄存器 QEPSTS，其位格式如图 4.64 所示。

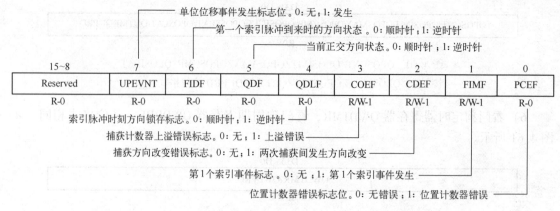

图 4.64　QEPSTS 的位格式

4.4 模数转换器模块 ADC

4.4.1 ADC 模块构成

F28335 的内部 ADC 模块内部结构如图 4.65 所示。具有如下特点：

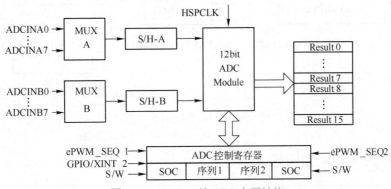

图 4.65　F28335 的 ADC 内部结构

1）12 位分辨率，内置双组采样/保持器（S/H）；每通道 8 路模拟输入共 16 路模拟输入（0~3 V）。

2）支持 4 种工作模式。

3）ADC 采样端口的最高输入电压为 3 V，实际应用最大值设定在 3 V 的 80% 左右，若电压超过 3 V 或输入负电压都会烧毁 DSP。

4）具有 ADC 校准程序 ADC_Cal( )，并将其固化于 TI 保留的 OTP ROM。可采用 C 语言和汇编语言两种方式调用。

5）16 个独立的结果转换寄存器（可分别设定地址），用于保存转换结果；转换结果可保存在低 12 位也可存放在高 12 位。

6）F2833x 的 ADC 模块时钟频率最高只可配置成 12.5 MHz，采样频率最高为 6.25 MHz（均为 F2812 的一半）。

4.4.2 时钟及采样频率

ADC 模块相关的时钟可参考图 4.66 所示。

外部晶振 CLKIN 输入 DSP 的外部引脚，通过 PLLCR[DIV] 和 PLLSTS [DIVSEL] 后得到 CPU 系统时钟 SYSCLKOUT。由高速时钟 HISPCP 预分频寄存器得到高速时钟。若此时 PCLKCR[ADCENCLK] 置 1，则高速时钟就能引入 ADC 模块中。通过 ADCTRL3[ADCCLKPS] 对高速时钟进一步分频（若为 0000，则 FCLK = HSPCLK）得到 FCLK，再经 ADCTRL1[CPS] 分频后就可得到 ADCCLK（ADC 模块的系统时钟）。以 ADCCLK 时钟为基准，通过 ADCTRL1 [ACQ_PS] 分频后得到 ADC 的采样窗口。

二维码 4.17

注意：不要将 ADCCLK 设置成最高的 12.5 MHz；其次采样窗口必须保证 ADC 采样电容能够有足够的时间来反映输入引脚的电压信号，因此不要将 ACQ_PS 设置成 0。

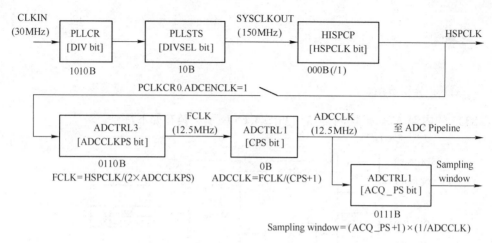

图 4.66　ADC 模块时钟参考

4.4.3　ADC 的 4 种工作模式

1. 排序方式

F2833x 具有两种排序方式：如图 4.67 所示为双排序模式，如图 4.68 所示为级联排序模式。

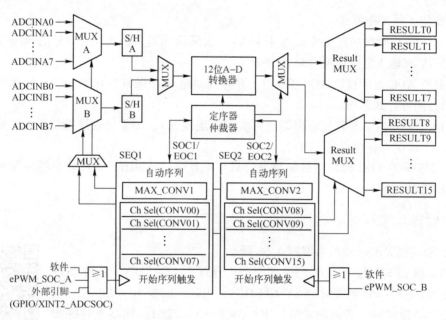

图 4.67　双排序模式工作示意图

双排序模式下 ADC 排序器由两个 8 状态排序器 SEQ1 和 SEQ2 组成。其中，SEQ1 对应 A 组采样通道 ADCINA0 ~ ADCINA7，SEQ2 对应 B 组采样通道 ADCINB0 ~ ADCINB7。SEQ1 有三种启动方式：软件启动、ePWM_SOCA 启动、GPIO/XINT2 外部引脚启动；SEQ2 有两种启动方式：软件启动方式、ePWM_SOCB 启动方式。级联模式下，SEQ1 和 SEQ2 级联成一个 16 状态排序器 SEQ，借用 SEQ1 的 3 种启动方式。

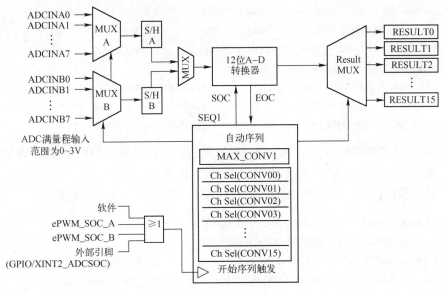

图 4.68　级联排序模式工作示意图

注意：最大转换通道寄存器 ADCMAXCONV 决定了采样序列所要进行转换的最大通道数：当工作于双序列模式时，SEQ1 使用 ADCMAXCONV 的 MAXCONV1_0～MAXCONV1_2，SEQ2 使用 MAXCONV2_0～MAXCONV2_2；当工作于单序列模式时，SEQ 使用 MAXCONV1_0～MAXCONV1_3。

2. 采样方式

ADC 存在两种采样顺序：顺序采样和同步采样。

顺序采样是对通道进行逐个采样。通道选择控制寄存器 CONVxx（共 4 bit）用来定义所要转换的输入引脚，最高位表示组号（0 表示 A 组，1 表示 B 组），低 3 位表示组内偏移量（即组内的特定引脚）。例如，CONVxx 的值是 0110B，说明选择的通道是 ADCINA6；CONVxx 的值是 1010B，说明选择的通道是 ADCINB2。

同步采样是对通道进行逐对采样，因而通道选择控制寄存器 CONVxx 只有低 3 位有效。例如，CONVxx 的值是 0011B，则采样保持器 S/H-A 先对通道 ADCINA3 进行采样，之后 S/H-B 再对通道 ADCINB3 进行采样。

ADC 的采样方式与排序器的工作模式相结合可构成 ADC 的 4 种工作方式：顺序采样的级联模式、顺序采样的双序列模式、同步采样的级联模式和同步采样的双序列模式。

1）顺序采样的级联模式，这是最常用的一种方式，即将 8 个通道合并成一个 16 通道，因此只需一个排序器 SEQ，每次只采一个通道，最多采集 16 次。

例：ADC 模块共采集 6 个通道，按照 A4、A5、A2、A3、B0、B2 的顺序。

```
AdcRegs. ADCTRL3. bit. SMODE_SEL = 0x00;        // 顺序采样模式
AdcRegs. ADCTRL1. bit. SEQ_CASC = 0x01;         // 级联模式
AdcRegs. ADCMAXCONV. all = 0x0005;              // 6 个通道
AdcRegs. ADCCHSELSEQ1. bit. CONV01 = 0x04;      // ADCINA4
AdcRegs. ADCCHSELSEQ1. bit. CONV02 = 0x05;      // ADCINA5
AdcRegs. ADCCHSELSEQ2. bit. CONV03 = 0x02;      // ADCINA2
```

```
AdcRegs. ADCCHSELSEQ2. bit. CONV04 = 0x03;        // ADCINA3
AdcRegs. ADCCHSELSEQ2. bit. CONV05 = 0x08;        // ADCINB0
AdcRegs. ADCCHSELSEQ2. bit. CONV06 = 0x0A;        // ADCINB2
//按该方式 ADC 结果寄存器存放的数据
ADCINA4 -> ADCRESULT0                ADCINA5 -> ADCRESULT1
ADCINA2 -> ADCRESULT2                ADCINA3 -> ADCRESULT3
ADCINB0 -> ADCRESULT4                ADCINB2 -> ADCRESULT5
```

2）同步采样的级联模式，即一次对一对通道进行采样，用到 ADCMAXCONV 的低 3 位，转换顺序通过 ADCCHSELSEQ1 和 ADCCHSELSEQ2 确定。

例：ADC 模块共采样 6 个通道，按照 A6、B6、A7、B7、A2、B2 的顺序。

```
AdcRegs. ADCTRL3. bit. SMODE_SEL = 0x1;           // 同步采样模式
AdcRegs. ADCTRL1. bit. SEQ_CASC = 0x01;           // 级联模式
AdcRegs. ADCMAXCONV. all = 0x0004;                // 10 个通道
AdcRegs. ADCCHSELSEQ1. bit. CONV00 = 0x6;         // ADCINA6、ADCINB6
AdcRegs. ADCCHSELSEQ1. bit. CONV01 = 0x7;         // ADCINA7、ADCINB7
AdcRegs. ADCCHSELSEQ1. bit. CONV02 = 0x2;         // ADCINA2、ADCINB2
//按该方式 ADC 结果寄存器存放的数据
ADCINA6 -> ADCRESULT0                ADCINB6 -> ADCRESULT1
ADCINA7 -> ADCRESULT2                ADCINB7 -> ADCRESULT3
ADCINA2 -> ADCRESULT4                ADCINB2 -> ADCRESULT5
```

3）顺序采样的双序列模式，该模式需使用 SEQ1 和 SEQ2 排序器。SEQ1 用到 ADCCH-SELSEQ1 和 ADCCHSELSEQ2 来确定 A 组通道顺序，ADCMAXCONV(2:0)确定 SEQ1 采样个数；SEQ2 用到 ADCCHSELSEQ3 和 ADCCHSELSEQ4 来确定 B 组通道顺序，其中最高位置 1，ADCMAXCONV(6:4)确定 SEQ2 采样个数。

例：ADC 共采样 4 个通道，按照 A0、A2、A1、B0 的顺序。

```
AdcRegs. ADCTRL3. bit. SMODE_SEL = 0x0;           // 顺序采样模式
AdcRegs. ADCTRL1. bit. SEQ_CASC = 0x00;           // 双序列模式
AdcRegs. ADCMAXCONV. all = 0x0002;                // 4 个通道,A 组 3 个,B 组 1 个
AdcRegs. ADCCHSELSEQ1. bit. CONV00 = 0x0;         // ADCINA0
AdcRegs. ADCCHSELSEQ1. bit. CONV01 = 0x2;         // ADCINA2
AdcRegs. ADCCHSELSEQ1. bit. CONV02 = 0x1;         // ADCINA1
AdcRegs. ADCCHSELSEQ1. bit. CONV03 = 0x8;         // ADCINB0
//按该方式 ADC 结果寄存器存放的数据
ADCINA0 -> ADCRESULT0                ADCINA2 -> ADCRESULT1
ADCINA1 -> ADCRESULT2                ADCINB0 -> ADCRESULT3
```

4）同步采样的双序列模式，即一次对一对通道进行采样。A 组、B 组分别使用 SEQ1 和 SEQ2 排序器。SEQ1 使用 ADCCHSELSEQ1，最高位置 0；SEQ2 使用 ADCCHSELSEQ3，最高位置 1；ADCMAXCONV(1:0)确定 SEQ1 采样次数；ADCMAXCONV(5:4)确定 SEQ2 采样次数，SEQ1 和 SEQ2 每次均对一对通道采样。

例：ADC 共采样 8 个通道，按照 A0、B0、A1、B1、A2、B2、A3、B3 的顺序。

AdcRegs. ADCTRL1. bit. SEQ_CASC = 0x00;	// 双序列模式
AdcRegs. ADCTRL3. bit. SMODE_SEL = 0x1;	// 同步模式
AdcRegs. ADCMAXCONV. all = 0x0011;	// 每个排序器 2 对, 共计 8 通道
AdcRegs. ADCCHSELSEQ1. bit. CONV00 = 0x0;	// ADCINA0 ADCINB0
AdcRegs. ADCCHSELSEQ1. bit. CONV01 = 0x1;	// ADCINA1 ADCINB1
AdcRegs. ADCCHSELSEQ1. bit. CONV02 = 0x2;	// ADCINA2 ADCINB2
AdcRegs. ADCCHSELSEQ1. bit. CONV03 = 0x3;	// ADCINA3 ADCINB3

//按该方式 ADC 结果寄存器存放的数据

ADCINA0 -> ADCRESULT0	ADCINB0 -> ADCRESULT1
ADCINA1 -> ADCRESULT2	ADCINB1 -> ADCRESULT3
ADCINA2 -> ADCRESULT4	ADCINB2 -> ADCRESULT5
ADCINA3 -> ADCRESULT6	ADCINB3 -> ADCRESULT7

4.4.4 ADC 模块校准及常见问题

F28335 的 ADC 模块支持片上采样偏移校正，芯片出厂时已将该程序 ADC_Cal( )固化在 ROM 中。ADC_Cal( )采用特定校正数据对 ADCREFSEL 与 ADCOFFTRIM 寄存器进行初始化。

1. 校准原理

采样偏移校正原理：预先把 AD 采样偏移量放于 ADCOFFTRIM 寄存器中，再将 AD 转换结果加上该值后送到结果寄存器 ADCRESULTn。校正操作在 ADC 模块中进行，时序不受影响。对于任何校正值，均能保证全采样范围内有效。为了获得采样偏移量，可将 ADCLO 信号接到任意一个 ADC 通道，转换该通道再修正 ADCOFFTRIM 的寄存器值，直到转换结果接近于零为止。

如图 4.69 所示，负偏差校正时，起始多数转换结果为 0。OFFTRIM 寄存器写入 40，若所有转换结果为正且平均为 25，则最终写入 OFFTRIM 的值是 15；正偏差校正时，起始多数转换结果为正。若平均为 20，则写入 OFFTRIM 的值为−20。

2. 常见问题

问题 1：如何理解引导 ROM 调用 ADC_Cal( )的过程？

答：只是将 ADC_Cal( )中的某些数值复制到 ADCST 和 ADCOFFTRIM 寄存器。

问题 2：调用 ADC_cal( )程序是否需要 ADCINx 通道？

答：不需要使用任何 ADCINx 通道。

问题 3：是否还可以像 280x 那样实现手动校准？

答：若要进一步提高 ADC 的偏移量和增益，则在运行 ADC_cal( )后，仍然可进行手动校准。校准方式与 F280x 相同。

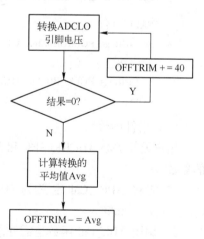

图 4.69　F28335 中 ADC 校准流程图

3. ADC_Cal( )的调用指南

ADC_Cal 的调用可通过两种方法实现：汇编程序调用法和指针函数法。

（1）汇编程序调用法

1）将 ADC_Cal 汇编程序添加至工程中。（下列代码为 ADC_Cal 函数的内容）

```
. def _ADC_cal                          ;定义代码段名称为 ADC_cal
. asg "0x711C", ADCREFSEL_LOC           ;ADCREFSEL 寄存器在 DSP 的地址为 0x711C
. sect ". adc_cal"                      ;自定义初始化段 . adc_cal
_ADC_cal
MOVW DP, #ADCREFSEL_LOC >> 6            ;右移 6bit 得数据段首地址，DP = 0x7100
MOV @ 28, #0x1111                       ;采用直接寻址 ADCREFSEL? = 0x1111
MOV @ 29, #0x2222                       ;采用直接寻址 ADCOFFTRIM? = 0x2222
LRETR
```

2）将 . adc_cal 段加入 CMD 文件中。

```
MEMORY
{
    PAGE 0:
        ADC_CAL: origin = 0x380080, length = 0x000009
}
SECTIONS

        . adc_cal: load = ADC_CAL, PAGE = 0, TYPE = NOLOAD

}
```

3）使用 ADC 之前先调用 ADC_Cal 函数，注意调用该函数前要先使能 ADC 时钟。

```
EALLOW;
SysCtrlRegs. PCLKCR0. bit. ADCENCLK = 1;
( * ADC_Cal) ( );
SysCtrlRegs. PCLKCR0. bit. ADCENCLK = 0;
EDIS;
```

（2）指针函数法

用户无须关心 ADCREFSEL 和 ADCOFFTRIM 的值，直接使用 TI 出厂时在 OPTROM 固化的参数。

1）先将 ADC_Cal 定义为 OTP ROM 中函数的指针：#define ADC_Cal（void（ * ）（void））0x380080。

2）调用 ADC_Cal 函数也需注意 ADC 时钟的使能（同汇编程序调用法的第 3 步）。

4.4.5 ADC 寄存器

（1）ADC 控制寄存器

ADC 具有三个控制寄存器，用来配置 ADC 模块的采样频率、工作模式、中断等操作。

1）ADCTRL1（16 位），用于设定 ADC 仿真模式及排序器模式等操作，如图 4.70

所示。

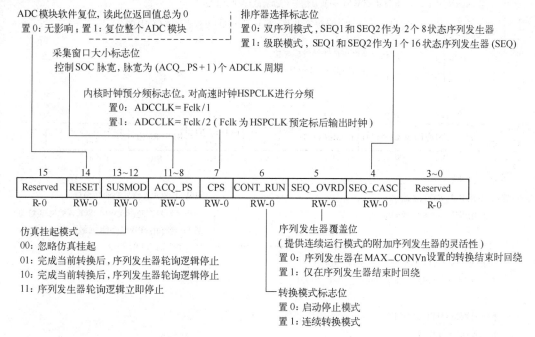

图 4.70　ADCTRL1 的位格式

[注]:

① RESET = 1 会导致整个 ADC 模块的主复位。这是一个一次效应位，即此位置 1 后，ADC 逻辑电路会将该位置回 0。ADC 复位有 2 个时钟周期的延迟（执行复位指令后，在 2 个 ADC 时钟周期之内，不应修改其他 ADC 控制寄存器位）。

② 停止/启动模式，简单来讲，当 ADC 达到 EOS 后序列发生器停止。除非执行了序列发生器复位，否则序列发生器会在遇到了下一个 SOC 时从结束时的状态启动。

③ 连续转换模式：达到 EOS 后序列发生器的行为取决于 SEQ_OVRD 的状态。若 SEQ_OVRD = 0，则序列发生器将再次从其复位状态启动（SEQ1 和级联模式为 CONV00，SEQ2 为 CONV08）；若 SEQ_OVRD = 1，则序列发生器将再次从其当前位置启动，而不会进行复位。

2）ADCTRL2（16 位）用于设定 ADC 转换的触发方式，如图 4.71 所示。

[SOC_SEQ1 注]:

SEQ1 或级联序列发生器的转换触发，可由以下触发方式:

① 通过软件将该位写 1。

② ePWM_SOCA。

③ ePWM_SOCB。

④ 将 GPIOA 组的信号通过寄存器 GPIOxINT2SEL 配置为 XINT2 外部引脚。

当触发发生时，有如下三种可能:

① SEQ1 空闲且已清除 SOC 位，则 SEQ1 立即启动（受仲裁器控制）。允许为任何"暂挂"的触发请求设置和清除此位。

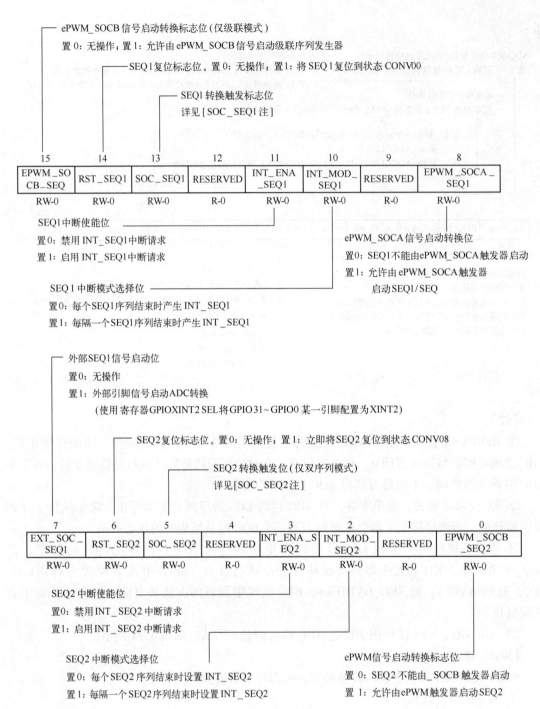

图 4.71　ADCTRL2 的位格式

　　② SEQ1 忙且已清除 SOC 位，设置此位表示触发请求正"暂挂"。完成当前转换后清除此位。

　　③ SEQ1 忙且设置了 SOC 位，则忽略所能出现的任何触发信号。

　　SOC_SEQ1 = 0：清除"暂挂"的 SOC 触发器，若序列发生器已启动则自动清除此位。

SOC_SEQ1 = 1：启动 SEQ1。此时，不应在同一指令中设置 RST_SEQ1（ADCTRL2.14）和 SOC_SEQ1（ADCTRL2.13）位，这将使序列发生器复位但不会启动序列。正确的操作顺序是，先设置 RST_SEQ1，再设置 SOC_SEQ1。此序列也适用于 RST_SEQ2（ADCTRL2.6）和 SOC_SEQ2（ADCTRL2.5）。

[SOC_SEQ2 注]：

SEQ2 转换开始触发器（仅用于双序列发生器，级联模式被忽略），可由以下触发方式：

① 通过软件将该位写 1。

② ePWM_SOCB。

当触发发生时，有如下三种可能：

① SEQ2 空闲且已清除 SOC 位，则 SEQ2 立即启动（受仲裁器控制）。允许为任何"暂挂"的触发请求设置和清除此位。

② SEQ2 忙且已清除 SOC 位，设置此位表示触发请求正"暂挂"。完成当前转换后时清除此位。

③ SEQ2 忙且设置了 SOC 位，则忽略所能出现的任何触发信号。

若序列发生器已启动，则自动清除此位，因此写零无效。该位写 1 表示从当前停止的位置启动 SEQ2。

3）ADCTRL3（16 位）用于设定 ADC 采样模式及工作频率，如图 4.72 所示。

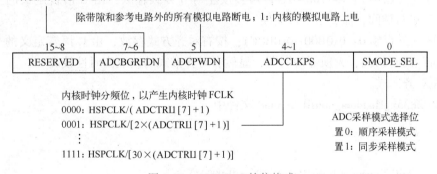

图 4.72　ADCTRL3 的位格式

（2）最大转换通道寄存器 MAXCONV（16 位）

MAXCONV（16 位）用于设定 ADC 转换过程中最大转换通道数，如图 4.73 所示。

示例 1：假设转换信号 ADCINA4 和 ADCINB4 并行，则初始化

SMODE_SEL = 1 　　　　// 同步采样

MAXCONV = 0 　　　　　// 转换 1 对通道，即 2 个通道，因为 SMODE_SEL = 1

CONV00 = 4 　　　　　　// ADCINA4 的通道号

转换完成后，ADCINA4 的值存入 RESULT0，ADCINB4 的值存入 RESULT1。

（3）ADC 结果寄存器 ADCRESULT

其位格式如图 4.74 所示。

图 4.73 MAXCONV 的位格式

图 4.74 寄存器 ADCRESULT 的位格式

F28335 具有 16 个结果寄存器, 转换的 12 位结果可按照左对齐或右对齐的方式存放。转换后的 12 位结果可存入 F28335 两个不同的存储区。

存储区 (外设帧 2: 0x7108~0x7117): 按左对齐方式存放, 由 C 语言定义的全局变量 "AdcRegs" 进行访问, 需 2 个等待周期。

存储区 (外设帧 0: 0x0B00~0x0B0F): 按右对齐方式存放, 由 C 语言定义的全局变量 "AdcMirror" 进行访问, 无须等待周期, 显然右对齐方式的读取实时性较高。

1) 左对齐方式。

在 DSP2833x_Headers_nonBIOS. cmd 文件中

```
MEMORY
{
    ADC : origin = 0x007100, length = 0x000020
}
SECTIONS
{
    AdcRegsFile : > ADC, PAGE = 1
}
```

"AdcRegsFile" 被分配到了外设帧 2 中, 即采用了左对齐方式。读取 ADC 结果代码

```
Voltage1 = AdcRegs. ADCRESULT0 >> 4;
Voltage2 = AdcRegs. ADCRESULT1 >> 4;
```

2) 右对齐方式。

同样, 在 DSP2833x_Headers_nonBIOS. cmd 文件中, 可以看到

```
MEMORY
{
    ADC_MIRROR : origin = 0x000B00, length = 0x000010
}

SECTIONS
{
    AdcMirrorFile : > ADC_MIRROR, PAGE = 1
}
```

"AdcMirrorFile" 被分配到了外设帧 0 中，即采用了右对齐方式。读取 ADC 结果代码

```
Voltage1 = ADC_RESULT_MIRROR_REGS. ADCRESULT0;
Voltage2 = ADC_RESULT_MIRROR_REGS. ADCRESULT1;
```

（4）ADC 输入通道选择寄存器

其位格式如图 4.75 所示。

15~12	11~8	7~4	3~0
CONV03	CONV02	CONV01	CONV00

ADCCHSELECTQ1

15~12	11~8	7~4	3~0
CONV07	CONV06	CONV05	CONV04

ADCCHSELECTQ2

15~12	11~8	7~4	3~0
CONV11	CONV10	CONV09	CONV08

ADCCHSELECTQ3

15~12	11~8	7~4	3~0
CONV15	CONV14	CONV13	CONV12

ADCCHSELECTQ4

图 4.75　ADC 输入通道选择寄存器的位格式

CONVx 取值范围为二进制数 0000~1111。其中，二进制数与通道号的对应关系如下：

ADCINA0 = 0000；ADCINA1 = 0001；ADCINA2 = 0010；…；ADCINA6 = 0110；ADCINA7 = 0111；
ADCINB0 = 1000；ADCINB1 = 1001；ADCINB2 = 1010 ；…；ADCINB6 = 1110；ADCINB7 = 1111；

例如，顺序转换 5 个通道：ADCINA6、ADCINB1、ADCINA2、ADCINA0、ADCINB6、则 CONVx 配置为

CONV00 = 6；CONV01 = 9；CONV02 = 2；CONV03 = 0；CONV04 = 14；

（5）ADC 参考电源寄存器

ADC 参考电源寄存器用于选择 ADC 的参考电压，其位格式如图 4.76 所示。

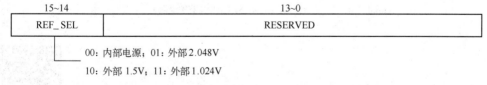

15~14	13~0
REF_ SEL	RESERVED

00：内部电源；01：外部 2.048V
10：外部 1.5V；11：外部 1.024V

图 4.76　ADC 参考电源寄存器 ADCREFSEL 的位格式

4.4.6 ADC 基本应用程序分析

二维码 4.18

示例 1：通道 ADCINA0 被直接转换，转换结果反复存放某数组中。

```
Uint16 SampleTable[2048];
main()
{
    Uint16 i;
    InitSysCtrl();
    EALLOW;
    SysCtrlRegs. HISPCP. all = 0x3;                  // HSPCLK = SYSCLKOUT/ADC_MODCLK
    EDIS;
    DINT;

    InitPieCtrl();
    IER = 0x0000;
    IFR = 0x0000;
    InitPieVectTable();
    // ADC 配置
    AdcRegs. ADCTRL1. bit. ACQ_PS = 0xf;
    AdcRegs. ADCTRL3. bit. ADCCLKPS = 0x1;
    AdcRegs. ADCTRL1. bit. SEQ_CASC = 1;              // 1=级联模式
    AdcRegs. ADCCHSELSEQ1. bit. CONV00 = 0x0;
    AdcRegs. ADCTRL1. bit. CONT_RUN = 1;              // 连续运行
    for (i=0; i<BUF_SIZE; i++)
    {
        SampleTable[i] = 0;
    }
    AdcRegs. ADCTRL2. all = 0x2000;                   // 启动 SEQ1
    for(;;)
    {
        for (i=0; i<AVG; i++)
        {
            while (AdcRegs. ADCST. bit. INT_SEQ1 == 0) {} // 等待中断
            AdcRegs. ADCST. bit. INT_SEQ1_CLR = 1;
            SampleTable[i] = ((AdcRegs. ADCRESULT0>>4));
        }
    }
}
```

示例 2：使用 ePWM1 在 SEQ1 上生成周期性 ADC SOC，并设置 ADCINA3 和 ADCINA2 被转换。

二维码 4.19

```
Uint16 LoopCount;
```

```
Uint16 ConversionCount;
Uint16 Voltage1[10];
Uint16 Voltage2[10];
#define ADC_MODCLK 0x3 // HSPCLK=SYSCLKOUT/(2×ADC_MODCLK2)=150/(2×3)=25.0


void main()
{
    InitSysCtrl();
    EALLOW;
    SysCtrlRegs. HISPCP. all = ADC_MODCLK;
    EDIS;

    DINT;
    InitPieCtrl();
    IER = 0x0000;
    IFR = 0x0000;
    InitPieVectTable();

    EALLOW;
    PieVectTable. ADCINT = &ADC_ISR;
    EDIS;

    InitAdc();

    PieCtrlRegs. PIEIER1. bit. INTx6 = 1;              // 使能 PIE 中的 ADCINT 中断
    IER |= M_INT1;                                     // 使能 INT1 中断
    EINT;
    LoopCount = 0;
    ConversionCount = 0;
    // 配置 ADC
    AdcRegs. ADCMAXCONV. all = 0x0001;                 // 使用 SEQ1 转换
    AdcRegs. ADCCHSELSEQ1. bit. CONV00 = 0x3;          // 先转换 ADCINA3
    AdcRegs. ADCCHSELSEQ1. bit. CONV01 = 0x2;          // 再转换 ADCINA2
    AdcRegs. ADCTRL2. bit. EPWM_SOCA_SEQ1 = 1;         // 开始转换
    AdcRegs. ADCTRL2. bit. INT_ENA_SEQ1 = 1;           // 使能 SEQ1 中断

    // ePWM1 时钟已经在 InitSysCtrl() 中启用
    EPwm1Regs. ETSEL. bit. SOCAEN = 1;                 // 使能 A 组 SOC
    EPwm1Regs. ETSEL. bit. SOCASEL = 4;                // 从 CMPA 选择 SOC
    EPwm1Regs. ETPS. bit. SOCAPRD = 1;                 // 在第一个事件产生脉冲
    EPwm1Regs. CMPA. half. CMPA = 0x0080;              // 设置 CMPA 值
    EPwm1Regs. TBPRD = 0xFFFF;                         // 设置 ePWM1 周期
    EPwm1Regs. TBCTL. bit. CTRMODE = 0;                // 开始计数
```

```
        for( ; ; )                                                      // 等待 ADC 中断
        {
            LoopCount++;
        }
    }


    __interrupt void ADC_ISR（void）
    {
        Voltage1［ConversionCount］= AdcRegs. ADCRESULT0 >>4；
        Voltage2［ConversionCount］= AdcRegs. ADCRESULT1 >>4；
        // 若记录了 40 次转换,则重新开始
        if( ConversionCount = = 9)
        {
            ConversionCount = 0；
        }
        else
        {
            ConversionCount++；
        }
        // 复位,以便下次转换
        AdcRegs. ADCTRL2. bit. RST_SEQ1 = 1；                           // SEQ1 复位
        AdcRegs. ADCST. bit. INT_SEQ1_CLR = 1；·                        // 清除 SEQ1 中断标志
        PieCtrlRegs. PIEACK. all = PIEACK_GROUP1；                      // 应答 PIE 组 1 中断
        return；
    }
```

4.5 轻松玩转片上控制类外设

4.5.1 三相桥式电路的 SPWM 发波

三相桥式电路是构成变频器、UPS 不间断供电电源、伺服控制器等电压型逆变器,以及光伏、风能发电、APF 有源滤波器等电流型逆变器最常见的结构,其基本拓扑如图 4.77 所示。对于该拓扑常见的有两种发波方式:正弦脉宽调制 SPWM 和空间矢量调制 SVPWM。

1. 正弦脉宽 SPWM 调制技术

如图 4.77 所示,该电路有三个桥臂分别作为三相 A、B、C 的输出,该调制方式相当于单相半桥调制的三相延伸,也可将三相桥式电路看作三个单相半桥结构的组合,因而可将三个桥臂独立控制。为保证三相对称,三个载波的角度差为 120°。同样的三相 SPWM 调制必然也会存在载波和调制波,按照载波与调制波的频率调整可分为三种方式。

1）同步方式:载波比是常数,逆变器输出的每个周期内所产生的脉冲数是一定的。逆变器的输出波形完全对称,由于在低频段 SPWM 的脉冲个数过少,因此谐波分量过大。

2）异步方式:载波频率固定不变,当调制波频率发生变化时载波比会发生变化。正因

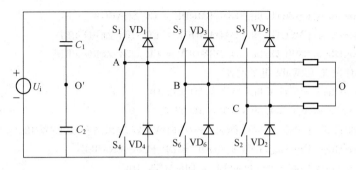

图 4.77 三相桥式电路

为如此，它不存在低频谐波分量大的缺点，但会造成逆变器输出不对称的现象。

3）分段同步方式：结合两者的特点，在低频段，用异步控制，在其他频段，用同步控制。

数字控制中常采用异步控制方式。为消除偶次谐波及输出电压的余弦分量，载波比常取值 3 的整数倍，即 $m = 3n$（n 取值为奇数）。

DSP 资源配置表可参考表 4.2。

表 4.2　三相 PWM 资源配置表

引　　脚	说　　　明
GPIO0/EPWM1A	使用引脚复用 EPWM1A 功能，S_1 驱动，高有效
GPIO1/EPWM1B	使用引脚复用 EPWM1B 功能，S_4 驱动，高有效
GPIO2/EPWM2A	使用引脚复用 EPWM2A 功能，S_3 驱动，高有效
GPIO3/EPWM2B	使用引脚复用 EPWM2B 功能，S_6 驱动，高有效
GPIO4/EPWM3A	使用引脚复用 EPWM3A 功能，S_5 驱动，高有效
GPIO5/EPWM3B	使用引脚复用 EPWM3B 功能，S_2 驱动，高有效

其中 EPWM1 模块互补的两个输出作为 A 桥臂上管、下管的驱动；EPWM2 的两个输出作为 B 桥臂的驱动；EPWM3 的两个输出作为 C 桥臂的驱动。由于三相控制方式需要用到 3 个 PWM 模块，根据 ePWM 模块的设计特点，需设置模块的同步方式，而 ePWM 模块初始化代码为

```
Init_PWM()
{
    //EPWM1 配置
    EPwm1Regs. TBPRD = PrdCnst;
    EPwm1Regs. TBPHS. half. TBPHS = 0;
    EPwm1Regs. TBCTL. bit. CTRMODE = TB_COUNT_UPDOWN;
    EPwm1Regs. TBCTL. bit. PHSEN = TB_DISABLE;          //主模块
    EPwm1Regs. TBCTL. bit. PRDLD = TB_SHADOW;           //shadow 模式
    EPwm1Regs. TBCTL. bit. SYNCOSEL = TB_CTR_ZERO;      //过零发同步信号
    // CC 设置,使能 shadow 模式。当 CTR = 0 或者 PRD 时寄存器载入并生效
    EPwm1Regs. CMPCTL. bit. SHDWAMODE = CC_SHADOW;
```

```
EPwm1Regs. CMPCTL. bit. SHDWBMODE = CC_SHADOW；
EPwm1Regs. CMPCTL. bit. LOADAMODE = CC_CTR_ZERO_PRD；
EPwm1Regs. CMPCTL. bit. LOADBMODE = CC_CTR_ZERO_PRD；
//AQ 设置，EPWMA 电平设置
EPwm1Regs. AQCTLA. bit. CAU = AQ_CLEAR；
EPwm1Regs. AQCTLA. bit. CAD = AQ_SET；
//DB 设置，上升沿、下降沿都加入死区 EPWMAx 输出高有效，EPWMBx 输出低有效
EPwm1Regs. DBCTL. bit. OUT_MODE = DB_FULL_ENABLE；
EPwm1Regs. DBCTL. bit. POLSEL = DB_ACTV_HIC；
EPwm1Regs. DBFED = FED_Cnst；                          // 下降沿
EPwm1Regs. DBRED = RED_Cnst；                          // 上升沿
//TZ 模块
EALLOW；
EPwm1Regs. TZCTL. bit. TZA = TZ_FORCE_HI；
EPwm1Regs. TZCTL. bit. TZB = TZ_FORCE_HI；
EPwm1Regs. TZFRC. bit. OST = 1；
EDIS；
//EPWM2 配置
EPwm2Regs. TBPRD = PrdCnst；
EPwm2Regs. TBPHS. half. TBPHS = 0；
EPwm2Regs. TBCTL. bit. CTRMODE = TB_COUNT_UPDOWN；
EPwm2Regs. TBCTL. bit. PHSEN = TB_ENABLE；            //同步从模块
EPwm2Regs. TBCTL. bit. PRDLD = TB_SHADOW；
EPwm2Regs. TBCTL. bit. SYNCOSEL = TB_SYNC_IN；        //syncin 信号为同步
// CC 设置，使能 shadow 模式。当 CTR=0 或者 PRD 时寄存器载入并生效
EPwm2Regs. CMPCTL. bit. SHDWAMODE = CC_SHADOW；
EPwm2Regs. CMPCTL. bit. SHDWBMODE = CC_SHADOW；
EPwm2Regs. CMPCTL. bit. LOADAMODE = CC_CTR_ZERO_PRD；
EPwm2Regs. CMPCTL. bit. LOADBMODE = CC_CTR_ZERO_PRD；
//AQ 设置，EPWMA 电平设置
EPwm2Regs. AQCTLA. bit. CAU = AQ_CLEAR；
EPwm2Regs. AQCTLA. bit. CAD = AQ_SET；
EPwm2Regs. DBCTL. bit. OUT_MODE = DB_FULL_ENABLE；
EPwm2Regs. DBCTL. bit. POLSEL = DB_ACTV_HIC；
EPwm2Regs. DBFED = FED_Cnst；                          // 下降沿
EPwm2Regs. DBRED = RED_Cnst；                          // 上升沿
EALLOW；
EPwm2Regs. TZCTL. bit. TZA = TZ_FORCE_HI；
EPwm2Regs. TZCTL. bit. TZB = TZ_FORCE_HI；
EPwm2Regs. TZFRC. bit. OST = 1；
EDIS；
…  …                          // EPWM3 初始化同 EPWM2，此处省略
}
```

2. 代码示例

三相桥式 SPWM 发波算法：VaAct、VbAct、VcAct 分别为三相相差 120°的调制波；Ud、Uq 分别是双环控制输出的 d 轴、q 轴分量。

```
void SPWM_Generation( )
{
        // 旋转/静止变换
        Alpha = Ud * CosRef - Uq * SinRef;
        Beta = Ud * SinRef + Uq * CosRef;
        //2->3 变换
        VaAct = Alpha;
        VbAct = -Alpha * 0.5 + Beta * 0.866;
        VcAct = -Alpha * 0.5 - Beta * 0.866;
        // 发波系数折算
        VaAct = VaAct * Kpwm;
        VbAct = VbAct * Kpwm;
        VcAct = VcAct * Kpwm;

        VaAct += (T1Period >> 1);      // CMPR1 = T1Period /2 + VaAct
        VbAct += (T1Period >> 1);      // CMPR2 = T1Period /2 + VbAct
        VcAct += (T1Period >> 1);      // CMPR3 = T1Period /2 + VcAct
        // 限幅处理
        Temp1 = T1Period-100;
        Temp2 = 100;
        LMT16(VaAct, Temp1, Temp2);
        LMT16(VbAct, Temp1, Temp2);
        LMT16(VcAct, Temp1, Temp2);
        // 全比较寄存器赋值
        EPwm1Regs. CMPA. half. CMPA = VaAct;
        EPwm2Regs. CMPA. half. CMPA = VbAct;
        EPwm3Regs. CMPA. half. CMPA = VcAct;
}
```

其中：

```
LMT16(V,Max,Min)为宏定义
KPWM 为调制系数 = (Uout×T1Period)/Udc
#define           LMT16(V,Max,Min)    {V = (V<=Min)? Min:V=(V>=Max)? Max:V}
```

4.5.2 SVPWM 传统发波算法

与传统的正弦 PWM 不同，SVPWM 是从三相输出电压的整体效果出发，着眼于如何使电动机获得理想圆形磁链轨迹。SVPWM 技术与 SPWM 相比较，电动机转矩脉动降低，旋转磁场更逼近圆形，很大提高直流母线电压的利用率，且更易于数字化。

1. 基本原理

设逆变器输出的三相相电压分别为 $U_A(t)$、$U_B(t)$、$U_C(t)$，可写成如下数学表达式：

$$\begin{cases} U_A(t) = U_m\cos(\omega t) \\ U_B(t) = U_m\cos(\omega t - 2\pi/3) \\ U_C(t) = U_m\cos(\omega t + 2\pi/3) \end{cases} \tag{4.3}$$

其中，$\omega = 2\pi f$，U_m 为峰值电压。进一步也可将三相电压写成矢量的形式：

$$\boldsymbol{U}(t) = U_A(t) + U_B(t)e^{j2\pi/3} + U_C(t)e^{j4\pi/3} = \frac{3}{2}U_m e^{j\theta} \tag{4.4}$$

其中，$\boldsymbol{U}(t)$ 是旋转的空间矢量，其幅值为相电压峰值的 1.5 倍，以角频率 $\omega = 2\pi f$ 按逆时针方向匀速旋转。换句话讲，$\boldsymbol{U}(t)$ 在三相坐标轴上的投影就是对称的三相正弦量。

三相桥式电路共有 6 个开关器件，依据同一桥臂上下管不能同时导通的原则，开关器件共有 2^3 个组合。令上管导通时 S=1，下管导通时 S=0，则（S_a、S_b、S_c）共有表 4.3 所示的 8 种组合。

表 4.3　8 种开关组合

U_0	U_1	U_2	U_3	U_4	U_5	U_6	U_7
000	001	010	011	100	101	110	111

假设开关状态处于 U3 状态，就会存在如下方程组：

$$\begin{cases} U_{ab} = -U_i \\ U_{bc} = 0 \\ U_{ca} = U_i \\ U_{ao} - U_{bo} = U_{ab} \\ U_{co} - U_{ao} = U_{ca} \\ U_{ao} + U_{bo} + U_{co} = 0 \end{cases} \tag{4.5}$$

解得该方程组 $U_{bo} = U_{co} = \frac{1}{3}U_i$，$U_{ao} = -\frac{2}{3}U_i$。同理可依据上述方式计算出其他开关组合下的空间矢量，见表 4.4。

表 4.4　开关状态与电压之间的关系

(S_a, S_b, S_c)	矢量符号	相 电 压		
		U_{ao}	U_{bo}	U_{co}
(0,0,0)	U_0	0	0	0
(1,0,0)	U_4	$2U_i/3$	$-U_i/3$	$-U_i/3$
(1,1,0)	U_6	$U_i/3$	$U_i/3$	$-2U_i/3$
(0,1,0)	U_2	$-U_i/3$	$2U_i/3$	$-U_i/3$
(0,1,1)	U_3	$-2U_i/3$	$U_i/3$	$U_i/3$
(0,0,1)	U_1	$-U_i/3$	$U_i/3$	$2U_i/3$
(1,0,1)	U_5	$U_i/3$	$-2U_i/3$	$U_i/3$
(1,1,1)	U_7	0	0	0

8 个矢量中有 6 个模长为 $2U_i/3$ 的非零矢量，矢量间隔 $60°$；剩余两个零矢量位于中心。每两个相邻的非零矢量构成的区间叫作扇区，共有 6 个扇区，如图 4.78 所示。

在每一个扇区，选择相邻的两个电压矢量以及零矢量，可合成每个扇区内的任意电压矢量，如式（4.6）所示。其中，U_{ref} 为电压矢量；T 为采样周期；T_x、T_y、T_0 分别为电压矢量 U_x、U_y 和零电压矢量 U_0 的作用时间。

$$\begin{cases} U_{ref}T = U_xT_x + U_yT_y + U_0T_0 \\ T_x + T_y + T_0 \leqslant T \end{cases} \tag{4.6}$$

由于三相电压在空间向量中可合成一个旋转速度是电源角频率的旋转电压，因此可利用电压向量合成技术，由某一矢量开始，每一个开关频率增加一个增量，该增量是由扇区内相邻的两个基本非零向量与零电压向量合成，如此反复从而达到电压空间向量脉宽调制的目的。

2. SVPWM 的计算

电压向量 U_{ref} 在第 I 扇区，如图 4.79 所示，欲用 U_4、U_6 及非零矢量 U_0 合成，根据式（4.6）可得 $U_{ref}T = U_4T_4 + U_6T_6 + U_0T_0$。

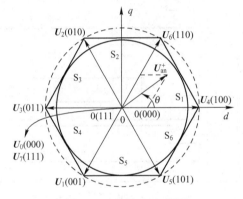
图 4.78 电压空间矢量图

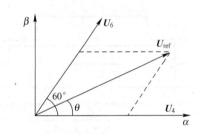
图 4.79 电压矢量在第一区间的合成

α 轴有
$$|U_{ref}|T\cos\theta = U_\alpha T = |U_4|T_4 + |U_6|T_6\cos60° \tag{4.7}$$

β 轴有
$$|U_{ref}|T\times\sin\theta = U_\beta\times T = |U_6|T_6\sin60° \tag{4.8}$$

又因为 $|U_6| = |U_4| = \dfrac{2}{3}U_i$，可计算出两个非零矢量的作用时间：

$$\begin{cases} T_4 = \dfrac{3T}{2U_i}\left(U_\alpha - U_\beta\dfrac{1}{\sqrt{3}}\right) \\ T_6 = \sqrt{3}\,T\,\dfrac{U_\beta}{U_i} \end{cases} \tag{4.9}$$

进而得到零矢量的作用时间：

7 段式发波 $T_0 = T_7 = \dfrac{T - T_4 - T_6}{2}$；5 段式发波：$T_7 = T - T_4 - T_6$

SVPWM 调制中，零矢量的选择是非常灵活的。适当选择零矢量，可最大限度地减少开关次数，同时最大限度地减少开关损耗。最简单的合成方法为 5 段式对称发波和 7 段式对称发波；7 段式发波开关次数较多，谐波含量较小，5 段式降低了开关次数，但增大了谐波含量。

5 段式对称 SVPWM 矢量合成公式：

$$\boldsymbol{U}_{\mathrm{ref}}T=\boldsymbol{U}_0\frac{T_0}{2}+\boldsymbol{U}_1\frac{T_{\mathrm{x}}}{2}+\boldsymbol{U}_2T_{\mathrm{y}}+\boldsymbol{U}_1\frac{T_{\mathrm{x}}}{2}+\boldsymbol{U}_0\frac{T_0}{2} \tag{4.10}$$

7 段式对称 SVPWM 矢量合成公式：

$$\boldsymbol{U}_{\mathrm{ref}}T=\boldsymbol{U}_0\frac{T_0}{4}+\boldsymbol{U}_1\frac{T_{\mathrm{x}}}{2}+\boldsymbol{U}_2\frac{T_{\mathrm{y}}}{2}+\boldsymbol{U}_7\frac{T_0}{2}+\boldsymbol{U}_2\frac{T_{\mathrm{y}}}{2}+\boldsymbol{U}_1\frac{T_{\mathrm{x}}}{2}+\boldsymbol{U}_0\frac{T_0}{4} \tag{4.11}$$

表 4.5 给出了 7 段式发波方式的开关器件在第一区间内的切换顺序对照序。

表 4.5　两种发波方式开关器件的切换顺序

扇区	第一区间内的切换顺序	扇区	第一区间内的切换顺序
1	…0. 4. 6. 7. 7. 6. 4. 0…	4	…0. 1. 3. 7. 7. 3. 1. 0…
2	…0. 2. 6. 7. 7. 6. 2. 0…	5	…0. 1. 5. 7. 7. 5. 1. 0…
3	…0. 2. 3. 7. 7. 3. 2. 0…	6	…0. 4. 5. 7. 7. 5. 4. 0…

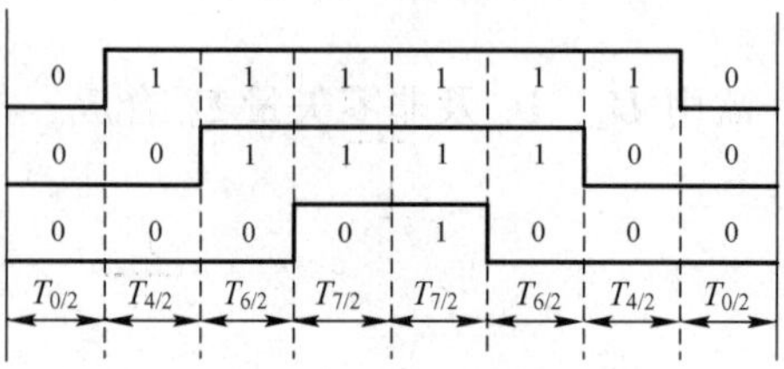

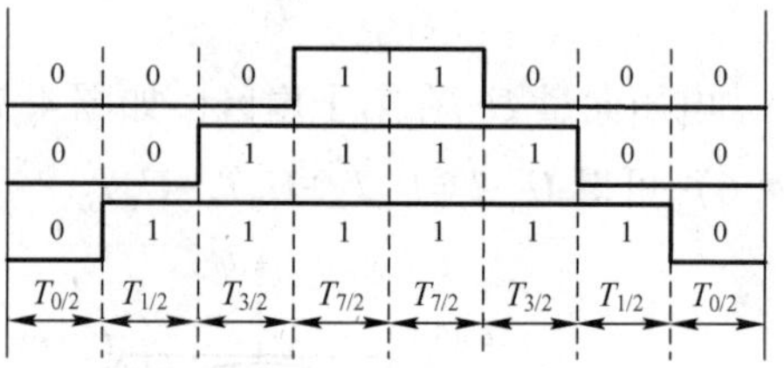

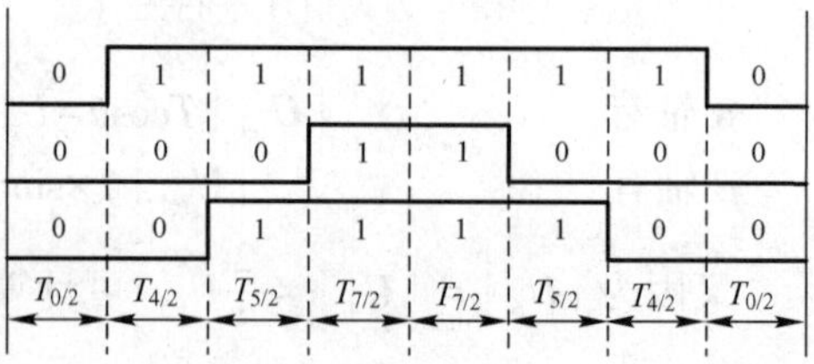

1）扇区号的确定。

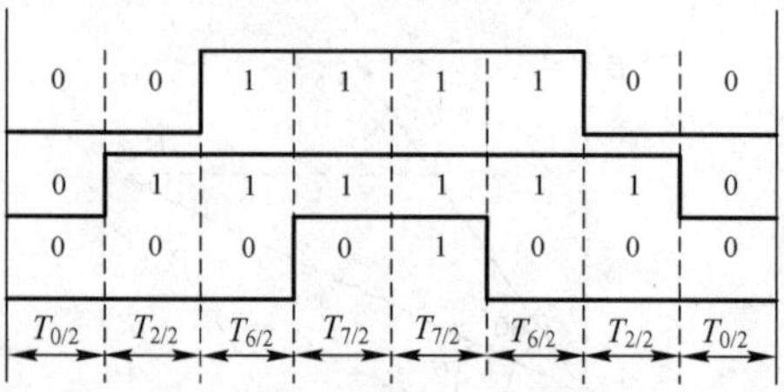

由 U_α 和 U_β 所决定的空间电压矢量所处的扇区，得到表 4.6 的扇区判断的充要条件。

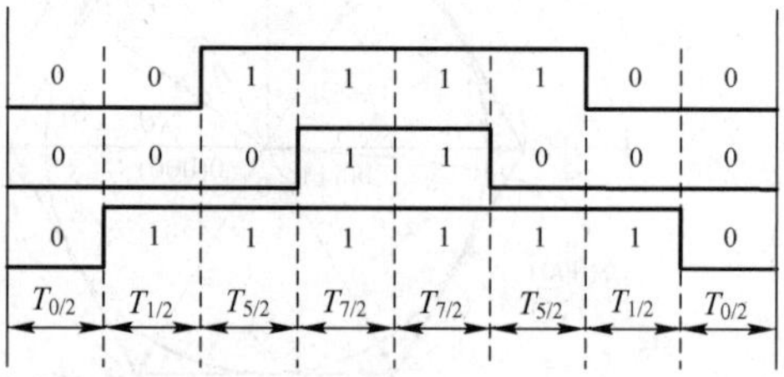

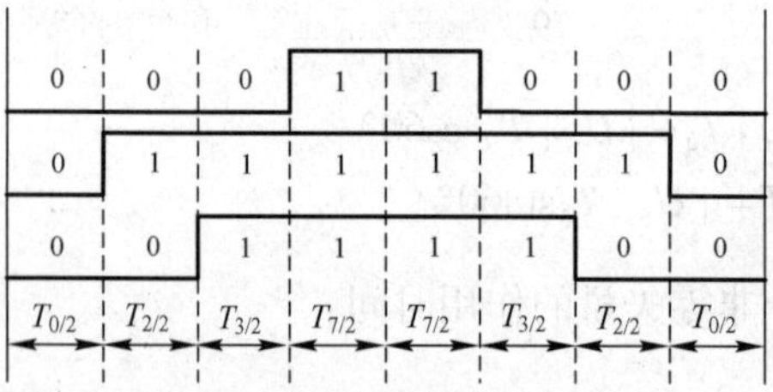

表 4.6　扇区判断的充要条件

扇区	落入此扇区的充要条件	扇区	落入此扇区的充要条件
1	$U_\alpha>0$，$U_\beta>0$ 且 $U_\beta/U_\alpha<\sqrt{3}$	4	$U_\alpha<0$，$U_\beta<0$ 且 $U_\beta/U_\alpha<\sqrt{3}$
2	$U_\alpha>0$ 且 $U_\beta/\lvert U_\alpha\rvert>\sqrt{3}$	5	$U_\beta<0$ 且 $U_\beta/\lvert U_\alpha\rvert>\sqrt{3}$
3	$U_\alpha<0$，$U_\beta>0$ 且 $U_\beta/U_\alpha<\sqrt{3}$	6	$U_\alpha>0$，$U_\beta<0$ 且 $U_\beta/U_\alpha<\sqrt{3}$

进一步分析该表，定义三个参考变量 U_{ref1}、U_{ref2} 和 U_{ref3} 及如式（4.12）所示的表达式：

$$\begin{cases} U_{\text{ref1}} = U_{\beta} \\[2mm] U_{\text{ref2}} = \dfrac{\sqrt{3}}{2}U_{\alpha} - \dfrac{1}{2}U_{\beta} \\[2mm] U_{\text{ref3}} = -\dfrac{\sqrt{3}}{2}U_{\alpha} - \dfrac{1}{2}U_{\beta} \end{cases} \tag{4.12}$$

再定义三个符号变量 A_1、A_2、A_3 及相关的判断条件：若 $U_{\text{ref1}} \geqslant 0$，则 $A_1 = 1$，否则 $A_1 = 0$；$U_{\text{ref2}} \geqslant 0$，则 $A_2 = 1$，否则 $A_2 = 0$；$U_{\text{ref3}} \geqslant 0$，则 $A_3 = 1$，否则 $A_3 = 0$。则扇区号 Vector_Num = $A_1 + 2A_2 + 4A_3$，可得到如表 4.7 所示的扇区对应关系。

表 4.7　扇区对应关系

Vector_Num	3	1	5	4	6	2
扇区号	1	2	3	4	5	6

2）作用时间计算。

将式（4.8）进行改写，得到

$$T_4 = \frac{\sqrt{3}\,T}{U_i}U_{\text{ref2}},\ T_6 = \sqrt{3}\,T\frac{U_{\text{ref1}}}{U_i} \tag{4.13}$$

按照上述方法可以计算出其他扇区非零矢量作用时间，见表 4.8。

表 4.8　其他扇区非零矢量作用时间

扇　区	1	2	3
作用时间	$T_x = T_4 = \dfrac{\sqrt{3}\,T}{U_i}U_{\text{ref2}}$ $T_y = T_6 = \dfrac{\sqrt{3}\,T}{U_i}U_{\text{ref1}}$	$T_x = T_2 = \dfrac{\sqrt{3}\,T}{U_i}U_{\text{ref2}}$ $T_y = T_6 = \dfrac{\sqrt{3}\,T}{U_i}U_{\text{ref3}}$	$T_x = T_2 = \dfrac{\sqrt{3}\,T}{U_i}U_{\text{ref1}}$ $T_y = T_3 = \dfrac{\sqrt{3}\,T}{U_i}U_{\text{ref3}}$
扇　区	4	5	6
作用时间	$T_x = T_1 = \dfrac{\sqrt{3}\,T}{U_i}U_{\text{ref1}}$ $T_y = T_3 = \dfrac{\sqrt{3}\,T}{U_i}U_{\text{ref2}}$	$T_x = T_1 = \dfrac{\sqrt{3}\,T}{U_i}U_{\text{ref3}}$ $T_y = T_5 = \dfrac{\sqrt{3}\,T}{U_i}U_{\text{ref2}}$	$T_x = T_4 = \dfrac{\sqrt{3}\,T}{U_i}U_{\text{ref3}}$ $T_y = T_5 = \dfrac{\sqrt{3}\,T}{U_i}U_{\text{ref1}}$

注意，为了使该算法适应各种电压等级，表 4.8 中的变量均是经过标幺化处理之后的数据。

3）三相 PWM 波形合成。

按照上述过程，就能得到每个扇区相邻两电压空间矢量和零电压矢量的作用时间。再根据 PWM 调制原理，计算出每一相对应比较器的值，式（4.14）为 7 段 SVPWM 发波值计算，式（4.15）为 5 段 SVPWM 发波值计算。

$$\begin{cases} NT_3 = (T - T_x - T_y)/2 \\ NT_2 = NT_3 + T_y \\ NT_1 = NT_2 + T_x \end{cases} \tag{4.14}$$

$$\begin{cases} NT_3 = 0 \\ NT_2 = T_y \\ NT_1 = NT_2 + T_x \end{cases} \tag{4.15}$$

以 7 段 SVPWM 发波为例，各个扇区的比较值赋值见表 4.9。

表 4.9　7 段 SVPWM 比较值赋值表

扇　区	1	2	3
作用时间	$CMPR_1 = TBPR - NT_2$ $CMPR_2 = TBPR - NT_1$ $CMPR_3 = TBPR - NT_3$	$CMPR_1 = TBPR - NT_1$ $CMPR_2 = TBPR - NT_3$ $CMPR_3 = TBPR - NT_2$	$CMPR_1 = TBPR - NT_1$ $CMPR_2 = TBPR - NT_2$ $CMPR_3 = TBPR - NT_3$
扇　区	4	5	6
作用时间	$CMPR_1 = TBPR - NT_3$ $CMPR_2 = TBPR - NT_2$ $CMPR_3 = TBPR - NT_1$	$CMPR_1 = TBPR - NT_3$ $CMPR_2 = TBPR - NT_1$ $CMPR_3 = TBPR - NT_2$	$CMPR_1 = TBPR - NT_2$ $CMPR_2 = TBPR - NT_3$ $CMPR_3 = TBPR - NT_1$

3. 程序示例

SVPWM 模块初始化设置与 SPWM 初始化相同，Ud 和 Uq 分别是双环控制输出的 d 轴、q 轴分量。

[方法 1]：

```
void    SVPWM_Generation()
{
    // 旋转->静止变换
    Alpha = Ud * CosRef - Uq * SinRef;
    Beta = Ud * SinRef + Uq * CosRef;
    // 计算参考轴
    Uref1 = Beta;
    Uref2 = Alpha * 0.866 - Beta * 0.5;
    Uref3 = -iAlpha * 0.866 - Beta * 0.5;
    //扇区号
    VectNumber = sign(Uref1)+(sign(Uref2)<<1)+(sign(Uref3)<<2);
    //参考轴定标
    Uref1 = abs(Uref1 * KSVPWM);
    Uref2 = abs(Uref2 * KSVPWM);
    Uref3 = abs(Uref3 * KSVPWM);
    //计算两个矢量作用时间, Tx 为扇区后矢量作用时间,Ty 为扇区前矢量作用时间
    switch(VectNumber)
    {
        case 0:
        case 1:                                          // 1 扇区
            Tx = Uref2;
            Ty = Uref3;
            break;
```

```
    case 2:                                         // 2 扇区
        Tx = Uref3;
        Ty = Uref1;
        break;
    case 3:                                         // 3 扇区
        Tx = Uref2;
        Ty = Uref1;
        break;
    case 4:                                         // 4 扇区
        Tx = Uref1;
        Ty = Uref2;
        break;
    case 5:                                         // 5 扇区
        Tx = Uref1;
        Ty = Uref3;
        break;
    case 6:                                         // 6 扇区
        Tx = Uref3;
        Ty = Uref2;
        break;
}
//饱和处理,Tx+Ty < T1Period
Saturation = Tx+Ty;
if(Saturation > T1Period)
{
    Saturation = T1Period / Saturation;
    Tx = Tx * Saturation;
    Ty = Ty * Saturation;
}
NT3 = (T1Period −Tx − Ty) / 2;                      //T0/2
NT2 = NT3+Ty;                                       //T0/2 +Ty
NT1 = NT2+Tx;                                       //T0/2 +Ty+Tx
    //三相 PWM 发波合成
switch(VectNumber)
{
    case 1:                                         // 1 扇区
        EPwm1Regs. CMPA. half. CMPA = NT2;
        EPwm2Regs. CMPA. half. CMPA = NT1;
        EPwm3Regs. CMPA. half. CMPA = NT3;
    break;
    case 2:                                         // 2 扇区
        EPwm1Regs. CMPA. half. CMPA = NT1;
        EPwm2Regs. CMPA. half. CMPA = NT3;
```

```
                    EPwm3Regs. CMPA. half. CMPA  =  NT2;
        break;
        case 3:                                    // 3 扇区
                    EPwm1Regs. CMPA. half. CMPA  =  NT1;
                    EPwm2Regs. CMPA. half. CMPA  =  NT2;
                    EPwm3Regs. CMPA. half. CMPA  =  NT3;
        break;
        case 4:                                    // 4 扇区
                    EPwm1Regs. CMPA. half. CMPA  =  NT3;
                    EPwm2Regs. CMPA. half. CMPA  =  NT2;
                    EPwm3Regs. CMPA. half. CMPA  =  NT1;
        break;
        case 5:                                    // 5 扇区
                    EPwm1Regs. CMPA. half. CMPA  =  NT3 ;
                    EPwm2Regs. CMPA. half. CMPA  =  NT1;
                    EPwm3Regs. CMPA. half. CMPA  =  NT2;
        break;
        case 6:                                    // 6 扇区
                    EPwm1Regs. CMPA. half. CMPA  =  NT2;
                    EPwm2Regs. CMPA. half. CMPA  =  NT3;
                    EPwm3Regs. CMPA. half. CMPA  =  NT1;
        break;
        }
    }
```

[方法 2]:

```
    void   SVPWM_Generation( )
    {
        Uref1  =  Beta;
        Uref2  =  Alpha  *  0. 866 + Beta  *  0. 5;
        Uref3  =  Uref2 - Uref1;

        VectNumber  =  3;
        VectNumber  =  (Uref2 > 0)? (VectNumber -1): VectNumber;
        VectNumber  =  (Uref3 > 0)? (VectNumber -1): VectNumber;
        VectNumber  =  (Uref1 < 0)? (7- VectNumber) : VectNumber;

        if (VectNumber == 1 || VectNumber == 4)
        {
            Ta  =  Uref2;
            Tb  =  Uref1 - Uref3;
            Tc  =  - Uref2;
        }
```

```
            else if( VecSector = = 2 ‖ VecSector = = 5)
            {
                Ta = Uref2+Uref3;
                Tb = Uref1;
                Tc = -Uref1;
            }
            else
            {
                Ta = Uref3;
                Tb = -Uref3;
                Tc = -Uref1- Uref2;
            }
            EPwm1Regs. CMPA. half. CMPA = Ta;
            EPwm2Regs. CMPA. half. CMPA = Tb;
            EPwm3Regs. CMPA. half. CMPA = Tc;
    }
```

4.5.3　SVPWM 简易发波算法及 CCS6 的波形观测

　　SVPWM 实际上是在 SPWM 的调制波叠加了零序分量而形成的马鞍波, 这个零序分量是通过在调制的过程中增加 "零矢量" 来构成的, 也就是通过上面的算法调制出的。

　　只要非零矢量的作用时间保持不变, 零序分量的加入不影响合成的电压矢量, 只影响 SVPWM 的发波时序而已。按照这种思路可找到一种简单的实现 SVPWM 的方法, 也就是说, 能否使用三相载波构造出一个零序分量, 直接注入目标调制波而构成马鞍形调制波? 这样既能达到提高电压利用率、减少开关管的开关次数的目的, 又可减少程序代码段。

　　答案是肯定的。利用三相电压波形找到零序分量, 这部分内容在电路原理中三相电压章节中有过介绍。

　　1. 基本原理

　　首先取三相载波电压瞬时值的最大、小值:$\begin{cases} U_{\text{MAX}} = \max(U_{\text{A}}(t), U_{\text{B}}(t), U_{\text{C}}(t)) \\ U_{\text{MIN}} = \min(U_{\text{A}}(t), U_{\text{B}}(t), U_{\text{C}}(t)) \end{cases}$

　　零序分量可由式 (4.16) 表示:

$$U_{\text{COM}} = -\frac{U_{\text{MAX}} + U_{\text{MIN}}}{2} \tag{4.16}$$

将零序分量加入三相 SPWM 载波中得到新的三相马鞍形波形:

$$\begin{cases} U'_{\text{A}} = U_{\text{A}} + U_{\text{COM}} \\ U'_{\text{B}} = U_{\text{B}} + U_{\text{COM}} \\ U'_{\text{C}} = U_{\text{C}} + U_{\text{COM}} \end{cases} \tag{4.17}$$

将零序分量叠加到三相载波 U'_{A}、U'_{B}、U'_{C}, 通过 SPWM 调制即可得到与传统方法相同的调制结果。

2. 代码示例及 CCS 的观测

（1）示例代码：SVPWM 简单发波算法

```
#define        NUM 200
#define        PI 3. 1415926535
float          a[NUM] = {0},b[NUM] = {0},c[NUM] = {0};      //三相正弦电
float          third[NUM] = {0};                             //零序分量
float          m1[NUM] = {0}, m2[NUM] = {0}, m3[NUM] = {0};  //三相马鞍波
float          max(float num1,float num2)
{
    return num1>num2? num1:num2;
}
float min(float num1,float num2)
{
    return num1<num2? num1:num2;
}


int main(void)
{
    Uint16 i = 0;
    InitSysCtrl( );
    DINT;
    InitPieCtrl( );
    IER = 0x0000;
    IFR = 0x0000;
    InitPieVectTable( );
    for(i = 0;i<NUM;i++)
    {
        a[i] = sin(0. 3 * i);
        b[i] = sin(0. 3 * i + 2. 0/3 * PI);
        c[i] = sin(0. 3 * i + 4. 0/3 * PI);
        third[i] = ( max(max(a[i],b[i]),c[i]) + min(min(a[i],b[i]),c[i])) / 2;
        m1[i] = a[i]-third[i];
        m2[i] = b[i]-third[i];
        m3[i] = c[i]-third[i];
    }
    while(1);
}
```

二维码 4. 20

二维码 4. 21

（2）CCS 的观测

操作步骤如下 [以查看 m1 为例]：

1）编译工程，进入 debug，运行程序。

2）单击 Tool→Graph→Single Time 进入参数设置界面，如图 4. 80 所示。

❖ Acquisition Buffer Size：数据缓冲区大小，m1 数组大小为 200，填写 200；

❖ DSP Data Type：数据类型，m1 定义为 float 型，即 32 bit floating point；

❖ Start Address：填写"m1"或者 m1 的地址；

❖ Display Data Size：显示数据大小，m1 数组大小为 200，填写 200。

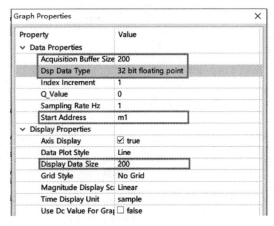

图 4.80　参数设置界面

3）单击 OK 即可看到单相马鞍波，如图 4.81 所示。

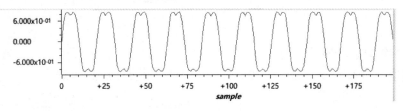

图 4.81　波形观测

4）如何修改图像标题。

右击图 4.80 所示界面，单击 Display Properties，进入图 4.82 所示界面，进入 Axes，在 Title 中填写相应的标题，如"马鞍波"，单击 OK 即可，如图 4.83 所示。同样，我们可以得到如图 4.84 所示的正弦波和三角波（三次谐波）。

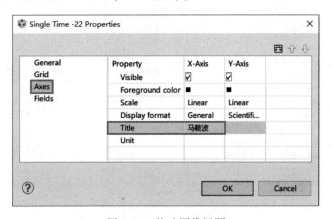

图 4.82　修改图像标题

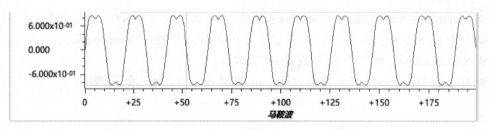

图 4.83　马鞍波形

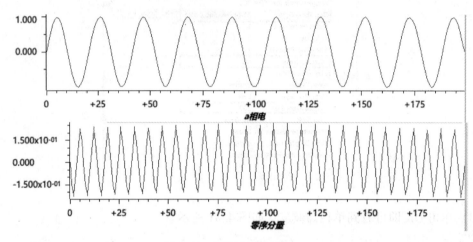

图 4.84　正弦及三次谐波

5）如何修改线的形状。

右击图像，如图 4.85 所示，在 Display As 中可以选择相应的线条。

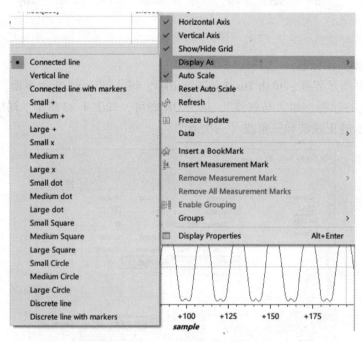

图 4.85　Display As 中选择相应的线条

6）如何查看变量的值。

在 Expressions 窗口，单击 Add new expression，输入全局变量的名称，即可查看该变量的值和变量的地址，如图 4.86 所示。

Expression	Type	Value	Address
> ⊕ a	float[200]	0x0000C700@Data	0x0000C700@Data
> ⊕ m1	float[200]	0x0000C000@Data	0x0000C000@Data
> ⊕ third	float[200]	0x0000C1C0@Data	0x0000C1C0@Data
✚ Add new expression			

图 4.86　变量数值的观测方法

4.5.4　SVPWM 快速发波算法

1. 算法分析

（1）扇区判定

如图 4.87 所示为 120°坐标系下扇区的空间分布图，平面被 A 轴、B 轴、C 轴分成三个 120° 平面区域。当 A 轴方向作为 120°坐标系的 x 轴正方向，B 轴方向作为 120°坐标系的 y 轴正方向时，定义该坐标系为 1 号 120°坐标系，区域 AOB 为 1 号大扇区，即 120°坐标系的第一象限区域；同理，当 B 轴和 C 轴分别作为 120°坐标系下的 x 轴和 y 轴时，定义该坐标系为 2 号 120°坐标系，区域 BOC 为 2 号大扇区；当 C 轴和 A 轴分别作为 120°坐标系下的 x 轴和 y 轴时，定义该坐标系为 3 号 120°坐标系，区域 COA 为 3 号大扇区。为后续处理方便，将 A 轴归为 1 号大扇区，B 轴归为 2 号大扇区，C 轴归为 3 号大扇区。2 号 120°坐标系和 3 号 120°坐标系分别为 1 号 120°坐标系顺时针旋转 120°和 240°所得。

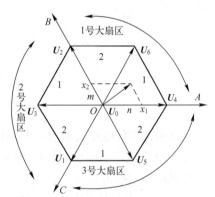

图 4.87　120°坐标系下扇区分布图

三相调制电压通过 1 号、2 号、3 号坐标变换分别得到空间电压矢量在 1 号、2 号、3 号 120°坐标系下的坐标。

1 号坐标变换法则：
$$\begin{cases} x_1 = u_A - u_C \\ x_2 = u_B - u_C \end{cases} \tag{4.18}$$

2 号坐标变换法则：
$$\begin{cases} x_1 = u_B - u_A \\ x_2 = u_C - u_A \end{cases} \tag{4.19}$$

3 号坐标变换法则：
$$\begin{cases} x_1 = u_C - u_B \\ x_2 = u_A - u_B \end{cases} \tag{4.20}$$

式中，x_1 和 x_2 分别为电压空间矢量在 120°坐标系下的 x 轴坐标和 y 轴坐标。

通过三种坐标变换可得到电压空间矢量在三种 120°坐标系下的坐标 x_1 和 x_2。如果经过 i（$i=1$、2、3）号坐标变换得到 $x_1 > 0$ 且 $x_2 \geq 0$，则可得电压空间矢量处于第 i 号大扇区。由 x_1 和 x_2 的大小关系可得电压空间矢量所在的小扇区数，当 $x_1 > x_2$ 时，空间矢量处于 1 号小扇区，否则处于 2 号小扇区。

图 4.88 所示为 120°坐标系下扇区判断流程图，其中 i 为电压空间矢量所在的大扇区数，j 为空间电压矢量所在的小扇区数。

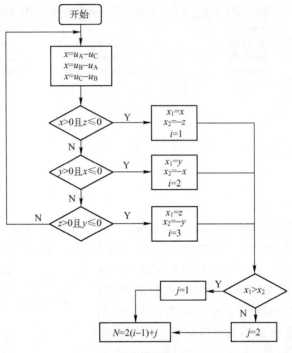

图 4.88 扇区判断流程图

从而可得空间电压矢量所在的扇区为 $N=2(i-1)+j$。

（2）基本电压空间矢量作用时间

假设电压空间矢量处于 i 号（$i=1$、2、3）大扇区，则可得其在 i 号 120°坐标系下的坐标（x_1, x_2），为方便后续计算，将 x_1 和 x_2 进行归一化处理：

$$\begin{cases} m = \dfrac{x_1}{\dfrac{2}{3}U_{dc}} \\[4mm] n = \dfrac{x_2}{\dfrac{2}{3}U_{dc}} \end{cases} \tag{4.21}$$

此时电压空间矢量在载波周期 T_s 内的作用效果可以由 120°坐标系坐标轴上的两个基本电压空间矢量进行合成。根据"伏秒等效"原则得

$$\begin{cases} mT_s = 1 \times T_1 \\ nT_s = 1 \times T_2 \end{cases} \tag{4.22}$$

其中，T_1 为 120°坐标系 x 轴上基本电压空间矢量的作用时间，T_2 为 120°坐标系 y 轴上基本电压空间矢量的作用时间，从而可解得

$$\begin{cases} T_1 = mT_s \\ T_2 = nT_s \end{cases} \tag{4.23}$$

由于非坐标轴上的基本电压空间矢量在 120° 坐标轴上的投影为坐标轴上的基本电压空间矢量，则其作用效果等于坐标轴上两个基本矢量在同等时间内共同作用的效果。定义非坐标轴上的矢量为强矢量，如图 4.87 中的 U_3、U_5、U_6，坐标轴上的矢量为弱矢量，如图 4.87 中的 U_1、U_2、U_4，则电压空间矢量作用效果可由其所在扇区 N 的两个基本矢量合成。

当 $n > m$ 时：
$$\begin{cases} T_q = T_1 = mT_s \\ T_r = T_2 - T_1 = (n-m)T_s \end{cases} \tag{4.24}$$

当 $n \leq m$ 时：
$$\begin{cases} T_q = T_2 = nT_s \\ T_r = T_1 - T_2 = (m-n)T_s \end{cases} \tag{4.25}$$

其中，T_q 为强矢量作用时间，T_r 为弱矢量作用时间。每个扇区强矢量和弱矢量作用时间见表 4.10。

表 4.10　强弱矢量作用时间

N	1、3、5	2、4、6
T_q	nT_s	mT_s
T_r	$(m-n)T_s$	$(n-m)T_s$

（3）基本电压空间矢量作用时序

通过对两个零矢量的不同分配方案可以产生多种不同的 PWM 方式，并且会对逆变器的控制特性产生重要影响。为减小开关损耗和谐波畸变率，零矢量的分配应遵循每次动作只改变一个桥臂的状态，并且每个输出的 PWM 波形对称。常用的零矢量分配方式有五段式和七段式。五段式 PWM 将零矢量作用时间平均分配于载波周期的初始和末尾阶段，其矢量的作用顺序是零矢量—弱矢量—强矢量—弱矢量—零矢量。七段式 PWM 将零矢量作用时间分配于载波周期的首尾段及中间段，其矢量的作用顺序是零矢量—弱矢量—强矢量—零矢量—强矢量—弱矢量—零矢量。

以常用的七段式 PWM 的输出时序为例说明基本矢量的作用时序。如图 4.89 所示，各相 PWM 状态翻转时刻将一个载波周期分为七个时间段。图 4.89 中各相 PWM 的动作时刻：

$$\begin{cases} T_1 = 0.25(T_s - T_q - T_r) \\ T_2 = T_1 + 0.5T_r \\ T_3 = T_2 + 0.5T_s \end{cases} \tag{4.26}$$

其中，T_1 为在一个 PWM 周期中先动作相的 PWM 翻转时刻，T_2 为次动作相的 PWM 翻转时刻，T_3 为后动作相的 PWM 翻转时刻。电压空间矢量在各个扇区时各相的动作顺序见表 4.11。

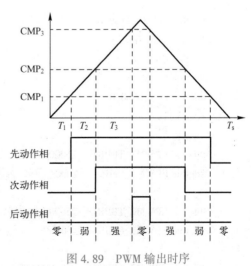

图 4.89　PWM 输出时序

表 4.11 动作时序表

N	T_1	T_2	T_3
1	A	B	C
2	B	A	C
3	B	C	A
4	C	B	A
5	C	A	B
6	A	C	B

直流母线电压一定，随着电压空间矢量幅值的增大，零矢量的作用时间将减小。当电压空间矢量圆与六边形边界相交时，将发生过调制，此时逆变器输出电压波形将发生失真。通常可采取适当的过调制策略进一步提高逆变器直流母线电压的利用率。过调制状态在程序中的表现为在一个载波周期的某些时段出现 $T_q + T_r > T_s$ 的情况，此时可采取过调制处理，采用比例压缩的方法校正基本矢量的作用时间。校正方法如式（4.27）所示：

$$\begin{cases} T_q^* = \dfrac{T_q}{T_q + T_r} T_s \\[2mm] T_r^* = \dfrac{T_r}{T_q + T_r} T_s \end{cases} \tag{4.27}$$

式中，T_q^*、T_r^* 分别为调整后强矢量和弱矢量的作用时间。通过采取式（4.27）所示的过调制处理后，实际调制输出的电压矢量圆将产生失真，在六边形外的圆形轨迹将压缩至六边形边界，六边形边界内的圆形轨迹保持不变。

2. 代码示例

```
int compare1,compare2,compare3,N,last_N, d;
float t_a,t_b,t_c,t;
_iq sinA,sinB,sinC,m,n,Tq,Tr,t1,t2,t3,wg;
```

二维码 4.22

```
#define pi     3. 1415926
#define Udc    10
#define Um     10. 0
#define f      50. 0
#define fc     10000. 0
#define Ts     1/fc

#define EPWM1_TBPRD    75000000/fc
#define EPWM1_CMP      2000

#define EPWM2_TBPRD    75000000/fc
#define EPWM2_CMP      4000

#define EPWM3_TBPRD    75000000/fc
```

```
#define EPWM3_CMP        6000

#define k 150000000/2097152.0
#define DB 1500

interrupt void EPWM1_ISR(void)
{
    update_compare();
    EPwm1Regs.CMPA.half.CMPA = compare1;            // 设置 CMPA
    EPwm1Regs.CMPB = compare1;

    EPwm2Regs.CMPA.half.CMPA = compare2;            // 设置 CMPA
    EPwm2Rcgs.CMPB = compare2;

    EPwm3Regs.CMPA.half.CMPA = compare3;            // 设置 CMPA
    EPwm3Regs.CMPB = compare3;

    EPwm1Regs.ETCLR.bit.INT = 1;
    PieCtrlRegs.PIEACK.all = PIEACK_GROUP3;
}

void update_compare(void)
{
    t=Ts*d;
    sinABC(t);
    Get_N();
    Get_Tq_Tr();
    Get_t123();
    Out_pwm();
    compare1 = _IQmpy((t_a),_IQ(k));
    compare2 = _IQmpy((t_b),_IQ(k));
    compare3 = _IQmpy((t_c),_IQ(k));
    d++;
    if(d> = fc/f) d=0;
}

void sinABC(float t)
{
    sinA = _IQmpy(_IQ(Um),_IQ(sin(2*pi*f*t)));
    sinB = _IQmpy(_IQ(Um),_IQ(sin(2*pi*f*t-2*pi/3)));
    sinC = _IQmpy(_IQ(Um),_IQ(sin(2*pi*f*t+2*pi/3)));
}
```

```
void Get_N( void )
{
    int i,j;
    _iq x,y,z,x1,x2;
    X = sinA-sinC;
    Y = sinB-sinA;
    Z = sinC-sinB;
    if( x>0 && z<=0 )
    {
        x1=x;
        x2=-z;
        i=1;
    }
    else if(y>0&&x<=0)
    {
        x1 = y;
        x2 = -x;
        I = 2;
    }
    else if(z>0&&y<=0)
    {
        x1 = z;
        x2 = -y;
        I = 3;
    }

    if(x1>x2)
    {
        J = 1;
    }
    else
    {
        J = 2;
    }
    M = _IQmpy(_IQ(1.5),x1)/Udc;
    N = _IQmpy(_IQ(1.5),x2)/Udc;
    N = 2 * (i-1)+j;
}

void Get_Tq_Tr( void )
{
    _iq T1,T2;
    T1 = _IQmpy(m,_IQ(Ts));
```

```
        T2 = _IQmpy(n,_IQ(Ts));
        if(N==2 ‖ N==4 ‖ N==6)
        {
            Tq = T1;
            Tr = T2-T1;
        }
        else
        {
            Tq = T2;
            Tr = T1-T2;
        }
    }


    void Get_t123(void)
    {
        _iq Tq1,Tr1;
        Tq1 = Tq;
        Tr1 = Tr;
        if(Tq+Tr>_IQ(Ts))
        {
            Tq1 = _IQmpy(Tq,Ts)/(Tq+Tr);
            Tr1 = _IQmpy(Tr,Ts)/(Tq+Tr);
        }
        t1 = _IQmpy(_IQ(0.25),(_IQ(Ts)-Tq1-Tr1));
        t2 = t1+_IQmpy(_IQ(0.5),Tr);
        t3 = t2+_IQmpy(_IQ(0.5),Tq);
    }

    void Out_pwm(void)
    {
        switch(N)
        {
            case 1: t_a=t1; t_b=t2; t_c=t3;break;
            case 2: t_a=t2; t_b=t1; t_c=t3;break;
            case 3: t_a=t3; t_b=t1; t_c=t2;break;
            case 4: t_a=t3; t_b=t2; t_c=t1;break;
            case 5: t_a=t2; t_b=t3; t_c=t1;break;
            case 6: t_a=t1; t_b=t3; t_c=t2;break;
        }
    }
```

3. 传统算法与快速发波算法比较

实验采用的三相逆变器的直流母线电压为 300 V，调制频率为 10 kHz，输出交流电压频率为 50 Hz，调制度 $M=0.5$，逆变器输出经过三相 LC 滤波，L 为 20 mH，C 为 10 μF。通过示波器测得 A 相电压经过低通滤波后的波形如图 4.90 所示。输出正弦电压周期为 20 ms，即电压频率为 50 Hz。

CCS 软件对 DSP 程序进行在线调试的过程中，在 SVPWM 算法的开始和结束位置设置断点，从而可以测得运行断点间的程序所消耗的时间；另一种是在算法的开始和结束位置翻转 DSP 芯片某个引脚的电平状态，通过示波器观察该引脚的正脉冲持续的时间，即为算法运行的时间。如图 4.91 所示为使用翻转电平的方法

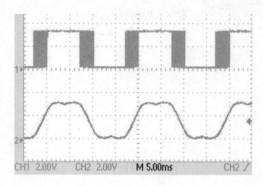

图 4.90　A 相电压滤波后波形

对两种算法运算时间的对比情况，传统算法 SVPWM 算法执行一次耗时 13.14 μs，而使用新型 SVPWM 算法耗时 9.43 μs，效率提高了 28.2%。

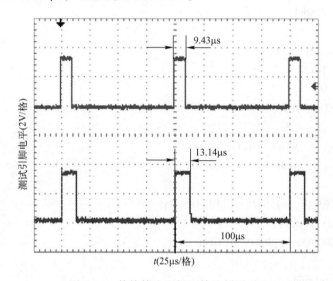

图 4.91　传统算法和新型算法耗时对比

对 SVPWM 进行编程时，使用 TI 公司提供的 IQmath 库可以有效减小需要进行大量浮点数运算程序的运算时间，实验对传统 SVPWM 算法和新型 SVPWM 算法分别在使用和未使用 IQmath 库情况下的算法执行时间进行测量，通过多次测量后计算平均值，结果见表 4.12。

表 4.12　传统算法与新型算法执行时长对比

程 序 类 型	未使用 IQmath 库		使用 IQmath 库	
测量方式	设置断点	翻转电平	设置断点	翻转电平
传统算法/μs	12.99	13.14	9.69	9.87
新型算法/μs	9.32	9.43	8.83	9.05
缩减时长/μs	3.67	3.71	0.86	0.82
效率提升量	28.25%	28.23%	8.88%	8.31%

通过翻转电平的方法比设置断点的方法测量的时间稍长，在未使用 IQmath 库的情况下，新型 SVPWM 算法相比传统 SVPWM 在算法执行时间上有很大的提升，效率提高 28%。

4.5.5 三电平电路的 DSP 实现

1. 什么是三电平电路

图 4.92 所示的电路为二极管箝位"I"型三电平拓扑，由日本学者在 20 世纪 80 年代提出，经过近 30 年的发展，被广泛应用于电力电子技术的各个领域。

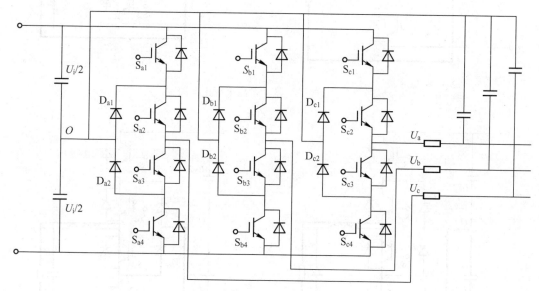

图 4.92　三电平电路拓扑

输出电压为正时，逆变桥的输出端交替地接到母线的正端或零点；输出电压为负时，逆变桥的输出端交替地接到母线的负端或零点。也就是说，逆变桥的输出端与电源中点的电压差为正、负母线电压或零（$U_{d+} = U_d/2, 0, U_{d-} = -U_d/2$），这种逆变器称为三电平逆变器，也称为单极性逆变器（每个工频周期有正、负和零电平三种变化），即三电平单极性逆变器。由此看来，该拓扑的优势在于各个开关管承受的反向电压为直流母线电压的一半，可以用较低电压等级的开关管，组成较高电压等级的变流器。

（1）三电平电路的特点

输出电压正半轴时，管 S_{a2} 常通，管 S_{a4} 常闭，管 S_{a1}、S_{a3} PWM 互补导通。S_{a1} 导通时正半周母线电压为电感充电并给负载供电，如图 4.93a 所示，当管 S_{a1} 截止时二极管续流，由电感给负载供电，如图 4.93b 所示。

输出电压负半轴时，管 S_{a3} 常通，管 S_{a1} 常闭，管 S_{a2}、S_{a4} PWM 互补导通。S_{a2} 导通时负半周母线电压为电感充电并给负载供电，如图 4.94a 所示，当管 S_{a4} 截止时二极管续流，由电感给负载供电，如图 4.94b 所示。

（2）发波逻辑

根据上述的原理分析与两电平相比，此处会增加一路 GPIO 用于相位选择信号。发波逻

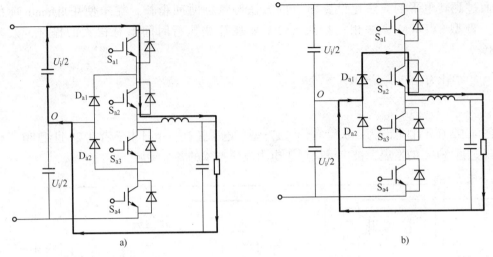

图 4.93　三电平电路（输出电压正半轴）

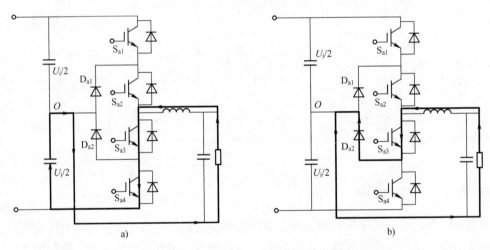

图 4.94　三电平电路（输出电压负半轴）

辑参考表 4.13。

表 4.13　三相四桥臂电路发波逻辑

信号	波形状态		开关器件开关状态		
	IO 口	S_1	S_2	S_3	S_4
逻辑	0（正半周）	PWM（正半周）	1	/PWM（正半周）	0
	1（负半周）	0	/PWM（负半周）	1	PWM（负半周）

2. 程序设计

DSP 的 PWM 模块初始化设置与 SPWM 初始化相同；DSP 的 PWM 引脚分配表参见表 4.14。

表 4.14　三相四桥臂 PWM 资源配置表

引　　脚	相应的寄存器	说　　明
EPWM1A	EPwm1Regs. CMPA. half. CMPA	S_1 驱动，高有效
EPWM1B	EPwm1Regs. CMPB	S_4 驱动，高有效
EPWM2A	EPwm2Regs. CMPA. half. CMPA	S_3 驱动，高有效
EPWM2B	EPwm2Regs. CMPB	S_6 驱动，高有效
EPWM3A	EPwm3Regs. CMPA. half. CMPA	S_5 驱动，高有效
EPWM3B	EPwm3Regs. CMPB	S_2 驱动，高有效
GPIO6	GpioDataRegs. GPASET. bit. GPIO6 GpioDataRegs. GPACLEAR. bit. GPIO6	A 相波形状态 0-正半周，1-负半周
GPIO7	GpioDataRegs. GPASET. bit. GPIO7 GpioDataRegs. GPACLEAR. bit. GPIO7	B 相波形状态 0-正半周，1-负半周
GPIO9	GpioDataRegs. GPASET. bit. GPIO9 GpioDataRegs. GPACLEAR. bit. GPIO9	B 相波形状态 0-正半周，1-负半周

三电平发波子函数，其中 Va、Vb、Vc 是控制器输出的三相调制波。

```
void Three_level_Generation( )
{
    // 计算比较值
    VaAct = abs(Va);
    VbAct = abs(Vb);
    VcAct = abs(Vc);
    if (Va > 0)
    {
        GpioDataRegs. GPACLEAR. bit. GPIO6 = 1;       // A 相正半周
        VaAct = VaAct * KSPWM_UP;
    }
    else
    {
        GpioDataRegs. GPASET. bit. GPIO6 = 1;         // A 相负半周
        VaAct = VaAct * KSPWM_DN;
    }
    if (Vb > 0)
    {
        GpioDataRegs. GPACLEAR. bit. GPIO7= 1;        // B 相正半周
        VbAct = VbAct * KSPWM_UP;
    }
    else
    {
        GpioDataRegs. GPASET. bit. GPIO7= 1;          // B 相负半周
        VbAct = VbAct * KSPWM_DN;
```

```
        }
    if (Vc > 0)
        {
            GpioDataRegs. GPACLEAR. bit. GPIO9 = 1;                    // C 相正半周
            VcAct = VcAct * KSPWM_UP;
        }
    else
        {
            GpioDataRegs. GPASET. bit. GPIO9 = 1;                      // C 相负半周
            VcAct = VcAct * KSPWM_DN;
        }
        …    …                                                        // 饱和处理省略
        // 三相发波
        EPwm1Regs. CMPA. half. CMPA = VaAct;                          // A 桥臂脉冲
        EPwm2Regs. CMPA. half. CMPA = VbAct;                          // B 桥臂脉冲
        EPwm3Regs. CMPA. half. CMPA = VcAct;                          // C 桥臂脉冲
    }
```

其中：

KSPWM_UP 为正半周的发波系数,为(220×T1Period)/UDC+

KSPWM_DN 为负半周的发波系数,为(220×T1Period)/UDC−

4.5.6　eQEP 模块程序分析

使用 eQEP 进行位置/速度测量程序, 其中 SYSCLKOUT = 150 MHz。

```
    typedef struct {
        int theta_elec;                  // 电角度
        int theta_mech;                  // 机械角度
        int DirectionQep;                // 电动机转向
        int QEP_cnt_idx;                 // 正交编码器索引计数
        int theta_raw;                   // 转过的角度值
        int mech_scaler;                 // 电动机系数
        int pole_pairs;                  // 电动机极对数
        int cal_angle;                   // 原始角度偏差
        int index_sync_flag;             // 索引同步信号标志
        Uint32 SpeedScaler;              // 速度系数
        _iq Speed_pr;                    // 速度(标幺值)
        Uint32 BaseRpm;                  // 基准速度值
        int32 SpeedRpm_pr;               // 速度(转/分)
        _iq oldpos;                      // 上次位置值
        _iq Speed_fr;
        int32 SpeedRpm_fr;
        void ( * init)();                // eQEP 初始化函数
```

```
    void ( * calc)( );                      // eQEP 计算函数
｝POSSPEED；
void    POSSPEED_Init( void)
｛
    EQep1Regs. QUPRD = 1500000;                          // 150 MHz SYSCLKOUT
    EQep1Regs. QDECCTL. bit. QSRC = 00;                  // QEP 正交计数模式
    EQep1Regs. QEPCTL. bit. FREE_SOFT = 2;               // 自由运行
    EQep1Regs. QEPCTL. bit. PCRM = 00;                   // 索引脉冲复位位置计数器
    EQep1Regs. QEPCTL. bit. UTE = 1;                     // 单元定时器使能
    EQep1Regs. QEPCTL. bit. QCLM = 1;                    // 超时事件 UTOUT 发生时锁存
    EQep1Regs. QPOSMAX = 0xffffffff;                     // 最大计数值
    EQep1Regs. QEPCTL. bit. QPEN = 1;                    // QEP 模块使能
    EQep1Regs. QCAPCTL. bit. UPPS = 5;                   // 单位位移事件 32 分频
    EQep1Regs. QCAPCTL. bit. CCPS = 7;                   // 捕获时钟 128 分频
    EQep1Regs. QCAPCTL. bit. CEN = 1;                    // QEP 捕获使能
｝
void POSSPEED_Calc( POSSPEED  * p)
｛
    long tmp;
    unsigned int pos16bval, temp1, _iq Tmp1, newp, oldp;
    p->DirectionQep = EQep1Regs. QEPSTS. bit. QDF;       // 电动机旋转方向
    pos16bval = ( unsigned int) EQep1Regs. QPOSCNT;      // 每个 QA/QB 周期的计数值
    p->theta_raw = pos16bval+ p->cal_angle;             // 角度 = 计数值 + 原始偏差
    //Q0 * Q26 = Q26
    tmp = ( long)( ( long) p->theta_raw * ( long) p->mech_scaler);
    tmp &= 0x03FFF000;
    p->theta_mech = ( int)( tmp>>11);                    // Q26 -> Q15
    p->theta_mech &= 0x7FFF;
    p->theta_elec = p->pole_pairs * p->theta_mech;       // Q0×Q15 = Q15
    p->theta_elec &= 0x7FFF;
    // 检测索引事件
    if ( EQep1Regs. QFLG. bit. IEL = = 1)
    ｛
        p->index_sync_flag = 0x00F0;
        EQep1Regs. QCLR. bit. IEL = 1;                   // 清除中断标志
    ｝
    // 使用 QEP 位置计数器进行高速测量
    if( EQep1Regs. QFLG. bit. UTO = = 1)                 // 如果单位超时事件发生
    ｛
        pos16bval = ( unsigned int) EQep1Regs. QPOSLAT;  // 锁存 POSCNT 计数值 Q26
        tmp = ( long)( ( long) pos16bval * ( long) p->mech_scaler);
        tmp &= 0x03FFF000;
        tmp = ( int)( tmp>>11);                          // Q26 -> Q15
```

```
        tmp &= 0x7FFF;
        newp = _IQ15toIQ(tmp);
        oldp = p->oldpos;
        if (p->DirectionQep == 0)                          // POSCNT 递减计数
        {
            if (newp>oldp)
            {
                Tmp1 = - (_IQ(1) - newp + oldp);           // x2-x1 为负数
            }
            else
            {
                Tmp1 = newp -oldp;
            }
        }
        else if (p->DirectionQep == 1)                     // POSCNT 递增计数
        {
            if (newp<oldp)
            {
                Tmp1 = _IQ(1) + newp - oldp;
            }
            else
            {
                Tmp1 = newp - oldp;                        // x2-x1 为正数
            }
        }
        if (Tmp1>_IQ(1))
        {
            p->Speed_fr = _IQ(1);
        }
        else if (Tmp1<_IQ(-1))
        {
            p->Speed_fr = _IQ(-1);
        }
        else
        {
            p->Speed_fr = Tmp1;
        }
        p->oldpos = newp;                                  // 更新电角度
        // 将电动机转速 PU 值变为 RPM 值(Q15 -> Q0)
        // Q0 = Q0 * GLOBAL_Q => _IQXmpy(), X = GLOBAL_Q
        p->SpeedRpm_fr = _IQmpy(p->BaseRpm,p->Speed_fr);
        EQep1Regs. QCLR. bit. UTO = 1;                     // 清除中断标志
    }
```

```
// 使用 QEP 捕获计数器进行低速测量
if(EQep1Regs. QEPSTS. bit. UPEVNT==1)                    // 如果单位位移事件发生
{
    if(EQep1Regs. QEPSTS. bit. COEF==0)                  // 没有发生捕获上溢
    {
        temp1=(unsigned long)EQep1Regs. QCPRDLAT;     // temp1 = t2-t1
    }
    else                                                 // 捕获上溢
    {
        temp1=0xFFFF;
        p->Speed_pr = _IQdiv(p->SpeedScaler,temp1);
    }
    Tmp1=p->Speed_pr;
    if (Tmp1>_IQ(1))
    {
        p->Speed_pr = _IQ(1);
    }
    else
    {
        p->Speed_pr = Tmp1;
    }
    //将 p->Speed_pr 转换为 RPM 值
    if (p->DirectionQep==0)                              // 转速为反方向
    {   // Q0 = Q0 * GLOBAL_Q => _IQXmpy(), X = GLOBAL_Q
        p->SpeedRpm_pr = -_IQmpy(p->BaseRpm,p->Speed_pr);
    }
    else                                                 //转速为正方向
    {
        p->SpeedRpm_pr = _IQmpy(p->BaseRpm,p->Speed_pr);
    }
    // 清除单位位移事件标志,清除上溢错误标志
    EQep1Regs. QEPSTS. all=0x88;
}
}
```

4.5.7　ADC 的 DMA 数据读取

二维码 4.23

```
#pragma DATA_SECTION(DMABuf,"DMARAML4");
volatile Uint16 DMABuf[BUF_SIZE];
volatile Uint16 *DMADest;
volatile Uint16 *DMASource;

Uint16 SampleTable[BUF_SIZE];
```

```
Uint16  *p;
void Adc_Init(void)
{
    InitAdc();
    #ifdef USE_ADCINT
    EALLOW;
    PieVectTable. ADCINT=&ADC_ISR;                    //定义中断向量
    EDIS;
    #endif
    /*设置 adc 时钟分频,ADCCLK=HSPCLK/(2×ADCCLKPS×(CPS+1)), ADCCLKPS! =0. 一
般不要把 CPS 设为 0.   ADCCLK<=25MHz */
    AdcRegs. ADCTRL1. bit. CPS=1;
    AdcRegs. ADCTRL3. bit. ADCCLKPS=3;
    // 设置 adc 工作模式
    AdcRegs. ADCTRL1. bit. SEQ_CASC=0;                // 0:双序列;1:级联
    AdcRegs. ADCTRL3. bit. SMODE_SEL=1;               // 0:顺序采样;1:并发采样
    AdcRegs. ADCMAXCONV. all=0x0022;                  // 双序列满;0x77
    AdcRegs. ADCTRL1. bit. CONT_RUN=1;                // 0:单次转换;1:连续转换
    AdcRegs. ADCTRL1. bit. ACQ_PS=0x0f;               // 采样窗口大小设置
    // 设置转换顺序
    AdcRegs. ADCCHSELSEQ1. bit. CONV00=0x2;
    AdcRegs. ADCCHSELSEQ1. bit. CONV01=0x3;
    AdcRegs. ADCCHSELSEQ1. bit. CONV02=0x4;
    // 清除中断标志
    AdcRegs. ADCST. bit. INT_SEQ1_CLR=1;
    AdcRegs. ADCST. bit. INT_SEQ2_CLR=1;
    // 复位序列发生器
    AdcRegs. ADCTRL2. bit. RST_SEQ1=1;
    AdcRegs. ADCTRL2. bit. RST_SEQ2=1;
    // 中断模式选择
    AdcRegs. ADCTRL2. bit. INT_MOD_SEQ1=0;
    AdcRegs. ADCTRL2. bit. INT_MOD_SEQ2=0;
    // 使能中断
    AdcRegs. ADCTRL2. bit. INT_ENA_SEQ1=1;
    AdcRegs. ADCTRL2. bit. INT_ENA_SEQ2=0;
    // 软件启动转换
    // AdcRegs. ADCTRL2. bit. SOC_SEQ1=1;
    // AdcRegs. ADCTRL2. bit. SOC_SEQ2=1;
}

void ADC_DMA_Config(void)
{
    // Point DMA destination to the beginning of the array
```

```
    DMADest    = &DMABuf[0];
    // Point DMA source to ADC result register base
    DMASource = &AdcMirror. ADCRESULT0;
    DMACH1AddrConfig(DMADest,DMASource);
    //(i,j,k):采样 i+1 个通道,源地址每次传完+j,目标地址每次传完+k
    DMACH1BurstConfig(5,1,5);
    DMACH1TransferConfig(4,0,1);        //进行 i+1 次采样,可以用来均值滤波
    /*(i,j,k,m):第一个 0,表示一 Transfer 后,就要进行地址回绕,第二个 0,回绕步长不增长。
第四个 1,表示目标地址回绕后增加 1*/
    DMACH1WrapConfig(0,0,0,1);
    DMACH1ModeConfig(DMA_SEQ1INT,PERINT_ENABLE,ONESHOT_DISABLE,CONT_
DISABLE,SYNC_DISABLE,SYNC_SRC,OVRFLOW_DISABLE,SIXTEEN_BIT,CHINT_END,CHINT_
ENABLE);
    StartDMACH1();
    /*
    假设是 ADC1,ADC2,ADC3,ADC4。
    相应的目标地址是 DMA[0]~DMA[30]。
    DMACH1BurstConfig(3,1,10);//这里 BURST3 个字,表示 ADC 有四个通道。源地址步长是
1,表示源地址指针 ADC1 后是 ADC2 再后是 ADC3
    //目标地址步长是 10,表示 ADC1 的数据挪到 DMA[0],ADC2 的数据挪到 DMA[10],ADC3
的数据挪到 DMA[20].
    DMACH1TransferConfig(9,0,1);//9,表示了一共采样 10 次
    DMACH1WrapConfig(0,0,0,1);//第一个 0,表示 Transfer 后,就要进行地址回绕,第二个 0,表
示回绕步长不增长。第四个 1,表示目标地址回绕后增加 1,即第二轮采集时,ADC1->DMA[1],
ADC2->DMA[11],ADC3->DMA[21]
    */
}
//查询模式获得 AD 结果
void Get_ADresult(void)
{
    Uint16 i;
    p=&(AdcRegs. ADCRESULT0);
    while (AdcRegs. ADCST. bit. INT_SEQ1==0) {}    // 等待中断
    for (i=0; i<BUF_SIZE; i++)
    {
        /*12 位模-数转换,数字结果最大(十进制)为 4095,对应输出 12 位,因此 ADCRESULT0
左移 4 位,只用低 12 位*/
        SampleTable[i] =((*p)>>4);
        p++;
    }
    AdcRegs. ADCST. bit. INT_SEQ1_CLR = 1;        // SEQ1 中断标志位清 0
    DELAY_US(100);
}
```

```
#ifdef USER_ADCINT
interrupt void   ADC_ISR(void)                        // ADC 中断服务程序
{
    Uint16 i;
    p=&(AdcRegs. ADCRESULT0);
    DINT;
    for (i=0; i<BUF_SIZE; i++)
    {
        /*12 位模-数转换,数字结果最大(十进制)为 4095,对应输出 12 位,因此 ADCRESULT0
左移 4 位,只用低 12 位*/
        SampleTable[i] =((*p)>>4);
        p++;
    }
    AdcRegs. ADCTRL2. bit. RST_SEQ1=1;
    AdcRegs. ADCST. bit. INT_SEQ1_CLR=1;
    EINT;
}
#endif

void   main(void)
{
    Uint16 i;
    InitSysCtrl();
    //设置 ADC 时钟
    EALLOW;
    SysCtrlRegs. HISPCP. all = ADC_MODCLK;       // HSPCLK = SYSCLKOUT/ADC_MODCLK
    EDIS;

    DINT;
    InitPieCtrl();
    //使能 CPU 中断及清除 CPU 中断所有标志
    IER = 0x0000;
    IFR = 0x0000;
    InitPieVectTable();
    //初始化 ADC、DMA
    Adc_Init();
    DMAInitialize();
    ADC_DMA_Config();
    InitEPwm1Gpio();//pwm_GPIO 设置
    InitEPwm1Example();//pwm 设置
    //定义 pwm 中断入口
    EALLOW;
```

```
        PieVectTable. EPWM1_INT = &EPWM1_ISR;    // 在 PWM1 中断中执行 SVPWM 算法,更新
占空比
        SysCtrlRegs. PCLKCR0. bit. TBCLKSYNC = 0;
        SysCtrlRegs. PCLKCR0. bit. TBCLKSYNC = 1;
        EDIS;
        #ifdef USER_ADCINT
            //开启中断
            IER |= M_INT1;
            PieCtrlRegs. PIEIER1. bit. INTx6 = 1;
        #endif
        IER |= _INT3;
        PieCtrlRegs. PIEIER3. bit. INTx1 = 1;
        EINT;

        //清空数组
        for (i=0; i<BUF_SIZE; i++)
        {
            SampleTable[i] = 0;
            DMABuf[i]=0;
        }
        //启动排序器1转换
        AdcRegs. ADCTRL2. bit. SOC_SEQ1 =0x1;
        while(1)
        {
        }
}
```

4.5.8　控制外设综合示例

本例将 PWM 模块与 ADC 模块配合使用。硬件上,2 个滑动变阻器 VR_1 和 VR_2 与 ADC 模块的输入通道 ADCIN_A0 和 ADCIN_A1 相连,输入电压在 0~3.0 V 之间调节。

ePWM2 单元产生 50 kHz 的采样频率,其周期事件作为"SOCA"的自动触发信号。在 ADC 中断服务程序中读取数模转换的结果。

```
void main( void)
{
    InitSysCtrl( );
    EALLOW;
    SysCtrlRegs. WDCR= 0x00AF;
    EDIS;
    DINT;
    GPIO_Init( );               // GPIO9, GPIO11, GPIO34 和 GPIO49 输出模式
    InitPieCtrl( );
```

二维码 4.24

```
InitPieVectTable( );
InitAdc( );
AdcRegs. ADCTRL1. all = 0;
AdcRegs. ADCTRL1. bit. ACQ_PS = 7;                  // 8×ADCCLK
AdcRegs. ADCTRL1. bit. SEQ_CASC = 1;                // 级联,双序列
AdcRegs. ADCTRL1. bit. CPS = 0;                     // 分频系数为 1
AdcRegs. ADCTRL1. bit. CONT_RUN = 0;                // 单次运行模式

AdcRegs. ADCTRL2. all = 0;
AdcRegs. ADCTRL2. bit. INT_ENA_SEQ1 = 1;            // 使能 SEQ1 中断
AdcRegs. ADCTRL2. bit. EPWM_SOCA_SEQ1 = 1;          // 从 ePWM_SOCA 触发 SEQ1
AdcRegs. ADCTRL2. bit. INT_MOD_SEQ1 = 0;            // 0=每次转换完后产生中断
// ADC 时钟:FCLK = HSPCLK /(2×ADCCLKPS)(HSPCLK = 75 MHz,FCLK = 12.5 MHz)
AdcRegs. ADCTRL3. bit. ADCCLKPS = 3;
AdcRegs. ADCMAXCONV. all = 0x0001;                  // 2 次转换
AdcRegs. ADCCHSELSEQ1. bit. CONV00 = 0;             // 先转换 ADCINA0
AdcRegs. ADCCHSELSEQ1. bit. CONV01 = 1;             // 再转换 ADCINA1


/ * TBCTL
   bit 15-14          11:          FREE/SOFT, 11 = 忽略仿真暂停
   bit 13             0:           PHSDIR, 0 = 同步脉冲后减计数
   bit 12-10          000:         CLKDIV, 000 => TBCLK = HSPCLK/1
   bit 9-7            000:         HSPCLKDIV, 000 => HSPCLK = SYSCLKOUT/1
   bit 6              0:           SWFSYNC, 0 = EPWMxSYNCI
   bit 5-4            11:          SYNCOSEL, 11 = 禁用相位输出
   bit 3              0:           PRDLD, 0 = 启用 TBPRD 的映射寄存器功能
   bit 2              0:           PHSEN, 0 = 禁用相位控制
   bit 1-0            00:          CTRMODE, 00 = 递增计数模式
 * /
EPwm2Regs. TBCTL. all = 0xC030;                     // 配置时基控制寄存器
// TPPRD +1 = TPWM / (HSPCLKDIV×CLKDIV×TSYSCLK)
EPwm2Regs. TBPRD = 2999;


/ * ETPS
   bit 15-14          00:          EPWMxSOCB
   bit 13-12          00:          SOCBPRD, 禁用事件计数器
   bit 11-10          00:          EPWMxSOCA
   bit 9-8            01:          SOCAPRD, 01 = 每一次事件启动 EPWMxSOCB 信号
   bit 7-4            0000:        保留
   bit 3-2            00:          INTCNT, 不使用
   bit 1-0            00:          INTPRD, 不使用
 * /
EPwm2Regs. ETPS. all = 0x0100;                      // 配置由 ePWM2 启动 ADC
```

```
/ * ETSEL
  bit 15            0:      SOCBEN, 0 = 禁用 SOCB
  bit 14-12         000:    SOCBSEL, 不使用
  bit 11            1:      SOCAEN, 1 = 使能 SOCA
  bit 10-8          010:    SOCASEL, 010 = CTR=PRD 时触发事件
  bit 7-4           0000:   保留
  bit 3             0:      INTEN, 0 = 禁用中断
  bit 2-0           000:    INTSEL, 不使用
*/
EPwm2Regs. ETSEL. all = 0x0A00;                // 使能 SOCA 用于 ADC
EALLOW;
PieVectTable. TINT0 = &Timer0_ISR;
PieVectTable. ADCINT = &ADC_ISR;
EDIS;
InitCpuTimers();                              // 定时器初始化
ConfigCpuTimer(&CpuTimer0,150,100000);
PieCtrlRegs. PIEIER1. bit. INTx7 = 1;         // CPU 定时器 0
PieCtrlRegs. PIEIER1. bit. INTx6 = 1;         // ADC

IER  |=1;
EINT;
CpuTimer0Regs. TCR. bit. TSS = 0;             // 启动定时器 0
while(1)
{
    while(CpuTimer0. InterruptCount <5)
    {
        // 等待 500 ms
        EALLOW;
        SysCtrlRegs. WDKEY = 0x55;
        SysCtrlRegs. WDKEY = 0xAA;            // 喂狗
        EDIS;
    }
    while(CpuTimer0. InterruptCount <10)      // 等待 1000 ms
    {
        EALLOW;
        SysCtrlRegs. WDKEY = 0x55;
        SysCtrlRegs. WDKEY = 0xAA;            // 喂狗
        EDIS;
    }
    CpuTimer0. InterruptCount = 0;
}
}
void GPIO_Init(void)
```

```
{
    EALLOW;
    GpioCtrlRegs. GPAMUX1. all = 0;              // GPIO15 ... GPIO0 = GPIO
    GpioCtrlRegs. GPAMUX2. all = 0;              // GPIO31 ... GPIO16 = GPIO
    GpioCtrlRegs. GPBMUX1. all = 0;              // GPIO47 ... GPIO32 = GPIO
    GpioCtrlRegs. GPBMUX2. all = 0;              // GPIO63 ... GPIO48 = GPIO
    GpioCtrlRegs. GPCMUX1. all = 0;              // GPIO79 ... GPIO64 = GPIO
    GpioCtrlRegs. GPCMUX2. all = 0;              // GPIO87 ... GPIO80 = GPIO

    GpioCtrlRegs. GPADIR. all = 0;
    GpioCtrlRegs. GPADIR. bit. GPIO9 = 1;        // LED1
    GpioCtrlRegs. GPADIR. bit. GPIO11 = 1;       // LED2

    GpioCtrlRegs. GPBDIR. all = 0;               // GPIO63~32 输入模式
    GpioCtrlRegs. GPBDIR. bit. GPIO34 = 1;       // LED3
    GpioCtrlRegs. GPBDIR. bit. GPIO49 = 1;       // LED4
    GpioCtrlRegs. GPCDIR. all = 0;               // GPIO87~64 输入模式
    EDIS;
}


interrupt void Timer0_ISR(void)
{
    CpuTimer0. InterruptCount++;
    EALLOW;
    SysCtrlRegs. WDKEY = 0x55;
    SysCtrlRegs. WDKEY = 0xAA;                    // 喂狗
    EDIS;
    PieCtrlRegs. PIEACK. all = PIEACK_GROUP1;     // PIE 应答
}


interrupt void   ADC_ISR(void)
{
    Voltage_VR1 = AdcMirror. ADCRESULT0;          // 获取转换结果
    Voltage_VR2 = AdcMirror. ADCRESULT1;
    //复位以便下次转换
    AdcRegs. ADCTRL2. bit. RST_SEQ1 = 1;          // 复位 SEQ1
    AdcRegs. ADCST. bit. INT_SEQ1_CLR = 1;        // 清除 SEQ1 中断标志位
    PieCtrlRegs. PIEACK. all = PIEACK_GROUP1;     // 应答 PIE 组 1 中断
}
```

第 5 章　F2833x 片上通信类外设

5.1　SCI 通信模块

F28335 的 SCI 具有以下特点：

1）异步通信格式。

2）65 000 多种不同的可编程波特率。

3）两种唤醒多处理器模式：空闲线唤醒和地址位唤醒。

4）可编程数据字格式：1~8 位数据字长度，1 或 2 个停止位，偶/奇/无奇偶校验。

5）具有 FIFO 发送和接收缓冲。

5.1.1　SCI 工作原理及数据格式

1. 数据格式

数据的基本单位称为字符，其长度为 1~8 位。数据每个字符的格式均为一个起始位、1 或 2 个停止位、一个可选奇偶校验位以及一个可选地址/数据位。数据字符连同其格式位称为帧。帧又划分为组（称为块）。如果 SCI 总线上存在两个以上的串行端口，数据块通常以地址帧开始，该地址帧根据用户协议指定目标端口。

二维码 5.1

起始位是每个帧开始处的一个低电平，标志着帧的开始。SCI 采用 NRZ（不归零）格式，这意味着在非活动状态下，SCIRX 和 SCITX 线将保持高电平。当 SCIRX 和 SCITX 线未接收或发送数据时，外设需要将其拉至高电平。如图 5.1 所示为 NRZ（不归零）数据格式。

图 5.1　NRZ（不归零）数据格式

寄存器 SCICCR 用于配置 SCI 的数据格式，寄存器的格式如图 5.2 所示。

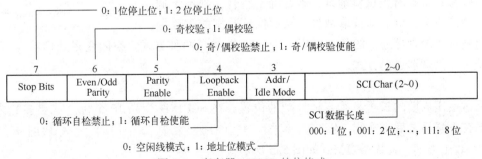

图 5.2　寄存器 SCICCR 的位格式

例如要配置 SCIA 的数据格式：8 位数据位，1 个起始位，1 个停止位，无奇偶校验位，选择空闲线模式，相应代码为 SciaRegs. SCICCR. all = 0x0007。

2. 时序逻辑

SCI 异步通信格式使用单线（单向）或两线（双向）通信。此模式下，数据帧由 1 个起始位、1~8 个数据位、1 个可选的偶/奇校验位和 1 个或 2 个停止位组成。如图 5.3 所示为 SCI 数据的时序。SCIRXD 信号线的数据由 8 个 SCICLK 周期构成。

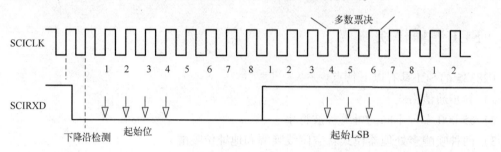

图 5.3　SCI 数据时序

注意：若使用 RS232 接口，串行线路上的所有电平都由外部接口电路驱动，如 Texas Instruments MAX3221：在发送侧，+5~+15 V 之间的电压值作为逻辑 "0"，-15~-5 V 之间的电压值作为逻辑 "1"；在接收侧，高于+3 V 的电压将被识别为逻辑 "0"，电压低于-3 V 作为逻辑 "1"。

若收到 4 个连续的逻辑 "0"，表示接收端收到了有效的起始位；否则，接收端会继续寻找下一个起始位；起始位之后，接收端采用多数票决方式（三分之二）决定接收的数据是 0 还是 1。

5.1.2　多处理器通信方式

多处理器通信方式是指通信不再是点对点的传输，而是存在一对多或多对多的数据交换，它允许一个处理器在同一个串行线上有效地向其他处理器发送数据块。一个简单的多处理器通信示意图如图 5.4 所示。

当处理器 A 需要给 B、C、D 之中的一个处理器发送数据时，A-B、A-C、A-D 这 3 条支路都会出现相同的数据。由于同一时刻只能实现一对一的通信，因而可对 B、C、D 预先分配地址，并且将处理器 A 发送的数据包含目标地址信息，接收端在接收时先核对地址，若地址不符合，则不予响应；若地址符合，则立即读取数据，从而保证数据的正确接

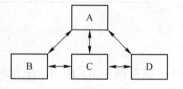

图 5.4　多处理器通信示意图

收，这就是多处理器通信的基本原理。F28335 提供了两种方式：空闲线多处理器通信方式和地址位多处理器通信方式。

1. 空闲线多处理器通信方式

通过空闲周期的长短来确定地址帧的位置，在 SCIRXD 变高 10 个位（或更多）之后，接收器在下降沿之后被唤醒，即数据块之间的空闲周期大于 10 个周期，数据块内的空闲周期小于 10 个周期，其数据帧格式如图 5.5 所示。

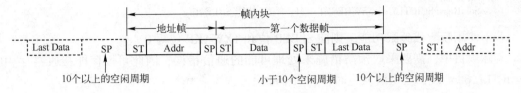

图 5.5　空闲线多处理器方式帧示意图

2. 地址位多处理器通信方式

地址位多处理器方式数据帧格式如图 5.6 所示。其特点是在普通帧中加入 1 bit 的地址位，使接收端收到后判断该帧是地址信息还是数据信息。只要在 SCITXBUF 写入地址前将 TXWAKE = 1，就会自动完成帧内数据/地址的设定，即 TXWAKE = 0，表示发送数据帧，TXWAKE = 1，表示发送地址帧。

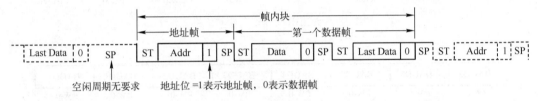

图 5.6　地址位多处理器方式帧示意图

5.1.3　SCI 相关寄存器

1. SCI 控制寄存器 1（SCICTL1）

其位格式如图 5.7 所示。

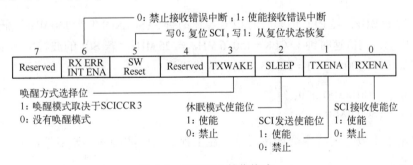

图 5.7　SCICTL1 的位格式

通过向 RXENA 位和 TXENA 写 1 使能 SCI 接收和发送。

  SciaRegs. SCICTL1. bit. TXENA = 1;　　// 使能 SCIA 的发送功能

  SciaRegs. SCICTL1. bit. RXENA = 1;　　// 使能 SCIA 的接收功能

配置 SCICCR 寄存器之前，SCI 端口应保持在非活动状态，即向 SW Reset 位写 0。当配置完 SCI 后，向 SW Rwset 位写 1 重新使能 SCI 端口。

  SciaRegs. SCICTL1. bit. SWRESET = 0;　　// 复位 SCI（DSP 复位时的默认值,这句话常被省略）

  SciaRegs. SCICCR. all = xxxx;

  ……

```
SciaRegs. SCICTL1. bit. SWRESET = 1；  // 使能 SCI 端口
```

若不使用唤醒或睡眠功能，则向 SLEEP 位和 TXWAKE 位写 0。

实际项目中，需要采取预防措施来处理可能的通信错误，因此可以使能接收错误中断（SCICTL1.6 = 1），当错误发生时，进入中断服务程序。

2. 波特率寄存器

SCI 通信速率由波特率来表示，它描述了每秒钟能收发数据的位数。F28335 中每一个 SCI 都具有 2 个 8 位波特率寄存器 SCIHBAUD：SCILBAUD 共同构成 16 位长度，因此可支持 2^{16} 个编程速率。SCIHBAUD 寄存器如图 5.8 所示，SCILBAUD 寄存器如图 5.9 所示。

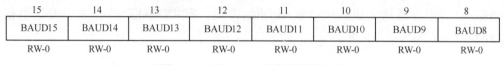

图 5.8　SCIHBAUD 寄存器的位格式

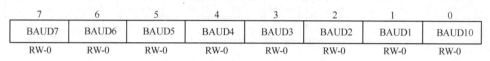

图 5.9　SCILBAUD 寄存器的位格式

$$\text{Baud\_rate} = \begin{cases} \dfrac{\text{LSCLK}}{(\text{BRR}+1)\times 8} & \text{BRR} = 1 \sim 66635 \\ \dfrac{\text{LSCLK}}{16} & \text{BRR} = 0 \end{cases} \quad \text{其中：BRR} = \text{SCIHBAUD}:\text{SCILBAUD}$$

设晶振为 30 MHz，经 PLL 倍频后的 CPU 系统时钟 SYSCLKOUT 为 150 MHz，低速预定标寄存器 LOSPCP = 3，则低速时钟 LSCLK = 150/6 MHz = 25 MHz。若 SCI 的波特率为 115200 bit/s，则 BRR = 25M/(115200×8) - 1 = 26.13。相应的代码为

```
SciaRegs. SCIHBAUD = 0;
SciaRegs. SCILBAUD = 26;
```

由于忽略了小数，波特率会存在误差。在工程上只要波特率误差不是很大，依然可建立可靠的 SCI 通信。

3. SCI-A 控制寄存器 2（SCICTL2）

其位格式如图 5.10 所示。

图 5.10　SCICTL2 的位格式

Bit1 和 Bit0 为使能或禁止 SCI 发送和接收中断。数据发送过程中我们可以查询发送状态标志位（SCICTL2.7 和 SCICTL2.6）。当字符传送到 TXSHF 和 SCITXBUF 时，TXRDY 置 1（表示准备接收下一个字符）；当 SCIBUF 和 TXSHF 寄存器均为空时，TX EMPTY 标志（SCICTL2.6）置 1。

4. SCI 接收器状态寄存器 SCIRXST

其位格式如图 5.11 所示。

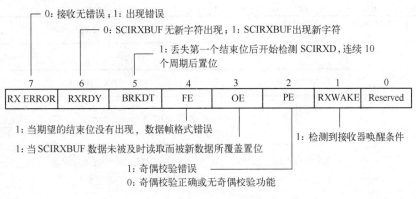

图 5.11 SCIRXST 的位格式

当接收到一个新字符并将其移入 SCIRXBUF 时，RXRDY = 1。若发生断路条件（停止位丢失后，SCIRXD 线保持连续低电平至少 10 位），则 BRKDT = 1。

SCI 还具有其他接收错误：断点检测（BRKDT）、成帧错误（FE）、接收器溢出（OE）和奇偶校验错误（PE）。若传输过程中发生了这四个错误中的一个，则 RX ERROR = 1。若 RX ERR INT ENA（SCICTL1.6）置 1，表示向 CPU 发送一个中断请求。

5. SCI 的增强型缓冲模式

1）16 级发送 FIFO，其位格式如图 5.12 所示。

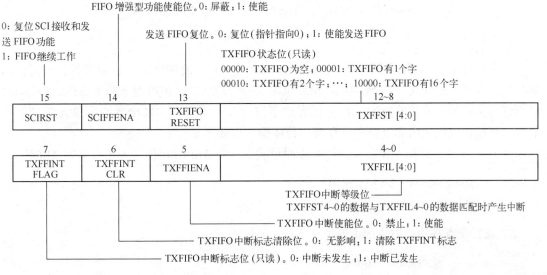

图 5.12 SCIFFTX 的位格式

2）16 级接收 FIFO，其位格式如图 5.13 所示。

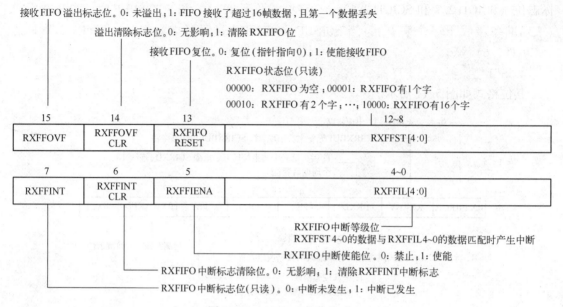

图 5.13　SCIFFRX 的位格式

3）FIFO 控制寄存器 SCIFFCT，其位格式如图 5.14 所示。

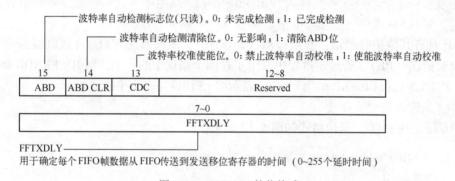

图 5.14　SCIFFCT 的位格式

增强功能中，SCI 模块支持自动波特率检测逻辑（若不使用波特率自动配置，将寄存器的值写 0 即可，相应代码为 SciaRegs. SCIFFCT. all = 0x0）。该逻辑用于将 F2833x 的数据速率调整为主机设备的传输速度。若主机发送字符 "A" 或 "a"，自动波特率单元将锁定该字符，并相应地设置内部波特率寄存器。具体操作步骤如下：

① CDC = 1，启用 SCI 自动波特率检测模式，并向 ABDCLR 位写入 1 来清零 ABD 位。

SciaRegs. SCIFFCT. bit. CDC = 1;

SciaRegs. SCIFFCT. bit. ABDCLR = 1;

② 波特率寄存器初始化为 1 或小于 500 kbit/s。

SciaRegs. SCIHBAUD = 0x00;

SciaRegs. SCILBAUD = 0x01;

③ 若检测到主机发送的字符是"A"或"a"，SCI 硬件会自动设置波特率并将 ABD 位写 1。

④ 从机自动更新波特率寄存器，此外还会向 CPU 发送中断请求。

⑤ 向 ABD CLR 位写 1 来清除 ADB 位，并清除 CDC 位来锁定自动波特率。

SciaRegs. SCIFFCT. bit. ABDCLR = 1;

SciaRegs. SCIFFCT. bit. CDC = 0;

⑥ 读取接收缓冲区的字符，若是"A"或"a"则自动设置波特率成功。

5. 2 SPI 通信模块

SPI 模块是同步串行 IO 端口，可实现 C28x 与其他外设之间的大数据串行通信，采用四线制（串行时钟线、输入线、输出线和使能线）。数据传输期间，必须有一个 SPI 器件配置为主器件，其他器件配置为从器件。F28335 有一个专门的 SPI 模块，另外两个 McBSP 也可以配置为 SPI 接口，提供 125 种不同可编程波特率，数据长度最多支持 16 位。

5. 2. 1 SPI 数据传输方式

二维码 5.2

SPI 也可认为是一个 16 bit 的可编程移位寄存器，数据流通过 SPIDAT 寄存器移入和移出 SPI 端口。发送数据时，必须将 16 位消息写入 SPITXBUF 缓冲区；数据接收时，收到的数据帧由 SPI 直接送入 SPIRXBUF 缓冲区。F2833x 的 SCI 具有两种工作模式："基本模式"和"增强型 FIFO 缓冲模式"。

"基本模式"下，接收操作是双缓冲的，即新的接收操作开始之前，CPU 无须从 SPIRXBUF 读取当前接收的数据，但在新操作完成后或接收器溢出错误之前，CPU 必须读取 SPIRXBUF 的数值；发送操作不支持双缓冲，因此写入下一个数据之前，当前发送操作必须完成。

"增强型 FIFO 缓冲模式"下，可以构建高达 16 级发送和接收 FIFO 缓冲区。SPI 的程序接口依然是 SPITXBUF（发送缓冲器）和 SPIRXBUF（接收发送缓冲器）——这相当于扩展了 SPITXBUF 和 SPIRXBUF 各 16 次。

1. SPI 基本数据收发序列

如图 5.15 所示为 SPI 主控模式框图。

主模式下数据通过 SPISOMI 引脚接收，通过 SPISIMO 引脚发送。

发送数据时，TXFIFO 中的数据按照"先入先出"的顺序将数据压入 SPITXBUF，数据写入 SPITXBUF 寄存器后会立即加载到移位寄存器 SPIDAT，SPIDAT 移位寄存器在 SPICLK 的上升沿或下降沿，通过 SPIMOSI 引脚将数据从高位（MSB）至低位（LSB）的顺序依次移位至从机的移位寄存器中，若发送的数据与设定的数据个数相等时，发送中断标志位 SPITXINT 置位。

接收数据时，将来自引脚 SPISOMI 的数据从低位（LSB）至高位（MSB）的顺序，按照 SPICLK 的时钟沿依次移位至从机的移位寄存器，最后将 SPIDAT 寄存器中的数据写入接收缓冲器 SPIRXBUF 并压入 RXFIFO，产生中断标志位等待 CPU 读取。

从模式下，数据从 SPISOMI 引脚输出，从 SPISIMO 引脚输入，SPICLK 引脚用作输入串行移位时钟，该时钟由外部网络中的主控制器 MASTER 提供。数据传输率由该时钟决定，SPICLK 输入频率最高应该不超过 LSPCLK 频率的 1/4，收发方式与主模式相同。

2. SPI 数据字符的调整

如图 5.16 所示为 SPIDAT 传输示意图。

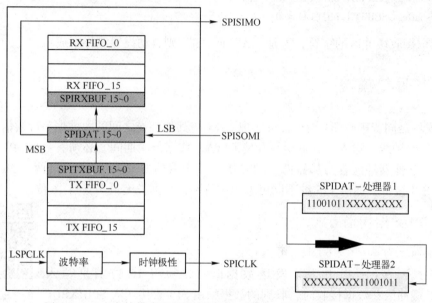

图 5.15 SPI 主控模式原理示意图   图 5.16 SPIDAT 传输示意图

向 SPIDAT 或发送缓冲寄存器 SPITXBUF 写入数据时就启动了从入主出的发送功能，先发送最高位。若接收或发送的数据不够 16bit，为保证首先发送最高位，SPITXBUF 中的数据必须左对齐，而由于每次接收到的数据是写在最低位，SPIRXBUF 中的数据必须右对齐。即左对齐发送，右对齐接收。

5.2.2　SPI 相关寄存器

1. SPI 配置控制寄存器 SPICCR

其位格式如图 5.17 所示。

图 5.17　SPICCR 的位格式

初始化开始时首先复位 SPI 单元，即先将 Bit7（SPI SW 复位）清零，SPI 寄存器配置完后，然后再将其设置为 1。

  SpiaRegs. SPICCR. bit. SPISWRESET = 0;
  配置 SPI 模块的其他 SPI 寄存器……
  SpiaRegs. SPICCR. bit. SPISWRESET = 1;

2. SPI 操作控制寄存器 SPICTL

其位格式如图 5.18 所示。

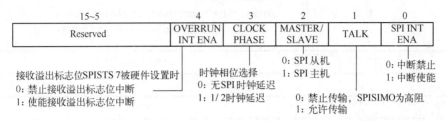

图 5.18   SPICTL 的位格式

Bit0 为 SPI 中断使能位；Bit4 使能接收器的溢出中断。Bit2 定义了 F2833x 作为 SPI 工作于主机或从机模式。在 Bit3 的帮助下，可以在有效时钟沿和时间点之间实现另一半时钟的周期延迟，但该位取决于特定的 SPI 器件。Bit1 控制 F2833x 仅侦听（Bit1 = 0）还是初始化为接收器和发送器（Bit1 = 1）。

3. SPI 波特率寄存器 SPIBRR

SPI 只有工作在主模式下才需设置该寄存器，其位格式如图 5.19 所示。

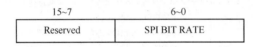

图 5.19   SPIBRR 的位格式

$$SPI\ 波特率\ =\ LSPCLK/(SPIBRR+1) \qquad ;3=<SPIBRR<=127$$
$$SPI\ 波特率\ =\ LSPCLK/4 \qquad\qquad\quad ;0=<SPIBRR<3$$

4. SPI 状态寄存器 SPISTS

其位格式如图 5.20 所示。

图 5.20   SPISTS 的位格式

5. SPI 的 FIFO 寄存器

1）发送 FIFO 寄存器 SPIFFTX，其位格式如图 5.21 所示。

SPI 的 FIFO 操作由作为主控开关的 SPIFFTX.14 控制。SPI 发送 FIFO 中断服务调用取决于 TXFIFO 状态和 TXFIFO 中断等级之间的匹配。

2）接收 FIFO 寄存器 SPIFFRX，其位格式如图 5.22 所示。

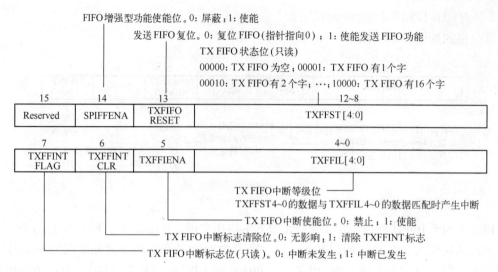

图 5.21　SPIFFTX 的位格式

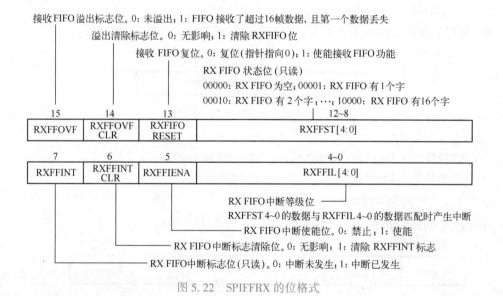

图 5.22　SPIFFRX 的位格式

5.2.3　SPI 常见问题

问题 1：SPI FIFO 模式下如何进行发送操作？

答：1）直接对 SPITXBUF 进行赋值，以发送数据为例：SpiaRegs. SPITXBUF = sdata。此操作可理解为，首先将 TXFIFO 头指针加 1，然后把值写入 TXFIFO 头指针指向的位置。

2）若当前没有一个激活的传输过程，对 SPITXBUF 的写入会激活一个传输过程。

问题 2：SPI FIFO 模式下如何进行接收操作？

答：直接读取 SPIRXBUF 的值以接收数据，例如：rdata = SpiaRegs. SPIRXBUF，此操作可理解为，首先从 RXFIFO 头指针处读取 1 个 word，然后使 RXFIFO 头指针减 1。

问题3：SPI FIFO 模式下发送和接收中断何时产生？

答：在数据发送或接收结束后，判断发送和接收 FIFO 队列中有多少数据（SPIFFTX. TXFFST4~0 和 SPIFFRX. RXFFST4~0 的值）。对于发送 FIFO，若 FIFO 数据个数小于或等于 TXFFIL4~0（此寄存器指定临界值）指定的值时会触发中断，并在中断程序中发送数据；对于接收 FIFO，若 FIFO 中的值大于或等于 RXFFIL4~0 中指定的值时触发中断，并在中断程序中接收数据。

因而，FIFO 模式下中断触发条件除了标准 SPI 模式下的数据发送接收完毕的条件外，还要满足 FIFO 中的数据小于或等于 TXFFIL 或者大于或等于 RXFFIL 设定值的条件，在两个条件都满足的情况下才会触发中断。另外，FIFO 模式 SPI 初始化完后会立即产生 1 个发送中断，但此时 TXFIFO 没有数据满足产生中断的条件。

问题4：如何激活接收过程？

答：SPI 的接收过程必须依赖传输过程，即使只期望接收数据也必须对 SPITXBUF 写入，以激活一个传输过程来接收数据。

问题5：SPI 标志位的清除方法是什么？

答：1）读 SPIRXBUF（rdata_ SPI = SpiaRegs. SPIRXBUF）。

2）向 SPI SW RESET 写 0（SpiaRegs. SPICCR. bit. SPISWRESET = 0）。

3）复位系统。

① TXFIFO RESET0：复位发送 FIFO 指针，且保持在复位状态。

SpiaRegs. SPIFFTX. bit. TXFFST = 0；

② RXFIFO RESET 0：复位接收 FIFO 指针，且保持在复位状态。

SpiaRegs. SPIFFRX. bit. RXFFST = 0；

5.3 I^2C 通信模块

I^2C（Inter-Integrated Circuit）是集成电路间的一种串行总线，最初是 PHILIPS 公司在 20 世纪 80 年代开发的一种低成本总线，后来发展成为嵌入式系统设备间通信的全球标准。I^2C 总线广泛应用于各种新型芯片中，如 IO 电路、A-D 转换器、传感器及微控制器等。

5.3.1 I^2C 总线基础

I^2C 总线只有两根：数据线 SDA 和时钟线 SCL。所有连接到 I^2C 总线上器件的数据线都连接到 SDA 线上，时钟线均连接到 SCL 线上。I^2C 总线的基本框架结构如图 5.23 所示。

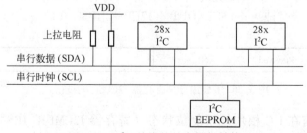

图 5.23 I^2C 总线的基本框架结构

I^2C 总线具有如下特点：

1) 符合 PHILIPS 的 I^2C 总线规范版本 2.1。
2) 数据传输速率为 10~400 kbit/s。
3) 可配置 1~8 位数据字。
4) 支持 7 位和 10 位寻址模式。
5) 每个器件均可视为主器件或从器件。
6) 主器件会发起数据传输并生成时钟信号；被主器件寻址的器件认为是从器件。
7) 支持多主器件模式。
8) 支持标准模式（准确发送由寄存器中指定的数据值）和重复模式（不间断发送数据值，通过软件发起停止条件或新的启动条件）。

5.3.2 I^2C 数据格式

1. F28335 中的 I^2C 构成

图 5.24 显示了在非 FIFO 模式下用于发送和接收的四个寄存器。CPU 将数据写入 I2CDXR，并从 I2CDRR 读取接收到的数据。当 I^2C 模块配置为发送器时，写入 I2CDXR 的数据被复制到 I2CXSR，并从 SDA 引脚上按位依次移出。当 I^2C 模块配置为接收器时，接收的数据被转移到 I2CRSR，之后复制到 I2CDRR。

2. I^2C 的时钟

I^2C 时钟生成如图 5.25 所示。SYSCLKOUT 分频后，产生模块时钟和 SCL 主时钟。

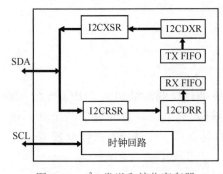

图 5.24 I^2C 发送和接收寄存器

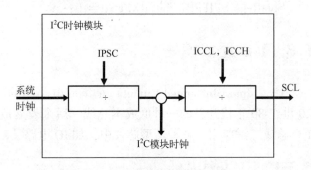

图 5.25 I^2C 时钟生成示意图

（1）I^2C 模块时钟生成

系统时钟分频后产生 I^2C 模块时钟，I^2C 分频寄存器 I2CPSC（16 位）的位格式如图 5.26 所示。I^2C 模块时钟 = SYSCLKOUT /（I2CPSC[IPSC]+1）。

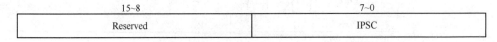

15~8	7~0
Reserved	IPSC

图 5.26 I^2C 预分频寄存器 I2CPSC 的位格式

注意：IPSC 只有在 I^2C 模块处于复位状态（寄存器 I2CMDR[IRS] = 0）时修改，在 IRS = 1 时生效。

（2）SCL 时钟生成

当 I²C 模块配置为主机时，SCL 引脚出现主时钟。该时钟用来控制 I²C 主机和从机之间的通信时序。如图 5.25 所示，I²C 模块中的第二时钟分频用于将 I²C 模块时钟分频产生 SCL 主时钟。第二时钟分频器使用寄存器 I2CCLKL 中的 ICCH：ICCL 实现，其位格式如图 5.27 所示。

图 5.27　I2CCLKL 的位格式

SCL 频率 = SYSCLKOUT /（I2CPSC［IPSC］+1）［（I2CCLKL［ICCL］+d）+（I2CCLKL［ICCH］+d）］。

参数 d 是系统偏移，取决于设备类型。

示例：将 I²C 模块的主时钟 SCL 设置为 50 kHz（假设系统时钟为 150 MHz）。

I²C 模块时钟设置为 10 MHz：

$10MHz = 150MHz/（I2CPSC［IPSC］+1）$，得 $I2CPSC［IPSC］= 14$。

I²C 主时钟 SCL 的时钟周期设置为 20 μs（假设 d = 5）：

$$20 \mu s = \frac{（I14+1）［（ICCL+5）+（ICCH+5）］}{150\,MHz} \Rightarrow ICCL+ICCH=190$$

若要产生占空比为 50% 的 I²C 主时钟，则 $IPSC=14$，$ICCL=95$，$ICCH=95$。

表 5.1 给出了 I²C 时钟单元的更多选项。

表 5.1　I²C 时钟单元选项

系统时钟（SYSCLKPOUT）	100 MHz	100 MHz	150 MHz	150 MHz
I2C 主时钟（SCL）	IPSC	ICCL/ICCH	IPSC	ICCL/ICCH
50 kHz	9	95/95	14	95/95
100 kHz	9	45/45	14	45/45
400 kHz	9	10/5	14	10/5

3. I²C 的工作模式

I²C 支持四种工作模式，见表 5.2。

表 5.2　I²C 四种工作模式

工 作 模 式	说　明
从机接收模式	模块为从器件，从器件接收数据（所有从器件均从该模式开始）
从机发送模式	模块为从器件，向主器件发送数据（仅可通过从接收器模式进入）
主机接收模式	模块为主器件，主器件接收从机数据（仅可通过主发送器模式进入）
主机发送模式	模块为主器件，向从器件发送数据（所有主器件均从该模式开始）

1）若 I²C 模块是主机，则首先工作于主机发送模式，向从机发送特定的地址。向从机传输数据时，I²C 模块必须保持在主机发送模式。若接收从机数据，则主机必须更改为主接收模式。

225

2）若 I^2C 模块是从机，则首先工作于从机接收模式，向主机发送地址识别的应答信息。若主机向 I^2C 模块发送数据，则该模块必须保持在从机接收模式。若主机请求从机的数据，则该 I^2C 模块必须更改为从机发送模式。

4. I^2C 串行数据格式

I^2C 总线在传送数据过程中共有三种类型信号，它们分别是开始信号、结束信号和应答信号。这些信号中，起始信号是必需的，结束信号和应答信号可以忽略。

（1）起始和停止信号

如图 5.28 所示，SCL 为高电平期间，SDA 由高电平向低电平的变化表示起始信号；SCL 为高电平期间，SDA 由低电平向高电平的变化表示停止信号。

图 5.28　起始和停止信号

在本数据帧中，起始信号和停止信号之间 I^2C 总线被认为是忙，即 I2CSTR 寄存器的 BB = 1；在本帧停止信号和下一帧起始信号之间，总线被认为是空闲，即 BB = 0。

I^2C 模块在起始信号之后进行数据传输，I2CMDR 寄存器中的 MST 和 STT 必须设置为1；当 I^2C 模块以停止条件结束数据传输，STP 必须设置为 1。

（2）字节格式

传输字节数没有限制，但每个字节必须是 8 位长度。先传最高位（MSB），每个被传输字节后面都要跟随应答位，即一帧共有 9 位。如图 5.29 所示。

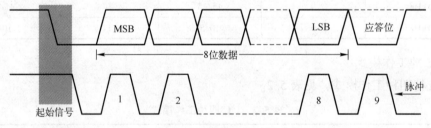

图 5.29　字节传送时序

从机接收数据时，在第 9 个时钟脉冲发出应答脉冲，但在数据传输一段时间后无法继续接收更多的数据时，从机可以采用"非应答"通知主机：主机在第 9 个时钟脉冲没有检测到 SDA 存在有效的应答脉冲时，即非应答，则会发出停止信号以结束数据传输。

与主机发送数据相似，主机在接收数据时，在收到最后一个数据字节后，必须向从机发出一个结束传输的"非应答"信号。然后从机释放 SDA，以允许主机产生停止信号。

（3）数据传输时序

I^2C 总线协议规定：

226

1）SCL 由主机控制，从机在自己忙时拉低 SCL 以表示自己处于"忙状态"。

2）字节数据由发送器发出，响应位由接收器发出。

3）SCL 高电平期间，SDA 数据要稳定；SCL 低电平期间，SDA 数据允许更新。

数据传输时序如图 5.30 所示。

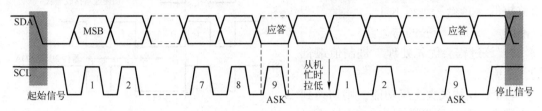

图 5.30　数据传输时序

（4）寻址字节

对寄存器 I2CMDR 中的"FDF"和"XA"位进行编程，选择不同的地址格式，见表 5.3。

表 5.3　"FDF"和"XA"对应的不同地址格式

FDF	XA	格　式
1	X	自由数据格式 0
0	0	7 位寻址格式
0	1	10 位寻址格式

表 5.3 中所显示的三种地址格式，如图 5.31 所示。

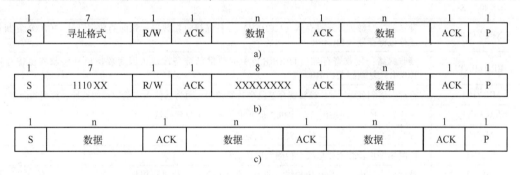

图 5.31　三种地址格式
a）7 位地址格式　b）10 位地址格式　c）自由数据格式

其中，在图 5.31 的数据格式中：

1）R / W = 0 表示主机将数据写入寻址从机。

2）R / W = 1 表示主机从从机读取数据。

3）n 表示 I2CMDR［BC］字段确定的 1~8 间的数字。

4）S 表示启动（SCL 为高电平时 SDA 上的高电平至低电平转换）。

5）P 表示停止（SCL 为高电平时 SDA 上的低电平至高电平转换）。

5. I^2C 仲裁

若两个或多个主发送器同时开始发送数据，则需要调用仲裁程序，仲裁采取以下原则，并参考图 5.32。

1）该程序采用竞争方式使用串行数据总线（SDA）上的数据。

2）当一台发送器输出的 SDA 为低电平时，与之相连的其他发送器输出的 SDA 会被拉低（理解为：以 SCL 时钟信号为基准的多个 SDA 信号的与运算）。

3）该过程会优先处理二进制值最低的数据流。

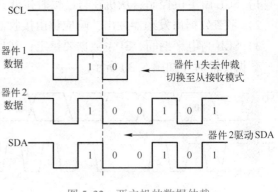

图 5.32　两主机的数据仲裁

若 I^2C 模块失去主机功能，则切换到从机模式，同时仲裁丢失（AL）标志设置 1，并产生仲裁中断请求。

当重复的起始信号或停止信号发送到 SDA，仲裁程序会保持工作，所涉及的主机必须在格式帧中以相同位置发送重复的起始信号或停止信号。

6. I^2C 中断

I^2C 中断源见表 5.4，所有中断源由仲裁器复用到 1 个 I^2C 中断请求。每个中断请求在状态寄存器（I2CSTR）中有一个标志位，在中断使能寄存器（I2CIER）中有一个使能位。当指定事件发生时，其标志置 1，若相应的使能位为 0，则中断请求被阻止，若使能位为 1，则该请求作为 I^2C 中断发送到 CPU。

表 5.4　I^2C 中断源

中　断　源	描　　　述
XRDYINT	发送就绪：数据发送寄存器（I2CDXR）准备好接收新数据，先前的数据已从 I2CDXR 复制到发送移位寄存器（I2CXSR）
RRDYIINT	接收就绪：接收寄存器（I2CDRR）中的数据已准备读取，因为数据已从接收移位寄存器（I2CRSR）复制到 I2CDRR
ARDYINT	寄存器访问就绪：I^2C 模块寄存器已准备好访问，因为已使用先前编程的地址、数据和命令
NACKINT	无应答：I^2C 模块被配置为主机，但并未从从机接收到确认信息
ALINT	仲裁丢失的：该 I^2C 模块已失去仲裁竞争
SCDINT	检测到停止：在 I^2C 总线上检测到停止信息
AASINT	被标记为从机：该模块由总线上的另一个主机当作从机进行寻址
I2CFIFO	见 FIFO - 寄存器

I^2C 中断是 CPU 的可屏蔽中断之一。通过读取中断源寄存器 I2CISRC，程序 I2CINT1A_ISR 可确定中断源并转向相应的子程序。CPU 读取 I2CISRC 后，会发生以下事件：

1）除 ARDY、RRDY 和 XRDY 位外（这三位需写 1 清零），I2CSTR 中的中断标志自动清零。

2）仲裁器确定剩余的最高优先级的中断请求，并将该中断代码写入 I2CISRC。

除了 7 个基本 I^2C 中断外，发送和接收 FIFO 也可产生额外的中断（I2CINT2A）。

5.3.3　I^2C 模块寄存器

（1）I^2C 模式寄存器 I2CMDR（16 位）

其位格式如图 5.33 所示，各位含义见表 5.5。

15	14	13	12	11	10	9	8
NACKMOD	FREE	STT	Reserved	STP	MST	TRX	XA

7	6	5	4	3	2	1	0
RM	DLB	IRS	STB	FDF	BC		

图 5.33　I2CMDR 的位格式

表 5.5　I²C 模式寄存器 I2CMDR 各位的含义

位　号	名　　称	说　　明
15	NACKMOD	无应答信号模式位。0：每个应答时钟周期向发送方发送一个应答位；1：I²C 模块在下一个应答时钟周期向发送方发送一个无应答位。一旦无应答位发送，NACKMOD 位就会被清除。注，为了 I²C 模块能在下一个应答时钟周期向发送方发送一个无应答位，在最后一位数据位的上升沿到来之前必须置位 NACKMOD
14	FREE	调试断点，该位通过 I²C 模块控制总线状态。0：主机模式下，若在断点发生的时候 SCL 为低电平，I²C 模块立即停止工作并保持 SCL 为低电平；如果在断点发生的时候 SCL 为高电平，I²C 模块将等待 SCL 变为低电平然后再停止工作。从机模式下，在当前数据发送或者接收结束后断点将会强制模块停止工作。1：I²C 模块无条件运行
13	STT	开始位（仅限于主机模式）。RM、STT 和 STP 共同决定 I²C 模块数据的开始和停止格式。0：在总线上接收到开始位后 STT 将自动清除；1：置 1 会在总线上发送一个起始信号
12	Reserved	保留
11	STP	停止位（仅限于主机模式）。RM、STT 和 STP 共同决定 I²C 模块数据的开始和停止格式。0：在总线上接收到停止位后 STP 会自动清除；1：内部数据计数器减到 0 时 STP 会被置位，从而在总线上发送一个停止信号
10	MST	主从模式位。当 I²C 主机发送一个停止位时 MST 将自动从 1 变为 0。0：从机模式；1：主机模式
9	TRX	发送/接收模式位。0：接收模式；1：发送模式
8	XA	扩充地址使能位。0：7 位地址模式；1：10 位地址模式
7	RM	循环模式位（仅限于主机模式的发送状态）。0：非循环模式（I2CCNT 的数值决定了有多少位数据通过 I²C 模块发送/接收）；1：循环模式
6	DLB	自测模式。0：屏蔽自测模式；1：使能自测模式。I2CDXR 发送的数据被 I2CDRR 接收，发送时钟也是接收时钟
5	IRS	I²C 模块复位。0：I²C 模块处于复位；1：I²C 模块使能
4	STB	起始字节模式位（仅限于主机模式）。0：I²C 模块起始信号无须延长；1：I2C 模块起始信号需要延长，若设置起始信号位（STT），I²C 模块将开始发送多个起始信号
3	FDF	全数据格式。0：屏蔽全数据格式，通过 XA 位选择地址是 7 位还是 10 位；1：使能全数据格式，无地址数据
2~0	BC	I²C 收发数据的位数。BC 的设置值必须符合实际的通信数据位数。000：8 位数据；001：1 位数据；…；111：7 位数据

（2）I²C 从地址寄存器 I2CSAR（16 位）

I2CSAR 包含了一个 7 位或者 10 位从机地址空间，图 5.34 为其位格式。

1）7 位地址模式下（I2CMDR. XA = 0）D6~D0 提供从机地址，其余位均写 0。

2）10 位地址模式下（I2CMDR. XA = 1）D9~D0 提供从机地址。

15~10	9~0
Reserved	SAR

图 5.34 I2CSAR 寄存器的位格式

I²C 工作在非全数据模式时（I2CMDR. FDF = 0），传输的第 1 帧数据就是寄存器中的地址。若寄存器中地址值非全零，那该地址对应一个指定的从机；若寄存器中的地址为全零，则呼叫所有挂在总线上的从机。

（3）I²C 数据接收寄存器 I2CDRR（16 位）

I²C 模块每次从 SDA 引脚上读取的数据被复制到移位接收寄存器（I2CRSR）中，当数据（I2CMDR. BC）被接收后，I²C 模块将 I2CRSR 中的数据复制到 I2CDRR 中。I2CDRR 的数据最大为 8 bit，若接收到的数据少于 8 位，则 I2CDRR 中的数据采用右对齐排列。在接收 FIFO 模式下，I2CDRR 作为接收 FIFO 寄存器的缓存，图 5.35 为其位格式。

15~8	7~0
Reserved	DATA

图 5.35 I²C 数据接收寄存器 I2CDRR 的位格式

（4）I²C 数据发送寄存器 I2CDXR（16 位）

用户将发送的数据写入 I2CDXR 后，I2CDXR 中的数据复制到移位发送寄存器（I2CXSR）中，再通过 SDA 总线发送，图 5.36 为其位格式。

注意：数据写入 I2CDXR 前，需要在 I2CMDR 的 BC 位写入适当的值来表明所要发送数据的位数。若写入的数据少于 8 位，则必须保证写入 I2CMDR 中的数据是右对齐。在发送 FIFO 模式下，I2CDXR 作为发送 FIFO 寄存器的缓存。

15~8	7~0
Reserved	DATA

图 5.36 I²C 数据发送寄存器 I2CDXR 的位格式

5.4 CAN 通信模块

5.4.1 CAN 通信工作原理及数据格式

二维码 5.3

CAN 控制器于 1987 年由德国 Robert Bosch GmbH 开发，属于串行通信。信息可通过差分双绞线方式（高速方式）、单线方式（低速方式）及光纤方式进行信号传输。尽管硬件上没有明显的时钟信号，但基于"非归零"（NRZ）调制技术和"位填充"规则，接收方依然能接收同步信息。CAN 具有三种国际标准：ISO11898（欧洲）、SAE J2284（美国）"差分高速"和 ISO 11519-2 "容错低速 CAN"。

进行数据传输时，CAN 信息都会标识一个 ID。该 ID 有两个功能：确定发送的消息是否被 CAN 节点接收，即消息过滤；当多个节点同时在 CAN 总线发送消息时，确定消息的优先级。

CAN 的总线访问基于多主机原理，所有节点都可作为 CAN 主节点。与以太网的基本差异是，在存在总线冲突的情况下，采用非破坏性总线仲裁方式（CSMA/CA），从而确保在总线冲突的情况下，高优先级的消息不会被延迟发送。

由于 CAN 波特率的限制，且数据帧最多仅包含 8 个字节，说明 CAN 通信不适用于高数据吞吐量应用场合，例如实时视频处理。但因其高可靠性和高电磁兼容性（EMC），CAN 通信在汽车等工业控制领域应用广泛，如 ABS 防抱死系统、安全气囊传感器系统、电子驻车系统、GPS 导航系统、自适应巡航控制系统等。

1. CAN 的实现和数据帧格式

CAN 具有两种不同的 ID 格式，即标准帧及扩展帧。

1）具有 11 位标识符的 CAN-Version2.0A 标准格式，如图 5.37 所示。

Start (1bit)	Identifier (11bits)	RTR (1bit)	IDE (1bit)	r0 (1bit)	DLC (4bits)	Data (0~8Bytes)	CRC (15bits)	ACK (2bits)	EOF +IFS (10bits)

图 5.37　具有 11 位标识符的 CAN-Version2.0A 标准格式

2）具有 29 位标识符的 CAN-Version2.0B 扩展格式，如图 5.38 所示。

Start (1bit)	Identifier (11bits)	SRR (1bit)	IDE (1bit)	Identifier (18bits)	RTR (1bit)	r1 (1bit)	r0 (1bit)	DLC (4bits)	Data (0~8Bytes)	CRC (15bits)	ACK (2bits)	EOF+IFS (10bits)

图 5.38　具有 29 位标识符的 CAN-Version2.0B 扩展格式

每个数据帧由四个段组成：

① 仲裁字段（Arbitration Field）：表示消息的优先级和类型（11 位标识符的标准帧及 29 位标识符的扩展帧）。

② 数据字段：每个消息最多 8 个字节，允许 0 字节消息存在。

③ CRC 字段：循环冗余校验，包含由 CRC 多项式生成的校验和。

④ 帧结束字段：包含确认、错误消息、消息结束位。

其中：

❖ Start 起始位（1 bit 显性）：帧起始位。

❖ Identifier 标识符（11 bit）：标记消息的名称及其优先级，值越小优先级越高。

❖ RTR（1 bit）：远程传输请求。若 RTR = 1（隐性）表示帧内无有效数据。

❖ IDE（1 bit）：标识符扩展，若 IDE = 1 表示 CAN 为扩展帧。

❖ r0（1 位）：保留。

❖ CDL（4 bit）：有效的数据长度，以字节为单位。

❖ 数据（0~8 bit）：发送的数据。

❖ CRC（15 bit）：用于错误检测的循环冗余码，汉明距离为 6（可检测 6 个单比特错误）。

❖ ACK（2 位）：确认位。若接收方已经接收到有效消息，则它必须发送显性确认位。

❖ EOF（7 bit = 1，隐性）：帧结束位。通常在 5 个隐性位后自动跟随一个填充位。

❖ IFS（3 bit = 1，隐性）：帧间间隔。将接收到的消息从总线复制到缓冲区。

仅限扩展帧的部分：

❖ SRR（1 bit = 隐性）：替代远程请求，在标准帧中替换 RTR 位。

❖ r1（1 bit）：保留。

2. CAN 的标准化

CAN 遵循如图 5.39 所示的 ISO-OSI 七层模型。而目前所有的 CAN 标准仅定义了 OSI 层模型的第 1 层和第 2 层，只在某些解决方案中使用了第 7 层。

1）物理层：一般采用带屏蔽的或不带屏蔽的差分双线线形式。

2）数据链路层：表示消息格式和传输协议，遵循 ISO 11898 协议。

3）应用层：不同的工业场合具有不同的标准，对于汽车工业没有标准化的协议。

作为开放系统，CAN 由欧洲标准化组织（ISO）和汽车工程师学会（SAE）进行标准化。对于不同的 CAN 物理层，两种标准的区别见表 5.6。

表 5.6　ISO 和 SAE 的物理层区别

物理层类型	欧 洲 标 准	北 美 标 准
单线 CAN	N/A	SAE J2411（适用于车辆）
低速容错 CAN	ISO 11519-2，ISO 11898-3	N/A
高速 CAN	ISO 11898	SAE J2284

3. CAN 总线仲裁

1）总线访问流程（CSMA/CD 及 CSMA/CA），如图 5.40 所示。

Carrier Sense Multiple Access With Collision Detection，简称 CSMA/CD，表示带冲突检测的载波侦听多路访问。

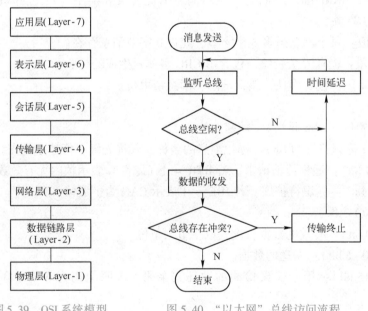

图 5.39　OSI 系统模型　　　　图 5.40　"以太网"总线访问流程

CAN 具有修改 CSMA/CD 的特性，其中优先级最高的消息将继续传输，并不会产生总线冲突，因此称为 Carrier Sense Multiple Access With Collision Avoidance（简称 CSMA/CA，带冲突避免的载波侦听多路访问）。如图 5.41 所示为双节点数据收发总线仲裁示意图。

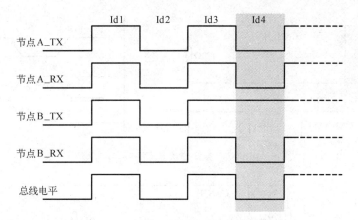

图 5.41　双节点数据收发总线仲裁示意图

在 Id4 时，节点 A 与节点 B 发送不同的电平，即总线出现了冲突，这个时候具有较高优先级（标识符越低，优先级越高）的消息会立刻发送消息。

CSMA/CA 的另一层含义也可以理解为，若存在总线冲突，则具有较低优先级的节点取消传输，具有最高优先级的节点继续传输。

可通过图 5.42 来进一步解释仲裁的含义：若高电平为隐性电平，低电平为显性电平，则表 5.7 表示，在节点匹配不同电平的情况下，总线电平的特点。

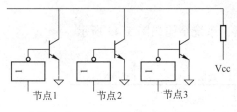

图 5.42　三节点仲裁过程示意图

表 5.7　图 5.42 的总线电平特点

节点 1	节点 2	节点 3	总 线 电 平
高	高	高	高
高	低	高	低
低	低	高	低

可以看出，物理层面的仲裁程序非常简单：它是一种"线与逻辑"。只有所有节点等于 1（隐性电平）才能维持总线电压（隐性电平），若只有一个节点电压切换到 0（显性电平），则总线电压为 0（显性电平）。

CAN 的优点在于：若发生总线冲突时，所有高优先级的消息都不会被延迟发送。因此对于具有最高优先级的消息，我们可以确定数据传输的时间响应；而对于优先级较低的消息，计算最坏情况下的时间响应有点复杂，但可以通过非中断系统中所谓的"时间扩张公式"来实现：

$$R_i^{n+1} = C_i + B_{\text{max}i} + \sum_{j \in hp(i)} \frac{R_i^n - C_i}{T_j} C_j$$

2）高速 CAN 由两根 CAN_H 和 CAN_L 所构成的差分信号构成，如图 5.43 所示。

为产生差分电压，我们需要一个额外的 CAN 收发设备，如 SN65HVD23x。如图 5.44 所示为 CAN 节点与总线的连接关系。

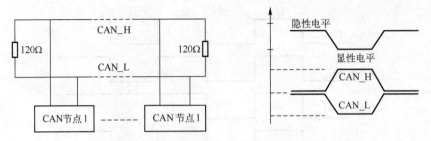

图 5.43　高速 CAN 连接及 CAN 的差分信号

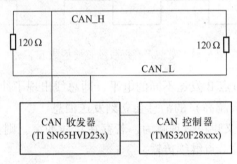

图 5.44　CAN 节点与总线连接示意图

5.4.2　F2833x 的 CAN 模块

F2833x 的 CAN 单元是一个完整的 CAN 控制器，系统结构如图 5.45 所示。

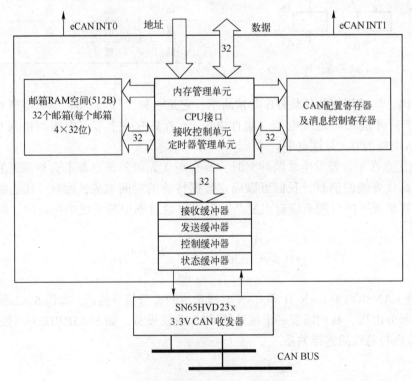

图 5.45　F2833x 中 CAN 的系统结构

F2833x 的 CAN 单元与 CAN2.0B 协议兼容，即可以发送和接收标准帧（11 位标识符）和扩展帧（29 位标识符）；具有可编程的总线唤醒行为和自检模式；支持高达 1 Mbit/s 的数据速率；具有 32 个邮箱，每一个邮箱具有以下特点：

① 每一个邮箱均可配置为接收或发送邮箱，均可配置为标准帧或扩展帧。

② 具有可编程的接收掩码。

③ 由 0~8 个字节的数据组成。

④ 使用 32 位时间戳。

⑤ 具有两级可编程中断及可编程报警超时。

如图 5.46 所示为 CAN 寄存器在 DSP 片上内存的存储地址。

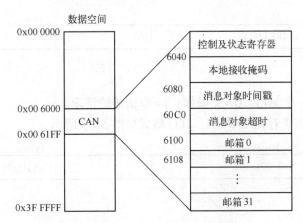

图 5.46　CAN 寄存器的存储地址

CAN 模块包含五组寄存器：控制和状态寄存器、本地接收掩码寄存器、消息对象时间戳、消息对象超时寄存器及 32 个邮箱，每个邮箱由以下部分组成：

① MID：邮箱的标识符。

② MCF（消息控制字段）：发送或接收消息的长度和 RTR 位（用于发送远程传输请求）。

③ MDL 和 MDH：传输的数据。

（1）CAN 控制和状态寄存器

1）CAN 邮箱启用寄存器 CANME，其位格式如图 5.47 所示。

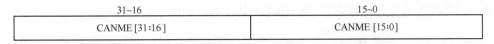

图 5.47　CANME 的位格式

每一个 bit 指示一个邮箱：0 = 禁用该邮箱；1 = 启用该邮箱。

注意：在写入任何邮箱标识符字段的内容之前必须先禁用该邮箱。

2）CAN 邮箱方向寄存器 CANMD，其位格式如图 5.48 所示。

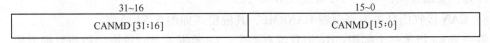

图 5.48　CANMD 的位格式

每一个 bit 指示一个邮箱：0＝该邮箱被定义为发送邮箱；1＝该邮箱被定义为接收邮箱。

3）CAN 发送请求设置寄存器 CANTRS，其位格式如图 5.49 所示。

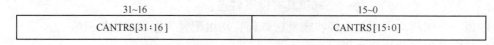

31~16	15~0
CANTRS[31:16]	CANTRS [15:0]

图 5.49　CANTRS 的位格式

每一个 bit 指示一个邮箱：0＝无操作；1＝开始发送该邮箱数据。注：成功发送后，相应位被自动清零。

4）CAN 传输请求复位寄存器 CANTRR，其位格式如图 5.50 所示。

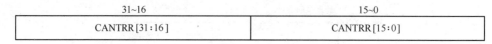

31~16	15~0
CANTRR[31:16]	CANTRR[15:0]

图 5.50　CANTRR 的位格式

每一个 bit 指示一个邮箱：0＝无操作；1＝取消传输请求。

5）CAN 传输应答寄存器 CANTA，其位格式如图 5.51 所示。

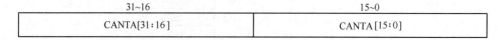

31~16	15~0
CANTA[31:16]	CANTA[15:0]

图 5.51　CANTA 的位格式

每一个 bit 指示一个邮箱：0＝消息未被发送；1＝若邮箱 n 的消息发送成功，则该寄存器的第 n 位置 1（软件写 1 清零）。

6）CAN 中止应答请求寄存器 CANAA，其位格式如图 5.52 所示。

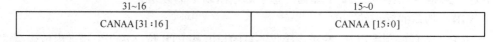

31~16	15~0
CANAA[31:16]	CANAA [15:0]

图 5.52　CANAA 的位格式

每一个 bit 指示一个邮箱：0＝不中止传输；1＝邮箱 n 传输中止。

注意：要通过软件写 1 的方式复位 AA 位。

7）CAN 接收消息等待寄存器 CANRMP，其位格式如图 5.53 所示。

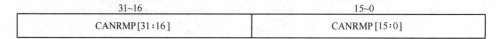

31~16	15~0
CANRMP[31:16]	CANRMP [15:0]

图 5.53　CANRMP 的位格式

每一个 bit 指示一个邮箱：0＝邮箱不包含消息；1＝邮箱包含有效的数据。

注意：要通过软件写 1 的方式复位 RMP 位。

8）CAN 接收消息丢失寄存器 CANRML，其位格式如图 5.54 所示。

每一个 bit 指示一个邮箱：0＝消息没有丢失；1＝数据未及时读取，被新数据覆盖。

注意：要通过软件写 1 的方式复位 RML 位。

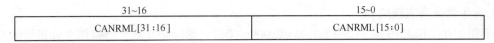

31~16	15~0
CANRML[31:16]	CANRML[15:0]

图 5.54　CANRML 的位格式

9）CAN 远程帧等待寄存器 CANRFP，其位格式如图 5.55 所示。

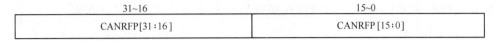

31~16	15~0
CANRFP[31:16]	CANRFP[15:0]

图 5.55　CANRFP 的位格式

每一个 bit 指示一个邮箱：0＝未接收到远程帧请求；1＝接收到远程帧请求。

注意：要通过软件写 1 的方式复位 RFP 位。

10）CAN 全局验收掩码寄存器 CANGAM，其位格式如图 5.56 所示。

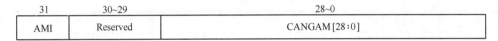

31	30~29	28~0
AMI	Reserved	CANGAM[28:0]

图 5.56　CANGAM 的位格式

注：此寄存器仅用于标准模式。若相应邮箱的 AME 位置 1，则该邮箱 CANGAM 不会用于扩展 eCAN 模式。

11）CAN 本地接收掩码寄存器 LAMn，其位格式如图 5.57 所示。

31	30~29	28~0
LAMI	Reserved	LAMn[28:0]

0：邮箱的 IDE 位来决定接收哪个消息

1：可以接收扩展或标准帧

扩展—所有 29 位的 LAM 都用于过滤 29 地址标识符

标准—LAM[28:18] 用于过滤 7 位地址标识符

输入消息的屏蔽位

0：接收的标识符必须与 MID 对应位匹配

1：忽略输入信息的标识符

图 5.57　LAMn 的位格式

❖ AMI＝1 表示：支持屏蔽比较位功能，但支持扩展位 ID 还是标准位 ID，由 MSGID 的 IDE 位决定（IDE＝1 表示扩展位 ID；IDE＝0 表示标准位 ID）。

❖ AMI＝0 表示：不支持屏蔽比较位功能。IDE＝1 表示扩展位 ID；IDE＝0 表示标准位 ID。

F2833x CAN 模块可工作在两种模式：

❖ 标准 CAN 控制器模式（SCC）。

❖ 扩展 CAN 控制器模式或"高端 CAN 控制器模式（HECC）"。

SCC 是与 TMS320F240x 系列 DSP 兼容的传统模式。这种模式下只有 16 个邮箱，接收器使用 LAM0、LAM1 和 CANGAM 对输入的消息进行滤波。寄存器 LAM0 是邮箱 0、1 和 2 的掩码寄存器；LAM1 用于邮箱 3、4 和 5；CANGAM 用于邮箱 6~15。实际使用时，SCC 模式没有任何优势。DSP 复位后 SCC 是默认模式！

HECC 模式下，32 个邮箱中的每一个邮箱都可以编程作为消息过滤器。这里的"过滤"意味着我们可以声明传入消息的标识符哪一个或哪几个位作为"不关心"。这是通过将

LAMx 设置为 1 来实现的。

例如，在 HECC 模式下设置 LAM0 = 0x0000 0007，则邮箱 0 将会忽略传入标识符的 bit0、bit1 和 bit2 这 3 位信息。若剩余的标识符与邮箱 0 寄存器 MSGID 中的相应位匹配，则将存储该消息。

SCC 或 HECC 模式由寄存器 CANMC 中的"SCB"位选择。

12）主控寄存器 CANMC，其位格式如图 5.58 所示，详细解释见表 5.8。

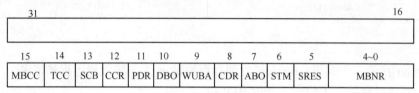

图 5.58　CANMC 的位格式

表 5.8　CANMC 的位解释

位	域	说　明
31~17	Reserved	保留
16	SUSP	1：FREE 模式，SUSPEND 模式下外设继续运行，节点参与 CAN 通信； 0：SOFT 模式，SUSPEND 模式下，当前的消息发送完毕后关闭
15	MBCC	定时邮递计数器清零位，SCC 模式下该位保留并且受 EALLOW 保护。 1：成功收发邮箱 16，邮箱定时邮递计数器复位； 0：邮箱定时邮递计数器未复位
14	TCC	定时邮递计数器 MSB 清除位，SCC 模式下该位保留且受 EALLOW 保护。 1：邮箱定时邮递计数器最高位 MSB 复位，一个时钟周期后，TCC 位由内部逻辑清零； 0：邮箱定时邮递计数器不变
13	SCB	SCC 兼容控制位，在 SCC 模式下该位保留且受 EALLOW 保护。 1：选择增强 CAN 模式；0：工作在 SCC 模式，只有邮箱 0~15 可用
12	CCR	改变配置请求位，受 EALLOW 保护。 1：SCC 模式下，CPU 请求向配置寄存器（CANBTC）和接收屏蔽寄存器（CANGAM、LAM0 和 LAM3）写配置信息。 该位置 1 后，在对 CANBTC 寄存器进行操作之前，CPU 必须等到 CANES 寄存器的 CCE 标志为 1。 0：CPU 请求正常操作。只有在配置寄存器 CANBTTC 被配置为允许的值后才可以实现该操作
11	PDR	掉电模式请求从低功耗模式唤醒后，受 EALLOW 保护。 1：局部掉电模式请求，0：不请求局部掉电模式（正常操作）
10	DBO	数据字节序序。1：先传最低有效位；0：先传输最高有效位
9	WUBA	总线唤醒位。1：总线有活动唤醒；0：只有 PRD 位写 0 唤醒
8	CDR	改变数据区请求位。 1：CPU 请求向 MBNR（4:0）表示的邮箱数据区写数据。邮箱访问完成后，必须将 CDR 位清除。CDR 置位时，CAN 模块不会发送邮箱里的内容。 0：CPU 请求正常操作
7	ABO	自动总线连接位，受 EALLOW 保护。 1：在总线脱离状态下，检测到 128×11 隐性位后，模块将自动恢复总线的连接状态； 0：总线脱离状态只有在检测到 128×11 连续的隐性位并且已经清除 CCR 位后才跳出

位	域	说　明
6	STM	自测度模式使能位，受 EALLOW 保护。 1：模块工作在自测度模式，在这种工作模式下，CAN 模块产生自己的应答信号；0：无响应
5	SRES	该位只能进行写操作，读操作结果总是 0。 1：进行写操作，导致模块软件复位（除保护寄存器外的所有参数复位到默认值）；0：没有影响
4~0	MBNR	1：MNR.4 只有在 eCAN 模式下才使用，在标准模式保留； 0：邮箱编号，CPU 请求向相应的数据区写数据，与 CDR 结合使用

（2）CAN 传输速率配置

CAN 协议规范将 Bit Timing（传输时间）分为四个不同的时间段，如图 5.59 所示。

① SYNC_SEG：同步节点，长度总为 1 个时间量（TQ）。

② PROP_SEG：CAN 网络中用于物理延迟的补偿时间（输入比较延迟和输出驱动延迟之和的两倍），为 1~8 个 TQ。

③ PHASE_SEG1：上升沿相移补偿，为 1~8 个 TQ。

④ PHASE_SEG2：下降沿相移补偿，为 2~8 个 TQ。

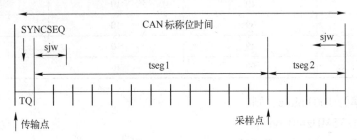

图 5.59　传输时间的四个阶段

其中：

❖ tseg1 = PROP_SEG + PHASE_SEG1

❖ tseg2 = PHASE_SEG2

❖ TQ = SYNCSEG

❖ T_{CAN} = TQ + tseg1 + tseg2

根据 CAN 标准，须满足以下规则：

❖ tseg1 ≥ tseg2；

❖ 3/BRP ≤ tseg1 ≤ 16TQ；

❖ 3/BRP ≤ tseg2 ≤ 8TQ；

❖ 1TQ ≤ sjw ≤ MIN［4×TQ, tseg2］；

❖ 若使用三采样模式，则有 BRP ≥ 5。

1）CAN 位时序配置寄存器 CANBTC，其位格式如图 5.60 所示。

波特率预分频器（BRP）用来定义时间因子（TQ）：TQ = (BRP+1)/BaseCLK。

其中，283xx、2803x 器件，BaseCLK = SYSCLKOUT/2；

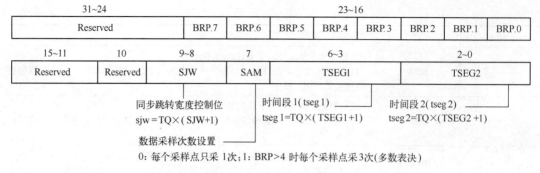

图 5.60　CANBTC 的位格式

281x、280x 和 2801x 器件，BaseCLK＝SYSCLKOUT。

如 BaseCLK＝75 MHz 并以 80% 的位时间采样点，相关寄存器配置见表 5.9。

表 5.9　寄存器相应配置

CAN 速率	BRP	TSEG1	TSEG2
1 Mbit/s	4	10	2
500 kbit/s	9	10	2
250 kbit/s	19	10	2
125 kbit/s	39	10	2
100 kbit/s	49	10	2
50 kbit/s	99	10	2

如 CAN 速率为 100 kbit/s，则：

$TQ = (49+1)/75MHz = 0.667\,\mu s$；

$tseg1 = 0.667\,\mu s \times (10+1) = 7.337\,\mu s$；

$tseg2 = 0.667\,\mu s \times (2+1) = 2\,\mu s$；

$t_{CAN} = 10\,\mu s$

总结：波特率表示每秒钟能够传输的位数。波特率＝(SYSCLKOUT/2)/(BRP×Bit_time)。

其中，SYSCLKOUT 是 CAN 模块的系统时钟，与 CPU 的系统时钟相同；Bit_time 表示每一位所需要的时间因子 TQ，Bit_time＝(TSEG1+1)+(TSEG2+1)+1。

2）CAN 错误和状态寄存器 CANES，其位格式如图 5.61 所示。

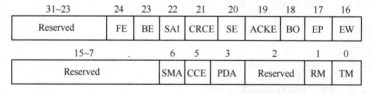

图 5.61　CANES 的位格式

❖ 格式错误（FE）：0＝正常；1＝消息的某一个位字段出错。

❖ 位错误（BE）：0＝未检测到错误；1＝接收位与发送位不匹配（仲裁字段之外）。

❖ 主导错误（SA1）：0＝CAN 模块检测到一个隐性位；1＝CAN 模块未检测到隐性位。

❖ 循环冗余校验错误（CRCE）：0=正常工作；1=接收到错误的 CRC。

❖ 填充位错误（SE）：0=正常；1=发生填充位错误。

❖ 应答错误（ACKE）：0=正常；1=CAN 模块未接收到 ACK。

❖ 总线关闭状态（BO）：0=正常；1=CANTEC 已达到 256 的限制。

❖ 错误被动状态（EP）：0=CAN 处于错误主动模式；1=CAN 处于错误被动模式。

❖ 警告状态（EW）：0=两个错误计数器的值都小于 96；1=至少 1 个错误计数器的值超过 96。

❖ 挂起模式应答位（SMA）：0=正常；1=CAN 模块已进入挂起模式。注意：当 DSP 不在运行模式时，挂起模式由调试器激活。

❖ 更改配置使能位（CCE）：0=CPU 无法写入配置寄存器；1=可对寄存器进行写访问。

❖ 断电模式应答位（PDA）：0=正常；1=CAN 模块已进入掉电模式。

❖ 接收模式状态位（RM）：0=CAN 控制器未在接收消息；1=CAN 控制器正在接收消息。

❖ 发送模式状态位（TM）：0=CAN 控制器未在发送消息；1=CAN 控制器正在发送消息。

3）CAN 错误计数器 CANTEC/CANREC，其位格式如图 5.62 所示。

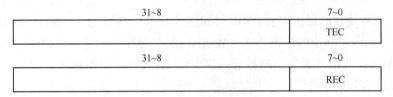

图 5.62　CANTEC/CANREC 的位格式

发送错误计数器（TEC）：TEC 值可根据 CAN 协议规范增加或减少。

接收错误计数器（REC）：REC 值可根据 CAN 协议规范增加或减少。

（3）CAN 中断寄存器

1）全局中断使能/屏蔽寄存器 CANGIM，其位格式如图 5.63 所示。

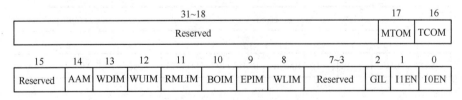

图 5.63　CANGIM 的位格式

中断屏蔽位：写 0=禁止中断；写 1=允许中断。

❖ MTOM=邮箱超时掩码。

❖ TCOM=时间戳计数器溢出掩码。

❖ AAM=中止应答中断屏蔽。

❖ WDIM=写拒绝中断屏蔽。

❖ WUIM=唤醒中断屏蔽。

- ❖ RMLIM＝接收消息丢失中断屏蔽。
- ❖ BOIM＝总线关闭中断屏蔽。
- ❖ EPIM＝错误被动中断掩码。
- ❖ WLIM＝警告级别中断屏蔽。
- ❖ 全局中断级别（GIL）：

对于中断 TCOF、WDIF、WUIF、BOIF 和 WLIF，0＝映射到中断线路 0-ECAN0INT；1＝映射到中断线路 1-ECAN1INT。

- ❖ 中断 1 使能（I1EN）：0＝禁止中断线路 1；1＝使能中断线路 1。
- ❖ 中断 0 使能（I0EN）：0＝禁止中断线路 0；1＝使能中断线路 0。

2）全局中断 0 标志寄存器 CANGIF0，其位格式如图 5.64 所示。

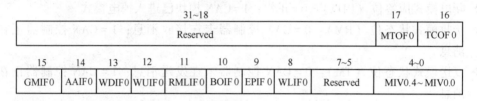

图 5.64　CANGIF0 的位格式

- ❖ MTOF0＝邮箱超时标志。TCOF0＝时间戳计数器溢出标志。GMIF0＝全局邮箱中断标志。AAIF0＝中止应答中断标志。WDIF0＝写拒绝中断标志。WUIF0＝唤醒中断标志。RMLIF0＝接收消息丢失中断标志。BOIF0＝总线关闭中断标志。EPIF0＝错误被动中断标志。WLIF0＝警告级别中断标志。上述标志位，"0"＝未发生中断；"1"＝发生中断。
- ❖ MIV0.4～MIV0.0＝设置能够触发全局中断的邮箱编号，在 SCC 模式下只有 MIV0.3～MIV0.0 有效。

非 SCC 模式下，邮箱 31 的中断优先级最高；SCC 模式下，邮箱 15 的中断优先级最高。

3）全局中断 1 标志寄存器 CANGIF1，其位格式如图 5.65 所示。

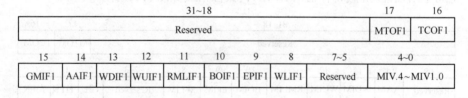

图 5.65　CANGIF1 的位格式

- ❖ MTOF1＝邮箱超时标志。TCOF1＝时间戳计数器溢出标志。GMIF1＝全局邮箱中断标志。AAIF1＝中止应答中断标志。WDIF1＝写拒绝中断标志。WUIF1＝唤醒中断标志。RMLIF1＝接收消息丢失中断标志。BOIF1＝总线关闭中断标志。EPIF1＝错误被动中断标志。WLIF1＝警告级别中断标志。上述标志位，"0"＝未发生中断；"1"＝发生中断。

4）CAN 邮箱中断使能/屏蔽寄存器 CANMIM，其位格式如图 5.66 所示。

31~16	15~0
CANMIM[31:16]	CANMIM[15:0]

图 5.66　CANMIM 的位格式

0 = 禁用邮箱中断；1 = 启用邮箱中断。若消息被成功发送或消息被成功接收，则产生中断。

5）CAN 邮箱中断级别寄存器 CANMIL，其位格式如图 5.67 所示。

31~16	15~0
CANMIL[31:16]	CANMIL[15:0]

图 5.67　CANMIL 的位格式

0 = 在中断线路 0（ECAN0INT）上生成邮箱中断；1 = 在中断线路 1（ECAN1INT）上产生邮箱中断。

6）Overwrite 保护控制寄存器 CANOPC，其位格式如图 5.68 所示。

31~16	15~0
CANOPC[31:16]	CANOPC[15:0]

图 5.68　CANOPC 的位格式

0 = 邮箱 N 中的旧邮件不受保护，极有可能被新的邮件覆盖。由位 RML[n]通知。

1 = 邮箱 N 中的旧邮件被保护，而不会被新邮件覆盖。

7）CAN 发送 IO 控制寄存器 CANTIOC，其位格式如图 5.69 所示。

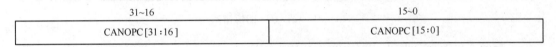

31~4	3	2	1	0
Reserved	TXFUNC	Reserved	Reserved	Reserved

图 5.69　CANTIOC 的位格式

❖ TXFUNC：0 = 保留；1 = CANTX 用于 CAN 发送功能。

8）CAN 输入 IO 控制寄存器 CANRIOC，其位格式如图 5.70 所示。

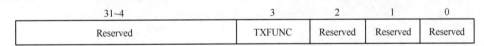

31~4	3	2	1	0
Reserved	RXFUNC	Reserved	Reserved	Reserved

图 5.70　CANRIOC 的位格式

❖ RXFUNC：0 = 保留；1 = CANRX 用于 CAN 接收功能。

（4）警告及超时寄存器

1）CAN 本地网络时间寄存器 CANTSC，其位格式如图 5.71 所示。

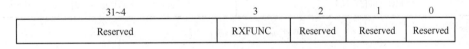

31~16	15~0
TSC[31:16]	TSC[15:0]

图 5.71　CANTSC 的位格式

❖ TSC 是一个自由运行的计数器，基准时钟为 CAN 模块的位时钟。

❖ 当邮箱收到消息或消息被发送时，TSC 被写入该邮箱的时间戳寄存器（MOTS）。

❖ 当邮箱 16 的数据被发送或接收时，TSC 被清除。故邮箱 16 可用于同步全局网络时间。

2）CAN 超时控制寄存器 CANTOC，其位格式如图 5.72 所示。

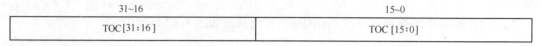

31~16	15~0
TOC [31:16]	TOC [15:0]

图 5.72　CANTOC 的位格式

0＝邮箱 n 禁用超时功能；1＝邮箱 n 启用超时功能。

若 TSC 大于相应的 MOTO 寄存器的值，则会产生超时中断事件。

3）CAN 超时状态寄存器 CANTOS，其位格式如图 5.73 所示。

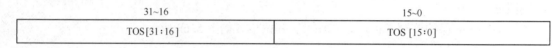

31~16	15~0
TOS [31:16]	TOS [15:0]

图 5.73　CANTOS 的位格式

0＝邮箱 n 没有超时发生；1＝TSC 中的值大于或等于相应 MOTO 寄存器中的值，则发生超时。

4）CAN 消息对象时间戳寄存器 MOTSn，其位格式如图 5.74 所示。

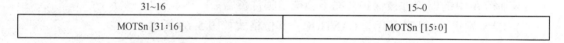

31~16	15~0
MOTSn [31:16]	MOTSn [15:0]

图 5.74　MOTSn 的位格式

CANTSC 是 32 位定时器。当接收到的消息被存储或消息成功发送后，CANTSC 的当前内容被写入 MOTSn。

5）CAN 消息对象时间超时寄存器 MOTOn，其位格式如图 5.75 所示。

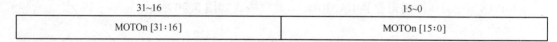

31~16	15~0
MOTOn [31:16]	MOTOn [15:0]

图 5.75　MOTOn 的位格式

假设 CANTOC 允许使用该功能，若 CANTSC 中的值大于或等于 MOTOn 中的值，则寄存器 CANTOS 的相应位将被置 1，同样也可触发中断服务。

（5）邮箱寄存器

1）消息标识符寄存器 MSGID，其位格式如图 5.76 所示。

2）消息控制字段寄存器 CANMCFn，其位格式如图 5.77 所示。

3）消息数据字段寄存器 CANMDL/CANMDH，其位格式如图 5.78 所示。

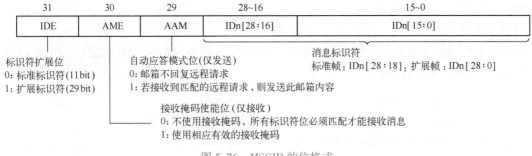

图 5.76　MSGID 的位格式

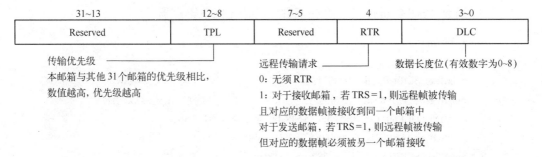

图 5.77　CANMCFn 的位格式

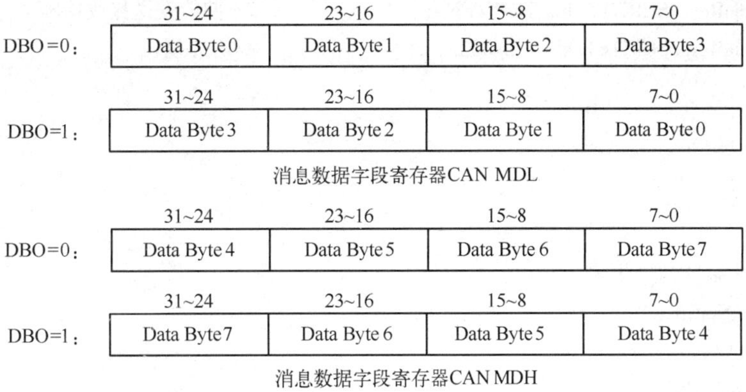

	31~24	23~16	15~8	7~0
DBO=0：	Data Byte 0	Data Byte 1	Data Byte 2	Data Byte 3

	31~24	23~16	15~8	7~0
DBO=1：	Data Byte 3	Data Byte 2	Data Byte 1	Data Byte 0

消息数据字段寄存器CAN MDL

	31~24	23~16	15~8	7~0
DBO=0：	Data Byte 4	Data Byte 5	Data Byte 6	Data Byte 7

	31~24	23~16	15~8	7~0
DBO=1：	Data Byte 7	Data Byte 6	Data Byte 5	Data Byte 4

消息数据字段寄存器CAN MDH

图 5.78　CANMDL/CANMDH 的位格式

5.5　轻松玩转片上通信类外设

5.5.1　SCI 模块应用实例

1. 示例 1

本例的设计目的为

① DSP 每 2 s 发送字符串"The 28335-UART is fine！"

② SCI 波特率为 9600 bit/s，传输 8 个字符，奇校验，1 个停止位。

③ CPU Timer0 定时器时钟为 50 ms，通过 GPIO34 来指示 50 ms 的

二维码 5.4

时间。

设计步骤如下：

1）GPIO_Init()函数中，配置 GPIO28 和 GPIO29 引脚为 SCI 的"SCIRXDA"和"SCITX-DA"，并将 GPIO34 配置为输出。

```
GpioCtrlRegs. GPAMUX2. bit. GPIO28 = 1      // SCIRXDA
GpioCtrlRegs. GPAMUX2. bit. GPIO29 = 1      // SCITXDA
GpioCtrlRegs. GPBDIR. bit. GPIO34 = 1       // 输出模式
```

2）定义字符串变量：char message [ ] = {"F28335 - UART! \ n \ r"}。

3）添加函数"SCIA_Init()"，并在函数内初始化以下寄存器：

```
void SCIA_Init( )
{
    SciaRegs. SCICCR. all = 0x0027;              // 1 停止位,8 数据位
    SciaRegs. SCICTL1. all = 0x0003;             // 使能发送接收功能
    // SYSCLOCKOUT = 150 MHz; LSPCLK = 1/4 = 37.5 MHz
    // BRR = ( LSPCLK / (9600×8)) -1 = 487
    SciaRegs. SCIHBAUD    = 487 >> 8;             // 高 8 位
    SciaRegs. SCILBAUD    = 487 & 0x00FF;         // 低 8 位
    SciaRegs. SCICTL2. bit. TXINTENA = 1;         // 使能发送接收中断
    SciaRegs. SCICTL1. all = 0x0023;              // SCI 复位
}
```

4）主函数代码

```
void main( void)
{
    /* 系统初始化 */
    InitSysCtrl( );
    DINT;
    InitPieCtrl( );
    IER = 0x0000;
    IFR = 0x0000;
    InitPieVectTable( );

    EALLOW;
    SysCtrlRegs. WDCR = 0x00AF;                   // 使能看门狗
    EDIS;

    GPIO_Init( );                                 // GPIO 初始化
    EALLOW;
    PieVectTable. TINT0 = &Time0_ISR;
    PieVectTable. SCITXINTA = &SCIA_TX_ISR;
    EDIS;
```

```
        InitCpuTimers();
        //每隔50 ms进入一次中断
        ConfigCpuTimer(&CpuTimer0, 150, 50000);
        SCIA_Init();                                      // 初始化 SCI
        PieCtrlRegs. PIEIER1. bit. INTx7 = 1;             // CPU 定时器 0
        PieCtrlRegs. PIEIER9. bit. INTx2 = 1;             // SCIA 发送中断
        IER = 0x101;                                      // 使用 INT9 和 INT1 中断
        EINT;                                             // 使能总中断
        CpuTimer0Regs. TCR. bit. TSS = 0;                 // 启动定时器 0
        while(1)
        {
            SciaRegs. SCITXBUF = message[index++];        //发送数据
            while(CpuTimer0. InterruptCount < 40)         // 40×50 ms = 2 s
            {
                EALLOW;
                SysCtrlRegs. WDKEY = 0xAA;                //喂狗
                EDIS;
            }
            index = 0;
            CpuTimer0. InterruptCount = 0;
        }
    }
```

5) 中断服务程序

```
    interrupt void Timer0_ISR(void)
    {
        CpuTimer0. InterruptCount++;
        GpioDataRegs. GPBTOGGLE. bit. GPIO34 = 1;         //GPIO34 电平翻转
        EALLOW;
        SysCtrlRegs. WDKEY = 0x55;                        //喂狗
        EDIS;
        PieCtrlRegs. PIEACK. all = PIEACK_GROUP1;         // PIE 组 1 应答
    }

    interrupt void SCIA_TX_ISR(void)                      // SCIA 发送中断服务函数
    {
        if (message[index]! = '\0')                       // 若不是字符串结束标志'\0',继续发送
        {
            SciaRegs. SCITXBUF = message[index++];
        }
        PieCtrlRegs. PIEACK. all = PIEACK_GROUP9;         //PIE 组 9 应答
    }
```

2. 示例 2

本例的设计目的为

① SCI 通信格式：波特率为 9600 bit/s，8 位数据位，1 位停止位，无奇偶校验位。

② 使能发送/接收中断。

二维码 5.5

③ 使用发送/接收 FIFO 功能。

④ 当发送"Texas"时，回复"Instruments！"。

设计步骤如下：

1）GPIO＿Init（）函数中，配置 GPIO28 和 GPIO29 引脚为 SCI 的"SCIRXDA"和"SCITXDA"，并将 GPIO34 配置为输出。

二维码 5.6

```
GpioCtrlRegs. GPAMUX2. bit. GPIO28 = 1      // SCIRXDA
GpioCtrlRegs. GPAMUX2. bit. GPIO29 = 1      // SCITXDA
GpioCtrlRegs. GPBDIR. bit. GPIO34 = 1       // 输出模式
```

2）定义字符串变量：char message[ ] = {" Instruments！\n\r"}。注意：确保此文本消息中有 16 个字符。其中，'\n'和'\r'计为单个字符。

3）添加函数"SCIA_Init（）"并在该函数内初始化以下寄存器：

```
void SCIA_Init( )
{
    SciaRegs. SCICCR. all = 0x0027；          // 8 位数据位,1 起始位,1 停止位,无奇偶校验
    SciaRegs. SCICTL1. all = 0x0003；         // 使能发送接收功能

    // SYSCLOCKOUT = 150MHz；LSPCLK = 1/4 = 37.5 MHz
    // BRR = (LSPCLK / (9600×8)) −1
    // BRR = 487
    SciaRegs. SCIHBAUD = 487 >> 8；           // 高 8 位
    SciaRegs. SCILBAUD = 487 & 0x00FF；       // 低 8 位

    SciaRegs. SCICTL2. bit. TXINTENA = 1；    // 使能 SCI 发送中断
    SciaRegs. SCICTL2. bit. RXBKINTENA = 1； // 使能 SCI 接收中断

    SciaRegs. SCIFFTX. all = 0xC060；         // bit 15 = 1：恢复复位
                                             // bit 14 = 1：使能 FIFO
                                             // bit 6 = 1：清除 TXFFINT 中断
                                             // bit 5 = 1：使能 TXFIFO 中断
                                             // bit 4~0：TXFIFO 中断等级
    SciaRegs. SCIFFCT. all = 0x0000；         // 无传输延时
    SciaRegs. SCIFFRX. all = 0xE065；         // 接收中断等级 = 5
    SciaRegs. SCICTL1. all = 0x0023；         // 使能 SCI
}
```

4) 主函数

```
void main( void)
{
    / * 系统初始化 * /
    InitSysCtrl( );
    DINT;
    InitPieCtrl( );
    IER = 0x0000;
    IFR = 0x0000;
    InitPieVectTable( );
    GPIO_Init( );                               // GPIO 初始化
    EALLOW;
    PieVectTable. SCITXINTA = &SCIA_TX_ISR;     // 接收中断函数入口放入中断向量表
    PieVectTable. SCIRXINTA = &SCIA_RX_ISR;     // 发送中断函数入口放入中断向量表
    EDIS;
    SCIA_Init( );                               // 初始化 SCI
    PieCtrlRegs. PIEIER9. bit. INTx2 = 1;       // 使能 PIE SCIA 发送中断
    PieCtrlRegs. PIEIER9. bit. INTx1 = 1;       // 使能 PIE SCIA 接收中断
    IER = 0x100;                                // 使能 PIE 组 9 中断
    EINT;                                       // 使能总中断
    while( 1)
    {
        EALLOW;
        SysCtrlRegs. WDKEY = 0x55;              // 喂狗
        SysCtrlRegs. WDKEY = 0xAA;
        EDIS;
    }
}
```

5) 中断服务程序

```
interrupt void SCIA_TX_ISR( void)                  // 发送中断服务函数
{
    unsigned int i;
    for( i = 0;i<16;i++)
    {
        SciaRegs. SCITXBUF = message[ i ];         // 将数据写入 SCITXBUF
    }
    PieCtrlRegs. PIEACK. all = PIEACK_GROUP9;       // PIE 组 9 中断应答


}
interrupt void SCIA_RX_isr( void)                  // 接收中断服务函数
{
```

```
int i;
char buffer[16];
for (i=0;i<16;i++) buffer[i] = SciaRegs. SCIRXBUF. bit. RXDT;
/* 使用标准 C 字符串函数"strncmp( )"比较两个固定长度的字符串。
将"buffer"的前 5 个字符与"Texas"进行比较。若匹配则启动发送中断服务,传输"instruments" */
if (strncmp(buffer, "Texas", 5) = = 0)
{
    SciaRegs. SCIFFTX. bit. TXFIFOXRESET =1;     // 使能 TXFIFO
    SciaRegs. SCIFFTX. bit. TXFFINTCLR = 1 ;     // 清除 TX-ISR
}
// 中断服务程序结束时,需要复位 RXFIFO,清除 RXFIFO 中断标志并确认 PIE 中断
SciaRegs. SCIFFRX. bit. RXFIFORESET = 0;         // 复位 RXFIFO
SciaRegs. SCIFFRX. bit. RXFIFORESET = 1;         // 使能发送功能
SciaRegs. SCIFFRX. bit. RXFFINTCLR = 1;          // 清除 RXFIFO 中断标志
PieCtrlRegs. PIEACK. all = PIEACK_GROUP9;        // PIE 组 9 应答
}
```

5.5.2　SPI 模块应用实例

（1）SPI 初始化

```
void SPI_Init( )
{
    // 每次数据传输 16bit,设定时钟极性
    // 主机模式;上升沿发送,下降沿接收;中断禁止;使能发送功能
    SpiaRegs. SPICCR. all = 0x000F;
    SpiaRegs. SPICTL. all = 0x0006;
    SpiaRegs. SPIBRR = 0x0004;              // SPI 波特率 = 25 M/5 = 5 M
    SpiaRegs. SPICCR. all = 0x008F;         // SPI 恢复工作
    SpiaRegs. SPIFFTX. all = 0xE040;        // SPI FIFO 功能使能,TXFIFO 使能
    SpiaRegs. SPIFFRX. all = 0x204F;        // RXFIFO 使能
    SpiaRegs. SPIFFCT. all = 0x0000;        // FIFO 与缓冲器之间的时间间隔位
}
```

二维码 5.7

（2）SPI 收发数据子函数

函数解释：2 个形参分别表示用户自定义的接收数据缓存区及发送数据缓存区。程序完成两件事情：将 16 级 RXFIFO 中得到的 SPI 总线数据保存至接收数据缓存区, 将发送数据缓存区的内容写入 SPITXBUF 寄存器, 并发送至 SPI 总线。

```
void SPI_TXRX( int TXBuffer[ ],int RXBuffer[ ])
{
    int Temp;
    // 等待数据接收完毕
    for(Temp=0; ((Temp< 25) && (SpiaRegs. SPIFFRX. bit. RXFFST ! = 16)); Temp++)
```

```
    {
        asm(" RPT #99 | | NOP");
    }
    // 等待数据发送完毕
    for(Temp=0; ((Temp < 25)&&(SpiaRegs. SPIFFTX. bit. TXFFST ! = 0)); Temp++)
    {
        asm(" RPT #99 | | NOP");
    }
    if(SpiaRegs. SPIFFRX. bit. RXFFST ! = 16)
    {
        SpiaRegs. SPIFFRX. bit. RXFIFORESET = 0;
        asm(" RPT #2 | | NOP");
        SpiaRegs. SPIFFRX. bit. RXFIFORESET = 1;
    }
    else
    {
        for(Temp=16; Temp>0; Temp--)
        {
            RXBuffer[Temp-1] = SpiaRegs. SPIRXBUF;
        }
    }
    for(Temp=16; Temp>0; Temp--)
    {
        SpiaRegs. SPITXBUF = TXBuffer[Temp-1];
    }
}
```

5.5.3 CAN 模块应用实例及常见问题

CAN 模块的使用区别于前面提到的串行通信，使用时有些规则需注意：

1) CANTX 和 CANRX 为复用 IO，需要设置 GPIO 引脚为 CAN 功能。

2) 由于 eCAN 的寄存器需要 32 位的入口，如果只对其中一位进行操作，编译时可能会将入口拆分为 16 位。解决办法之一是定义一个映射寄存器，保证 32 位入口。先将所有的寄存器备份到映射寄存器中，更改映射寄存器的相应位，再全部复制到寄存器中。例如：

```
EALLOW。
ECanaShadow. CANTIOC. all = ECanaRegs. CANTIOC. all;
ECanaShadow. CANTIOC. bit. TXFUNC = 1;
ECanaRegs. CANTIOC. all = ECanaShadow. CANTIOC. all;
ECanaShadow. CANRIOC. all = ECanaRegs. CANRIOC. all;
ECanaShadow. CANRIOC. bit. RXFUNC = 1;
ECanaRegs. CANRIOC. all = ECanaShadow. CANRIOC. all;
EDIS;
```

解决办法之二：直接按 32 位进行操作。

❖ eCAN 控制寄存器受 EALLOW 保护，进行 eCAN 控制寄存器初始化，该寄存器受 EALLOW 保护。

❖ 设置 Bit Timing 之前，需要将 CANES. all. bit. CCE 置 1，置位完成后，才允许更改 CANBTC。更改结束后，等待 CCE 位清零，以表示 CAN 模块已设置成功。

❖ 发送或接收过程结束后，需要对相应标志复位。最好先将 Shadow（映射寄存器）相应的寄存器清零，然后再置相应位，防止在此过程中将其他的邮箱复位。

1. 示例 1，CAN 发送一个数据帧

本例的设计目标为

① CAN 波特率为 100 kbit/s。

② 消息标识符 0x1000 0000（扩展帧）。

③ 使用邮箱 5 作为传输邮箱。

操作步骤如下：

二维码 5.8

1）配置 CPU 的系统时钟：SYSCLKOUT = 150 MHz，CAN 输入时钟为 75 MHz，此处代码省略。

2）GPIO_Init( ) 函数中，配置 GPIO30 和 GPIO31 引脚为 "CANA_RX" 和 "CANA_TX"，并将 GPIO34 配置为输出。

二维码 5.9

```
GpioCtrlRegs. GPAMUX2. bit. GPIO30 = 1;      // CANA_RX
GpioCtrlRegs. GPAMUX2. bit. GPIO31 = 1;      // CANA_TX
```

3）对寄存器 CANBTC 进行配置：

```
BRP = 49
TSEG1 = 10
TSEG2 = 2
```

4）主函数参考

```
void main( void)
{
    int counter = 0;                              //记录产生中断次数
    struct     ECAN_REGS ECanaShadow;
    / * 系统初始化 * /
    InitSysCtrl( );
    DINT;
    InitPieCtrl( );
    IER = 0x0000;
    IFR = 0x0000;
    InitPieVectTable( );

    GPIO_Init( );                                 // GPIO 初始化
    InitECan( );                                  // CAN 初始化
```

```
ECanaMboxes. MBOX5. MSGID. all = 0x10000000;                    // 消息 ID
ECanaMboxes. MBOX5. MSGID. bit. IDE = 1;                         // 使用扩展帧

/* 邮箱 5-发送模式 */
ECanaShadow. CANMD. all = ECanaRegs. CANMD. all;
ECanaShadow. CANMD. bit. MD5 = 0;
ECanaRegs. CANMD. all = ECanaShadow. CANMD. all;

/* 使能邮箱 5 */
ECanaShadow. CANME. all = ECanaRegs. CANME. all;
ECanaShadow. CANME. bit. ME5 = 1;
ECanaRegs. CANME. all = ECanaShadow. CANME. all;

/* 数据长度为 1 个字节 */
ECanaMboxes. MBOX5. MSGCTRL. all = 0;
ECanaMboxes. MBOX5. MSGCTRL. bit. DLC = 1;

EALLOW;
PieVectTable. TINT0 = &Time0_ISR;                               //将定时器 0 的函数入口提供
                                                               //给PIE 中断向量表

EDIS;

InitCpuTimers( );                                              // 定时器初始化
ConfigCpuTimer( &CpuTimer0,150,100000);                       // 每隔 100ms 进入中断
PieCtrlRegs. PIEIER1. bit. INTx7 = 1;                         // 使能定时器 0 中断
IER | =1;                                                     // 使能 INT1
EINT;                                                         // 使能总中断
CpuTimer0Regs. TCR. bit. TSS = 0;                            // 启动定时器
while( 1)
{
        while( CpuTimer0. InterruptCount < 10)               // 等待 10×100 ms
        {
            EALLOW;
            SysCtrlRegs. WDKEY = 0xAA;                       // 喂狗
            EDIS;
        }
        CpuTimer0. InterruptCount = 0;
        ECanaMboxes. MBOX5. MDL. byte. BYTE0 = counter & 0x00FF;   // 写入消息
        ECanaShadow. CANTRS. all = 0;
        ECanaShadow. CANTRS. bit. TRS5 = 1;                 // 发送消息
        ECanaRegs. CANTRS. all = ECanaShadow. CANTRS. all;
        // 等待 TA5 置位( 等待发送成功)
        while( ECanaRegs. CANTA. bit. TA5 = = 0 )
```

```
        {
            EALLOW;
            SysCtrlRegs. WDKEY = 0xAA;                    // 喂狗
            EDIS;
        }
        ECanaShadow. CANTA. all = 0;
        ECanaShadow. CANTA. bit. TA5 = 1;                // 发送成功应答
        ECanaRegs. CANTA. all = ECanaShadow. CANTA. all;
        counter++;
        GpioDataRegs. GPBTOGGLE. bit. GPIO34 = 1;        // GPIO 翻转电平
    }
}
```

2. 示例 2，CAN 接收一个数据帧

本例的设计目标为

① CAN 波特率为 100 kbit/s。

② 消息标识符 0x1000 0000（扩展帧）。

③ 使用邮箱 1 作为接收邮箱。

操作步骤如下：

1）配置 CPU 的系统时钟：SYSCLKOUT = 150 MHz，CAN 输入时钟为 75 MHz，此处代码省略。

二维码 5.10

2）GPIO_Init()函数中，配置 GPIO30 和 GPIO31 引脚为"CANA_RX"和"CANA_TX"，并将 GPIO34 配置为输出。

```
    GpioCtrlRegs. GPAMUX2. bit. GPIO30 = 1;    // CANA_RX
    GpioCtrlRegs. GPAMUX2. bit. GPIO31 = 1;    // CANA_TX
```

二维码 5.11

3）对寄存器 CANBTC 进行配置：

```
    BRPREG = 49:TQ = (49 +1) / 75 MHz = 0.667 us;
    TSEG1REG = 10:tseg1 = 1 us (10+1) = 7.333 us;
    TSEG2REG = 2:tseg2 = 1 us (2+1)= 2 us;
```

4）主函数设计

```
    void main(void)
    {
        struct      ECAN_REGS ECanaShadow;
        Uint16 temp;
        /*系统初始化*/
        InitSysCtrl();
        DINT;
        InitPieCtrl();
        IER = 0x0000;
        IFR = 0x0000;
```

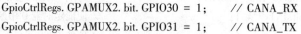

254

```
InitPieVectTable();

GPIO_Init();                                         //GPIO 初始化
InitECan();                                          //CAN 初始化 波特率为 100 kbit/s

ECanaMboxes. MBOX5. MSGID. all = 0x10000000;// 消息 ID
ECanaMboxes. MBOX5. MSGID. bit. IDE = 1;        // 使用扩展帧
/* 邮箱 1-接收模式 */
ECanaShadow. CANMD. all = ECanaRegs. CANMD. all;
ECanaShadow. CANMD. bit. MD1 = 1;
ECanaRegs. CANMD. all = ECanaShadow. CANMD. all;
/* 使能邮箱 1 */
ECanaShadow. CANME. all = ECanaRegs. CANME. all;
ECanaShadow. CANME. bit. ME1 = 1;
ECanaRegs. CANME. all = ECanaShadow. CANME. all;
EALLOW;
PieVectTable. TINT0 = &Time0_ISR;                    //将定时器 0 的函数入口提供给
                                                     //PIE中断向量表
EDIS;
InitCpuTimers();                                     // 定时器初始化
ConfigCpuTimer(&CpuTimer0,150,100000);               // 每 100 ms 进入中断
PieCtrlRegs. PIEIER1. bit. INTx7 = 1;                // 使能定时器中断 0
IER |=1;                                             // 使能 INT1
EINT;                                                // 使能总中断
CpuTimer0Regs. TCR. bit. TSS = 0;                    // 启动定时器 0
while(1)
{
        while( CpuTimer0. InterruptCount == 0);
        CpuTimer0. InterruptCount = 0;
        EALLOW;
        SysCtrlRegs. WDKEY = 0x55;                   //喂狗
        SysCtrlRegs. WDKEY = 0xAA;
        EDIS;
        if( ECanaRegs. CANRMP. bit. RMP1 == 1 )      // 若邮箱 1 有新消息
        {
                temp = ECanaMboxes. MBOX1. MDL. byte. BYTE0;      // 获取数据
                ECanaRegs. CANRMP. bit. RMP1 = 1;    // 清除 RMP1 标志
                if( temp & 1)
                    GpioDataRegs. GPASET. bit. GPIO9 = 1;
                else
                    GpioDataRegs. GPACLEAR. bit. GPIO9 = 1;
                if( temp & 2)
                    GpioDataRegs. GPASET. bit. GPIO11 = 1;
```

```
        else
            GpioDataRegs. GPACLEAR. bit. GPIO11 = 1;
        if( temp & 4)
            GpioDataRegs. GPBSET. bit. GPIO34 = 1;
        else
            GpioDataRegs. GPBCLEAR. bit. GPIO34 = 1;
        if( temp & 8)
            GpioDataRegs. GPBSET. bit. GPIO49 = 1;
        else
            GpioDataRegs. GPBCLEAR. bit. GPIO49 = 1;
        }
    }
}
```

5.5.4　I^2C 模块应用实例

示例：从温度传感器 TMP100 获取当前温度值。

关键代码段如下：

（1）宏定义

二维码 5.12

```
#define TMP100_SLAVE            0x48        // 从机地址
#define POINTER_TEMPERATURE     0
#define POINTER_CONFIGURATION   1
#define POINTER_T_LOW           2
#define POINTER_T_HIGH          3
```

（2）GPIO 初始化

```
GpioCtrlRegs. GPBMUX1. bit. GPIO32 = 1;     // GPIO32 = I2C - SDA
GpioCtrlRegs. GPBMUX1. bit. GPIO33 = 1;     // GPIO33 = I2C - SCL
GpioCtrlRegs. GPBPUD. bit. GPIO32 = 0;      // GPIO32（SDAA）上拉
GpioCtrlRegs. GPBPUD. bit. GPIO33 = 0;      // GPIO33（SCLA）上拉
```

（3）I^2C 模块初始化

```
void I2CA_Init( void)
{

    I2caRegs. I2CMDR. bit. IRS = 0;     // I²C 复位
    I2caRegs. I2CSAR = TMP100_SLAVE;    // 从机地址
    I2caRegs. I2CPSC. all = 14;         // I²C 模块时钟 = SYSCLK/（PSC +1）= 10 MHz
    //假设 I²C 的工作时钟为 50 kHz
    //Tmaster = 20 μs×150 MHz/15 = 200 = （ICCL+ICCH+10）
    //ICCL+ICCH = 190
```

```
                //ICCL=ICCH=190/2=95
        I2caRegs. I2CCLKL = 95;
        I2caRegs. I2CCLKH = 95;
        I2caRegs. I2CMDR. bit. IRS = 1;        // I²C 开始工作
    }
```

(4) I²C 主程序设计

```c
    void main(void)
    {
        /*系统初始化*/
        InitSysCtrl();
        DINT;
        InitPieCtrl();
        IER = 0x0000;
        IFR = 0x0000;
        InitPieVectTable();

        GPIO_Init();                            // GPIO 初始化
        I2CA_Init();                            // I2CA 初始化
        // 将定时器 0 的函数入口提供给 PIE 中断向量表
        PieVectTable. TINT0 = &Time0_ISR;/
        EDIS;
        InitCpuTimers();                        // 初始化 CPU 定时器
        ConfigCpuTimer(&CpuTimer0,150,100000);  // CPU 定时器 0 的定时时间为 100ms
        PieCtrlRegs. PIEIER1. bit. INTx7 = 1;   // 使能 PIE 定时器 0 中断
        IER | =1;                               // 使能 INT1 中断
        EINT;                                   // 使能总中断
        CpuTimer0Regs. TCR. bit. TSS = 0;       // 启动定时器 0

        while(1)
        {
                while(CpuTimer0. InterruptCount = = 0);
                CpuTimer0. InterruptCount = 0;
                EALLOW;
                SysCtrlRegs. WDKEY = 0x55;      // 喂狗
                SysCtrlRegs. WDKEY=0xAA;
                EDIS;
                I2caRegs. I2CCNT       = 2;     // 从 TMP100 读 2 个字节
                I2caRegs. I2CMDR. all = 0x6C20;
                /*  Bit15 = 0;      无应答信号模式
                    Bit14 = 1;      I²C 模块不受断点影响
                    Bit13 = 1;      STT  起始位
```

```
        Bit12 = 0;      保留
        Bit11 = 1;      STP    停止位
        Bit10 = 1;      MST    主机模式
        Bit9 = 0;       TRX    主机接收模式
        Bit8 = 0;       XA     7 位地址模式
        Bit7 = 0;       RM     非循环模式
        Bit6 = 0;       DLB    屏蔽自测模式
        Bit5 = 1;       IRS    使能 I²C
        Bit4 = 0;       STB    无起始信号延时
        Bit3 = 0;       FDF    屏蔽全数据格式
        Bit2~0: 0;      BC     8 位数据位
    */
    while(I2caRegs. I2CSTR. bit. RRDY == 0);              // 等待第一个字节
    temperature = I2caRegs. I2CDRR << 8;                 // 读取高 8 位
    // RRDY 会自动清除
    while(I2caRegs. I2CSTR. bit. RRDY == 0);              // 等待第二个字节
    temperature += I2caRegs. I2CDRR;                     // 读取低 8 位

    GpioDataRegs. GPBTOGGLE. bit. GPIO34 = 1;            // 读取后 GPIO34 电平翻转
    }
}
```

第6章 轻松玩转 DSP——揭开 BootLoader 神秘的面纱

6.1 系统复位源

F28x 系列的复位由看门狗模块输出和 $\overline{XRS}$ 引脚信号（低电平有效）构成，如图 6.1 所示。两个复位信号经或运算后，控制芯片的复位。若复位是由外部操作引起的（例如按下外部复位按钮），则复位信号经复位电路传递到 $\overline{XRS}$ 引脚；如果发生了看门狗复位，$\overline{XRS}$ 引脚上的电平状态被 CPU 强制拉低，并持续 512 个 OSCCLK 周期。

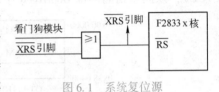

图 6.1 系统复位源

复位后，系统会清除所有的 CPU 寄存器，见表 6.1。

表 6.1 复位后清除的 CPU 标志

名　　称	复位后初始值	说　　明
PC	0x3F FFC0	PC 指针指向复位向量
ACC	0x0000 0000	累加器清零
XAR0~XAR7	0x0000 0000	辅助功能寄存器清零
DP	0x0000	数据指针指向 Page0
XT	0x0000 0000	XT 寄存器清零（MAC 运算常用到）
SP	0x0400	堆栈指针指向 0x0400
RPC	0x00 0000	程序返回计数器清零
IFR	0x0000	无中断挂起
IER	0x0000	不使能所有的可屏蔽中断
DBGIER	0x0000	禁止调试模式下的中断

ST0 和 ST1 中的 CPU 控制字复位至初始状态，一些关键控制字的初始化值为
ENPIE = 0；VMAP = 1；M0M1MAP = 1；OBJMODE = 0；AMODE = 0；INTM = 1
在仿真器的环境下，需要知晓如下调试命令：

1) Reset CPU：通过 CCS 的菜单栏 Project 下面单击 reset CPU，此时 ENPIE = 0；VMAP = 1；M0M1MAP = 1；OBJMODE = 0；AMODE = 0（调试时需要在 CCS 的 Project 菜单 build option 里面配置成 -c28 模式）。此时 CCS 迫使 PC 指向复位向量地址 0x3F F9CE。

2) Restart：跳过 "_c_init00"，直接调用 main() 函数，PC 指针指向 main() 函数的第一

个程序。

3）Go main：运行主函数。

6.2 解密 DSP 的程序引导模式

6.2.1 程序引导流程及代码详解

1. 程序引导流程

复位信号产生后，CPU 将从内部 BootROM 的 0x3F FFC0 处读取复位向量（0x3F F9CE），该向量指向内部 BootROM 中的引导程序入口。流程如图 6.2 所示。

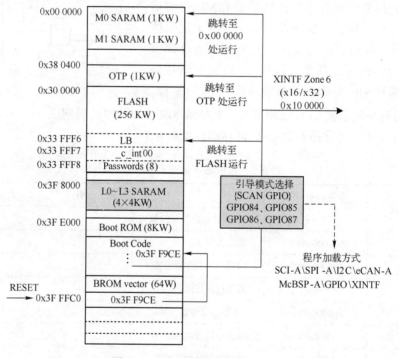

图 6.2　上电引导加载程序流程图

InitBoot 函数执行时，首先将 F28335 配置成 C28x 模式（M0M1MAP=1、OBJMODE=1、AMODE=0），调用引导模式选择函数 SelectBootMode 检测 4 个引脚 GPIO87、GPIO86、GPIO85 和 GPIO84 的状态，然后根据表 6.2 的引脚状态进入相应模式。

表 6.2　引导模式与引脚选择之间的关系

GPIO87	GPIO86	GPIO85	GPIO84	模 式 选 择
1	1	1	1	跳转到片内 FLASH 加载
1	1	1	0	调用 SCI_Boot 函数，从 SCIA 口装载用户程序
1	1	0	1	调用 SPI_Boot 函数，从 SPI 口装载用户程序
1	1	0	0	调用 I2C_Boot 函数，从 I2CA 口装载用户程序

GPIO87	GPIO86	GPIO85	GPIO84	模 式 选 择
1	0	1	1	调用 CAN_Boot 函数，从 CANA 口装载用户程序
1	0	1	0	调用 McBSP_Boot 函数，从 McBSPA 口装载程序
1	0	0	1	跳转到片外 Zone6 加载
1	0	0	0	跳转到片外 Zone6 加载
0	1	1	1	跳转到片内 OTP 处加载
0	1	1	0	调用 Parallel_Boot 函数，从 GPIO 装载程序
0	1	0	1	调用 Parallel_Boot 函数，从 XINTF 装载程序
0	1	0	0	跳转至 M0（SARAM）处加载程序
0	0	1	1	自检模式，TI 保留
0	0	1	0	跳转到片内 FLASH 加载，跳过 ADC_cal( ) 函数
0	0	0	1	跳转到片内 SARAM 加载，跳过 ADC_cal( ) 函数
0	0	0	0	调用 SCI_Boot 函数，跳过 ADC_cal( ) 函数

为什么 GPIO84（XA12）、GPIO85（XA13）、GPIO86（XA14）和 GPIO87（XA15）既用来确定 Boot 方式，又可以做地址输出？

芯片上电时，所有复用的引脚都为 IO 输入引脚。这时 DSP 芯片判断 GPIO84、GPIO85、GPIO86 和 GPIO87 引脚的状态，从而确定 Boot 方式。Boot 完成后，程序开始运行，此时如果初始化 XINTF，则 GPIO84~87 将作为 XA12~15 引脚，否则 GPIO84~87 将继续保留其 IO 引脚的功能。引脚复用可以让将同一个引脚配置为不同的功能，但是在某一时刻，该引脚只能实现单一功能；如需改变功能，则在下一时刻重新定义引脚功能。

2. 相关函数

（1）InitBoot 函数

InitBoot 函数如下：

```
. global _InitBoot
. ref _SelectBootMode

. sect ". Flash"      ; FLASH API 检测
. word 0xFFFE

. sect ". Version"
. word 0x0002        ; 2833x Boot ROM 本版本号 1
. word 0x0308        ; 月/年：（3/08 = 2008 年 3 月）

. sect ". Checksum"  ; 64 位校验和
. long 0xAA58557D    ; 低 32 位
. long 0x000008D9    ; 高 32 位

. sect ". InitBoot"
```

```
;------------------------------------------------
; _InitBoot(该程序执行初始化流程):
;1) 初始化 SP 指针
;2) 配置 C28x 操作模式
;3) 调用 SelectBootMode( ) 函数
;4) 调用结束 Boot 流程
_InitBoot:
; 初始化 SP 指针.
_stack: . usect ". stack" ,0
    MOV SP, #__stack ;
; 将 DSP 配置为 C28x 模式
    C28OBJ        ; 选择 C28x 目标模式
    C28ADDR       ; 选择 C27x/C28x 寻址方式
    C28MAP        ; 为 C28x 模式设置 M0/M1 工作块
    CLRC PAGE0    ; 使用堆栈寻址方式
    MOVW DP,#0    ; 将数据指针 DP 指向低 64 KB 地址空间
    CLRC OVM
; PM 置为 0
    SPM 0
; 调用 SelectBootMode 函数
    LCR _SelectBootMode
; 清除并退出
    BF _ExitBoot , UNC

;------------------------------------------------
; _ExitBoot
; 退出流程:
;1) 保证堆栈指针被释放;退出 Boot Loader 后,SP = 0x400
;2) 使用入口指针装载 RPC
;3) 清除所有的辅助寄存器 XARn
;4) 清除 ACC、P 和 XT 寄存器
;5) LRETR
_ExitBoot:

;------------------------------------------------
; 确保堆栈被释放
;------------------------------------------------
    MOV SP, #__stack
;------------------------------------------------
; 清除堆栈空间底部
;------------------------------------------------
    MOV *SP++,#0
    MOV *SP++,#0
;------------------------------------------------
; 将 RPC 载入由 Boot Mode 决定的入口地址
```

```
;------------------------------------------------
    PUSH ACC
    POP RPC
;------------------------------------------------
; 将如下寄存器设置为初始状态
; 清除所有的辅助寄存器 XARn、ACC、XT、P 和 DP
; 注意：保证 DSP 处于 C28x 工作模式（OBJMODE = 1, AMODE = 0）
;------------------------------------------------
    ZAPA
    MOVL XT,ACC
    MOVZ AR0,AL
    MOVZ AR1,AL
    MOVZ AR2,AL
    MOVZ AR3,AL
    MOVZ AR4,AL
    MOVZ AR5,AL
    MOVZ AR6,AL
    MOVZ AR7,AL
    MOVW DP, #0
;------------------------------------------------
; 将状态寄存器 ST0 和 ST1 恢复至初始化状态
; ST0 = 0x0000    ST1 = 0x 0A0B
; 15：10 OVC = 0  15：13    ARP = 0
; 9： 7 PM = 0    12       XF = 0
;       6 V = 0   11       M0M1MAP = 1
;       5 N = 0   10       reserved
;       4 Z = 0   9        OBJMODE = 1
;       3 C = 0   8        AMODE = 0
;       2 TC = 0  7        IDLESTAT = 0
;       1 OVM = 0 6        EALLOW = 0
;       0 SXM = 0 5        LOOP = 0
;                 4        SPA = 0
;                 3        VMAP = 1
;                 2        PAGE0 = 0
;                 1        DBGM = 1
;                 0        INTM = 1
;------------------------------------------------
    MOV  ∗SP++,#0
    MOV  ∗SP++,#0x0A0B
    POP ST1
    POP ST0
;------------------------------------------------
; 跳入 Boot Mode 定义的入口地址
```

```
;-----------------------------------------------
```

（2）SelectBootMode 函数

```
#ifndef TMS320X2833X_BOOT_H
#define TMS320X2833X_BOOT_H
// BOOT 入口地址:
#define FLASH_ENTRY_POINT 0x33FFF6              // FLASH 跳转模式入口地址
#define OTP_ENTRY_POINT 0x380400                // OTP 跳转模式入口地址
#define RAM_ENTRY_POINT 0x000000                // RAM 跳转模式入口地址
#define XINTF_ENTRY_POINT 0x100000              // XINTF 跳转模式入口地址
#define PASSWORD_LOCATION 0x33FFF6              // PWL 密码存储空间首地址
#define DIVSEL_BY_4 0                           // PLL 分频
#define DIVSEL_BY_2 2
#define DIVSEL_BY_1 3
#define ERROR 1                                 // 错误标志
#define NO_ERROR 0
#define EIGHT_BIT 8
#define SIXTEEN_BIT 16
#define EIGHT_BIT_HEADER 0x08AA                 // 8 位 BootLoader 数据流格式
#define SIXTEEN_BIT_HEADER 0x10AA               // 16 位 BootLoader 数据流格式
#define TI_TEST_EN ((*(unsigned int *)0x09c0) & 0x0001)
extern Uint16 BootMode;
#endif
#include "DSP2833x_Device.h"
#include "TMS320x2833x_Boot.h"
// 外部定义的函数在本文件中使用
extern Uint32 SCI_Boot(void);                   // SCI Boot 加载函数
extern Uint32 SPI_Boot(void);                   // SPI Boot 加载函数
extern Uint32 Parallel_Boot(void)               // 并行 Boot 加载函数
extern Uint32 XINTF_Boot(Uint16 size);          // XINTF Boot 加载函数
extern void WatchDogEnable(void);               // 使能看门狗函数
extern void WatchDogDisable(void);              // 禁止看门狗函数
extern void WatchDogService(void);              // 喂狗函数
Uint32 SelectBootMode(void);                    // 文件中使用的函数
#define FLASH_BOOT 0xF                           // 16 种片内加载方式选择
#define SCI_BOOT_NOCAL 0x0
//Boot 模式选择函数
Uint32 SelectBootMode()
{
    Uint32 EntryAddr;
    EALLOW;
    // 复位时将 /4 改为 /2
    SysCtrlRegs.PLLSTS.bit.DIVSEL = DIVSEL_BY_2;
```

```c
// BOOT 选择引脚设置为普通的 GPIO
GpioCtrlRegs. GPCMUX2. bit. GPIO87 = 0;
GpioCtrlRegs. GPCMUX2. bit. GPIO86 = 0;
GpioCtrlRegs. GPCMUX2. bit. GPIO85 = 0;
GpioCtrlRegs. GPCMUX2. bit. GPIO84 = 0;
// GPIO 引脚作为输入
GpioCtrlRegs. GPCDIR. bit. GPIO87 = 0;
GpioCtrlRegs. GPCDIR. bit. GPIO86 = 0;
GpioCtrlRegs. GPCDIR. bit. GPIO85 = 0;
GpioCtrlRegs. GPCDIR. bit. GPIO84 = 0;
EDIS;
WatchDogService( );
if( TI_TEST_EN = = 0)
{
    do
    {
        // Boot 加载选择模式(0~15,变量为 BootMode)
        BootMode = GpioDataRegs. GPCDAT. bit. GPIO87 << 3;
        BootMode | = GpioDataRegs. GPCDAT. bit. GPIO86 << 2;
        BootMode | = GpioDataRegs. GPCDAT. bit. GPIO85 << 1;
        BootMode | = GpioDataRegs. GPCDAT. bit. GPIO84;
        if (BootMode = = LOOP_BOOT) asm(" ESTOP0");
    } while (BootMode = = LOOP_BOOT);
}

WatchDogService( );                      // 喂狗
// 读 PWL 区,如果密码被擦除则 CSM 被解锁
CsmPwl. PSWD0;
CsmPwl. PSWD1;
CsmPwl. PSWD2;
CsmPwl. PSWD3;
CsmPwl. PSWD4;
CsmPwl. PSWD5;
CsmPwl. PSWD6;
CsmPwl. PSWD7;
WatchDogService( );                  // 喂狗
// 首先检查不执行 ADC_cal 函数的模式
if( BootMode = = FLASH_BOOT_NOCAL) {return FLASH_ENTRY_POINT;}
if( BootMode = = RAM_BOOT_NOCAL) {return RAM_ENTRY_POINT;}
if( BootMode = = SCI_BOOT_NOCAL)
{
    WatchDogDisable( );
    EntryAddr = SCI_Boot( );
```

```
            goto DONE;
    }
    WatchDogService( );                        // 喂狗
    // 调用 ADC_Cal 函数(存在 OTP 中),按如下操作进行
    EALLOW;
    SysCtrlRegs. PCLKCR0. bit. ADCENCLK = 1;
    ADC_cal( );
    SysCtrlRegs. PCLKCR0. bit. ADCENCLK = 0;
    EDIS;
    // 跳转模式选择
    if( BootMode = = FLASH_BOOT)
    {
        return FLASH_ENTRY_POINT;
    }
    else if( BootMode = = RAM_BOOT)
    {
        return RAM_ENTRY_POINT;
    }
    else if( BootMode = = OTP_BOOT)
    {
        return OTP_ENTRY_POINT;
    }
    else if( BootMode = = XINTF_16_BOOT)
    {
        return EntryAddr = XINTF_Boot(16);
    }
    else if( BootMode = = XINTF_32_BOOT)
    {
        return EntryAddr = XINTF_Boot(32);
    }
    // 看门狗禁止,加载模式选择
    WatchDogDisable( );
    if( BootMode = = SCI_BOOT)              { EntryAddr = SCI_Boot( );}
    else if( BootMode = = SPI_BOOT)        { EntryAddr = SPI_Boot( );}
    else if( BootMode = = I2C_BOOT)        { EntryAddr = I2C_Boot( );}
    else if( BootMode = = CAN_BOOT)        { EntryAddr = CAN_Boot( );}
    else if( BootMode = = MCBSP_BOOT)      { EntryAddr = MCBSP_Boot( );}
    else if( BootMode = = PARALLEL_BOOT)
    {
        EntryAddr = Parallel_Boot( );
    }
    else if( BootMode = = XINTF_PARALLEL_BOOT)
    {
```

```
            EntryAddr = XINTF_Parallel_Boot( );
    }
    else return FLASH_ENTRY_POINT;
    DONE:
    WatchDogEnable( );
    return EntryAddr;                    // 程序返回至相应的入口地址
    }
```

6.2.2 引导模式之——跳转模式及函数解析

由上面的 Initboot( )初始化代码可知，所提到的"引导模式"分为"跳转模式"和"加载模式"。

跳转模式下，程序跳转至内存某一地址处开始执行用户程序。

1. 跳转到 FLASH

用户只需要在 0x33 FFF6 处预先烧写一条跳转指令就可以实现把程序的执行定位到用户程序的目的（跳转指令使程序跳过 0x33 FFF8~0x33 FFFF 这 8 个地址，因为这 8 个存储单元用于存储 128 位代码安全模块 CSM 的密码。CSM 可以保护 FLASH、OTP 等存储器，防止非法用户通过仿真器读取其内容）。FLASH 上电启动顺序如图 6.3 所示。

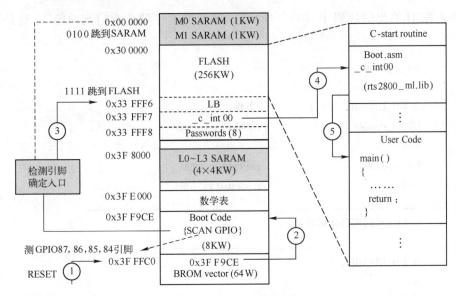

图 6.3 FLASH 上电启动顺序

程序总是从 main( )函数开始。在进入 main( )函数前，需要对 C 语言运行环境进行初始化，因此 TI 公司的 RTS 文件 rts2800_fpu32. lib 或 rts2800_ml. lib 中除提供一些标准的 ANSI C/C++运行支持函数外，还提供了系统启动子程序_c_int00。该程序以库函数形式提供，由它完成 C 运行环境的初始化。当 DSP 复位后，运行的起始地址为 0x3F FFC0。

系统启动子程序的入口是_c_int00。调用这个子程序之后才能转入用户程序的 main( )函数。调用办法是执行一条汇编指令：LB _c_int00，并将其放置在用户自定义的初始化段"codestart"中。

```
. ref _c_int00
. sect "codestart"
LB _c_int00        ;branch to start of code
. end
```

段"codestart"的定义如下代码所示，将地址为 0x33 FFF6，长度为 0x02 的存储区定义为 begin，并将"codestart"段映射到这个空间。

```
MEMORY
{
    PAGE 0：
        BEGIN : origin = 0x33 FFF6, length = 0x00 0002
    PAGE 1：/ * Data Memory * /
}
SECTIONS
{
    / * Jump to Flash boot mode entry point * /
    codestart：> BEGIN, PAGE = 0
}
```

但是，在 TI 给出的代码中（如下所示），却增加了"禁止看门狗功能"，这是有必要的吗？

```
. ref _c_int00
. sect "codestart"
. if WD_DISABLE = = 1        ;条件跳转
 LB wd_disable              ;跳转至 wd_disable
. else
 LB _c_int00                ;跳转至_c_int00
. endif                     ;codestart 段结束
;————————————————————————————————————
;wd_disable(看门狗禁止函数段)
;————————————————————————————————————
. if WD_DISABLE = = 1
. text
wd_disable：
    SETC OBJMODE              ;设置 C28x 工作模式
    EALLOW
;间接寻址将看门狗禁止(参考 WDCR 寄存器位域说明)
    MOVZ DP, #7029h>>6
    MOV @7029h, #0068h
    EDIS
    LB _c_int00               ; 跳转至_c_int00
. endif
```

原因在于：C 编译器运行时，C 环境初始化函数_c_int00 会初始化全局和静态变量，即将 ".cinit" 段（位于片上闪存）的数据复制到 ".ebss" 段（位于 RAM 中）。例如，一个全局变量在源代码中声明为 int x = 5。CCS 会将 "5" 放入已初始化段 ".cinit"，而 x 保留在 ".ebss" 段。_c_int00 在运行时会将 "5" 复制到 "x" 处。

因此，如果代码中存在大量初始化的全局和静态变量，极有可能在 C 环境初始化还未完成前，看门狗定时器就已经触发了 DSP 复位。因此就出现了 TI 参考代码中在调用 "LB _ c_int00" 之前禁止看门狗的情况。

2. 跳转到 SARAM

引导程序完成后会直接跳到 H0 SARAM 的首地址 0x00 0000 处执行用户程序。

6.2.3 引导模式之——加载模式及关键代码解析

"加载模式" 即 DSP 上电后用户代码通过 SCI、SPI、I2C、XINTF、CAN、GPIO 等接口，按照串/并行方式载入内部存储器。

1. 数据流结构

尽管 BootLoader 每次所传输的数据都是 16 位，但支持 16 位（关键字为 0x10AA）和 8 位（关键字为 0x08AA）两种数据流结构。若用户在使用 TI 自身的 BootLoader 时，需严格遵循其数据结构。数据流结构示意图如图 6.4 所示。

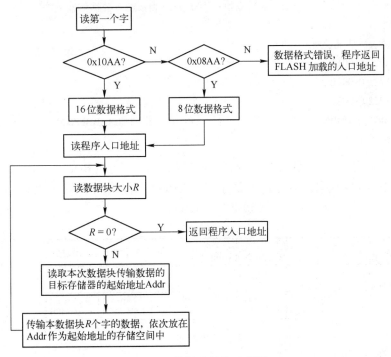

图 6.4　数据流结构示意图

16 位数据流结构下，每次传输的有效数据单位是一个字（Word），数据流结构如图 6.5 所示，一旦检测的数据块大小等于 0，则表示所有数据块下载完成。

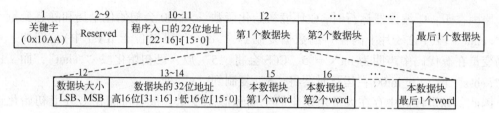

图 6.5 16 位数据流结构

[16 位数据传输示例]

10AA	; 0x10AA 16 bit 数据格式
0000 0000 0000 0000	; 8 reserved words
0000 0000 0000 0000	
003F 8000	; 程序入口地址
0003	; 第 1 个数据块包含 3 个 16 bit 数据
003F A220	; 数据从首地址 0x003FA220 处开始存放
0001A 002B 003C	; 3 个 16bit 数据:0x001A 0x002B 0x003C
0002	; 第 2 个数据块包含 2 个 16 bit 数据
003F 8000	; 数据从首地址 0x003F8000 处开始存放
AABB BC25	; 2 个 16bit 数据:0xAABB 0xBC25
0000	; 数据块大小 0x0000 表示所有数据传输完毕

程序载入后地址及所对应的数据

0x3FA220 0x001A

0x3FA221 0x002B

0x3FA222 0x003C

0x3F8000 0xAABB　　　; 程序执行时,PC 指针指向地址 0x3F8000 处

0x3F8001 0xBC25

8 位数据流结构下，每次传输的有效数据单位是一个字节（Byte），数据流结构如图 6.6 所示，对于传输 16 位数据，应先传输低字节（LSB）再传输高字节（MSB）；对于传输 32 位数据，先传输高字（MSW），再传输低字（LSW）。

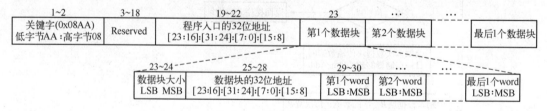

图 6.6　8 位数据流结构

[8 bit 数据传输示例]

AA 08	; 0x08AA 8 bit 数据格式
00 00 00 00	; 8 reserved words
00 00 00 00	

```
00 00 00 00

00 00 00 00

3F 00 00 80                    ; 程序入口地址

03 00                          ; 第 1 个数据块包含 3 个 16 bit 数据

3F 00 20 A2                    ; 数据从首地址 0x003FA220 处开始存放

1A 00                          ; 3 个 16 bit 数据:0x001A 0x002B 0x003C

2B 00

3C 00

02 00                          ; 第 2 个数据块包含 2 个 16 bit 数据

3F 00 00 80                    ; 数据从首地址 0x003F8000 处开始存放

BB AA                          ; 2 个 16 bit 数据:0xAABB 0xBC25

25 BC

00 00                          ; 数据块大小 0x0000 表示所有数据传输完毕
```
程序载入后地址及所对应的数据

0x3FA220 0x001A

0x3FA221 0x002B

0x3FA222 0x003C

0x3F8000 0xAABB   ; 程序执行时,PC 指针指向地址 0x3F8000 处

0x3F8001 0xBC25

二维码 6.1

2. 常见外设加载流程

本节以 SCI 串行 BootLoader、GPIO 并行 BootLoader、SPI 串行 BootLoader
为例说明外设加载流程,更多外设加载流程请
扫二维码 6.1 获取。

(1) SCI 串行 BootLoader

SCI 的接口信息如图 6.7 所示

SCI Boot 的程序流程图如图 6.8 所示。

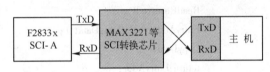

图 6.7　SCI 的接口信息

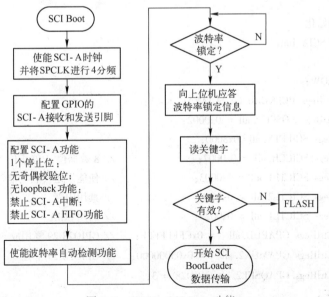

图 6.8　F2833x SCI Boot 功能

271

SCI Boot 程序实现如下：

```
#include "DSP2833x_Device. h"
#include "TMS320x2833x_Boot. h"
inline void SCIA_Init( void) ;
inline void SCIA_AutobaudLock( void) ;
Uint16 SCIA_GetWordData( void) ;
extern void CopyData( void) ;
Uint32 GetLongData( void) ;
extern void ReadReservedFn( void) ;

//通过 SCIA 加载程序,并返回程序入口地址
Uint32 SCI_Boot( )
{
    Uint32 EntryAddr;
    GetWordData = SCIA_GetWordData;
    SCIA_Init( ) ;                              // 初始化 SCIA
    SCIA_AutobaudLock( ) ;                      // SCIA 波特率自动检测
    if ( SCIA_GetWordData( ) ! = 0x08AA)        // 检查关键字是否有误
    {
        return FLASH_ENTRY_POINT;              // 若有误,则返回 FLASH 入口地址
    }
    ReadReservedFn( ) ;                         // 读取并丢弃 8 个保留的 16 位数据
    EntryAddr = GetLongData( ) ;                // 获取程序入口地址
    CopyData( ) ;                               // 调用并行数据
    return EntryAddr;                           // 返回程序入口地址
}

//SCIA 初始化
inline void SCIA_Init( )
{
    EALLOW;
    SysCtrlRegs. PCLKCR0. bit. SCIAENCLK = 1;
    SysCtrlRegs. LOSPCP. all = 0x0002;
    SciaRegs. SCIFFTX. all = 0x8000;
    SciaRegs. SCICCR. all = 0x0007;             // 8 数据位,1 停止位,无奇偶校验位
    SciaRegs. SCICTL1. all = 0x0003;            // 使能发送接收功能
    SciaRegs. SCICTL2. all = 0x0000;            // 禁用中断
    SciaRegs. SCICTL1. all = 0x0023;            // 启用 SCIA
    GpioCtrlRegs. GPAPUD. all &= 0xCFFFFFFF;    // GPIO28 29 复用成 SCI
    GpioCtrlRegs. GPAMUX2. all │= 0x05000000;   // GPIO28 29 上拉
    GpioCtrlRegs. GPAQSEL2. bit. GPIO28 = 3;
    EDIS;
```

二维码 6.2

```
        return;
    }

    //SCIA 自动配置波特率
    inline void SCIA_AutobaudLock( )
    {
        Uint16 byteData;
        SciaRegs. SCILBAUD = 1;                          // 波特率必须≥1
        SciaRegs. SCIFFCT. bit. CDC = 1;                 // 使能自动配置波特率
        SciaRegs. SCIFFCT. bit. ABDCLR = 1;              // 清除波特率检测完成标志
        while( SciaRegs. SCIFFCT. bit. ABD ! = 1);       // 等待配置成功
        SciaRegs. SCIFFCT. bit. ABDCLR = 1;              // 若配置成功,清除波特率检测标志
        SciaRegs. SCIFFCT. bit. CDC = 0;                 // 关闭自动配置波特率
        while( SciaRegs. SCIRXST. bit. RXRDY ! = 1);     // 获取数据
        byteData = SciaRegs. SCIRXBUF. bit. RXDT;
        SciaRegs. SCITXBUF = byteData;                   // 回传数据
        return;
    }


    // 获取两个字节数据并合成一个 16 位的数据
    Uint16 SCIA_GetWordData( )
    {
        Uint16 wordData;
        Uint16 byteData;
        wordData = 0x0000;
        byteData = 0x0000;

        while( SciaRegs. SCIRXST. bit. RXRDY ! = 1) | |// 获取第一个字节
        wordData = ( Uint16)SciaRegs. SCIRXBUF. bit. RXDT;
        SciaRegs. SCITXBUF = wordData;

        while( SciaRegs. SCIRXST. bit. RXRDY ! = 1) | |// 获取第二个字节
        byteData = ( Uint16)SciaRegs. SCIRXBUF. bit. RXDT;
        SciaRegs. SCITXBUF = byteData;
        // 第一个字节作为低 8 位,第二个字节作为高 8 位
        wordData | = ( byteData << 8);
        return wordData;                                 // 返回合成的 16 位数据
    }
```

(2) GPIO 并行 BootLoader

DSP 的 GPIO 接口与主机连接示意图及数据传输的 GPIO 信号电平变化如图 6.9 所示。相应的并行数据传输流程如图 6.10 所示, 读者可参考信号电平的变化进行分析。

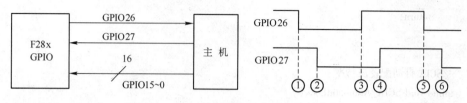

图 6.9 GPIO 并行传输及电平变化示意图

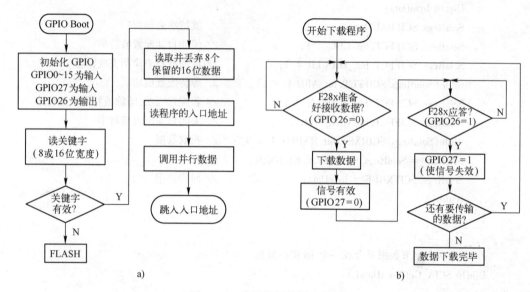

a)

b)

图 6.10 并行数据传输流程图

a) F2833x DSP GPIO Boot 功能   b) 主机 GPIO Boot 功能

GPIO Boot 程序实现如下：

```
#include "DSP2833x_Device.h"
#include "TMS320x2833x_Boot.h"
inline void Parallel_GPIOSelect(void);
inline Uint16 Parallel_CheckKeyVal(void);
Uint16 Parallel_GetWordData_8bit(void);
Uint16 Parallel_GetWordData_16bit(void);
void Parallel_WaitHostRdy(void);
void Parallel_HostHandshake(void);
extern void CopyData(void);
extern Uint32 GetLongData(void);
extern void ReadReservedFn(void);
#define HOST_CTRL              GPIO27
#define DSP_CTRL              GPIO26
#define HOST_DATA_NOT_RDY GpioDataRegs.GPADAT.bit.HOST_CTRL! =0
#define WAIT_HOST_ACK        GpioDataRegs.GPADAT.bit.HOST_CTRL! =1
#define DSP_ACK              GpioDataRegs.GPASET.bit.DSP_CTRL = 1;
#define DSP_RDY              GpioDataRegs.GPACLEAR.bit.DSP_CTRL = 1;
```

二维码 6.3

```
#define DATA                    GpioDataRegs. GPADAT. all

Uint32 Parallel_Boot( )
{
    Uint32 EntryAddr;
    Parallel_GPIOSelect( );                     // GPIO 初始化
    if ( Parallel_CheckKeyVal( ) = = ERROR)      // 检查关键字是否有误
    {
        return FLASH_ENTRY_POINT;                // 若有误,返回 FLASH 入口地址
    }
    ReadReservedFn( );                           // 读取 8 个保留的 16 位数据
    EntryAddr = GetLongData( );                  // 获取程序入口地址
    CopyData( );                                 // 调用并行数据
    return EntryAddr;                            // 返回程序入口地址
}


inline Uint16 Parallel_CheckKeyVal( )
{
    Uint16 wordData;
    wordData = Parallel_GetWordData_16bit( );
    if( wordData = = SIXTEEN_BIT_HEADER)
    {
        GetWordData = Parallel_GetWordData_16bit;
        return SIXTEEN_BIT;
    }
    wordData = wordData & 0x00FF;
    wordData | = Parallel_GetWordData_16bit( ) << 8;
    if( wordData = = EIGHT_BIT_HEADER)
    {
        GetWordData = Parallel_GetWordData_8bit;
        return EIGHT_BIT;
    }
    else return ERROR;
}
Uint16 Parallel_GetWordData_8bit( )
{
    Uint16 wordData;
    Parallel_WaitHostRdy( );
    wordData = DATA;
    Parallel_HostHandshake( );
    wordData = wordData & 0x00FF;
    Parallel_WaitHostRdy( );
    wordData | = (DATA << 8);
```

```
        Parallel_HostHandshake( );
        return wordData;
    }
    Uint16 Parallel_GetWordData_16bit( )
    {
        Uint16 wordData;
        Parallel_WaitHostRdy( );
        wordData = DATA;
        Parallel_HostHandshake( );
        return wordData;
    }
    void Parallel_WaitHostRdy( )
    {
        DSP_RDY;
        while( HOST_DATA_NOT_RDY ) { }
    }
    void Parallel_HostHandshake( )
    {
        DSP_ACK;
        while( WAIT_HOST_ACK ) { }
    }
```

（3）SPI 串行 BootLoader

图 6.11 为 DSP 的 SPI 接口与串行 EEPROM 硬件连接示意图。图 6.12 为 F2833x DSP SPI Boot 流程图。

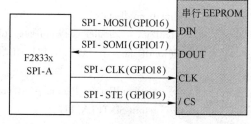

图 6.11 SPI 接口与串行 EEPROM 硬件连接示意图

特别注意：SPI BootLoader 只支持 8 位数据流模式，不支持 16 位模式；EEPROM 的数据流必须从地址 0x0000 开始。

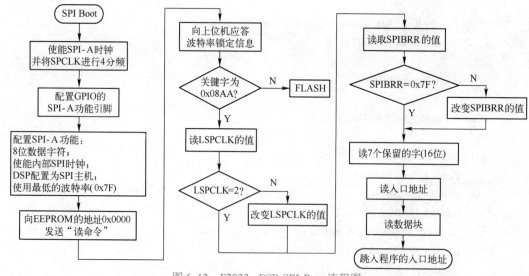

图 6.12 F2833x DSP SPI Boot 流程图

SPI 串行 Boot 程序实现如下：

```c
#include " DSP2833x_Device. h"
#include " TMS320x2833x_Boot. h"
inline void SPIA_Init( void) ;
inline Uint16 SPIA_Transmit( Uint16 cmdData) ;
inline void SPIA_ReservedFn( void) ;
Uint16 SPIA_GetWordData( void) ;
Uint16 SPIA_SetAddress_KeyChk( void) ;
extern void CopyData( void) ;
Uint32 GetLongData( void) ;
Uint32 SPI_Boot( )
{
    Uint32 EntryAddr;
    GetWordData = SPIA_GetWordData;
    SPIA_Init( ) ;                              // SCI 初始化
    SPIA_Transmit( 0x0300) ;                    // 使能 EEPROM 并发送写命令
    if( SPIA_SetAddress_KeyChk( ) ! = 0x08AA)   // 检查关键字
    {
        return FLASH_ENTRY_POINT;               // 若有误,返回 FLASH 入口地址
    }

    SPIA_ReservedFn( ) ;                        // 读 7 个保留字(16 位)
    EntryAddr = GetLongData( )';                // 获取程序入口地址
    CopyData( ) ;                               // 调用并行数据
    GpioDataRegs. GPASET. bit. GPIO19 = 1;
    return EntryAddr;                           // 返回程序入口地址
}
Uint16 SPIA_SetAddress_KeyChk( )
{
    Uint16 keyValue;
    SPIA_Transmit( 0x0000) ;
    SPIA_Transmit( 0x0000) ;
    keyValue = SPIA_Transmit( 0x0000) ;
    if ( keyValue = = 0x00AA)
    {
        keyValue | = ( SPIA_Transmit( 0x0000) <<8) ;
    }
    else
    {
        keyValue = SPIA_Transmit( 0x0000) ;
        keyValue | = ( SPIA_Transmit( 0x0000) <<8) ;
    }
```

二维码 6.4

```
            return keyValue;
        }
    inline void SPIA_Init( )
        {
            EALLOW;
            SysCtrlRegs. PCLKCR0. bit. SPIAENCLK = 1;
            SysCtrlRegs. LOSPCP. all = 0x0002;
            SpiaRegs. SPIFFTX. all = 0x8000;
            SpiaRegs. SPICCR. all = 0x0007;
            SpiaRegs. SPICTL. all = 0x000E;
            SpiaRegs. SPIBRR = 0x007f;
            SpiaRegs. SPICCR. all = 0x0087;
            GpioCtrlRegs. GPAPUD. all &= 0xFFF0FFFF;
            GpioCtrlRegs. GPAMUX2. all  | = 0x00000015;
            GpioCtrlRegs. GPAQSEL2. all  | = 0x0000003F;
            GpioCtrlRegs. GPAMUX2. bit. GPIO19 = 0;
            GpioCtrlRegs. GPADIR. bit. GPIO19 = 1;
            GpioDataRegs. GPACLEAR. bit. GPIO19 = 1;
            EDIS;
            return;
        }


    //SPIA 发送数据
    inline Uint16 SPIA_Transmit( Uint16 cmdData)
        {
            Uint16 recvData;
            SpiaRegs. SPITXBUF = cmdData;
            while( ( SpiaRegs. SPISTS. bit. INT_FLAG) ! = 1);
            recvData = SpiaRegs. SPIRXBUF;
            return recvData;
        }


    //SCIA 读 7 个保留字(16 位)
    inline void SPIA_ReservedFn( )
        {
            Uint16 speedData;
            Uint16 i;
            speedData = SPIA_Transmit( ( Uint16)0x0000);
            EALLOW;
            SysCtrlRegs. LOSPCP. all = speedData;
            EDIS;
            asm(" RPT #0x0F  | | NOP");
```

```
        speedData = SPIA_Transmit((Uint16)0x0000);
        SpiaRegs.SPIBRR = speedData;
        asm(" RPT #0x0F | |NOP");
        for(i = 1; i <= 7; i++)
        {
            SPIA_GetWordData();
        }
        return;
    }
Uint16 SPIA_GetWordData()
    {
        Uint16 wordData;
        wordData = SPIA_Transmit(0x0000);
        wordData | = (SPIA_Transmit(0x0000) << 8);
        return wordData;
    }
```

（4）CMD 文件

使用 Boot 功能，除了需要按照 TI 规定的数据传输格式外，还需要使用以下 CMD 代码：

```
MEMORY
{
    PAGE 0 :
        IQTABLES   : origin = 0x3FE000, length = 0x000b50
        IQTABLES2  : origin = 0x3FEB50, length = 0x00008c
        FPUTABLES  : origin = 0x3FEBDC, length = 0x0006A0
        TI_PRPG    : origin = 0x3FF27C, length = 0x000090
        TI_MISR    : origin = 0x3FF30C, length = 0x000040
        BOOT       : origin = 0x3FF34C, length = 0x0006AF
        RSVD1      : origin = 0x3FF9FB, length = 0x0005BE
        FLASH_API  : origin = 0x3FFFB9, length = 0x000001
        VERSION    : origin = 0x3FFFBA, length = 0x000002
        CHECKSUM   : origin = 0x3FFFBC, length = 0x000004
        VECS       : origin = 0x3FFFC0, length = 0x000040
        ADC_CAL    : origin = 0x380080, length = 0x000009

    PAGE 1 :
        ebss       : origin = 0x002, length = 0x004
        stack      : origin = 0x006, length = 0x200
}


SECTIONS
{
    IQmathTables  :load = IQTABLES,   PAGE = 0
```

```
IQmathTables2  : load = IQTABLES2,  PAGE = 0
FPUmathTables  : load = FPUTABLES,  PAGE = 0
. InitBoot     : load = BOOT,        PAGE = 0
. text         : load = BOOT,        PAGE = 0
. Isr          : load = BOOT,        PAGE = 0
. Flash        : load = FLASH_API    PAGE = 0
. BootVecs     : load = VECS,        PAGE = 0
. Checksum     : load = CHECKSUM,    PAGE = 0
. Version      : load = VERSION,     PAGE = 0
. stack        : load = STACK,       PAGE = 1
. ebss         : load = EBSS,        PAGE = 1
rsvd1          : load = RSVD1,       PAGE = 0
ti_prpg_sect   : load = TI_PRPG,     PAGE = 0
ti_misr_sect   : load = TI_MISR,     PAGE = 0
. adc_cal      : load = ADC_CAL,     PAGE = 0, TYPE = NOLOAD
}
```

6.3 主函数运行之前发生了什么

6.3.1 运行环境的建立

C/C++程序正常运行之前，必须建立运行环境。C/C++的实时运行库 RTS 的源程序库 rts. src 中包含了名为 boot. c 或者 boot. asm 的启动程序，用于在系统启动后调用 c_int00 函数，并完成运行时环境的建立。通常情况下，c_int00 函数位于 rts2800. lib 库函数中的 boot. obj（即 TI 官方编译 boot. c 或者 boot. asm 生成的目标文件）下，这也就是为什么用户在 C28x 编程的情况下通常要把 rts2800. lib 库函数加入工程中的原因（根据型号、系列添加对应的库文件，否则就会出现初学者遇到的找不到 boot. c 之类的错误）。

1）对于非 DSP/BIOS 项目，应包含大存储模式（已初始化的段可链接到超过 64 KB 的空间）的 RTS 库文件：

① 对于定点 DSP 使用库文件 rts2800_ml. lib。

② 对含有 FPU 的 DSP，C 语言的库文件使用 rts2800_fpu32. lib，C++语言的库文件使用 rts2800_fpu32_eh. lib（没有针对浮点器件的较小内存模型库）。

2）对于 DSP/BIOS 项目，用户不需要在项目中包含任何运行支持库。表 6.3 为 C28x DSP 使用的实时运行支持库所对应的编译器选项。

CCS v5/v6 中，有针对库的"自动"设置（配置路径 Project→Properties menu，然后选择 Build→C2000 Compiler→Basic Options category），可根据项目的设置（例如，浮点支持和内存模型选择）让 CCS 自动选择正确的库文件。

表 6.3 实时运行支持库所对应的编译器选项

实时运行支持库	编译器选项
rts2800. lib	−V28

实时运行支持库	编译器选项
rts2800_eh.lib	−V28
rts2800_ml.lib	−V28 −ml
rts2800_fpu32.lib	−V28 −ml −float_support=fpu32
rts2800_ml_eh.lib	−V28 −ml −exceptions
rts2800_fpu32_eh.lib	−V28 −ml −float_support=fpu32 −exceptions

若链接器选项中使用了"−ram_model"或"−rom_model"，则_c_int00 函数自动被配置为整个程序的入口点。此外，CPU 复位之后，也可把整个程序的入口点指向_c_int00，例如：

```
. def _Reset
. ref _c_int00
_Reset：. vec _c_int00, USE_RETA
```

6.3.2 "_c_int00" 作用及意义

_c_int00 存在 RTS 库中，其作用可简单地归纳为以下 5 点：

1）初始化 CPU 的状态和配置寄存器。

2）为系统的栈定义一个 .stack 段，并初始化栈的指针。其中，栈需要被分配在单一的、连续的一段地址中（起点为低地址，终点为高地址），栈指针 SP 的初始化值指向栈顶。

3）从初始化表中，把数据复制到 .bss 段中从而初始化全局变量。存在"−ram_model"和"−rom_model"两种编译选项。

注：默认情况下，链接器使用"−rom_model"选项，即在程序运行时完成变量的自动初始化。程序运行时，".cinit"段和其他初始化段会被一起加载到内存中，使 C/C++的启动程序可以自动地把 .cinit 中的初始化表复制到 .bss 段中。

若使用"−ram_model"的链接器选项，则链接器会在 .cinit 段的开头配置 STYP_COPY位（0010h），指示加载器不要把".cinit"段自动加载到内存中，并且把 cinit 这个符号设置为−1（−1 为默认情况下符号 cinit 指向初始化表格），从而向启动程序表明，内存中没有初始化表格，启动时不需执行初始化工作。在这种情况下，需要用户自定义一个加载程序，主要内容包括：

① 在目标文件中检测".cinit"段的存在。

②".cinit"段的开头配置 STYP_COPY 位，使该段不会自动地复制到内存中。

③ 正确遵循初始化表格的格式。

使用"−ram_model"或"−rom_model"选项时，链接器把 C/C++变量初始化的内容链接到".cinit"段后，会自动在其末尾加入 null 关键字。

通过 JTAG 将程序直接下载到 DSP 的 RAM 时，并没有这么麻烦的步骤，因为 CCS 已经承担了这一重要任务。

还应注意：C/C++程序运行前，一些全局变量必须被赋予初始值。ANSI/ISO C 指出：在程序执行前，未明确全局变量和静态变量都需要被初始化为 0，C/C++的编译器并不会对它们进行自动初始化。在把程序加载到 RAM 中的情况下，便捷的方法是直接把 . bss 段初始化为 0。

而在 F2833x 的编程中，假设一个全局变量的初值并不会对程序的运行结果产生影响，一般不用考虑给它们赋初值，因为编译器会使用 . cinit 段中的初始化表格来初始化变量，叫作自动初始化。

4）调用 ". pinit" 的所有全局构造函数。

". pinit" 段的内容相对简单，它主要包含了构造的地址列表。". cinit" 初始化完成后，构造函数的地址就会出现在构造函数地址列表中了。

使用 "−ram_model" 或 "−rom_model" 选项的情况下，链接器将 C/C++所构造的函数地址链接入 ". pinit" 段之后，会自动在其末尾加入 null 关键字，来标明构造函数地址的结束。与 . cinit 段不同，". pinit" 段都会在运行时被加载和处理。

5）调用 main( ) 函数。

第 7 章　轻松玩转 DSP——拨云见日，FLASH 编程

7.1　FLASH 初始化

FLASH 存储器为 256 KW，地址为 0x30 0000~0x33 FFFF。FLASH 存储器通常映射为程序存储空间，但也可以映射为数据存储空间。FLASH 存储器受 CSM 保护。

1. FLASH 存储器分区

为便于用户使用，FLASH 又分成了 8 个扇区，各扇区范围如下：

1）H 扇区，32 KW，起始地址为 0x30 0000。

2）G 扇区，32 KW，起始地址为 0x30 8000。

3）F 扇区，32 KW，起始地址为 0x31 0000。

4）E 扇区，32 KW，起始地址为 0x31 8000。

5）D 扇区，32 KW，起始地址为 0x32 0000。

6）C 扇区，32 KW，起始地址为 0x32 8000。

7）B 扇区，32 KW，起始地址为 0x33 0000。

8）A 扇区，32 KW，起始地址为 0x33 8000。

A 扇区尾部 128 个单元的特殊用途如下：

1）0x33 FF80~0x33 FFF5，使用 CSM 时，该区域要清 0。

2）0x33 FFF6 是 FLASH 引导程序入口，即应在 0x33 FFF6 和 0x33 FFF7 存储跳转指令。

3）0x33 FFF8~0x33 FFFF，8 个单元共 128 个位，存储密码。

2. FLASH 初始化

我们必须添加访问 FLASH 的等待状态数，等待状态是延长 FLASH 访问的额外时钟周期，复位时默认为 16。实际中我们希望使用 FLASH 的最大频率，但为什么不将等待状态初始化为零？等待状态数与 FLASH 的操作速度有关，有最小的限制，数据手册规定：系统时钟为 150 MHz 时，F2833x 的等待状态数不能小于 5。

使用如图 7.1 所示寄存器 FBANKWAIT 中"PAGEWAIT""RANDWAIT"以及图 7.2 所示寄存器 FOTPWAIT 中的"OTPWAIT"来配置等待周期的数量。

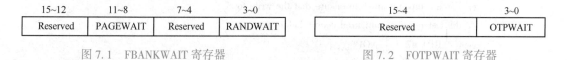

15~12	11~8	7~4	3~0
Reserved	PAGEWAIT	Reserved	RANDWAIT

15~4	3~0
Reserved	OTPWAIT

图 7.1　FBANKWAIT 寄存器　　　　　　　　图 7.2　FOTPWAIT 寄存器

推荐配置：当时钟频率为 150 MHz 时，PAGEWAIT=5，RANDWAIT=5，OTPWAIT=8；当时钟频率为 100 MHz 时，PAGEWAIT=3，RANDWAIT=3，OTPWAIT=5。

F2833x 执行一个 16 bit 的指令需要 1 个系统周期，添加 5 个等待周期后，单周期指令执行频率为（1 instruction/6cycles）×150 MHz＝25 MHz，也称为 25 MIPS。与 150 MHz 的系统频率相比，执行速度大大下降，但 F2833x 提供如图 7.3 所示称为"管道操作"的硬件加速方案。

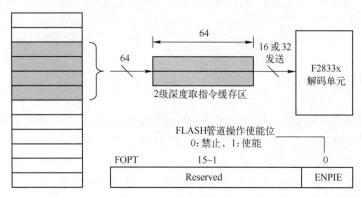

图 7.3　FLASH 管道操作

使能加速模式（ENPIE＝1），FLASH 存储器不再只读取一个 16 位指令，而是实现了 64 位访问，即在 1+5 个周期内读取多达 4 条指令：（4 instructions/6cycles）×150 MHz＝100 MHz，即 100MIPS。150 MHz 系统时钟下 FLASH 初始化代码如下：

```
void InitFlash( void)
{
    EALLOW;
    // Enable Flash Pipeline mode to improve performance of code executed
    FlashRegs. FOPT. bit. ENPIPE = 1;
    // Set the Random Waitstate for the Flash
    FlashRegs. FBANKWAIT. bit. RANDWAIT = 5;
    // Set the Paged Waitstate for the Flash
    FlashRegs. FBANKWAIT. bit. PAGEWAIT = 5;
    // Set the Waitstate for the OTP
    FlashRegs. FOTPWAIT. bit. OTPWAIT = 8;
    // Set number of cycles to transition from sleep to standby
    FlashRegs. FSTDBYWAIT. bit. STDBYWAIT = 0x01FF;
    // Set number of cycles to transition from standby to active
    FlashRegs. FACTIVEWAIT. bit. ACTIVEWAIT = 0x01FF;
    EDIS;
    // Force a pipeline flush to ensure that the write to
    // the last register configured occurs before returning.
    asm(" RPT #7 | | NOP");
}
```

7.2 FLASH 编程基础

在程序调试阶段，一般会将程序代码载入片上的 RAM 运行，但当程序开发完毕需要将程序固化至 F2833x 片上的 FLASH，以保证程序在下电时不丢失，其程序流程图如图 7.4 所示。除可利用 JTAG 外，还提供了 SCI、SPI、I²C、CAN、USB 及 GPIO 等多种方式，利用 ROM 中的引导加载程序，将 FLASH 实用程序代码和 FLASH 数据写入 RAM 空间。

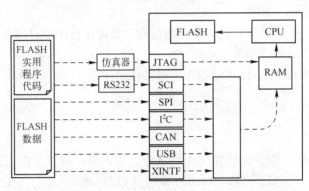

图 7.4 FLASH 编程流程框图

7.2.1 FLASH 编程原理及操作指南

1. FLASH 编程的硬件支持

（1）编程电压要求

FLASH 由浮栅晶体管组成的存储单元阵列。每个单元格存储一位信息，具有电荷的单元表示数值 0，不具有电荷的单元表示数值 1，如图 7.5 所示，这就要求 FLASH 的电源始终存在。所有 TMS320F28x 器件都包含 V_{DD3VFL} 电压引脚，并向内部 FLASH 提供 3.3 V 电压用于 FLASH 读写。

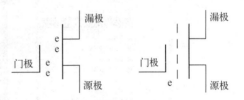

图 7.5 浮栅晶体管基本结构

（2）编程算法要求

1）FLASH 的编程是通过在 DSP 中执行相应的算法得以实现。该算法对时间要求非常严格，因此 FLASH 编程代码必须在单周期零等待 SARAM 中执行。

2）必须严格配置 CPU 的工作频率。

3）为保证 FLASH 正确校验工作，CPU 应工作于最高的系统频率。

4）FLASH 编程算法不应被中断。

5）FLASH 编程的最小单元称为"扇区"，每个"扇区"包含多个数据位。

2. FLASH 编程需要哪些操作

（1）擦除（Erase）操作

根据 FLASH 浮栅结构的特点，"擦除"就是将浮栅结构中电荷移出的过程，即读取该 FLASH 位的值为 1，擦除算法包含 3 步。

1）清除 Clear：将 FLASH 扇区的所有位写"0"。

2）擦除 Erase：将 FLASH 扇区的所有位写"1"。

3）压缩 Compaction：纠正过擦除（Over-erase/Depleted）位。

此外，还应注意：

1）擦除算法是将某一扇区的所有位置"1"的过程。

2）同一时刻被擦除的最小单位为"扇区"。

3）OTP 存储器不能执行擦除操作。

（2）编程（Program）操作

编程是将应用程序、代码写入 FLASH 的过程，是浮栅结构中存储电荷的过程。

1）编程操作是将扇区中的数据位置"0"的过程。

2）编程操作可操作 FLASH 存储器，也可操作 OTP 存储器。

7.2.2　常用 FLASH 编程方式

1. CCS6 在线 FLASH 编程

CCS6 版本的 FLASH 烧录插件集成到 CCS 中，免去用户额外工作。烧写步骤如下：

1）打开 CCS6，用仿真器 XDS100 将计算机与 JTAG 相连。

2）进行目标配置，打开 View->Target Configurations，选择仿真器和 DSP 型号并保存，如图 7.6 所示。

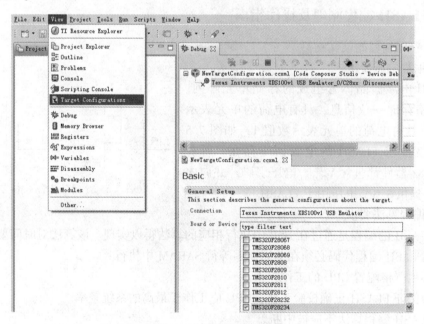

图 7.6　仿真器配置界面

3）单击 Test Connection 按钮，进行仿真器的连接测试。测试成功则会出现如图 7.7 所示的界面；测试不成功则重新下电重复上述过程。这一步非常重要！

4）测试成功后，如图 7.8 所示，选择菜单栏 Run->Debug，进入调试界面。

5）如图 7.9 所示，在调试界面中，选择菜单栏的 Run->Connect Target，完成仿真器、

图 7.7　仿真器测试界面

开发板和 PC 的连接。

6）如图 7.10 所示，选择菜单栏的 Run->Load->Load Programs，当然在此之前也可选择 Tools->On-chip Flash（工具->片上 Flash）配置 FLASH 设置，默认情况下为擦除、编程和校验。

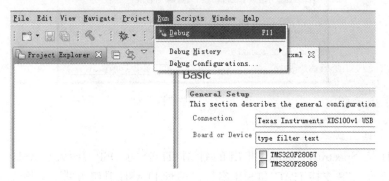

图 7.8　进入 Debug 调试界面

图 7.9　Connect Target

7）在如图 7.11 所示的对话框中单击 Browse，选择需要加载的 out 文件后单击 OK，出现如图 7.12 所示的擦除、编程和校验阶段，直至程序烧录完成。

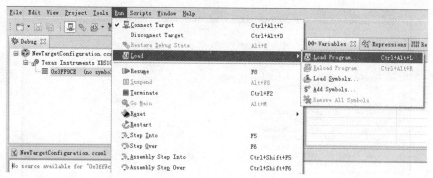

图 7.10 Load Programs

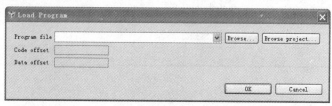

图 7.11 选择烧录文件界面

图 7.12 程序编程界面

2. SDFLASH 方式

SDFLASH 是 Spectrum Digital 推出的针对 TI 公司 DSP 升级 FLASH 的用户接口。SDFLASH 不需要 CCS 支持 JTAG 和 SCI 串行口两种 FLASH 升级方式。如图 7.13 所示为 SDFLASH 的下载界面。

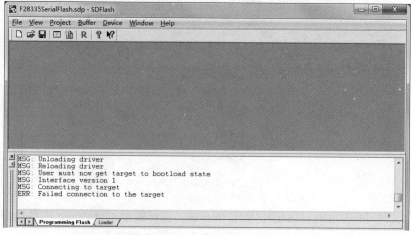

图 7.13 SDFLASH 的下载界面

SDFLASH 使用项目来配置 JTAG 链接、擦除、编程和校验。我们可以创建一个新项目，或者从 "FIle" 菜单中打开一个现有项目。项目打开后，通过选择项目->设置进行如下相关配置。

1）目标选项，如图 7.14 所示的 Target 界面。

① Driver：选择 CCS 仿真驱动器实现器件的通信。

② Emulator Address/ID：选择 JTAG 仿真器。0x378（默认）表示 XDS510PP，510 表示 XDS510USB。

③ Board File：向 SDFLASH 提供有关 JTAG 扫描链上设备数量的信息。

④ Processor Name：存放该项目的设备的通用名称。

2）擦除选项，如图 7.15 所示的 Erase 界面。

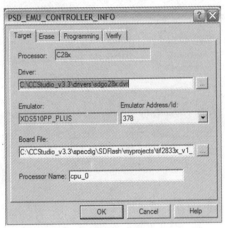

图 7.14　Target 配置界面　　　　图 7.15　Erase 配置界面

① Algorithm File：为特定设备选择擦除算法。

② Timeout：主机发送擦除指令后的等待时间，通常被写入 0，与 User4 配合使用。

③ User Options 1：指定 FLASH 擦除的段，例如，设为 1 表示擦除 SectionA，设为 F 表示擦除 SectionA ~ SectionD。默认情况下该值为 FF，表示擦除 FLASH 所有段。

④ User Options 3：指定某一 GPIO 用作 FLASH 烧录的时钟测试（Toggle）。数值的设定范围为 0~34，采用十六进制。例如，0000　GPIO0；0022　GPIO34。

⑤ User Options 2/User Options 4：不使用。

⑥ ST0/ST1/PMST/PMST Address：默认为空。

3）烧录选项，如图 7.16 所示的 Programming 界面。

① Algorithm：为特定设备选择编程算法。

② Flash Data：目标文件，即需要烧写的程序 out 文件。

③ TimeOut：编程过程的等待时间，单位为 s。

④ User1、User2、User4：默认为 0，不作任何用途。

⑤ User3：指定某一 GPIO 用作 FLASH 烧录的时钟测试（Toggle）。

⑥ ST0/ST1/PMST/PMST Address：默认为空。

4）校验选项，如图 7.17 所示的 Verify 界面。

① Algorithm：为特定设备选择校验算法。

② TimeOut：编程过程的等待时间，单位为 s。

③ User1、User2：校验过程为 FLASH 和 OTP 配置等待周期。

④ User3：指定某一 GPIO 用作 FLASH 烧录的时钟测试（Toggle）。

⑤ User4：默认为 0，不作任何用途。

⑥ ST0/ST1/PMST/PMST Address：默认为空。

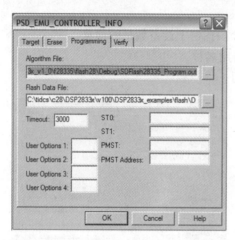
图 7.16　Programming 配置界面

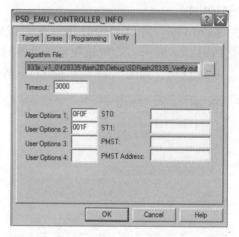
图 7.17　Verify 配置界面

5）保存文件，单击 File->Save Project As。

6）选择 Device->Reset 复位目标器件，如图 7.18 所示。

7）选择 Device->Flash 开始烧录程序，如图 7.19 所示。

图 7.18　Device->Reset 复位目标器件

图 7.19　Device->Flash 准备烧录程序

8）最后在如图 7.20 所示的 FLASH 烧录选择菜单中单击 Start 完成升级操作。

7.2.3　如何使用 API 进行自定义编程

1. 如何将 FLASH 编程载入嵌入式系统

（1）FLASH API 函数库

API 库是 TI 提供的 FLASH 编程算法，提供了擦除、编程和校验等函数，使用时注意以下几点：

图 7.20　FLASH 编程窗口

1）千万不要在 FLASH 或 OTP 中执行 API 算法，使用时将其复制至 RAM 空间。

2）不要在等待状态内存中执行。

3）API 只能在大存储模式下编译且只能在 C28x 目标代码下使用。

4）配置 API 正确的时钟频率，使其在 CPU 最高的时钟频率下执行。

5）在执行擦、写操作时系统切勿下电，也不要运行或读取代码。

6）执行 API 时需禁止中断和看门狗计数器。

（2）API 函数

1）擦除指定扇区。

Uint16 Flash2812_Erase（SectorMask，FLASH_ST ＊FStatus）；

其中，SectorMask：要擦除的扇区；

＊FStatus：指向状态结构体的指针变量。

2）烧录指定扇区。

Uint16　Flash_Program（Uint16 ＊FlashAddr，Uint16 ＊BufAddr，Uint32 Length，FLASH_
ST ＊FProgStatus）；

其中，＊FlashAddr：指向要编程 FLASH 或 OTP 空间的首地址的指针型变量；

＊BufAddr：指向要编程 FLASH 空间的缓冲器的指针型变量；

Length：要编程 16bit 数据的数量；

＊FProgStatus：FLASH 状态结构指针。

3）校验指定扇区的代码。

Uint16　Flash_Verify（Uint16 ＊StartAddr，Uint16 ＊BufAddr，Uint32 Length，FLASH_ST
＊FVerifyStat）；

其中，＊StartAddr：指向要校验 FLASH 或 OTP 空间的首地址；

＊BufAddr：比较缓冲器指针；

Length：要比较的 16bit 数据的数量；

＊FVerifyStat：FLASH 状态结构指针。

4）上面的三个函数都有一个"FLASH 状态结构"的变量体，API 头文件中作了如下结
构体定义：

```
typedef struct {
    Uint32 FirstFailAddr;
    Uint16 ExpectedData;
    Uint16 ActualData;
} FLASH_ST;
```

进而定义相关变量：FLASH_ST FProgStatus。

2. 如何建立自定义编程方式

1）添加 FLASH API 函数库——Flash28335_API_V210.lib，并包含 API 头文件——
Flash2833x_API_Library.h 和 Flash2833x_API_Config.h。Flash2833x_API_Library.h 头文件所
含的信息是函数原型、状态结构体定义、API 错误代码等，如图 7.21 所示。

2）配置项目的 API 工作频率。

① 在 Flash2833x_API_Config.h 中配置正确的系统时钟。

```
#define CPU_RATE 6.667L        // for a 150MHz CPU clock speed (SYSCLKOUT)
//#define CPU_RATE 10.000L     // for a 100MHz CPU clock speed (SYSCLKOUT)
```

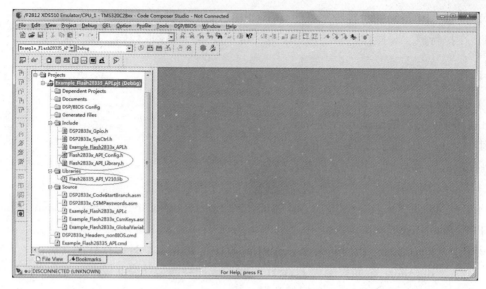

图 7.21 FLASH API 函数库的添加

② CPU_RATE 用于计算比例因子，从而为正确的 CPU 频率配置相应的算法。同样在 Flash2833x_API_Config. h 中设置。

```
#define SCALE_FACTOR 1048576. 0L * ( ( 200L/CPU_RATE) )        // IQ20
```

③ 初始化全局变量 Flash_CPUScaleFactor。

Flash_CPUScaleFactor 是 32 位全局变量，用于 API 函数的软件分频延迟。必须对其初始化为 SCALE_FACTOR 后才可以调用任何 Flash API 函数。通常以初始化函数的方式进行。

```
void Class_FlashUpdate::App_FlashAPIInit(void)
{
    Flash_CPUScaleFactor = SCALE_FACTOR;
    Flash_CallbackPtr = NULL;        //Initalize Flash_CallbackPtr.
}
```

④ 初始化 PLLCR 寄存器，直至 PLL 锁相环稳定为止。

```
* PLLCR = PLLCR_Value;
//之后等待 131072 个系统周期,直至 PLL 锁相完成
```

3) 将 API 函数复制至 SARAM 中。

必须保证 API 函数在 SARAM 中执行，这一点非常重要! 参考步骤如下:

① CMD 文件中为 API 源文件配置加载地址、运行地址等，例如:

```
Flash28_API:
{
    Flash28335_API_V210. lib(. econst)
    Flash28335_API_V210. lib(. text)
                LOAD = FLASHA,
```

```
                    RUN = RAML0,
                    LOAD_START( _Flash28_API_LoadStart) ,
                    LOAD_END( _Flash28_API_LoadEnd) ,
                    RSTART( _Flash28_API_RunStart) ,
                    PAGE = 0
```

② 在头文件 Flash2833x_API_Library. h 中，声明在 CMD 文件中定义的符号。

```
    extern Uint16 Flash28_API_LoadStart;
    extern Uint16 Flash28_API_LoadEnd;
    extern Uint16 Flash28_API_RunStart;
```

③ 在主函数中调用 MemCopy( )函数，将 API 函数复制到 SARAM。

```
    MemCopy( &Flash28_API_LoadStart, &Flash28_API_LoadEnd, &Flash28_API_RunStart) ;
```

④ 不要忽略了 CSM。

FLASH 和 OTP 受密码保护，为了能执行擦除和编程操作，CSM 要么处于解锁状态，要么 FLASH API 必须在受密码保护的 SARAM 中运行。

7.2.4　轻松玩转用户自定义的 FLASH Kernel

F2833x 的 BootLoader 存在固有 CAN 加载方案，但实际使用时会出现加载失败的情况，TI 也发现了 CAN 加载时存在的缺陷，这里我们自行设计 CAN 加载的 Kernel。

1. 方案介绍

我们需要在 FLASH 中划分一块区域专门存放自行编写的 FLASH 加载 Kernel 文件。这部分代码包含 CAN 通信链路的建立、与上位机之间的通信协议和底层 API 函数的调用；剩余的 FLASH 空间依旧保存源程序代码。也就是说，我们所做的方案在应用程序的架构上分为两个部分：一部分为 Kernel 文件，一部分为源程序，并把它们分别置于不同的 FLASH 空间。

根据之前讨论的 FLASH 上电加载流程：DSP 首先跳入复位向量指示的 InitBoot( )，然后根据 GPIO 的引脚配置电平进行 FLASH 加载，再调用_c_int00 实现 C 语言环境的建立，最终执行 main 函数。因此，所提供解决方案希望在系统上电之后，不直接跳入源程序的 main 开始执行，而是建立一个分支选择函数，根据上位机下发的指令选择是 FLASH 加载流程还是运行源程序。

（1）改进后的 FLASH 上电加载流程

改进后的 FLASH 上电加载流程如图 7.22 所示。系统上电后，PC 指针依旧跳转到 0x3F FFC0 地址处并获得复位向量，并由此转向执行 Boot ROM 空间的引导程序。由于片外的 GPIO 配制 DSP 为 FLASH 加载模式，则 PC 继续跳转至 0x33 FFF6 处，此时需注意，该"CodeStart"段不再存放跳转至"_c_int00"的指令了，我们将其配制成跳转至 MainOrUpdate ( )函数的跳转指令。

进入 MainOrUpdate ( )函数后，首先必须为 DSP 建立 C28x 的工作模式，继而通过判断 Flash_Flag（地址：0x33 7FFF）的状态类决定是转向执行 main( )函数还是进行 FLASH 升级操作。

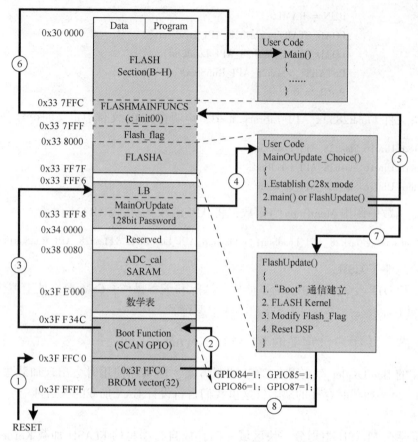

图 7.22 改进后的 FLASH 上电引导程序示意图

若要执行 main( ) 函数，则程序直接跳转至 0x33 7FFC ~ 0x33 7FFD 地址空间，执行 LB _ c_int00，从而初始化 C 环境、开辟堆栈空间以及执行用户程序 main( ) 函数。综上，直接进入 main 函数的工作流程：①->②->③->④->⑤->⑥。

若要执行 FLASH 升级操作，则程序继续在 MainOrUpdate( ) 中执行存放其中的 FLASH Kernel 工作流程，直至升级流程结束，软件将 DSP 复位；综上，直接进入 FLASH Kernel 执行升级的工作流程：①->②->③->④->⑦->⑧。

（2）程序的总体流程

如图 7.23 所示为程序的总体流程框图。在 DSP 正常运行过程中，若收到了上位机下发的升级命令后，首先禁止看门狗，然后将 API 函数复制至 RAM 空间运行，将 Flash_Flag 的状态改为 0x5A5A，以保证在软件复位 DSP 后，程序能够进入 FLASH 升级流程。

更重要一点，DSP 复位后代码不会立刻从 main 函数开始执行，而是从 MainOrUpdate( ) 函数开始执行，通过查询 Flash_Flag 的状态来决定程序流的分支。

2. 程序代码分析

1）主函数添加相关段的声明，使 DSP 上电后从 MainOrUpdate 处而非 Main 处运行。在工程中加入 Flash28335 _ API _ V210. lib、Flash2833x _ API _ Library. h 和 Flash2833x _ API _ Config. h，并依据自行设计的代码做出必要的修改。

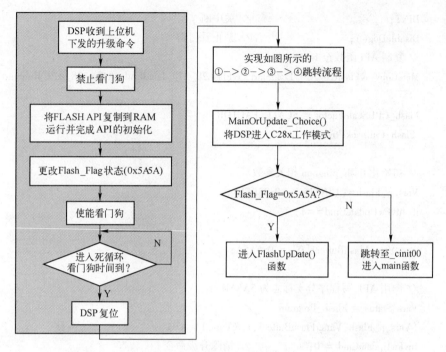

图 7.23　程序的总体流程框图

```
asm(" . ref _c_int00");                  // 声明_c_int00(main 函数的入口地址)
//codestart 段只存放"LB wd_disable"跳转指令
asm(" . sect codestart ");
asm(" LB wd_disable");
//将 wd_disable 函数段放入 FlashUpdate 段中
asm(" . sect FlashUpdate ");
asm(" . label wd_disable");
EALLOW;                                  // 禁止看门狗
asm(" MOVZ DP, #7029h>>6");
asm(" MOV @7029h, #0068h");
EDIS;
asm(" LB _MainOrUpdate");                // 跳转至 MainOrUpdate 函数入口
//Mainfuncs 段只存放 LB _c_int00 跳转指令
asm(" . sect Mainfuncs");
asm(" LB _c_int00");
//FLASHFLAG 段写入 A5A5H
asm(" . sect Flash_Flag ");
asm(" . WORD A5A5H ");                    // 清除 FLASH 升级状态
```

2）Main 正常运行时，当收到上位机的升级命令后调用 API 函数将程序跳转分支赋值 5500H，根据流程图及相关段的声明，在 DSP 再次复位后，程序从 MainOrUpdate 开始执行。

```
if (InvFwUpdateCmd == 1)                 // 上位机启动 SCI 升级
{
```

```
DINT;                          // 关中断
DisableDog( );                 // 禁止看门狗
// 复制 API 函数至 RAM
MemCopy( &Flash28_API_LoadStart, &Flash28_API_LoadEnd, &Flash28_API_RunStart );

Flash_CPUScaleFactor = SCALE_FACTOR;
 Flash_CallbackPtr = NULL;

// 初始化 flash_program 相关参数
Vars. p_Flash = ( UINT16 * )0x33BFFF;
if( InvFwUpdateCmd = = 1 )
{
    Vars. FlashBuffer1[0] = 0x5A5A;
}
// 调用 API,写程序分支标志为 5A5AH
Vars. Status = Flash_Program
( Vars. p_Flash, Vars. FlashBuffer1,1,&Vars. FlashSt1 );
InvFwUpdateCmd = 0;            // 清除升级命令
EnableDog( );
while( 1 )
{
    asm(" NOP ");             // 死循环,不喂狗复位 DSP
}
}
```

3) 待 DSP 自动复位之后, 从 MainOrUpdate 开始运行如下代码。

程序思路概括如下:上位机将要传送的可执行代码进行打包分块,数据块的最小单位是 16bit, 上位机每次下发一个数据块的索引号、数据块中的数据及数据块的长度。DSP 进入程序升级流程后,首先擦除目标 FLASH 扇区,之后 DSP 开始接收上位机下发的有效编程数据。此时,在每次收到该数据块的数据后 DSP 首先将数据进行缓存,之后进行 FLASH 的编程和校验。当该数据块写入 FLASH 后,DSP 通知上位机下发下一个数据块,直至编程数据发送完毕并有效地写入 FLASH。

```
void MainOrUpdate_Choice( void )
{
    asm(" . label _MainOrUpdate ");
    // 完成 C 运行环境初始化
    asm(" MOV      @ SP,#0x0000");
    asm(" SPM      0");
    asm(" SETC     OBJMODE");
    asm(" CLRC     AMODE");
    asm(" SETC     M0M1MAP");
    asm(" CLRC     PAGE0");
```

296

```
    asm(" MOVW    DP,#0x0000");
    asm(" CLRC    OVM");
    asm(" ASP");

    if( * (( UINT16 * ) 0x33BFFF) = = 0xA5A5)                // 正常主程序分支
    {
        asm(" LB 33BFFCH");
    }
    else                                                    // FlashUpdate 程序分支
    {
        SystemInit();                                       // FlashUpdate 所需初始化
        RamCheck();                                         // 内存自检及 RAM 清 0
        Vars. p_SourceAddr = &Flash28_API_LoadStart;
        Vars. p_SourceEndAddr = &Flash28_API_LoadEnd;
        Vars. p_DestAddr = &Flash28_API_RunStart;
        while( Vars. p_SourceAddr < Vars. p_SourceEndAddr)
        {
            * Vars. p_DestAddr++ = * Vars. p_SourceAddr++;
        }
        for( i16ms = 0;i16ms<2000;i16ms++)
        {
            for( i16us = 0;i16us<1000;i16us++)
            {
                asm(" rpt #149 | | nop");
            }
        }
        FlashUpdateMain();                                  // FlashUpdate 主流程
    }
}
```

4) FlashUpdate 主流程代码,即 FLASH 擦除、编译及校验流程。

```
void FlashUpdateMain( void)
{
    UINT16    Status;
    INT16    i;
    FlashAPIInit();
    while( 1)
    {
        Read();
        if( 升级开始)
        {
            switch( Vars.FrameType)
            {
```

```
        case FRAME_HANDSHAKE:                    //通信握手
        {
            if( Vars.HandShakeData = = 0x12)
            {
                Send( FRAME_HANDSHAKE,0x55);
                Delay1ms( );
            }
            break;
        }

        case FRAME_CSMUNLOCKSTATUS:          // Unlock the CSM
        {
            Status = Flash_CsmUnlock( );
            Send( FRAME_CSMUNLOCKSTATUS,Status);
            if( Status ! = STATUS_SUCCESS)
            {
                DSPRestart( );                   // DSP 重启
            }
            break;
        }
        case FRAME_APIVERSIONSTATUS:          // Check the version of the API
        {
            Vars.APIVersion = Flash_APIVersionHex( );
            if( Vars.APIVersion >= 0x0210)
            {
                Send( FRAME_APIVERSIONSTATUS,KERNEL_READY_FOR_ERASE);
            }
            else
            {
                Send( FRAME_APIVERSIONST,API_SILICON_MISMATCH);
                DSPRestart( );                   // DSP 重启
            }
            break;
        }
        case FRAME_ERASE:                        // 编程之前确保 FLASH 扇区已被擦除
        {
            Vars.UpdateFlag.bFlashErased = 0;
            if( Vars.EraseType = = KERNEL_ERASE_ALLFLASH)
            {
                Status = Flash_Erase( SECTOR_F28335,&Vars.FlashSt);
            }
            else
            {
                Status = Flash_Erase( SECTORB | SECTORC | SECTORD | SECTORE
```

```
                             |SECTORF|SECTORG|SECTORH,&Vars.FlashSt);
        }
        Send(FRAME_ERASE,Status);
        if(Status ! = STATUS_SUCCESS)
        {
            DSPRestart();                        // DSP 重启
        }
        else
        {
            Vars.UpdateFlag.bFlashErased = 1;
        }
        break;
    }
    case FRAME_PROGRAM:
    {
        if(Vars.UpdateFlag.bFlashErased = = 1)
        {
            Send(FRAME_PROGRAM,KERNEL_READY_FOR_DATA_RX)
        }
        else
        {
            Send(FRAME_PROGRAM,KERNEL_FLASH_NOT_ERASED);
        }
        break;
    }
    case FRAME_BLOCKHEAD:
        if(Vars.BlockSize = = 0)
        {
            Send(FRAME_BLOCKHEAD,KERNEL_PROGRAM_COMPLETE);
            Delay20ms();
            DSPRestart();                        // DSP 重启
        }
        else if(Vars.BlockSize > Vars.MaxBlocksize)
        {
            Send(FRAME_BLOCKHEAD,KERNEL_BLOCK_SIZE_ERROR);
        }
        else
        {
            if((Vars.BlockAddr < FLASH_START_ADDR)
            ||(Vars.BlockAddr > FLASH_END_ADDR)
            ||((Vars.BlockAddr + Vars.BlockSize) > (FLASH_END_ADDR+1)))
            {
```

```
                              Send(FRAME_BLOCKHEAD,KERNEL_BLOCK_ADDR_ERROR);
                        }
                   else
                        {
                              Send(FRAME_BLOCKHEAD,KERNEL_BLOCK_HEAD_OK);
                              Vars.pDestBuffer = FlashBuffer;
                        }
                   }
              break;
         }
    case FRAME_BLOCKDATA:
         {
              for(i=0;i<Vars.MailBoxDLC;i++)
                   {
                        if( Vars.pDestBuffer < ( FlashBuffer + Vars.MaxBlocksize) )
                             {
                                  * Vars.pDestBuffer += Vars.BlockData[i];
                                  Vars.CheckSumDSP += Vars.BlockData[i];
                             }
                   }
              break;
         }
    case FRAME_CHECKSUM:
         {
              if( Vars.CheckSumDSP ! = Vars.CheckSumRec)
                   {
                        Send(FRAME_CHECKSUM,KERNEL_DATA_CHKSUM_ERROR);
                   }
              else
                   {
                        Send(FRAME_CHECKSUM,KERNEL_DATA_CHKSUM_OK);
                   }
              break;
         }
    case FRAME_PROGRAMSTATUS:              // 编程
         {
              if( Vars.EraseType = = KERNEL_ERASE_ALLFLASH)
                   {
                        Status=Flash_Program( Vars.BlockAddr
                        ,FlashBuffer,Vars.BlockSize,&Vars.FlashSt);
                   }
              else
                   {
```

```
                        if( ( Vars.BlockAddr >= PROGRAM_START)
                        &&( Vars.BlockAddr <= PROGRAM_END)
                        &&( ( Vars.BlockAddr + Vars.BlockSize) <= ( PROGRAM_END+1) ) )
                        {
                            Status = Flash_Program( Vars.BlockAddr
                            ,FlashBuffer,Vars.BlockSize,&Vars.FlashSt) ;
                        }
                        else
                        {
                            Status = STATUS_SUCCESS;
                        }
                    }
                Send( FRAME_PROGRAMSTATUS, Status) ;
                break;
            }
        case FRAME_VERIFYSTATUS: //Verify
            {
                if( Vars.EraseType == KERNEL_ERASE_ALLFLASH)
                {
                    Status = Flash_Verify( Vars.BlockAddr
                            ,FlashBuffer,Vars.BlockSize,&Vars.FlashSt) ;
                }
                else
                {
                    if( ( Vars.BlockAddr >= PROGRAM_START)
                    &&( Vars.BlockAddr <= PROGRAM_END)
                    &&( ( Vars.BlockAddr + Vars.BlockSize) <= ( PROGRAM_END+1) ) )
                    {
                        Status = Flash_Verify( Vars.BlockAddr
                                ,FlashBuffer,Vars.BlockSize,&Vars.FlashSt) ;
                    }
                    else
                    {
                        Status = STATUS_SUCCESS;
                    }
                }
                Send( FRAME_VERIFYSTATUS,Status) ;
                break;
            }
        }
    }
}
}
```

```
// DSP 接收上位机下发的 CAN 数据帧的程序段
TempDLC = ECanaMboxes.MBOX4.MSGCTRL.bit.DLC;
// 计算每帧数据的字数(除 DestID,ServiceCode)
FlashVariable.MailBoxDLC = (TempDLC - 2)>>1;
ServiceCode.Word = ECanaMboxes.MBOX4.MDL.word.LOW_WORD;
DestID = ServiceCode.ByteWide.Low;
ServiceCode = ServiceCode.ByteWide.High & 0x7F;
TempData[0] = ECanaMboxes.MBOX4.MDL.word.HI_WORD;
TempData[1] = ECanaMboxes.MBOX4.MDH.word.LOW_WORD;
TempData[2] = ECanaMboxes.MBOX4.MDH.word.HI_WORD;
for(i=0;i<Vars.MailBoxDLC;i++)
{
    Vars.BlockData[i] = TempData[i];
}


// FLASH 升级状态机生成子程序段
switch(ServiceCode)                                    //接收上位机下发的指令
{
    case FRAME_HANDSHAKE:
    {
        Vars.FrameType = FRAME_HANDSHAKE;
        Vars.HandShakeData = Vars.BlockData[0];
        break;
    }
    case FRAME_CSMUNLOCKSTATUS:
    {
        Vars.FrameType = FRAME_CSMUNLOCKSTATUS;
        break;
    }
    case FRAME_APIVERSIONSTATUS:
    {
        Vars.FrameType = FRAME_APIVERSIONSTATUS;
        break;
    }
    case FRAME_ERASE:
    {
        Vars.FrameType = FRAME_ERASE;
        Vars.EraseType = Vars.BlockData[0];
        break;
    }
    case FRAME_PROGRAM:
    {
```

```
        Vars.FrameType = FRAME_PROGRAM;
        break;
    }
    case FRAME_BLOCKHEAD:
    {
        Vars.CheckSumDSP = 0;                              // 校验和清零
        Vars.FrameType = FRAME_BLOCKHEAD;
        // 获取 BlockSize
        Vars.BlockSize = Vars.BlockData[0];
        Vars.CheckSumDSP += Vars.BlockSize;
        // 获取 BlockAddr
        TempData = (UINT32)Vars.BlockData[1];
        TempData |= ((UINT32)Vars.BlockData[2] << 16);
        Vars.BlockAddr = TempData;
        Vars.CheckSumDSP += Vars.BlockAddr;
        break;
    }
    case FRAME_BLOCKDATA:
    {
        Vars.FrameType = FRAME_BLOCKDATA;
        break;
    }
    case FRAME_CHECKSUM:
    {
        Vars.FrameType = FRAME_CHECKSUM;
        TempData = (UINT32)Vars.BlockData[0];
        TempData |= ((UINT32)Vars.BlockData[1] << 16);
        Vars.CheckSumRec = TempData;
        break;
    }
    case FRAME_PROGRAMSTATUS:
    {
        Vars.FrameType = FRAME_PROGRAMSTATUS;
        break;
    }
    case FRAME_VERIFYSTATUS:
    {
        Vars.FrameType = FRAME_VERIFYSTATUS;
        break;
    }
    }
```

7.3 使用 FLASH 应注意什么

尽管 FLASH 能够保证程序断电不丢失，但实际应用时的注意事项需要在这里严格强调。

7.3.1 为什么 DSP 某些段必须加载到 RAM 运行

1. 复制中断矢量（只适用于非 DSP/BIOS 项目）

上电初始化时，位于 FLASH 中的中断矢量必须被复制到 PIEVECT RAM 中运行。PIEVECT RAM 是 F28x 器件上 RAM 的一个专用块。我们提供如下几种方法将中断矢量连接至 FLASH，然后在运行时将它们复制到 PIEVECT RAM 中。

创建一个包含全部 128 个 32 位矢量的 C 语言结构函数指针（TI 已经在 DSP28x_PieVect.c 文件中创建了 PieVectTableInit 结构体，用户直接调用即可），然后使用 memcpy()内存复制函数将结构体复制到 PIEVECT RAM 即可。

```
// 代码示例
#include <string.h>
{
    // 初始化 PIE_RAM
    PieCtrlRegs.PIECTRL.bit.ENPIE = 0;                    // 禁用 PIE
    asm(" EALLOW");                                       // 启用 EALLOW 受保护寄存器存取
    memcpy((void *)0x000D00, &PieVectTableInit, 256);
    asm(" EDIS");                                         // 禁用 EALLOW 受保护寄存器存取)
}
```

注意，memcpy()复制的最小单位为 16 位，所以复制长度为 256。上面的示例给出的 PIE RAM 的起始地址为 0x00 0D00，用户也可以使用"DATA_SECTION pragma"指令来创建一个未经初始化的虚拟变量，并将此变量连接至 PIE RAM。然后虚变量的地址可被用来代替固化在硬件中的地址。例如，当未经初始化的结构体 PieVectTable 被创建成功并被连接在 PIEVECT RAM 中时，上述的 memcpy() 函数可被替换为 memcpy(&PieVectTable, &PieVectTableInit, 256)。

某些 Piccolo 器件，如 F2802x、F2803x、F2805x、F2806x，前三个 PIE 矢量用于引导模式选择，因此 memcpy()应避免覆盖这些位置：

memcpy((void *)0x00 0D06, (Uint16 *)&PieVectTableInit+6, 256-6)；

或者 memcpy((Uint16 *)&PieVectTable+6, (Uint16 *)&PieVectTableInit+6, 256-6)；

2. 复制".hwi_vec"段（只适用于 DSP/BIOS 项目）

DSP/BIOS ".hwi_vec"段包含中断矢量，必须在 FLASH 中保存，在 RAM 中运行。用户需要将这个段从它的载入地址复制到它的运行地址，通常在主函数中完成。DSP/BIOS 配置工具生成可由代码访问的全局符号：

hwi_vec_loadstart(FLASH 装载首地址)

hwi_vec_loadend(FLASH 装载尾地址)

hwi_vec_loadsize(".hwi_vec"段长度)

hwi_vec_runstart(RAM 运行首地址)

注意，符号不是指针而是段的相应位置。下面显示了执行段复制的代码示例。

```c
// 用户的 C 语言源文件
#include <string.h>
extern unsigned int hwi_vec_loadstart;
extern unsigned int hwi_vec_loadsize;
extern unsigned int hwi_vec_runstart;
void main( void)
{
    // 初始化 .hwi_vec 段
    asm(" EALLOW");                    // 启用 EALLOW 受保护寄存器访问
    memcpy(&hwi_vec_runstart, &hwi_vec_loadstart, (Uint32)&hwi_vec_loadsize);
    asm(" EDIS");                      // 禁用 EALLOW 受保护寄存器访问
}
```

同样，对于某些 Piccolo 器件，前三个 PIE 矢量用于引导模式选择，因此 memcpy( )应避免覆盖这些位置：

```c
memcpy (&hwi_vec_runstart+6, &hwi_vec_loadstart+6,
        (Uint32)(&hwi_vec_loadsize-(Uint16 * )6));
```

3. 复制 ".trcdata" 段（只适用于 DSP/BIOS 项目）

DSP/BIOS ".trcdata" 段必须在 FLASH 中保存，在 RAM 中运行。与 ".hwi_vec" 段不同的是，".trcdata" 段的复制必须在主函数之前执行。这是因为在 DSP/BIOS 初始化期间（main( )运行之前）修改了 ".trcdata" 段的内容。DSP/BIOS 配置工具生成了表示载入地址、运行地址和段长度的全局符号。这些符号名为

```
trcdata_loadstart
trcdata_loadend
trcdata_loadsize
trcdata_runstart
```

复制 ".trcdata" 段的 C 语言代码示例：

```c
extern unsigned int trcdata_loadstart;
extern unsigned int trcdata_loadsize;
extern unsigned int trcdata_runstart;
void UserInit( void)
{
    // main( )运行前初始化".trcdata"段
    memcpy(&trcdata_runstart, &trcdata_loadstart, (Uint32)&trcdata_loadsize);
}
```

4. 初始化 FLASH 控制寄存器（DCP/BIOS 和非 DSP/BIOS 项目）.

千万不能在 FLASH 中执行 FLASH 控制寄存器的初始化，否则会发生不可预计的结果。

FLASH 控制寄存器的初始化应在 RAM 中运行。

注意：对于 F2833x，FLASH 控制寄存器受到代码安全模块（CSM）保护。若 CSM 被写入密码，我们必须从受密码保护的 RAM 上运行 FLASH 初始化代码，否则初始化代码将不能访问 FLASH 寄存器（请参见内存映射部分来识别安全内存）。参考步骤如下：

1）使用"CODE_SECTION pragma"指令来创建一个名为"secureRamFuncs"的段，用于存放 FLASH 初始化代码，并编写 Init_Flash()初始化代码：

```
#pragma CODE_SECTION(InitFlash, "secureRamFuncs")
void Init_Flash(void)
{
    EALLOW;
    FlashRegs.FOPT.bit.ENPIPE = 1;                        // 使能 FLASH Pipeline 模式
    FlashRegs.FBANKWAIT.bit.RANDWAIT = 5;                 // 设置 FLASH 的随机等待状态
    FlashRegs.FBANKWAIT.bit.PAGEWAIT = 5;                 // 设置 FLASH 访问数据页等待时间
    FlashRegs.FOTPWAIT.bit.OTPWAIT = 8;                   // 设置 OTP 等待状态
    FlashRegs.FSTDBYWAIT.bit.STDBYWAIT = 0x01FF;          // 设置休眠状态至就绪状态的周期数
    FlashRegs.FACTIVEWAIT.bit.ACTIVEWAIT = 0x01FF;        // 设置就绪状态至有效状态的周期数
    EDIS;
    asm(" RPT #7 || NOP");                                // 延时以保证所有寄存器设置完毕
}
```

2）将"secureRamFuncs"段在 CMD 文件中进行链接。同样，链接器需要生成"载入地址""运行地址"和"段长度"的全局符号：

```
// 用户连接器命令文件
SECTIONS
{
    secureRamFuncs:   LOAD = FLASH, PAGE = 0
                      RUN = SECURE_RAM, PAGE = 0
                      LOAD_START(_secureRamFuncs_loadstart),
                      LOAD_SIZE(_secureRamFuncs_loadsize),
                      RSTART(_secureRamFuncs_runstart)
}
```

LOAD_START、LOAD_SIZE 和 RSTART 指令用于生成全局符号，注意全局符号前面下划线的使用（例如，_secureRamFuncs_runstart）。

3）主函数运行时将这个段从 FLASH 复制到 RAM 中。

```
extern unsigned int secureRamFuncs_loadstart;
extern unsigned int secureRamFuncs_loadsize;
extern unsigned int secureRamFuncs_runstart;
void main(void)
{
    // 复制 secureRamFuncs 段
    memcpy(&secureRamFuncs_runstart,
```

&secureRamFuncs_loadstart, (Uint32)&secureRamFuncs_loadsize);
InitFlash();   // 初始化片载 FLASH 寄存器
}

5. 全局常量连接到 RAM（DSP/BIOS 和非 DSP/BIOS 项目）

"常量"是 C 语言使用 const 定义的数据类型。CCS 编译后将所有常量放在".econst"段中（假定采用的是大存储模式）。尽管 F28x 采用的流水线操作加速了代码执行的时间，但流水线操作并不适合 FLASH 中数据常量的读取。FLASH 数据的读取会花费多个周期，根据 TI 官方手册提供的数据：系统频率为 150 MHz 需要 5 个周期，100 MHz 或 90 MHz 需要 3 个周期，80 MHz 或 60 MHz 需要 2 个周期，低于 50 MHz 需要 1 个周期。

对于经常访问的常量和常量表，可将其从 FLASH 加载到 RAM 中运行，在此介绍两种方法。

方法 1：从 RAM 中运行全部常量。

该方法将".econst"段所有内容调用至 RAM 中运行，其优点是应用便捷，缺点是占用过多的 RAM 空间。

1）非 DSP/BIOS 项目。

在 CMD 文件中指定".econst"段的载入和运行地址，然后在主函数中添加 memcpy()，从而实现将整个".econst"段复制到 RAM 中。例如：

```
// CMD 文件修改
SECTIONS
{
    .econst:   LOAD = FLASH, PAGE = 0
               RUN = RAM, PAGE = 1
               LOAD_START(_econst_loadstart),
               LOAD_SIZE(_econst_loadsize),
               RSTART(_econst_runstart)
}
//主函数运行时将".econst"段从 FLASH 复制到 RAM 中
extern unsigned int econst_loadstart;
extern unsigned int econst_loadsize;
extern unsigned int econst_runstart;
void main(void)
{
    // 复制".econst"段
    memcpy(&econst_runstart, &econst_loadstart, (Uint32)&econst_loadsize);
}
```

2）DSP/BIOS 项目。

DSP/BIOS 配置工具将".econst"段配置成不同的载入地址和运行地址，并不会生成内存复制操作的访问标签。在 DSP/BIOS 生成 CMD 之前，用户必须首先在 CMD 文件中连接".econst"段。

```
// CMD 文件(DSP/BIOS 项目)
SECTIONS
{
    // 优先连接".econst"段,必须在 DSP/BIOS 连接器命令文件被评估前执行
    .econst：  LOAD = FLASH, PAGE = 0
              RUN = RAM, PAGE = 1
              LOAD_START(_econst_loadstart),
              LOAD_SIZE(_econst_loadsize),
              RSTART(_econst_runstart)
}
```

为保证 CMD 文件的生成早于链接器命令文件,用户必须在 CCS 中指定连接顺序。以 CCS6 为例,打开 Project->Properties,选择 Build 目录中的连接顺序选项卡,然后单击 "Add…" 为 CMD 文件指定合适的顺序。注意,DSP/BIOS 生成的 CMD 文件将在文件选择列表中明确列出,应该选择 "$(GEN_ CMDS_ QUOTED)"(意思是 DSP/BIOS 生成的 .cmd 文件),最后将 ".econst" 段从其载入地址复制到运行地址。

```
// 主函数运行时将".econst"段从 FLASH 复制到 RAM 中
extern unsigned int econst_loadstart;
extern unsigned int econst_loadsize;
extern unsigned int econst_loadsize;
void main(void)
{
    // 复制".econst"段
    memcpy(&econst_runstart, &econst_loadstart, (Uint32)&econst_loadsize);
}
```

方法 2：RAM 中运行一个特定常量数组 (DSP/BIOS 项目和非 DSP/BIOS 项目均适用)。

该方法是有选择性地将常量从 FLASH 复制到 RAM 中。首先将选中的常量放置在一个已命名的段中,剩余操作的步骤与方法 1 类似,如示例所示：用户希望将名为 table[ ]的常量数组从 FLASH 复制到 RAM 中运行。

1) 使用 "DATA_SECTION pragma" 指令将 table[ ]放在一个名为 "ramconsts" 的用户自定义段中。

```
//C 语言源文件
#pragma DATA_SECTION(table, "ramconsts")
const int table[5] = {1,2,3,4,5};
void main(void)
{}
```

2) CMD 文件中将 "ramconsts" 段进行链接。

```
//  CMD 文件
SECTIONS
{
```

```
                    // 用户自定义段
        ramconsts:  LOAD = FLASH, PAGE = 0
                    RUN = RAM, PAGE = 1
                    LOAD_START(_ramconsts_loadstart),
                    LOAD_SIZE(_ramconsts_loadsize),
                    RSTART(_ramconsts_runstart)

        }
```

3) 最后运行时，table[ ]必须从其载入地址复制到运行地址。

```
    extern unsigned int ramconsts_loadstart;
    extern unsigned int ramconsts_loadsize;
    extern unsigned int ramconsts_runstart;
    void main(void)
    {  //初始化 ramconsts 段
       memcpy(&ramconsts_runstart, &ramconsts_loadstart, (Uint32)&ramconsts_loadsize);

    }
```

7.3.2　FLASH 应用的常见问题

问题 1：对 FLASH、OTP 是否可以逐字（16 bit）进行编程？

答：可以。不仅可以对 FLASH、OTP 逐字编程，甚至可以逐位编程。例如，我们可以对一个 16 bit 数据的 bit0 进行编程之后再对 bit1 编程。注意，编程算法不会对已编程的数据位进行二次编程。FLASH 可被擦除，OTP 不能被擦除。

问题 2：首次编程前，如何查看/更改 CCS6 中的片内 FLASH 设置？

答：在 CCS6 的菜单栏打开 Debug Active Project，进入 Debug 调试界面。为了在第一次编程之前查看/修改片上 FLASH 设置，请按照下列步骤操作：

从 C/C++ Projects 视图中，选择目标配置文件（.ccxml），右键单击并选择 Debug As-> Debug Session。这会启动该目标配置的调试功能并切换到 Debug 视图；或者在 C/C++视图中，从 "Target Configurations" 中，选择所需的目标配置文件（.ccxml），右键单击它，然后选择启动所选配置。

问题 3：使用 CCS 内的片上 FLASH 编程器（On Chip FLASH Programmer）进行编程时，收到一条错误，指示：Target Halted During Flash Operation。这是什么错误，如何产生？

答：这是由于在使用 FLASH 编程插件时设置了断点。如果设置了断点，则会在 FLASH 操作中出现 "FLASH API 错误#14" 或 "目标停止" 的 FLASH 操作中止消息。为了清除这些消息必须禁用所有断点。选择 Debug->Breakpoints，然后选择 "全部删除"，就可禁用任何断点。这也可以防止启用 "执行自动主要自动" 选项。另外可通过设置 Option->Customize 来关闭 Perform Go Main automatic 来实现。如果仍然收到错误，请重新启动 CCS 并尝试在执行其他操作之前对 FLASH 进行编程，以确保不会设置断点。

问题 4："File Not Found：Flash _ API _ Interface. c Would you like to locate this file?" ——这条消息是什么意思？

答：使用片上 FLASH 编程器（F28x On-Chip FLASH Programmer）时，总会跳出这条警

告。只需按 No 按钮即可，无须搜索该文件。不再显示该告警的步骤如下：

选择 Option -> Customize 菜单；

在编辑器属性选项上，不要选中 "Enable file browse while debugging"

问题 5：当执行某一个扇区中的程序时，可以对另外的扇区进行编程操作吗？

答：对 FLASH 进行编程时，无法对 FLASH 进行读取。

问题 6：FLASH 编程时是否可以运行中断程序？

答：在编程序列的关键部分，FLASH API 禁用所有中断；而在非关键时刻，中断被启用。在启用中断的时间段内，FLASH 和 OTP 处于安全状态，不可用于执行代码或读取数据。（API 代码的关键部分禁用中断。其中最长是擦除脉冲，为 3~4 ms。中断在这段时间内不会被响应，但外设功能保持不变。）

问题 7：将 FLASH API 库添加到项目中时，会生成警告。

例如，Warning：C:/myproject/Flash2808_API_V302. lib（. text）not found；Warning：C:/myproject/Flash2808_API_V302. lib（. econst）not found。为什么会发生这种情况？

答：将 FLASH API 库添加到项目中时，如果没有调用库，链接器会生成这些警告，因为库未被使用，所以找不到这些部分。一旦添加了库的调用（例如 Flash_Program，Flash_Erase），这些警告就会消失。

问题 8：FLASH API 库的源代码可用吗？

答：FLASH API 库本身不提供源代码。通过与 TI 签署特别法律协议，源代码只能用于审计。API 代码通过写入/擦除过程，在 TI 的生产测试流程得以使用。使用 API 正确处理FLASH 是非常重要的。这就是为什么 TI 提供 API，而不是客户自己动手去写。

问题 9：为什么擦除操作需要一些时间，每次运行擦除操作为什么时间有变化？擦除的最大时间是多少？

答：FLASH 擦除/编程操作与 FLASH 读取或 RAM 读/写操作完全不同。它们不能被视为具有 "固定" CPU 周期数。这是因为 FLASH 擦除操作有 4 个步骤。

1）Pre-compact：确保没有任意一位处于过擦除状态。

2）Clear：将扇区中的所有位写 0。

3）Erase：将扇区中的所有位写 1。

4）Compaction：纠正任何 "过擦除"（耗尽）位。

擦除是动态操作，受温度、硅龄、擦除代码量等因素影响，很难预测擦除扇区的最大时间。

7.4　代码安全模块 CSM 的应用

Code Security Module（CSM）代码安全模块，其作用是为代码提供保护，防止非法复制。当器件被保护时，只有来自受保护的存储空间的代码访问受保护存储空间中的数据，非保护的存储空间运行的代码则不允许访问被保护存储空间中的数据。

CSM 存放在 Code Security Password Locations 中，PWL 位于 FLASH 的 0x33 FFF8 ~ 0x33 FFFF 地址区间，即 CSM 只有 128 位。这 128 位密码只能保护 DSP 片上存储器表 7.1 所示的部分。

表 7.1　受 CSM 保护的片内资源

存储器名称	地 址 范 围	存储器名称	地 址 范 围
FLASH 配置寄存器	0x00 0A80~0x00 0A87	OTP	0x38 0000~0x38 07FF
L0 SARAM（4K×16）	0x00 8000~0x00 8FFF	L0 SARAM（4K×16），mirror	0x3F 8000~0x3F 8FFF
L1 SARAM（4K×16）	0x00 9000~0x00 9FFF	L1 SARAM（4K×16），mirror	0x3F 9000~0x3F 9FFF
L2 SARAM（4K×16）	0x00 A000~0x00 AFFF	L2 SARAM（4K×16），mirror	0x3F A000~0x3F AFFF
L3 SARAM（4K×16）	0x00 B000~0x00 BFFF	L3 SARAM（4K×16），mirror	0x3F B000~0x3F BFFF
FLASH	0x30 0000~0x33 FFFF		

CSM 分为加密和解密操作，使用时应特别注意以下几点：

1）FLASH 被擦除，PWL 中的数据为 0xFFFF，此时 DSP 芯片不受密码保护。

2）勿将这 128 位密码全都写为 0，否则 DSP 被锁死。

3）DSP 执行 FLASH 擦除操作时，切记勿将 DSP 复位重启，这样会在 PWL 区写入未知数。

4）注意，若希望将保存在 FLASH 中的代码调用至 RAM 空间运行，则此 RAM 空间必须为 L0~L3。

5）使用 CSM 时，0x33 FF80~0x33 FFF5 存储区不能被用于数据或程序空间，只能人为写入 0x0000。

7.4.1　加密及解锁操作

1. 加密操作

将密码嵌入程序中，与其他程序一起编译好后生成 .out 文件直接烧录。

方法 1：对 TI 提供的函数 DSP2833x_CSMPasswords.asm 进行修改，具体操作如下：

1）设置 8 个 16 位的密码直接写入 csmpasswds 段。

```
.sect "csmpasswds"
.int 0xXXXX    ;PWL0（LSW of 128-bit password）
.int 0xXXXX    ;PWL1
.int 0xXXXX    ;PWL2
.int 0xXXXX    ;PWL3
.int 0xXXXX    ;PWL4
.int 0xXXXX    ;PWL5
.int 0xXXXX    ;PWL6
.int 0xXXXX    ;PWL7（MSW of 128-bit password
.sect "csm_rsvd"
.loop（33FF80h - 33FFF5h + 1）
.int 0x0000
.endloop
```

其中，PWL0 表示 Key0，PWL1 表示 Key1，依次类推，将程序保存为 .asm 文件，添加到工程中。

2）将下面的语句加入 CMD 中。

```
MEMORY
{
    PAGE 0:
        CSM_PWL    : origin = 0x33FFF8, length = 0x000008        //PWL
}
SECTION
{
    csmpasswds        : > CSM_PWL    PAGE = 0
}
```

3）与其他文件一起编译，生成的 . out 文件直接烧录 DSP 即可。

方法 2：采用 C 语言编写加密代码，基本思想还是在 PWL 区写入预定的密码。本例假设所设定的 128 位密码是 AAAABBBBCCCCDDDD1111222233334444，编写函数 CSMLOCK( )。

```
void CSMLOCK( void)
{
    //CSM 状态控制寄存器 CSMSCR,其地址为 0x0AEF
    volatile INT16 * CSMSCR = ( volatile INT16 * )0x00AEF;
    volatile UINT16 * Passaddr;
    UINT16 i;
    Passaddr = ( UINT16 * ) 0x33FF80;                //将 0x33 FF80~0x33 FFF5 这部分清零
    for ( i = 0x0000; i < 0x76; i++)
    {
        * ( Passaddr + i) = 0x0;
    }
    //写密码到 PWL 寄存器,128 位密码分别占用 8 个字
    //0xAAAA 0xBBBB 0xCCCC 0xDDDD 0x1111 0x2222 0x3333 0x4444.
    asm(". sect csmpasswds ");
    asm(". WORD AAAAH,BBBBH,CCCCH,DDDDH,1111H,2222H,3333H,4444H ");
    asm(" . text ");
    EALLOW;
    * CSMSCR = 0x8000;//FORCESEC = 1
    EDIS;
}
```

其中，CSMSCR 为 CSM 状态控制寄存器，也是 CSM 唯一涉及的寄存器。Csmpasswds 是初始化自定义段，其实就是存放密码的 PWL 区，在 CMD 文件中加入方式与第 1 种方式相同。

2. 解锁操作

CSM 的解锁分两种途径：利用 CCS 的烧写插件或用户自行编辑代码。

1）使用烧写插件 F28xx On-Chip Programer，该方式实现可分成如下几个步骤：

① CCS 下打开 F28xx On-Chip Programer。

② 在 Code Security Password 区域中输入密码。

③ 单击 Unlock 即可解锁。

2）用户自行编辑解密代码。

这种方法无须手动介入，程序会自动解锁并完成升级，在 Boot 加载模式下经常用到。此外，由于密码依旧存放在代码中，因此保密性较强。使用这种方式进行芯片的解锁可按照如下步骤：

① 从 PWL 处伪读 128 位密码。

② 向 CSM 关键字寄存器（0x00 0AE0~0x00 0AE7）写入密码。

③ 若密码正确则 DSP 解锁，否则 DSP 状态不变。

图 7.24 为 CSM 解锁的软件流程图，CSM 解锁参考代码如 CSM_Unlock( )所示。

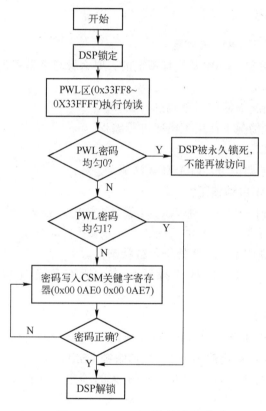

图 7.24　CSM 解锁软件流程图

```
void CSM_Unlock( )
{
    volatile int * CSM = (volatile int *)0x000AE0;        // CSM 寄存器
    volatile int * PWL = (volatile int *)0x0033FFF8;      // PWL 密码存储区
    volatile int tmp;
    int i;
    for (i=0; i<8; i++) tmp = * PWL++;                    // 读取 PWL(0x33 FFF8~0x33 FFFF)密码
    // 若 PWL 中的密码都为 1 则 DSP 解锁,否则需要将密码写入关键字寄存器
    asm(" EALLOW");                  // CSM 关键字寄存器受保护,修改需使用 EALLOW 和 EDIS
```

```
                // 将密码写入 KEY0(0xAE0)
    * CSM++ = 0xyyyy;
    * CSM++ = 0xyyyy;                                    // 将密码写入 KEY1(0xAE1)
    * CSM++ = 0xyyyy;                                    // 将密码写入 KEY2(0xAE2)
    * CSM++ = 0xyyyy;                                    // 将密码写入 KEY3(0xAE3)
    * CSM++ = 0xyyyy;                                    // 将密码写入 KEY4(0xAE4)
    * CSM++ = 0xyyyy;                                    // 将密码写入 KEY5(0xAE5)
    * CSM++ = 0xyyyy;                                    // 将密码写入 KEY6(0xAE6)
    * CSM++ = 0xyyyy;                                    // 将密码写入 KEY7(0xAE7)
    asm(" EDIS");
}
```

7.4.2　CSM 常见问题

问题 1：在哪些情况下 CSM 被锁定？

答：有 5 种不同的情况，CSM 要么是锁定的，要么看起来是锁定的：

1）密码匹配流没有完成。

2）CSM 在知情的情况下使用了密码进行编程。

3）CSM 在不知情的情况下使用了密码进行编程。

4）CSM 被写入全 0。

5）VDD3VFL 没有电源信号，FLASH 无法驱动。

问题 2：什么是 CSM 自动锁定？

答：若密码被写入 FLASH 中，那么 CSM 就会被锁定。若某一个应用程序解锁了这个设备，则可将 CSMSCR 寄存器中的 FORCESEC 位写 1 来强制重新锁定。

问题 3：CSM 为 0xFFFF，DSP 处于什么状态？

答：当设备出厂时，FLASH 处于擦除状态，所有位置（包括密码）都是 1（即0xFFFF）。

问题 4：密码多少位？

答：128 位密码，在 FLASH 中占 8 个连续的字。

问题 5：若 128 位密码被全部写为 0，如何解锁 CSM？

答：当全 0 被写入密码区时，这是一个永久的锁定，并且没有一种方法能擦除这个密码。

所以，不要将 128 位的全 0 作为密码。这将自动使设备锁定，无论 KEY 寄存器的内容如何，该设备无法调试，也无法重新编程。

问题 6：有什么办法能够擦除密码？

答：如果知道密码，那么可通过擦除扇区 A 来解锁 FLASH 和擦除密码。

问题 7：是否可以在不擦除扇区 A 的情况下擦除密码？

答：不可以。可以擦除的最小内存单位是一个扇区。

问题 8：在未锁定内存中运行的代码不能读/写锁定内存中的代码，为什么？

答：如果 CSM 被锁定，那么在锁定区域之外运行的代码无法读/写任何锁定的区域。必须解锁 CSM 或将代码移动到锁定区域。

问题 9：每当重置 CCS 后，CSM 都会锁定。这是故意行为吗？有解决办法吗？

答：是的。在开发过程中，很容易解决这个问题。

1）在 CSS 中为密码打开一个内存窗口。这将强制 CCS 在每次停止或重置时读取密码。如果密码位置被擦除（全 0xFFFF），那么这将解锁 CSM。

2）在 gel 文件中放置 Unlock_CSM( ) 函数，在 OnReset( ) 函数中调用 gel 文件，这样每次处理器重置时就会自动解锁 CSM。

```
OnReset(int nErrorCode)
{
    Unlock_CSM( );
}
```

问题 10：为了解锁 CSM，虚拟读取优先还是 KEY 寄存器的加载优先？

答：两者均可。TI 给出的参考指南指出要先对 PWL 进行虚拟读取，然后将密码写入 KEY 位置。但实际操作也会出现以相反顺序进行的例子（例如，加载 KEY 寄存器，然后对 PWL 进行虚拟读取）。

第8章 轻松玩转 DSP ——
数字电源的数学建模及 DSP 设计

8.1 数学建模基本方法

环路设计是电源模块设计的重点，电源模块很多性能均由环路来决定，目前在测试中只要涉及环路的更改，测试人员都很难对它的影响做出准确的判断。而主电路的小信号模型是环路设计的重点之一，准确地把握主电路的小信号模型对于把握环路更改所造成影响的分析很有帮助。目前小信号建模所采用的方法有基本交流小信号分析法、状态空间平均法、电路平均法和开关平均法。下面具体介绍每一种方法（以下的分析均建立在电流连续状态）。

8.1.1 基本交流小信号分析法

下面以 Buck – Boost 电路为例进行说明。Buck – Boost 变换器的电路结构如图 8.1 所示。

当开关管 S 导通时，电感电压与电容电流关系如下：

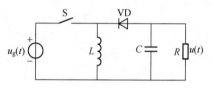

图 8.1 Buck–Boost 变换器的电路结构

$$\begin{cases} u_L(t) = L\dfrac{di(t)}{dt} = u_g(t) \\[2mm] i_C(t) = C\dfrac{du(t)}{dt} = -\dfrac{u(t)}{R} \end{cases} \tag{8.1}$$

当开关管 S 截止时，电感电压与电容电流关系如下：

$$\begin{cases} u_L(t) = L\dfrac{di(t)}{dt} = u(t) \\[2mm] i_C(t) = C\dfrac{du(t)}{dt} = -i(t) - \dfrac{u(t)}{R} \end{cases} \tag{8.2}$$

故在一个开关周期内，电感 L 的平均电压与电容 C 的平均电流为

$$\begin{cases} L\dfrac{di(t)}{dt} = d(t)u_g(t) + d'(t)u(t) \\[2mm] C\dfrac{du(t)}{dt} = -\dfrac{u(t)}{R} - d'(t)i(t) \end{cases} \tag{8.3}$$

同时一个开关周期内输入电流平均值为

$$i_g(s) = d(t)i(t) \tag{8.4}$$

式中，$d(t)$ 为一个开关周期的占空比；$d'(t) = 1 - d(t)$。

现在对上述方程组施以扰动，令瞬时值

$$\begin{cases} u_g(t)=U_g+\hat{u}_g(t) \\ d(t)=D+\hat{d}(t) \\ d'(t)=D'-\hat{d}(t) \\ i(t)=I+\hat{i}(t) \\ u(t)=U+\hat{u}(t) \end{cases} \tag{8.5}$$

其中，$\hat{u}_g(t)\ll U_g$，$\hat{d}(t)\ll D$，$\hat{i}(t)\ll I$，$\hat{u}(t)\ll U$，将式（8.5）代入式（8.3）、式（8.4），有

$$\begin{cases} L\dfrac{\mathrm{d}(I+\hat{i}(t))}{\mathrm{d}t}=(DU_g+D'U)+[D\hat{u}_g(t)+D'\hat{u}(t) \\ \qquad\qquad -(U_g-U)\hat{d}(t)]+d'(t)[\hat{u}_g(t)-\hat{u}(t)] \\ C\dfrac{\mathrm{d}(U+\hat{u}(t))}{\mathrm{d}t}=\left(-D'I-\dfrac{U}{R}\right)+\left(-D'\hat{i}(t)-\dfrac{\hat{u}(t)}{R}+I\hat{d}(t)\right)+\hat{d}(t)\hat{i}(t) \\ I+i(t)=DI+(D\hat{i}(t)+I\hat{d}(t))+\hat{d}(t)\hat{i}(t) \end{cases} \tag{8.6}$$

忽略式（8.6）中的二次项，同时 $DU_g+D'U=0, -D'I-\dfrac{U}{R}=0, I=DI$，得

$$\begin{cases} L\dfrac{\mathrm{d}\hat{i}(t)}{\mathrm{d}t}=D\hat{u}_g(t)+D'\hat{u}(t)-(U_g-U)\hat{d}(t) \\ C\dfrac{\mathrm{d}(U+\hat{u}(t))}{\mathrm{d}t}=-D'\hat{i}(t)-\dfrac{\hat{u}(t)}{R}+I\hat{d}(t) \\ i(t)=D\hat{i}(t)+I\hat{d}(t) \end{cases} \tag{8.7}$$

由式（8.7）可得到如图 8.2 所示的 Buck-Boost 变换器小信号模型。

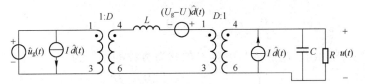

图 8.2　Buck-Boost 小信号模型

8.1.2　状态空间平均法

下面仍以 Buck-Boost 变换器为例进行说明（电路图如图 8.1 所示）。

状态方程如式（8.8）所示：

$$\begin{cases} \boldsymbol{K}\dfrac{\mathrm{d}\boldsymbol{x}(t)}{\mathrm{d}t}=\boldsymbol{A}\boldsymbol{x}(t)+\boldsymbol{B}\boldsymbol{u}(t) \\ \boldsymbol{y}(t)=\boldsymbol{C}\boldsymbol{x}(t)+\boldsymbol{E}\boldsymbol{u}(t) \end{cases} \tag{8.8}$$

式中，$\boldsymbol{x}(t)$ 为状态变量；$\boldsymbol{y}(t)$ 为输出变量；$\boldsymbol{u}(t)$ 为输入变量；$\boldsymbol{A}$、$\boldsymbol{B}$、$\boldsymbol{C}$、$\boldsymbol{E}$ 为系数矩阵。

一般选择电感电流 $i(t)$ 与电容电压 $u(t)$ 作为状态变量，即 $\boldsymbol{x}(t)=\begin{bmatrix} i(t) \\ u(t) \end{bmatrix}$，输入变量

$\boldsymbol{u}(t)=\left[u_{\mathrm{g}}(t)\right]$，输出变量选择为 $\boldsymbol{y}(t)=\left[i_{\mathrm{g}}(t)\right]$。

当开关管导通时，有如下的等式：

$$
\begin{cases}
u_{\mathrm{L}}(t)=L\dfrac{\mathrm{d}i(t)}{\mathrm{d}t}=u_{\mathrm{g}}(t) \\[2mm]
i_{\mathrm{C}}(t)=C\dfrac{\mathrm{d}u(t)}{\mathrm{d}t}=-\dfrac{u(t)}{R} \\[2mm]
i_{\mathrm{g}}(t)=i(t)
\end{cases}
\tag{8.9}
$$

式（8.9）可写成如下的状态方程：

$$
\begin{cases}
\underbrace{\begin{bmatrix} L & 0 \\ 0 & C \end{bmatrix}}_{K}\dfrac{\mathrm{d}}{\mathrm{d}t}\begin{bmatrix} i(t) \\ u(t) \end{bmatrix}=\underbrace{\begin{bmatrix} 0 & 0 \\ 0 & -\dfrac{1}{R} \end{bmatrix}}_{A_1}\begin{bmatrix} i(t) \\ u(t) \end{bmatrix}+\underbrace{\begin{bmatrix} 1 \\ 0 \end{bmatrix}}_{B_1}\left[u_{\mathrm{g}}(t)\right] \\[6mm]
\left[i_{\mathrm{g}}(t)\right]=\underbrace{\begin{bmatrix} 1 & 0 \end{bmatrix}}_{C_1}\begin{bmatrix} i(t) \\ u(t) \end{bmatrix}+\underbrace{\begin{bmatrix} 0 \end{bmatrix}}_{E_1}\left[u_{\mathrm{g}}(t)\right]
\end{cases}
\tag{8.10}
$$

当开关管截止时

$$
\begin{cases}
u_{\mathrm{L}}(t)=L\dfrac{\mathrm{d}i(t)}{\mathrm{d}t}=u(t) \\[2mm]
i_{\mathrm{C}}(t)=C\dfrac{\mathrm{d}u(t)}{\mathrm{d}t}=-i(t)-\dfrac{u(t)}{R} \\[2mm]
i_{\mathrm{g}}(t)=0
\end{cases}
\tag{8.11}
$$

式（8.11）写成如下的状态方程：

$$
\begin{cases}
\underbrace{\begin{bmatrix} L & 0 \\ 0 & C \end{bmatrix}}_{K}\dfrac{\mathrm{d}}{\mathrm{d}t}\begin{bmatrix} i(t) \\ u(t) \end{bmatrix}=\underbrace{\begin{bmatrix} 0 & 1 \\ -1 & -\dfrac{1}{R} \end{bmatrix}}_{A_2}\begin{bmatrix} i(t) \\ u(t) \end{bmatrix}+\underbrace{\begin{bmatrix} 0 \\ 0 \end{bmatrix}}_{B_2}\left[u_{\mathrm{g}}(t)\right] \\[6mm]
\left[i_{\mathrm{g}}(t)\right]=\underbrace{\begin{bmatrix} 0 & 0 \end{bmatrix}}_{C_2}\begin{bmatrix} i(t) \\ u(t) \end{bmatrix}+\underbrace{\begin{bmatrix} 0 \end{bmatrix}}_{E_2}\left[u_{\mathrm{g}}(t)\right]
\end{cases}
\tag{8.12}
$$

故在一个开关周期内，电感 L 与电容 C 的状态方程的系数为

$$
\begin{cases}
\boldsymbol{A}=D\boldsymbol{A}_1+D'\boldsymbol{A}_2=\begin{bmatrix} 0 & D' \\ -D' & \dfrac{1}{R} \end{bmatrix} \\[6mm]
\boldsymbol{B}=D\boldsymbol{B}_1+D'\boldsymbol{B}_2=\begin{bmatrix} D \\ 0 \end{bmatrix} \\[6mm]
\boldsymbol{C}=D\boldsymbol{C}_1+D'\boldsymbol{C}_2=\begin{bmatrix} D \\ 0 \end{bmatrix} \\[6mm]
\boldsymbol{E}=D\boldsymbol{E}_1+D'\boldsymbol{E}_2=\begin{bmatrix} 0 \\ 0 \end{bmatrix}
\end{cases}
$$

同基本的小信号分析法中一样，对状态方程施以扰动，得

$$\begin{cases} K\dfrac{\mathrm{d}\hat{\boldsymbol{x}}(t)}{\mathrm{d}t}=A\hat{\boldsymbol{x}}(t)+B\hat{\boldsymbol{u}}(t)+\{(\boldsymbol{A}_1-\boldsymbol{A}_2)\boldsymbol{X}+(\boldsymbol{B}_1-\boldsymbol{B}_2)\boldsymbol{U}\}\hat{d}(t) \\ \hat{\boldsymbol{y}}(t)=\boldsymbol{C}\hat{\boldsymbol{x}}(t)+\boldsymbol{E}\hat{\boldsymbol{u}}(t)+\{(\boldsymbol{C}_1-\boldsymbol{C}_2)\boldsymbol{X}+(\boldsymbol{E}_1-\boldsymbol{E}_2)\boldsymbol{U}\}\hat{d}(t) \end{cases} \tag{8.13}$$

其中：

$$\begin{cases} (\boldsymbol{A}_1-\boldsymbol{A}_2)\boldsymbol{X}+(\boldsymbol{B}_1-\boldsymbol{B}_2)\boldsymbol{U}=\begin{bmatrix} -U \\ I \end{bmatrix}+\begin{bmatrix} U_g \\ 0 \end{bmatrix}=\begin{bmatrix} U_g-U \\ I \end{bmatrix} \\ (\boldsymbol{C}_1-\boldsymbol{C}_2)\boldsymbol{X}+(\boldsymbol{E}_1-\boldsymbol{E}_2)\boldsymbol{U}=[I] \end{cases}$$

故式 (8.13) 为

$$\begin{cases} \underbrace{\begin{bmatrix} L & 0 \\ 0 & C \end{bmatrix}}_{K}\dfrac{\mathrm{d}}{\mathrm{d}t}\begin{bmatrix} \hat{i}(t) \\ \hat{u}(t) \end{bmatrix}=\underbrace{\begin{bmatrix} 0 & D \\ -D' & -\dfrac{1}{R} \end{bmatrix}}_{A_2}\begin{bmatrix} \hat{i}(t) \\ \hat{u}(t) \end{bmatrix}+\underbrace{\begin{bmatrix} D \\ 0 \end{bmatrix}}_{B_2}[u_g(t)]+\begin{bmatrix} U_g-U \\ I \end{bmatrix}\hat{d}(t) \\ [i_g(t)]=\underbrace{[D \quad 0]}_{C_2}\begin{bmatrix} i(t) \\ u(t) \end{bmatrix}+\underbrace{\begin{bmatrix} 0 \\ 0 \end{bmatrix}}_{E_2}[u_g(t)]+[I]\hat{d}(t) \end{cases} \tag{8.14}$$

故有

$$\begin{cases} L\dfrac{\mathrm{d}\hat{i}(t)}{\mathrm{d}t}=D'\hat{u}(t)+D\hat{u}_g(t)+(U_g-U)\hat{d}(t) \\ C\dfrac{\mathrm{d}\hat{u}(t)}{\mathrm{d}t}=-D'\hat{i}(t)-\dfrac{\hat{u}(t)}{R}+I\hat{d}(t) \\ \hat{i}_g(t)=D\hat{i}(t)+I\hat{d}(t) \end{cases} \tag{8.15}$$

由式 (8.15) 得 Buck-Boost 的小信号模型, 如图 8.2 所示。

8.1.3 电路平均法

电路平均的关键步骤是用一个受控电压源或受控电流源来代替电路中的功率开关元器件。以 Boost 变换器为例进行说明, Boost 电路如图 8.3 所示。

将电路中的点画线框部分 (功率开关元件) 用一个二端口网络来代替, 其电路如图 8.4 所示。

因为 $i_1(t)=i(t)$, $u_2(t)=u(t)$, 所以选择 $u_1(t)$ 为受控电压源, $i_2(t)$ 为受控电流源, 电路图如图 8.5 所示。

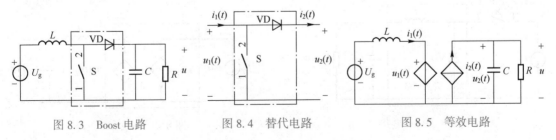

图 8.3 Boost 电路　　　图 8.4 替代电路　　　图 8.5 等效电路

在一个开关周期内, $u_1(t)$ 与 $i_2(t)$ 的平均值为

$$\begin{cases} u_1(t)=d'(t)u(t) \\ i_2(t)=d'(t)i(t) \end{cases} \tag{8.16}$$

现在对上述方程组施以扰动,将式(8.5)代入式(8.16),并忽略二次项有

$$\begin{cases} \hat{u}_1(t)=-\hat{d}(t)U+D'\hat{u}(t) \\ \hat{i}_2(t)=-\hat{d}'(t)I+D'\hat{i}(t) \end{cases} \tag{8.17}$$

由式(8.17)可得 Boost 变换器的小信号模型,如图 8.6 所示。

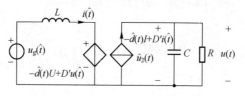

图 8.6 小信号模型

进一步变换,即可得到如图 8.7 所示等效小信号模型。

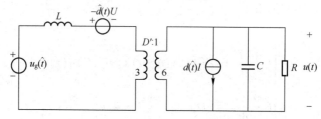

图 8.7 等效小信号模型

8.1.4 开关平均法

开关平均法与电路平均法基本相似。

开关平均法是将主电路拓扑分成两个部分:一个部分是开关网络,另一个部分是除开关网络以外的部分(时不变网络)。采用开关平均法,在一个工作周期内平均的是开关网络,而时不变网络不需要平均,因此只需要用平均模型代替开关网络即可。下面以 Buck 变换器为例进行说明,Buck 电路如图 8.8 所示。

仍选择 $i_1(t)$ 与 $u_2(t)$ 作为开关网络(二端口网络)的独立的终端变量,即得到如图 8.9 的电路图。

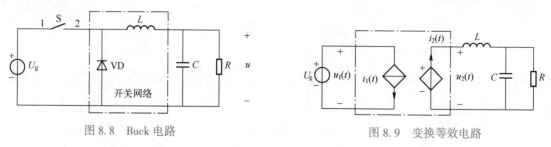

图 8.8 Buck 电路

图 8.9 变换等效电路

在一个开关周期内,$i_1(t)$ 与 $u_2(t)$ 的平均值为

$$\begin{cases} i_1(t) = d(t)i(t) \\ u_2(t) = d(t)u_g(t) \end{cases} \tag{8.18}$$

现在对上述方程组施以扰动，将式（8.5）代入式（8.18），并忽略二次项有

$$\begin{cases} \hat{i}_1(t) = \hat{d}(t)I + D\hat{i}(t) \\ \hat{u}_2(t) = \hat{d}(t)U_g + D\hat{u}_g(t) \end{cases} \tag{8.19}$$

由式（8.17）可得 Buck 变换器的小信号模型，如图 8.10 所示。

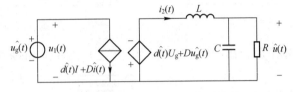

图 8.10　Buck 变换器的小信号模型

进一步变换，即可得到如图 8.11 所示等效小信号模型。

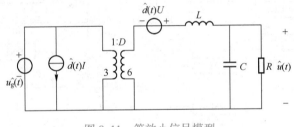

图 8.11　等效小信号模型

1）上述几种小信号分析方法，都忽略了开关周期内的高频纹波，而采用的是一个开关周期内的平均值来代替。

2）基本交流小信号分析法是以电感电压与电容电流在一个开关周期内的平均值来分析与设计的，其思路明确，方法简单，对于电感与电容元件比较少的场合比较适用。目前也是我们进行小信号分析最常用的方法。

3）状态空间平均分析法是以状态方程的形式出现的，看似复杂，但是适合于比较复杂的电路模型，也适于使用计算机来辅助分析与设计。

4）电路平均与开关平均的方法相似，方法简单，适用于开关元件比较少的场合。

8.2　数字化同步 Buck 电路的研究

Buck（降压）和 Boost（升压）电路是应用在非隔离 DC-DC 中最常用的拓扑结构，大多数功率转换器拓扑可以认为是由这两种转换器组成的等效电路。因此，这两个电路的分析和控制器设计非常典型。同步变换器因其具有较高的效率、较小的体积和较简单的结构，在很多场合得以广泛应用。常见的同步控制方式分为模拟和数字两类。模拟控制技术是通过小信号分析法得到线性方程，并以此为基础进行补偿网络的设计，使系统达到稳态。但模拟控制受噪声影响较大，电路设计复杂，很难获得最优的动态响应。数字控制方式可有效弥补这些缺陷。

8.2.1　数学建模

如图 8.12 所示为传统结构的 Buck 电路，用 MOSFET 替换二极管，将传统的 Buck 电路变为如图 8.13 所示同步 Buck 拓扑。这种方式可降低导通损耗。同步电路的控制需要一对互补且加入死区的 PWM。

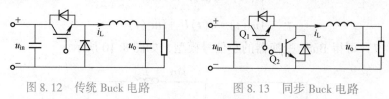

图 8.12　传统 Buck 电路　　　　图 8.13　同步 Buck 电路

如图 8.14 所示为本节所提出的以 F28335 为主控芯片的同步 Buck 电路系统框图。

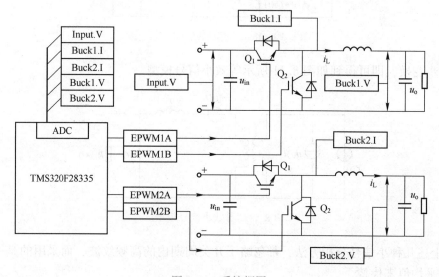

图 8.14　系统框图

令输入电压为 u_{in}；输出电压为 u_o；电感电流为 i_L，电阻负载为 R；电感为 L；输出电容为 C；占空比为 d。则进行数学建模如下：

当 Q_1 开通时，可得

$$\begin{cases} L\dfrac{\mathrm{d}i_L}{\mathrm{d}t} = u_{in} - u_o \\ C\dfrac{\mathrm{d}u_o}{\mathrm{d}t} = i_L - \dfrac{u_o}{R} \end{cases} \qquad (8.20)$$

当 Q_1 断开时，可得

$$\begin{cases} L\dfrac{\mathrm{d}i_L}{\mathrm{d}t} = -u_o \\ C\dfrac{\mathrm{d}u_o}{\mathrm{d}t} = i_L - \dfrac{u_o}{R} \end{cases} \qquad (8.21)$$

在每个切换周期中，通过将式（8.20）和式（8.21）与加权平均原则进行组合，得到

322

$$\begin{cases} L\dfrac{\mathrm{d}i_{\mathrm{L}}}{\mathrm{d}t}=du_{\mathrm{in}}-u_{\mathrm{o}} \\ C\dfrac{\mathrm{d}u_{\mathrm{o}}}{\mathrm{d}t}=i_{\mathrm{L}}-\dfrac{u_{\mathrm{o}}}{R} \end{cases} \tag{8.22}$$

因此，等式（8.23）显示了稳定状态下降压电路的平均占空比。

$$d_{\mathrm{avg}}=\frac{u_{\mathrm{o}}}{u_{\mathrm{in}}} \tag{8.23}$$

在非常短的时间范围内，考虑到 d、i_{L} 和 u_{o} 作为固定值，通过将小信号 $\hat{d}$、$\hat{i}_{\mathrm{L}}$ 和 $\hat{u}_{\mathrm{o}}$ 代入式（8.21），可以得到小信号函数的降压斩波电路等式（8.24）。

$$\begin{cases} L\dfrac{\mathrm{d}\hat{i}_{\mathrm{L}}}{\mathrm{d}t}=(d+\hat{d})u_{\mathrm{in}}-(u_{\mathrm{o}}+\hat{u}_{\mathrm{o}}) \\ C\dfrac{\mathrm{d}\hat{u}_{\mathrm{o}}}{\mathrm{d}t}=(i_{\mathrm{L}}+\hat{i}_{\mathrm{L}})-\dfrac{(u_{\mathrm{o}}+\hat{u}_{\mathrm{o}})}{R} \end{cases} \tag{8.24}$$

假设 $\hat{d}=0$ 和 $\hat{u}_{\mathrm{o}}=0$，则
$$\begin{cases} L\dfrac{\mathrm{d}\hat{i}_{\mathrm{L}}}{\mathrm{d}t}=\hat{d}u_{\mathrm{in}} \\ C\dfrac{\mathrm{d}\hat{u}_{\mathrm{o}}}{\mathrm{d}t}=\hat{i}_{\mathrm{L}}-\dfrac{\hat{u}_{\mathrm{o}}}{R} \end{cases} \tag{8.25}$$

因此，等式（8.26）显示了从占空比 d 到电感电流 i_{L} 的小信号模型传递函数：

$$G_{\mathrm{di}}(s)=\frac{\hat{i}_{\mathrm{L}}(s)}{\hat{d}(s)}=\frac{u_{\mathrm{in}}}{Ls} \tag{8.26}$$

等式（8.27）表示出了从占空比 d 到输出电压 u_{o} 的传递函数：

$$G_{\mathrm{du}}(s)=\frac{\hat{u}_{\mathrm{o}}}{\hat{d}(s)}=\frac{Ru_{\mathrm{in}}}{Ls(RCs+1)} \tag{8.27}$$

方程式（8.26）可以用于电流模式的电流环路设计，方程式（8.27）可用于电压模式控制器设计。

8.2.2　控制器设计

1. 电压模式控制器设计

电压模式控制通过单个输出电压环路控制输出电压，图 8.15 所示为电压模式闭环控制框图。

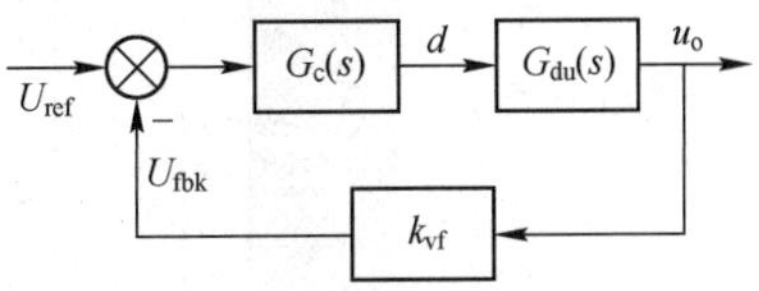

开环传递函数为

图 8.15　电压模式控制框图

$$G_{\mathrm{open}}=G_{\mathrm{c}}(s)G_{\mathrm{du}}(s)k_{\mathrm{vf}} \tag{8.28}$$

其中，$G_{\mathrm{c}}(s)$ 为闭环控制器；k_{vf} 为电压采样比。

由式（8.28）可看出，$G_{\mathrm{du}}(s)$ 受一个低频极点的影响，该极点可减慢带宽并降低相位裕度。为减少这个极点的影响，可增加一个零点来抵消，如式（8.29）所示。

$$G_c(s) = \frac{K(s+a)(s+b)}{s(s+c)} \qquad (8.29)$$

$a = \dfrac{1}{RC}$ 为 $G_{du}(s)$ 用来抵消该极点的零点；b 为补偿相位的高频零点；c 为降低高频噪声的高频极点。此外还需一个积分环节来减少系统静态误差。

相关参数见表 8.1。

表 8.1 系统参数

参 数	大 小	参 数	大 小
系统开关频率 f_{sw}	300 kHz	电阻负载 R	8 Ω
滤波电感 L	33 μH	输出电压 u_o	14 V
输出电容 C	450 μF	电压采样比 k_{vf}	0.055
输入电压 u_{in}	24 V		

代入式（8.29）可得如式（8.30）所示的闭环控制器。

$$G_c(s) = \frac{5\left(s+\dfrac{1}{RC}\right)(s+4500)}{s(s+35000)} = \frac{5(s+322)(s+4500)}{s(s+35000)} \qquad (8.30)$$

开环系统的频率响应如图 8.16 所示。相位裕量约为 50°，因此系统稳定。此外，带宽约为 12300rad/s，可以确保动态响应。

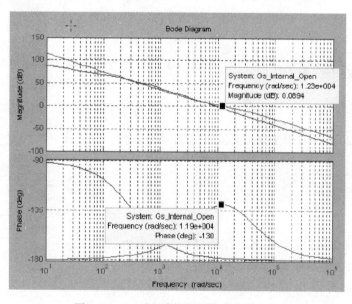

图 8.16　Buck 电路的电压模式开环响应

2. 电流模式控制器设计

该模式采用双闭环设计来调节输出电压，如图 8.17 所示。

由图 8.17 可得内环的开环传递函数：

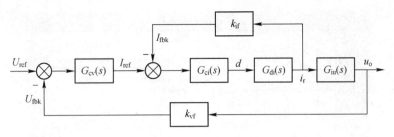

图 8.17　电流模式控制框图

$$G_{\text{open-i}} = G_{\text{ci}}(s)G_{\text{di}}(s)k_{\text{if}} \qquad (8.31)$$

其中，$G_{\text{di}}(s)$ 为占空比与电感电流之间的传递函数。

式（8.32）为 PI 控制器，增加的高频极点可降低系统的高频噪声。

$$G_{\text{ci}}(s) = \frac{K(s+b)}{s(s+a)} \qquad (8.32)$$

若内环调节力度足够快，则可视为比例调节。外环也可设计为 PI 控制器。

$$G_{\text{cv}}(s) = \frac{K(s+b')}{s(s+a')} \qquad (8.33)$$

依旧采用表 8.1 所示的参数得到如式（8.34）所示的闭环控制器，进一步可得到如图 8.18 和图 8.19 所示的内部开环频率响应和外部开环频率响应。

$$\begin{cases} G_{\text{ci}}(s) = \dfrac{20000(s+20000)}{s(s+140000)} \\[3mm] G_{\text{cv}}(s) = \dfrac{200000(s+2500)}{s(s+15000)} \end{cases} \qquad (8.34)$$

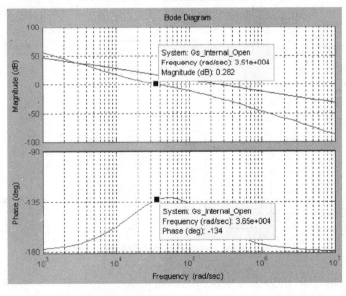

图 8.18　内部开环频率响应

3. HRPWM 应用

若采用 300 kHz 开关频率，对于 150 MHz 系统时钟的 CPU，每个时钟的 PWM 占空比为

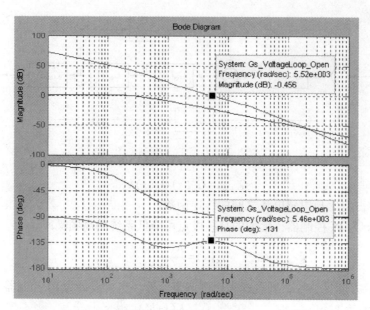

图 8.19　外部开环频率响应

0.2%。如果输入电压为 24 V，则控制器的电压调节步长约为 0.05 V，无法对输出电压进行精细控制。因此高开关频率场合需要使用 HRPWM 功能。

如图 8.20 所示为 HRPWM 模块框图，HRPWM 使用 TBPHSHR、CMPAHR 和 TBPRDHR 这三个寄存器在单个 CPU 时钟周期内对 PWM 边沿进行微调。单个 CPU 时钟时间可以分为几个 MEP 步长。典型的 MEP 步长为 150 ps。CMPAHR 用于产生高分辨率占空比。

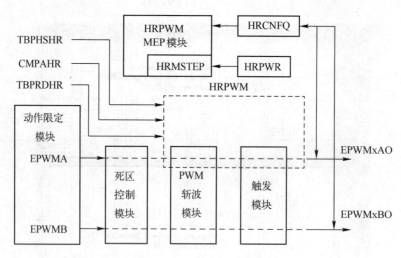

图 8.20　HRPWM 模块框图

有两种计算 CMPAHR 的方法（假设占空比为 d）。

方法 1：采用软件方式。

CMPA = d * TBPRD;

CMPAHR = (frac(d * TBPRD) * MEP_ScaleFactor+0.5)≪8;

MEP_ScaleFactor 需调用 TI 函数库 SFO()，该变量会及时更新。

方法 2：采用自动转换方式；软件计算占空比的小数，硬件则自动完成剩余操作。这种模式下需调用 SFO() 函数来计算 MEP_ScaleFactor。即

$$CMPA = d * TBPRD;$$
$$CMPAHR = frac(d * TBPRD \ll 8);$$

8.2.3 实验结果

电压模式下的测试波形如图 8.21 所示。

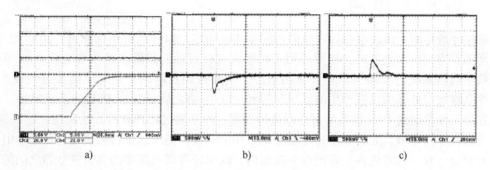

图 8.21　电压模式下的测试波形

a）Buck 电压模式下的软启动　b）Buck 电压模式下突加载波形　c）Buck 电压模式下突卸载波形

电流模式下的测试波形如图 8.22 所示。

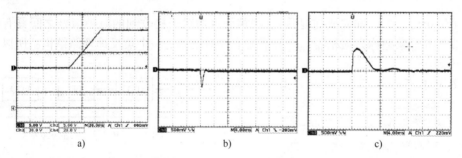

图 8.22　电流模式下的测试波形

a）Buck 电流模式下的软启动　b）Buck 电流模式下突加载波形　c）Buck 电流模式下突卸载波形

第9章　轻松玩转 DSP ——数字锁相环的 DSP 设计

锁相环（PLL）是指一种电路或者模块，其作用是对接收到的信号进行处理，并从其中提取某个时钟的相位信息；或者说对于接收到的信号，仿制一个时钟信号，使得这两个信号从某种角度来看是同步的。

9.1　数字锁相环概述

锁相环最早用于改善电视接收机的行同步和帧同步，以提高抗干扰能力。20 世纪 50 年代后期随着空间技术的发展，锁相环用于对宇宙飞行目标的跟踪、遥测和遥控。60 年代初随着数字通信系统的发展，锁相环应用愈广，例如在调制解调、建立位同步等领域。DSP 的时钟电路就将外部的晶振产生的低频时钟经 PLL 电路之后倍频成 DSP 的系统时钟，只不过这部分工作是通过 DSP 相关的寄存器进行设置，而非通过用户软件算法实现。

近来在工控领域，尤其在多逆变器并联工作的时候，需要保证各台逆变器所输出电压的幅值和相位一致，或者说在一定的误差范围内，既保证并联系统中的各台逆变器之间的环流达到指标要求，又保证各台逆变器所承担的功率尽可能一致，这就需要软件的相关算法去考虑 PLL 模块的设计。

9.1.1　锁相环的工作原理

由于锁定情形下（即完成捕捉后），跟踪信号相对于接收到的时钟信号之间具有固定的相差，故将其形象地称为锁相器。一般情况下，锁相器是一个负反馈环路结构，所以一般称为锁相环。

如图 9.1 所示，锁相环通常由鉴相器（Phase Detector，PD）、环路滤波器（Loop Filter，LF）和压控振荡器（Voltage Controlled Qscillator，VCO）三部分组成。

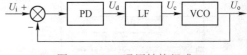

图 9.1　PLL 通用结构组成

锁相环中的鉴相器又称为相位比较器，它的作用是检测输入信号 U_i 和输出信号 U_o 的相位差，并将检测出的相位差信号转换成 U_d 电压信号输出，该信号经低通滤波器滤波后形成压控振荡器的控制电压 U_c，对振荡器输出信号的频率实施控制。

1. 鉴相器

锁相环中的鉴相器通常由模拟乘法器组成，利用模拟乘法器组成的鉴相器如图 9.2 所示。

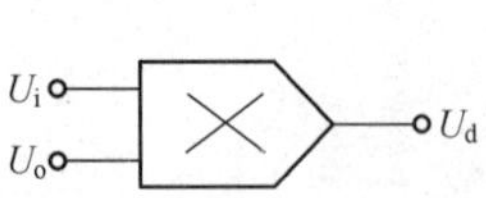

设

图 9.2　模拟乘法器结构

$$\begin{cases} U_i(t) = U_{im}\sin[\omega_i t + \theta_i(t)] \\ U_o(t) = U_{om}\sin[\omega_o t + \theta_o(t)] \end{cases}$$

则

$$U_{\mathrm{d}}(t) = U_{\mathrm{i}}(t)\,U_{\mathrm{o}}(t) = U_{\mathrm{im}}U_{\mathrm{om}}\sin\big[\,\omega_{\mathrm{i}}t+\theta_{\mathrm{i}}(t)\,\big]\sin\big[\,\omega_{\mathrm{o}}t+\theta_{\mathrm{o}}(t)\,\big] \tag{9.1}$$

进一步整理得

$$U_{\mathrm{d}}(t) = \frac{1}{2}U_{\mathrm{im}}U_{\mathrm{om}}\big\{\sin\big[\,(\omega_{\mathrm{i}}-\omega_{\mathrm{o}})t+\theta_{\mathrm{i}}(t)-\theta_{\mathrm{o}}(t)\,\big]+\sin\big[\,(\omega_{\mathrm{i}}+\omega_{\mathrm{o}})t+\theta_{\mathrm{i}}(t)+\theta_{\mathrm{o}}(t)\,\big]\big\} \tag{9.2}$$

2. 环路滤波器

环路滤波器通常为低通滤波器，主要作用是将鉴相器产生的"和频信号"滤除，其目的是为了得到输入和输出信号之间的相位夹角。因此有

$$U_{\mathrm{c}}(t) = \frac{1}{2}U_{\mathrm{im}}U_{\mathrm{om}}\sin\big[\,(\omega_{\mathrm{i}}-\omega_{\mathrm{o}})t+\theta_{\mathrm{i}}(t)-\theta_{\mathrm{o}}(t)\,\big] \tag{9.3}$$

3. 压控振荡器

如图 9.3 所示，将经环路滤波器之后输出的相角差 $U_{\mathrm{c}}(t)$ 在基频 ω_0 上开始调节，硬件上相当于积分环节。

VCO 输出作为鉴相器的输入构成负反馈：当式（9.4）等于零时，即输入和输出的频率和初始相位保持恒定不变的状态，$U_{\mathrm{c}}(t)$ 为恒定值，意味着锁相环进入相位锁定状态；当式（9.4）不等于零时，输入和输出的频率不等，$U_{\mathrm{c}}(t)$ 随时间变化，导致压控振荡器的振荡频率也随时间变化，锁相环进入"频率牵引"，自动跟踪输入频率，直至进入锁定状态。

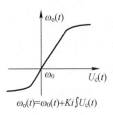

$$\omega_{\mathrm{o}}(t)=\omega_0(t)+Ki\!\int\! U_{\mathrm{c}}(t)$$

图 9.3　VCO 工作原理

$$\frac{\mathrm{d}\theta_{\mathrm{d}}}{\mathrm{d}t} = (\omega_{\mathrm{i}}-\omega_{\mathrm{o}}) + \frac{\mathrm{d}\big[\,\theta_{\mathrm{i}}(t)-\theta_{\mathrm{o}}(t)\,\big]}{\mathrm{d}t} \tag{9.4}$$

9.1.2　锁相环的数学建模

上面我们知道了锁相环的每一部分的主要作用，为了能够用软件实现，需要将各个模块进行数学建模，提炼出我们熟悉的控制模型。

1. 鉴相器

鉴相器的作用是比较输入信号与输出信号的相位，同时输出一个对应于两信号相位差的误差电压，为了反映其快速性，使用一个比例环节就足够了，如图 9.4 所示。

2. 环路滤波器

环路滤波器可看作是模拟系统中的滤波电路，其作用是消除误差电压中的高频分量和系统噪声。为保证环路所要求的性能和稳定性，也就是说，要尽可能地消除鉴相器所输出的静差。因此误差调节器不能简单地设计成一个比例调节器，如图 9.5 所示，可以采用经典 PI 控制。

3. 压控振荡器

压控振荡器是一种电压/频率变换装置。由于前两个环节输出的是频率，而对于最终的输出，我们需要的是瞬时相位，而不是瞬时频率，需要对 $\omega_0 t$ 进行积分而得到相位信息，因此该环节相当于一个积分环节，如图 9.6 所示。此外，还应该考虑限制频率变化速度的环节，在此我们用 PhaseRate 来表示每次调频时规定的频率最高的调节值。

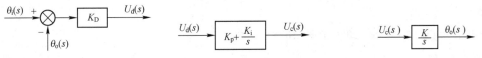

图 9.4　鉴相器数学模型　　　图 9.5　环路滤波器数学模型　　　图 9.6　压控振荡器数学模型

9.2 基于旋转坐标系的三相锁相环的算法分析

9.2.1 旋转矢量生成原理

采用空间坐标系变换，ABC 坐标系下的三相系统可以变换到 $\alpha\beta$ 两相坐标系下，如图 9.7 所示。对应三相正弦电压的空间电压矢量的顶点运动轨迹是一个圆，圆的半径为相电压幅值的 1.5 倍，空间矢量以角速度 ω 逆时针方向匀速旋转。对旋转矢量在 α 轴和 β 轴投影进行反余切变换，可以得到旋转矢量角 θ。

当三相输入电压完全平衡时，根据正弦电压经 Park 变换得到的空间矢量的轨迹来确定输入电压相位，可以完全做到一一对应；若三相电网电压严重不对称，例如，ABC 三相电压有效值之间互差 20% 时，这时采样三相电压计算得到的旋转矢量相角与实际 A 相电压相角差最大时相差 3.8°，对于功率因数校正电路，其所引起的功率因数差只有 0.2%。

如图 9.8 所示，$\dot{U}_{\text{ref}}$ 为参考电压矢量（通过三相坐标系经坐标系变换后得到），θ_{ref} 为 $\dot{U}_{\text{ref}}$ 的矢量角，$\dot{U}_{\text{des}}$ 为期望输出的电压矢量，θ_{des} 为 $\dot{U}_{\text{des}}$ 的矢量角。

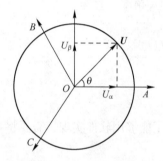

图 9.7　坐标系示意图

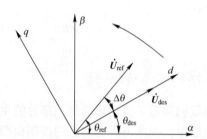

图 9.8　旋转坐标系下参考参考角与目标角

根据上面的原理分析，为了实现 PLL 我们只需要解决两个问题即可：如何快速得到输出与参考电压之间的相角差 $\Delta\theta$；如何得到基频 ω_0，从而使得 $\Delta\theta$ 能够在基频 ω_0 基础上进行环路调节。

1. 如何得到相角差 $\Delta\theta$

通过图 9.8 所示，$\Delta\theta$ 可通过在两相静止坐标系下进行简单的三角变换得到：$\Delta\theta = \theta_{\text{ref}} - \theta_{\text{des}} = \arctan\dfrac{U_{\text{ref}\beta}}{U_{\text{ref}\alpha}} - \arctan\dfrac{U_{\text{des}\beta}}{U_{\text{des}\beta}}$，但这种做法会耗费 DSP 较多的时钟周期，不适应实际应用场合。锁相功能通常在中断进行，因此 $\Delta\theta$ 的值很小，考虑到正弦函数的性质我们可牺牲一部分精度，可采用式（9.5）所示的方法。

$$\Delta\theta = \theta_{\text{ref}} - \theta_{\text{des}} \approx \sin(\theta_{\text{ref}} - \theta_{\text{des}}) \tag{9.5}$$

2. 如何得到基频 ω_0

频率是角度的一阶导数，如下式所示：

$$\omega_0 = \frac{\mathrm{d}\theta}{\mathrm{d}t} \tag{9.6}$$

也可理解为频率是角度的变化率，上一次中断的角度与本次中断角度之差可看作是基频ω_0，软件实现依旧可利用正弦函数的性质实现，如下式所示：

$$\omega_0 = \theta_{\text{ref}}(n) - \theta_{\text{ref}}(n-1) \approx \sin\left[\theta_{\text{ref}}(n) - \theta_{\text{ref}}(n-1)\right] \tag{9.7}$$

9.2.2 三相锁相环的软件设计

根据控制框图就可进行软件设计了，锁相环的逻辑设计如图9.9所示，基频的软件流程图如图9.10所示。

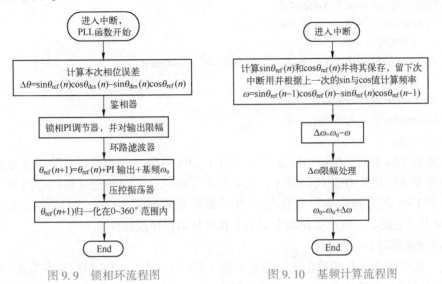

图9.9 锁相环流程图　　　　图9.10 基频计算流程图

1. 程序示例

（1）三相锁相环程序算法子函数

```
// 鉴相环节,跟踪相差计算
// 其中,SinQ 为锁相角的正弦量,SinQSrcRef 为目标锁相角的正弦量
PhaseInst = SinQ * CosQSrcRef - CosQ * SinQSrcRef;
// 环路滤波环节,此处为普通的 PI 调节
PllIntg += PhaseInst * PllKi;          // 锁相积分调节
// 锁相比例调节+给定矢量角合成(m_f32Freq 为目标频率即 ω₀)
ThetaInc = PllIntg + PhaseInst * PllKp + Freq;
// VCO 环节,相当于积分环节。加入 0~360°的归一化处理
Theta += ThetaInc;
if (Theta > 2pi)
{
    Theta -= 2pi;
}
// PLL 锁相角 Theta 通过 FPU 查表的方式进行正余弦值计算,用于下次 PLL 计算
sincos(Theta, &SinQ, &CosQ);
```

（2）目标频率（Freq）算法子函数

```
Temp, Alpha, Beta, VolSrcM 均为浮点型;
```

```
// Clarke 变换
Alpha = ( VolSrc_A * 2 - VolSrc_B - VolSrc_C)/3;
Beta = ( VolSrc_B - VolSrc_C) / 1.732;
// 模倒数计算,直接调用 FPU 库中 isqrt( )函数
Temp = Alpha * Alpha + Beta * Beta;
VolSrcM = isqrt( Temp) ;
// 相角处理,限幅此处省略
SinQSrcRef = Beta * VolSrcM;
CosQSrcRef = Alpha * VolSrcM;
// 参考源瞬时频率
Freq = SinQSrcRef * CosQSrcPre - CosQSrcRef * SinQSrcPre;
// 变量备份
SinQSrcPre = SinQSrcRef;
CosQSrcPre = CosQSrcRef;
```

2. 实验结果

基于旋转坐标系的三相锁相环算法主要用于 UPS 的跟踪锁相逻辑中的逆变电压锁旁路电压。按照上述原理及 DSP 代码设计,我们给出了单机运行时的逆变跟踪旁路能力测试波形。在线式 UPS 在旁路频率可变化范围内 (如额定频率为 50 Hz, 则可跟踪范围为 45 ~ 55 Hz) 应为完全跟踪,且在旁路频率受到干扰时依旧保持跟踪性能。

1) 逆变器跟踪旁路能力。

其中,通道 1 为 A 相旁路电压,通道 2 为 A 相输出电压。UPS 跟踪速率为 0.1 Hz/s,旁路可调节的频率变化速率为 1 Hz/s。当旁路频率在[45 Hz, 55 Hz]范围内变化且最终停到 50 Hz 时,逆变跟踪旁路电压波形如图 9.11 所示,其变化顺序为①②③④。

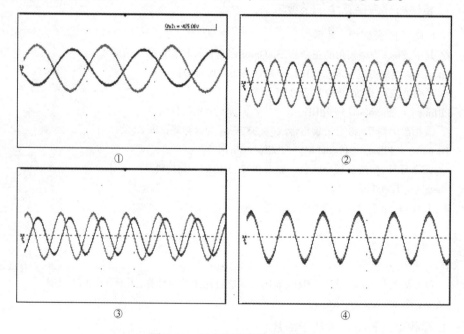

图 9.11　逆变跟踪旁路电压波形

其中，通道 1 为 A 相旁路电压，通道 2 为 A 相输出电压。UPS 跟踪速率为 0.2 Hz/s，旁路可调节的频率变化速率为 0.1 Hz/s。当旁路频率在［45 Hz，55 Hz］范围内变化且最终停到 50 Hz 时，逆变可完全跟踪旁路电压，波形如图 9.12 所示，其变化顺序为①②。

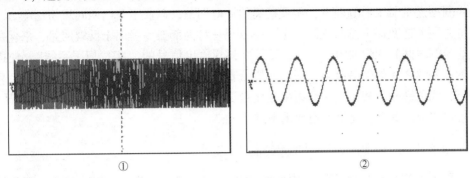

①   ②

图 9.12 跟踪频率变化时锁相效果

2）旁路输入谐波使其波形产生畸变，依据上述算法依旧能保证逆变器的锁相效果，如图 9.13 所示。

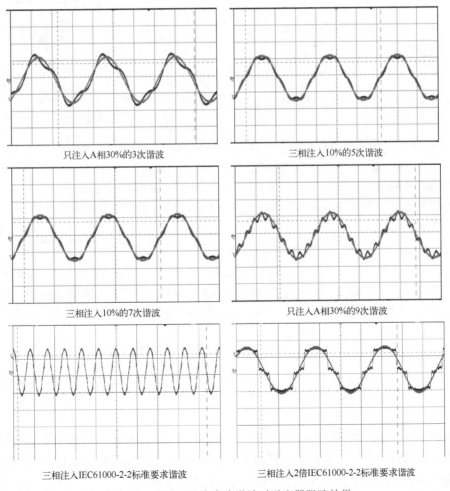

图 9.13 跟踪源具有高次谐波时逆变器跟踪效果

9.3 基于自适应陷波滤波器的算法分析

在并网型逆变器工作过程中，需要精确估计电网角，以便于与电网同步馈送电力。角度和频率是并网型逆变器工作的关键信息。锁相环是将内部振荡器用于反馈回路，来保持与外部周期信号的时间和相位的统一。PLL 仅是控制其输出信号的"相位伺服系统"，使得输出相位和参考相位之间的误差最小。锁相的质量直接影响控制回路的性能。线路陷波、目标电压不平衡、线路跌落、相位损耗和频率变化是设备与电力设施接口所面临的常见状况，PLL 需要克服这些误差源并保持电网电压的清洁锁相。

9.3.1 传统 PLL 锁相在并网型逆变器中的缺陷

PLL 的功能图如图 9.14 所示，它由相位检测（PD）、环路滤波器（LPF）和压控振荡器（VCO）组成。

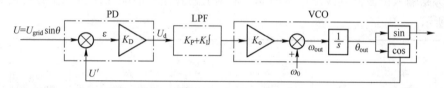

图 9.14　PLL 的功能图

测量的电网电压可以用电网频率（ω_{grid}）表示如下：

$$U = U_{grid}\sin\theta_{in} = U_{grid}\sin(\omega_{grid}t + \theta_{grid})\tag{9.8}$$

假设 VCO 产生接近电网正弦波的正弦波，VCO 输出可以写为

$$U' = \cos\theta_{out} = \cos(\omega_{PLL}t + \theta_{PLL})\tag{9.9}$$

相位检测块的目的是将输入正弦与来自 VCO 的锁定正弦进行比较，并产生与角度误差成比例的误差信号。为此，相位检测模块将 VCO 输出和测量输入值相乘，得到

$$U_d = \frac{K_D U_{grid}}{2}\left\{\sin\left[(\omega_{grid}-\omega_{PLL})t+(\theta_{grid}-\theta_{PLL})\right]+\sin\left[(\omega_{grid}+\omega_{PLL})t+(\theta_{grid}+\theta_{PLL})\right]\right\}\tag{9.10}$$

根据式（9.10），PD 模块的输出具有锁定误差的信息。然而，从 PD 可获得的锁定误差信息是非线性的，并且具有以两倍电网频率变化的分量。要使用此锁定错误信息锁定 PLL 角度，必须删除两倍的电网频率分量。忽略电网频率分量的两倍，锁定误差给出为

$$\overline{U_d} = \frac{K_D U_{grid}}{2}\sin\left[(\omega_{grid}-\omega_{PLL})t+(\theta_{grid}-\theta_{PLL})\right]\tag{9.11}$$

对于稳态操作，（$\omega_{grid}-\omega_{PLL}$）项可以被忽略且当 θ 很小时 $\sin\theta\approx\theta$，线性化误差给出为

$$err = \frac{U_{grid}}{2}(\theta_{grid}-\theta_{PLL})\tag{9.12}$$

该误差是环路滤波器的输入，这只是一个 PI 控制器以保证稳定状态下误差为零。小信号分析是使用网络理论，其中反馈环路被打破以获得开环传递函数，然后得到闭环传递函数。因此，对于线性化反馈，PLL 的闭环传递函数可以写成如下：

$$H_o(s) = \frac{\theta_{out}(s)}{\theta_{in}(s)} = \frac{LF(s)}{s+LF(s)} = \frac{U_{grid}\left(K_P s + \frac{K_P}{T_i}\right)}{s^2 + U_{grid}K_P s + U_{grid}\frac{K_P}{T_i}} \tag{9.13}$$

误差闭环传递函数可以写成如下：

$$E_o(s) = \frac{U_d(s)}{\theta_{in}(s)} = 1 - H_o(s) = \frac{s}{s+LF(s)} = \frac{s^2}{s^2 + K_P s + \frac{K_P}{T_i}} \tag{9.14}$$

将闭环相位传递函数与式（9.15）所示的通用二阶系统传递函数相比较：

$$H(s) = \frac{2\zeta\omega_n s + \omega_n^2}{s^2 + 2\zeta\omega_n s + \omega_n^2} \tag{9.15}$$

线性 PLL 的固有频率和阻尼比如下：

$$\omega_n = \sqrt{\frac{U_{grid}K_P}{T_i}} \tag{9.16}$$

$$\zeta = \sqrt{\frac{U_{grid}T_i K_P}{4}} \tag{9.17}$$

注意：在 PLL 中，PI 具有双重用途，即滤除载波和电网频率 2 次谐波；控制 PLL 对电网阶跃变化的响应，如相位跳跃、幅值变化等。

由于环路滤波器具有低通滤波器特性，可以用于滤除高频谐波。如果被锁定的信号频率较高，PI 的低通特性足以抵消载波频率分量的 2 次谐波。然而对于并网应用，由于电网频率为工频信号（50~60 Hz），PI 输出的信号会将高频信息引入环路滤波器中，势必影响 PLL 的性能。

从上面的讨论可看出，PI 控制器的 LPF 特性不能应用于电网连接的情况。因此，需使用 PD 模块线性化的替代方法。线性化 PD 输出具有两种方法：使用陷波滤波器滤除 PD 环节输出的两倍电网频率分量；在单相 PLL 中使用正交方式。

9.3.2 自适应陷波滤波器在 PLL 中的理论分析

陷波滤波器可用于相位检测模块的输出，既可以衰减电网的 2 次谐波，又可以选择性地滤除当电网频率变化时所存在的扰动，其功能图如图 9.15 所示。

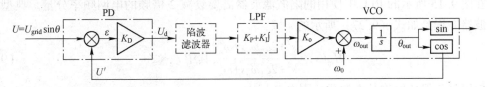

图 9.15 带自适应陷波滤波器的单相 PLL

1. PI 的数字化实现

环路滤波器或 PI 的数字化，可由如下公式实现：

$$y_{LPF}[n] = y_{LPF}[n-1] \cdot A_1 + y_{notch}[n] \cdot B_0 + y_{notch}[n-1] \cdot B_1 \tag{9.18}$$

Z 变换可得

$$\frac{Y_{\mathrm{LPF}}(z)}{Y_{\mathrm{notch}}(z)} = \frac{B_0 + B_1 z^{-1}}{1 - z^{-1}} \tag{9.19}$$

而 PI 控制的拉氏变换为

$$\frac{Y_{\mathrm{LPF}}(s)}{Y_{\mathrm{notch}}(s)} = K_{\mathrm{P}} + \frac{K_{\mathrm{I}}}{s} \tag{9.20}$$

使用双线性变换，令 $s = \dfrac{2}{T}\left(\dfrac{z-1}{z+1}\right)$，其中 T 为采样周期，则

$$\frac{Y_{\mathrm{LPF}}(z)}{Y_{\mathrm{notch}}(z)} = \frac{\left(\dfrac{2K_{\mathrm{P}} + K_{\mathrm{I}} T}{2}\right) - \left(\dfrac{2K_{\mathrm{P}} - K_{\mathrm{I}} T}{2}\right) z^{-1}}{1 - z^{-1}} \tag{9.21}$$

下面选择适当的比例和积分系数。对于如式 (9.22) 所示的一般二阶方程

$$H(s) = \frac{2\zeta\omega_{\mathrm{n}} s + \omega_{\mathrm{n}}^2}{s^2 + 2\zeta\omega_{\mathrm{n}} s + \omega_{\mathrm{n}}^2} \tag{9.22}$$

阶跃响应可以表达为

$$y(t) = 1 - c e^{-\sigma t_{\mathrm{s}}} \sin(\omega_{\mathrm{d}} t + \varphi) \tag{9.23}$$

令

$$1 - \delta = 1 - c e^{-\sigma t_{\mathrm{s}}} \Rightarrow \delta = c e^{-\sigma t_{\mathrm{s}}} \Rightarrow t_{\mathrm{s}} = \frac{1}{\sigma} \ln\left(\frac{c}{\sigma}\right) \tag{9.24}$$

其中：

$$\sigma = \zeta\omega_{\mathrm{n}},\ c = \frac{\omega_{\mathrm{n}}}{\omega_{\mathrm{d}}},\ \omega_{\mathrm{d}} = \sqrt{1 - \zeta^2}\,\omega_{\mathrm{n}} \tag{9.25}$$

假设建立时间为 30 ms，误差带为 5%，阻尼比为 0.7，固有频率为 119.014，得到 $K_{\mathrm{P}} = 166.6$ 和 $K_{\mathrm{i}} = 27755.55$。将这些值代入数字环路滤波器系数：

$$\begin{cases} B_0 = \dfrac{2K_{\mathrm{P}} + K_{\mathrm{I}} T}{2} \\[3mm] B_1 = -\left(\dfrac{2K_{\mathrm{P}} - K_{\mathrm{I}} T}{2}\right) \end{cases} \tag{9.26}$$

若对目标频率为 50 Hz 进行 PLL，则 $B_0 = 166.877556$，$B_1 = -166.322444$。

2. 自适应陷波滤波器的设计

在图 9.15 所示的 PLL 中使用的陷波滤波器需要衰减 2 倍频的电网频率分量。典型的陷波滤波器方程是如式 (9.27) 所示的 s 域：

$$H_{\mathrm{nf}}(s) = \frac{s^2 + 2\zeta_2\omega_{\mathrm{n}} s + \omega_{\mathrm{n}}^2}{s^2 + 2\zeta_1\omega_{\mathrm{n}} s + \omega_{\mathrm{n}}^2},\ \text{其中}\ \zeta_2 \ll \zeta_1 \tag{9.27}$$

使用零阶保持器将其离散化，则在 Z 域中：

$$H_{\mathrm{nf}}(z) = \frac{z^2 + (2\zeta_2\omega_{\mathrm{n}} T - 2) z - (2\zeta_2\omega_{\mathrm{n}} T - \omega_{\mathrm{n}}^2 T^2 - 1)}{z^2 + (2\zeta_1\omega_{\mathrm{n}} T - 2) z - (2\zeta_1\omega_{\mathrm{n}} T - \omega_{\mathrm{n}}^2 T^2 - 1)} = \frac{B_0 + B_1 z^{-1} + B_2 z^{-2}}{A_0 + A_1 z^{-1} + A_2 z^{-2}} \tag{9.28}$$

陷波滤波器的系数可以随电网频率自适应地变化。例如，取 $\zeta_2 = 0.00001$ 和 $\zeta_1 = 0.1$ $(\zeta_2 \ll \zeta_1)$。50 Hz 和 60 Hz 频率下的陷波滤波器伯德图如图 9.16 所示。

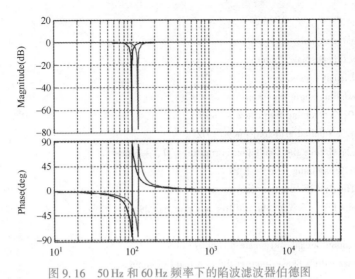

图 9.16 50 Hz 和 60 Hz 频率下的陷波滤波器伯德图

3. 正弦和余弦波的生成

PLL 使用 sin( ) 和 cos( ) 函数计算, 但这种方法会消耗大量计算时间。为了避免这个问题, 正弦和余弦值可按照如下方式进行计算:

因为有
$$y(t+\Delta t) = y(t) + \frac{\mathrm{d}y(t)}{\mathrm{d}t} \cdot \Delta t \tag{9.29}$$

则

$$\begin{cases} \sin(t+\Delta t) = \sin t + \dfrac{\mathrm{d}\sin t}{\mathrm{d}t} \cdot \Delta t = \sin t + \cos t \cdot \Delta t \\ \cos(t+\Delta t) = \cos t + \dfrac{\mathrm{d}\cos t}{\mathrm{d}t} \cdot \Delta t = \cos t - \sin t \cdot \Delta t \end{cases} \tag{9.30}$$

9.3.3 MATLAB 仿真分析

C2000 IQ 数学库提供内置函数, 可以简化程序员对小数点的处理。但是基于定点的程序编码有动态范围和精度的问题, 因此最好是模拟定点处理器在仿真环境下的运行情况。下面是使用定点的 MATLAB 脚本工具箱, 用于测试具有不同电网条件的 PLL 算法。

```
% Q21 numeric type
T = numerictype('WordLength',32,'FractionLength',21);
%Specify math attributes to the fimath object
F = fimath('RoundMode','floor','OverflowMode','wrap');
F.ProductMode = 'SpecifyPrecision';
F.ProductWordLength = 32;
F.ProductFractionLength = 21;
F.SumMode = 'SpecifyPrecision';
F.SumWordLength = 32;
F.SumFractionLength = 21;
%specify fipref object, to display warning in cases of overflow and
%underflow
```

```matlab
P = fipref;
P.LoggingMode = 'on';
P.NumericTypeDisplay = 'none';
P.FimathDisplay = 'none';
%PLL modelling starts from here
Fs = 50000; %Sampling frequency = 50kHz
Freq = 50; %Nominal grid frequency in Hz
Tfinal = 0.2; %Time the simulation is run for = 0.5 seconds
Ts = 1/Fs; %Sampling time = 1/Fs
t = 0:Ts:Tfinal; %Simulation time vector
wn = 2 * pi * Freq; %Nominal grid frequency in radians


%generate input signal and create a fi object of it
%input wave with a phase jump at the mid point of simulation

% CASE 1 : Phase Jump at the Mid Point
L = length(t);
for n = 1:floor(L)
u(n) = sin(2 * pi * Freq * Ts * n);
end
for n = 1:floor(L)
u1(n) = sin(2 * pi * Freq * Ts * n);
end
for n = floor(L/2):L
u(n) = sin(2 * pi * Freq * Ts * n+pi/2);
end


%CASE 2 : Harmonics
% L = length(t);
% for n = 1:floor(L)
% u(n) = 0.9 * sin(2 * pi * Freq * Ts * n)+0.1 * sin(2 * pi * 5 * Freq * Ts * n);
% end
% for n = 1:floor(L)
% u1(n) = sin(2 * pi * Freq * Ts * n);
% end


%CASE 3 : Frequency Shift
% L = length(t);
% for n = 1:floor(L)
% u(n) = sin(2 * pi * Freq * Ts * n);
% end
% for n = 1:floor(L)
% u1(n) = sin(2 * pi * Freq * Ts * n);
% end
```

```matlab
% for n=floor( L/2) :L
% u( n) = sin( 2 * pi * Freq * 1.1 * Ts * n) ;
% end

%CASE 4: Amplitude Variations
% L=length(t) ;
% for n=1:floor( L)
% u( n) = sin( 2 * pi * Freq * Ts * n) ;
% end
% for n=1:floor( L)
% u1( n) = sin( 2 * pi * Freq * Ts * n) ;
% end
% for n=floor( L/2) :L
% u( n) = 0.8 * sin( 2 * pi * Freq * Ts * n) ;
% end;

u=fi( u,T,F) ;
u1=fi( u1,T,F) ;
%declare arrays used by the PLL process
Upd=fi( [0,0,0] ,T,F) ;
ynotch=fi( [0,0,0] ,T,F) ;
ynotch_buff=fi( [0,0,0] ,T,F) ;
ylf=fi( [0,0] ,T,F) ;
SinGen=fi( [0,0] ,T,F) ;
Plot_Var=fi( [0,0] ,T,F) ;
Mysin=fi( [0,0] ,T,F) ;
Mycos=fi( [fi( 1.0,T,F) ,fi( 1.0,T,F) ] ,T,F) ;
theta=fi( [0,0] ,T,F) ;
werror=fi( [0,0] ,T,F) ;
%notch filter design
c1=0.1;
c2=0.00001;
X=2 * c2 * wn * 2 * Ts;
Y=2 * c1 * wn * 2 * Ts;
Z=wn * 2 * wn * 2 * Ts * Ts;
B_notch=[1 (X-2) (-X+Z+1) ];
A_notch=[1 (Y-2) (-Y+Z+1) ];
B_notch=fi( B_notch,T,F) ;
A_notch=fi( A_notch,T,F) ;
% simulate the PLL process
for n=2:Tfinal/Ts % No of iteration of the PLL process in the simulation time Phase Detect
Upd( 1)= u( n) * Mycos( 2) ;
%Notch Filter
ynotch( 1)= -A_notch( 2) * ynotch( 2) -A_notch( 3) * ynotch( 3) +B_notch( 1) * Upd( 1) +B_notch( 2)
```

```
    * Upd( 2)+B_notch( 3) * Upd( 3) ;
%update the Upd array for future sample
Upd( 3) = Upd( 2) ;
Upd( 2) = Upd( 1) ;
% PI Loop Filter
% ts = 30ms, damping ration = 0.7
% we get natural frequency = 110, Kp = 166.6 and Ki = 27755.55
% B0 = 166.877556 & B1 = -166.322444
ylf( 1) = fi( 1.0, T, F) * ylf( 2) +fi( 166.877556, T, F) * ynotch( 1) +fi( -166.322444, T, F) * ynotch
( 2) ;
%update Ynotch for future use
ynotch( 3) = ynotch( 2) ;
ynotch( 2) = ynotch( 1) ;
ynotch_buff( n+1) = ynotch( 1) ;
ylf( 1) = min( [ ylf( 1) fi( 200.0, T, F) ] ) ;
ylf( 2) = ylf( 1) ;
wo = fi( wn, T, F) +ylf( 1) ;
werror( n+1) = ( wo-wn) * fi( 0.00318309886, T, F) ;
%integration process
Mysin( 1) = Mysin( 2) +wo * fi( Ts, T, F) * ( Mycos( 2) ) ;
Mycos( 1) = Mycos( 2) -wo * fi( Ts, T, F) * ( Mysin( 2) ) ;
%limit the oscillator integrators
Mysin( 1) = max( [ Mysin( 1) fi( -1.0, T, F) ] ) ;
Mysin( 1) = min( [ Mysin( 1) fi( 1.0, T, F) ] ) ;
Mycos( 1) = max( [ Mycos( 1) fi( -1.0, T, F) ] ) ;
Mycos( 1) = min( [ Mycos( 1) fi( 1.0, T, F) ] ) ;
Mysin( 2) = Mysin( 1) ;
Mycos( 2) = Mycos( 1) ;
%update the output phase
theta( 1) = theta( 2) +wo * Ts ;
%output phase reset condition
if( Mysin( 1) >0 && Mysin( 2) <= 0)
theta( 1) = -fi( pi, T, F) ;
end
SinGen( n+1) = Mycos( 1) ;
Plot_Var( n+1) = Mysin( 1) ;
End


% CASE 1 : Phase Jump at the Mid Point
error = Plot_Var-u ;

%CASE 2 : Harmonics
%error = Plot_Var-u1 ;
%CASE 3 : Frequency Variations
```

%error=Plot_Var-u;

%CASE 4: Amplitude Variations

%error=Plot_Var-u1;

figure;

subplot(3,1,1),plot(t,Plot_Var,'r',t,u,'b'),title('SPLL(red) & Ideal Grid(blue)');

subplot(3,1,2),plot(t,error,'r'),title('Error');

subplot(3,1,3),plot(t,u1,'r',t,Plot_Var,'b'),title('SPLL Out(Blue) & Ideal Grid(Red)');

四种情况的 MATLAB 仿真结果如图 9.17 所示。

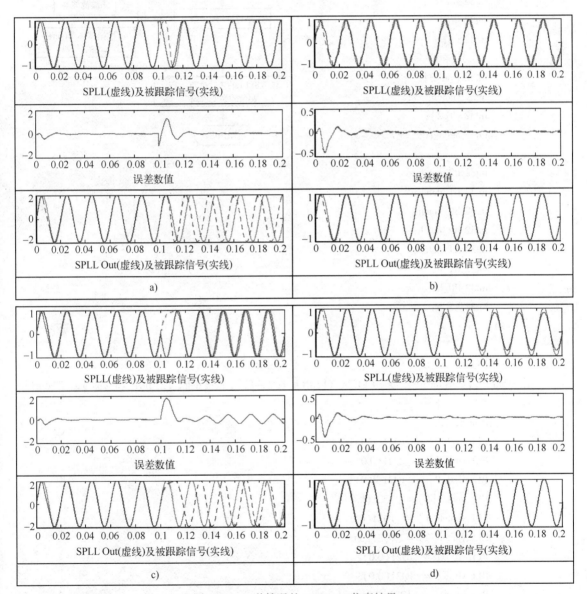

图 9.17　四种情况的 MATLAB 仿真结果

a）CASE1 条件仿真波形　b）CASE2 条件仿真波形　c）CASE3 条件仿真波形　d）CASE4 条件仿真波形

9.3.4 DSP 程序设计

DSP 程序设计软件流程图如图 9.18 所示。

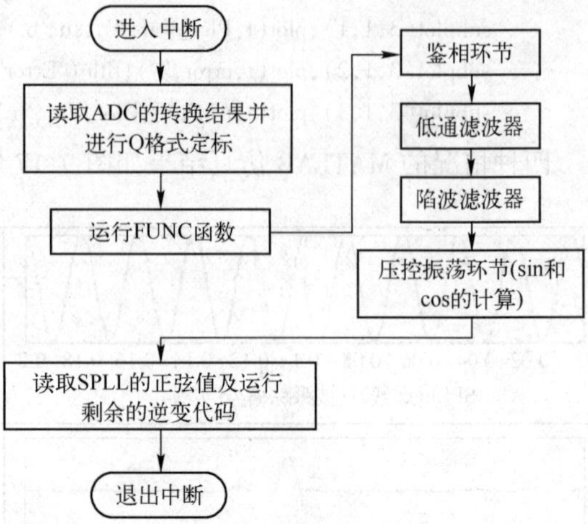

```
typedef struct{
    int32 AC_input;
    int32 theta[2];
    int32 cos[2];
    int32 sin[2];
    int32 wo;
    int32 wn;

    int32 Upd[3];
    int32 ynotch[3];
    int32 ylf[2];
    int32 delta_t;

    int32 B2_notch;
    int32 B1_notch;
    int32 B0_notch;
    int32 A2_notch;
    int32 A1_notch;
    int32 B1_lf;
    int32 B0_lf;
    int32 A1_lf;
}PLL_1ph;
```

图 9.18 DSP 程序流程图

```
// 相关函数
void PLL_init( int freq, long DELTA_T1, PLL_1ph * PLL, float delta_T2, float wn,float c2, float c1)
{
    float x,y,z;
    PLL.Upd[0] = _IQ21(0.0);
    PLL.Upd[1] = _IQ21(0.0);
    PLL.Upd[2] = _IQ21(0.0);
    PLL.ynotch[0] = _IQ21(0.0);
    PLL.ynotch[1] = _IQ21(0.0);
    PLL.ynotch[2] = _IQ21(0.0);
    PLL.ylf[0] = _IQ21(0.0);
    PLL.ylf[1] = _IQ21(0.0);
    PLL.sin[0] = _IQ21(0.0);
    PLL.sin[1] = _IQ21(0.0);
    PLL.cos[0] = _IQ21(0.999);
    PLL.cos[1] = _IQ21(0.999);
```

```
    PLL.theta[0] = _IQ21(0.0);
    PLL.theta[1] = _IQ21(0.0);
    PLL.wn = _IQ21(2 * 3.14 * freq);
    //coefficients for the loop filter
    PLL.B1_lf = B1_lf;
    PLL.B0_lf = B0_lf;
    PLL.A1_lf = A1_lf;
    PLL.delta_t = DELTA_T1;


    // Note c2<<c1 for the notch to work
    x = (float)(2.0 * c2 * wn * delta_T2);
    y = (float)(2.0 * c1 * wn * delta_T2);
    z = (float)(wn * delta_T2 * wn * delta_T2);
    PLL.A1_notch = _IQ21(y-2);
    PLL.A2_notch = _IQ21(z-y+1);
    PLL.B0_notch = _IQ21(1.0);
    PLL.B1_notch = _IQ21(x-2);
    PLL.B2_notch = _IQ21(z-x+1);
}


inline void PLL_run_FUNC(PLL_1ph * PLL)
{
    // Phase Detect
    PLL.Upd[0] = _IQ21mpy(PLL.AC_input, PLL.cos[1]);
    //Notch filter structure
    PLL.ynotch[0] = - _IQ21mpy(PLL.A1_notch, PLL.ynotch[1])
                    - _IQ21mpy(PLL.A2_notch, PLL.ynotch[2])
                    + _IQ21mpy(PLL.B0_notch, PLL.Upd[0])
                    + _IQ21mpy(PLL.B1_notch, PLL.Upd[1])
                    + _IQ21mpy(PLL.B2_notch, PLL.Upd[2]);
    // update the Upd array for future
    PLL.Upd[2] = PLL.Upd[1];
    PLL.Upd[1] = PLL.Upd[0];
    // PI loop filter
    PLL.ylf[0] = - _IQ21mpy(PLL.A1_lf, PLL.ylf[1])
                 + _IQ21mpy(PLL.B0_lf, PLL.ynotch[0])
                 + _IQ21mpy(PLL.B1_lf, PLL.ynotch[1]);
    // update array for future use
    PLL.ynotch[2] = PLL.ynotch[1];
    PLL.ynotch[1] = PLL.ynotch[0];
    PLL.ylf[1] = PLL.ylf[0];
```

```
// VCO
PLL.wo = PLL.wn + PLL.ylf[0];
//integration process to compute sine and cosine
PLL.sin[0] = PLL.sin[1]
             + _IQ21mpy((_IQ21mpy(PLL.delta_t,PLL.wo)),PLL.cos[1]);
PLL.cos[0] = PLL.cos[1]
             -_IQ21mpy((_IQ21mpy(PLL.delta_t,PLL.wo)),PLL.sin[1]);
if(PLL.sin[0] > _IQ21(0.99))
{
    PLL.sin[0] = _IQ21(0.99);
}
else if(PLL.sin[0] < _IQ21(-0.99))
{
    PLL.sin[0] = _IQ21(-0.99);
}
if(PLL.cos[0] > _IQ21(0.99))
{
    PLL.cos[0] = _IQ21(0.99);
}
else if(PLL.cos[0] < _IQ21(-0.99))
{
    PLL.cos[0] = _IQ21(-0.99);
}
//compute theta value
PLL.theta[0] = PLL.theta[1]
             + _IQ21mpy(_IQ21mpy(PLL.wo,_IQ21(0.159)),PLL.delta_t);
if((PLL.sin[0] > _IQ21(0.0)) && (PLL.sin[1] <= _IQ21(0.0)))
{
    PLL.theta[0] = _IQ21(0.0);
    PLL.theta[1] = PLL.theta[0];
    PLL.sin[1] = PLL.sin[0];
    PLL.cos[1] = PLL.cos[0];
}
}
```

9.4 基于二阶广义积分器的算法分析

对电网进行单相 PLL 设计是比较棘手的，因为电网频率的两倍分量存在于相位检测的输出。9.3 节使用陷波滤波器进行两倍分量的消除取得了比较满意的效果。

9.4.1 二阶广义积分器在 PLL 中的理论分析

线性化 PD 输出的另一个选择，是使用正交信号发生器方案，然后使用 Park 变换。这种 PLL 的功能如图 9.19 所示，其由一个 PD 组成，包括正交信号发生器、Park 变换、LPF 和 VCO。

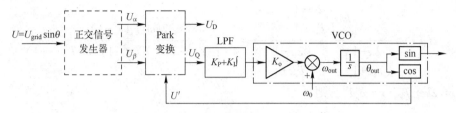

图 9.19　基于正交编码的单项 PLL 锁相

来自输入电压信号的正交分量可以由不同的方式产生，如传输延迟、希尔伯特变换等。广泛讨论的方法是在《A New Single Phase PLL Structure Based on Second Order Generalized Integrator》论文提出的"2 阶广义积分器"。论文所提出的创建正交系统的方法如图 9.20 所示。

作为输出信号，两个正弦波（U' 和 qU'）产生 90°的相移。U' 具有与基波输入信号（U）相同的相位和幅值。如图 9.21 所示为 U、U' 及 qU' 的 MATLAB 仿真波形。

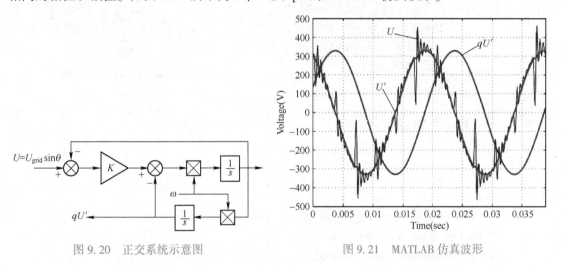

图 9.20　正交系统示意图　　　　　　　　图 9.21　MATLAB 仿真波形

二阶广义积分器闭环传递函数可以写为

$$\begin{cases} H_{\mathrm{d}}(s) = \dfrac{U'}{U}(s) = \dfrac{k\omega_{\mathrm{n}}s}{s^2 + k\omega_{\mathrm{n}}s + \omega_{\mathrm{n}}^2} \\[3mm] H_{\mathrm{q}}(s) = \dfrac{qU'}{U}(s) = \dfrac{k\omega_{\mathrm{n}}^2}{s^2 + k\omega_{\mathrm{n}}s + \omega_{\mathrm{n}}^2} \end{cases} \tag{9.31}$$

由于电网频率可变，因此这个正交信号发生器必须能够在电网频率变化的情况下调节系数。为了实现这一点，利用梯形近似来获得-90°的相位：

$$y(n) = y(n-1) + \frac{T_s}{2}\big[u(n) - u(n-1)\big] \tag{9.32}$$

令
$$s = \frac{2}{T_s}\frac{z-1}{z+1}$$

则得到如下离散传递函数：

$$H_d(s) = \frac{k\omega_n \dfrac{2}{T_s}\dfrac{z-1}{z+1}}{\left(\dfrac{2}{T_s}\dfrac{z-1}{z+1}\right)^2 + k\omega_n \dfrac{2}{T_s}\dfrac{z-1}{z+1} + \omega_n^2} = \frac{2k\omega_n T_s(z^2-1)}{4(z-1)^2 + 2k\omega_n T_s(z^2-1) + \omega_n^2 T_s^2(z+1)^2} \tag{9.33}$$

令 $x = 2k\omega_n T_s$，$y = \omega_n^2 T_s^2$，则

$$H_d(s) = \frac{\left(\dfrac{x}{x+y+4}\right) - \left(\dfrac{x}{x+y+4}\right)z^{-2}}{1 - \left[\dfrac{2(4-y)}{x+y+4}\right]z^{-1} - \left(\dfrac{x-y-4}{x+y+4}\right)z^{-2}} = \frac{b_0 + b_2 z^{-2}}{1 - a_1 z^{-1} - a_2 z^{-2}} \tag{9.34}$$

如图 9.22 表明式（9.34）所示的数学变换。

同样地

$$H_q(z) = \frac{\left(\dfrac{ky}{x+y+4}\right) + 2\left(\dfrac{ky}{x+y+4}\right)z^{-1} + \left(\dfrac{ky}{x+y+4}\right)z^{-2}}{1 - \left[\dfrac{2(4-y)}{x+y+4}\right]z^{-1} - \left(\dfrac{x-y-4}{x+y+4}\right)z^{-2}}$$

$$= \frac{qb_0 + qb_1 z^{-1} + qb_2 z^{-2}}{1 - a_1 z^{-1} - a_2 z^{-2}} \tag{9.35}$$

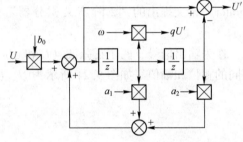

图 9.22 公式（9.34）的数学模型

9.4.2 MATLAB 仿真分析

```
clear all;
close all;
clc;
% define the math type being used on the controller using objects from the
% fixed-point tool box in MATLAB
%Select numeric type, let's choose Q23
T = numerictype('WordLength',32,'FractionLength',23);
%Specify math attributes to the fimath object
F = fimath('RoundMode','floor','OverflowMode','wrap');
F.ProductMode = 'SpecifyPrecision';
F.ProductWordLength = 32;
F.ProductFractionLength = 23;
F.SumMode = 'SpecifyPrecision';
F.SumWordLength = 32;
F.SumFractionLength = 23;
```

```
%specify fipref object, to display warning in cases of overflow and
%underflow
P = fipref;
P.LoggingMode = 'on';
P.NumericTypeDisplay = 'none';
P.FimathDisplay = 'none';
%PLL modelling starts from here
Fs = 50000; %Sampling frequency = 50 kHz
Freq = 50; %Nominal grid frequency in Hz
Tfinal = 0.2; %Time the simulation is run for = 0.5 seconds
Ts = 1/Fs; %Sampling time = 1/Fs
t = 0:Ts:Tfinal; %Simulation time vector
wn = 2 * pi * Freq; %Nominal grid frequency in radians
%declare arrays used by the PLL process
err = fi([0,0,0,0,0],T,F);
ylf = fi([0,0,0,0,0],T,F);
Mysin = fi([0,0,0,0,0],T,F);
Mycos = fi([1,1,1,1,1],T,F);
theta = fi([0,0,0,0,0],T,F);
dc_err = fi([0,0,0,0,0],T,F);
wo = fi(0,T,F);
% used for plotting
Plot_Var = fi([0,0,0,0],T,F);
Plot_theta = fi([0,0,0,0],T,F);
Plot_osgu = fi([0,0,0,0],T,F);
Plot_osgqu = fi([0,0,0,0],T,F);
Plot_D = fi([0,0,0,0],T,F);
Plot_Q = fi([0,0,0,0],T,F);
Plot_dc_err = fi([0,0,0,0,0],T,F);
%orthogonal signal generator using trapezoidal approximation
k = 0.5;
x = 2 * k * wn * Ts;
y = (wn * wn * Ts * Ts);
b0 = x/(x+y+4);
b2 = -1 * b0;
a1 = (2 * (4-y))/(x+y+4);
a2 = (x-y-4)/(x+y+4);
qb0 = (k * y)/(x+y+4);
qb1 = 2 * qb0;
qb2 = qb0;
k = fi(k,T,F);
```

347

```
x = fi(x, T, F);
y = fi(y, T, F);
b0 = fi(b0, T, F);
b2 = fi(b2, T, F);
a1 = fi(a1, T, F);
a2 = fi(a2, T, F);
qb0 = fi(qb0, T, F);
qb1 = fi(qb1, T, F);
qb2 = fi(qb2, T, F);
u = fi([0,0,0,0,0,0], T, F);
qu = fi([0,0,0,0,0,0], T, F);
u_Q = fi([0,0,0], T, F);
u_D = fi([0,0,0], T, F);

%generate input signal
% CASE 1 : Phase Jump at the Mid Point
L = length(t);
for n = 1:floor(L)
u(n) = sin(2 * pi * Freq * Ts * n);
end
for n = 1:floor(L)
u1(n) = sin(2 * pi * Freq * Ts * n);
end
for n = floor(L/2):L
u(n) = sin(2 * pi * Freq * Ts * n+pi/2);
end
u = fi(u, T, F);
% simulate the PLL process
for n = 3:Tfinal/Ts % No of iteration of the PLL process in the simulation
time
%Orthogonal Signal Generator
u(1) = (b0 * (u(n)-u(n-2))) +a1 * u(2)+a2 * u(3);
u(3) = u(2);
u(2) = u(1);
qu(1) = (qb0 * u(n)+qb1 * u(n-1)+qb2 * u(n-2))+a1 * qu(2)+a2 * qu(3);
qu(3) = qu(2);
qu(2) = qu(1);
%park trasnform from alpha beta to d-q axis
u_Q(1) = Mycos(2) * u(1)+Mysin(2) * qu(1);
u_D(1) = -Mysin(2) * u(1)+Mycos(2) * qu(1);
%Loop Filter
```

```
ylf(1) = fi(1,T,F) * ylf(2)+fi(166.877556,T,F) * u_Q(1)+fi(-166.322444,T,F) * u_Q(2);
u_Q(2) = u_Q(1);
u_D(2) = u_D(1);
%Limit LF according to its Q size pipeline
ylf(1) = max([ylf(1) fi(-128,T,F)]);
ylf(1) = min([ylf(1) fi(128,T,F)]);
ylf(2) = ylf(1);
%update output frequency
wo = Freq+ylf(1);
%update the output phase
theta(1) = theta(2)+wo * fi(Ts,T,F);
if(theta(1)>fi(1.0,T,F))
theta(1) = fi(0,T,F);
end
theta(2) = theta(1);
Mysin(1) = sin(theta(1) * fi(2 * pi,T,F));
Mycos(1) = cos(theta(1) * fi(2 * pi,T,F));
Mysin(2) = Mysin(1);
Mycos(2) = Mycos(1);
Plot_theta(n+1) = theta(1);
Plot_osgu(n+1) = u(1);
Plot_osgqu(n+1) = qu(1);
Plot_Var(n+1) = Mysin(1);
Plot_D(n+1) = u_D(1);
Plot_Q(n+1) = u_Q(1);
End
% CASE 1 : Phase Jump at the Mid Point
error = Plot_Var-u;
%CASE 2 : Harmonics
%error = Plot_Var-u1;
%CASE 3: Frequency Variations
%error = Plot_Var-u;
%CASE 4: Amplitude Variations
%error = Plot_Var-u1;
subplot(3,1,1),plot(t,Plot_Var,'r',t,u,'b')
                                ,title('SPLL(red) & Ideal Grid(blue)');
subplot(3,1,2),plot(t,error,'r'),title('Error');
subplot(3,1,3),plot(t,u1,'r',t,Plot_Var,'b')
                                ,title('SPLL Out(Blue) & Ideal Grid(Red)');
```

四种情况的 MATLAB 仿真结果如图 9. 23 所示。

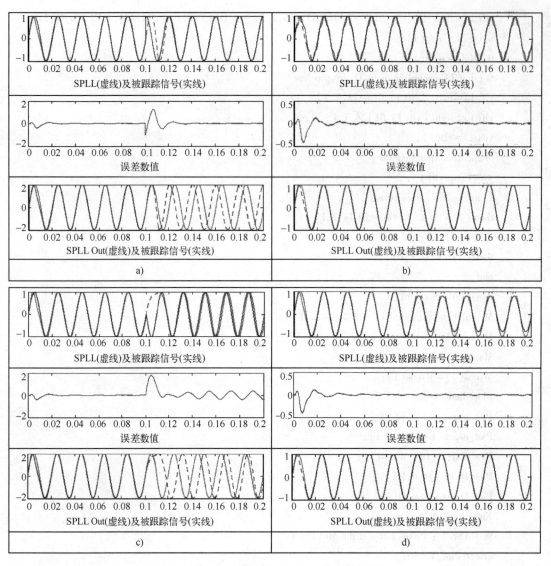

图 9.23　四种情况的 MATLAB 仿真结果图

a) CASE1 条件仿真波形　b) CASE2 条件仿真波形　c) CASE3 条件仿真波形　d) CASE4 条件仿真波形

9.4.3　DSP 程序设计

```
typedef struct {
    int32 u[3];
    int32 qu[3];
    int32 Q[2];
    int32 D[2];
    int32 ylf[2];
    int32 fo;  // output frequency of PLL
    int32 fn;  // nominal frequency
    int32 theta[2];
```

```c
    int32 cos;
    int32 sin;
    int32 delta_T;
    int32 k;
    int32 x;
    int32 y;
    int32 b0;
    int32 b2;
    int32 a1;
    int32 a2;
    int32 qb0;
    int32 qb1;
    int32 qb2;
    int32 B1_lf;
    int32 B0_lf;
    int32 A1_lf;
}SPLL_SOG;
// 相关函数
volatile SPLL_Init( int freq ,long DELTA_T1, SPLL_SOG * spll, float delta_T2, float wn,float c2, float
c1)
{
    float x,y,temp;
    spll.u[0] = _IQ21(0.0);
    spll.u[1] = _IQ21(0.0);
    spll.u[2] = _IQ21(0.0);
    spll.qu[0] = _IQ21(0.0);
    spll.qu[1] = _IQ21(0.0);
    spll.qu[2] = _IQ21(0.0);
    spll.Q[0] = _IQ21(0.0);
    spll.Q[1] = _IQ21(0.0);
    spll.D[0] = _IQ21(0.0);
    spll.D[1] = _IQ21(0.0);
    spll.ylf[0] = _IQ21(0.0);
    spll.ylf[1] = _IQ21(0.0);
    spll.fo = _IQ21(0.0);
    spll.fn = _IQ21(freq);
    spll.theta[0] = _IQ21(0.0);
    spll.theta[1] = _IQ21(0.0);
    spll.sin = _IQ21(0.0);
    spll.cos = _IQ21(0.0);
    //coefficients for the loop filter
    spll.B1_lf = B1_lf;
    spll.B0_lf = B0_lf;
```

```
        spll.A1_lf = A1_lf;
        spll.delta_T = DELTA_T1;


        spll.k = _IQ21(0.5);
        x = (float)(2.0 * 0.5 * wn * delta_T2);
        spll.x = _IQ21(x);
        y = (float)(wn * delta_T2 * wn * delta_T2);
        spll.y = _IQ21(y);
        temp = (float)1.0/(x + y + 4.0);
        spll.b0 = _IQ21((float)x * temp);
        spll.b2 = _IQ21mpy(_IQ21(-1.0),spll.b0);
        spll.a1 = _IQ21((float)(2.0 * (4.0 - y)) * temp);
        spll.a2 = _IQ21((float)(x - y - 4) * temp);
        spll.qb0 = _IQ21((float)(0.5 * y) * temp);
        spll.qb1 = _IQ21mpy(spll.qb0,_IQ21(2.0));
        spll.qb2 = spll.qb0;
}


// Function Definition
inline void SPLL_run_FUNC(SPLL_SOG * spll)
{
        // Update spll.u[0] with the grid value before calling this routine
        // Orthogonal Signal Generator
        spll.u[0] = _IQ21mpy(spll.b0,(spll.u[0]-spll.u[2]))
                    + _IQ21mpy(spll.a1,spll.u[1]) + _IQ21mpy(spll.a2,spll.u[2]);
        spll.u[2] = spll.u[1];
        spll.u[1] = spll.u[0];
        spll.qu[0] = _IQ21mpy(spll.qb0,spll.u[0]) + _IQ21mpy(spll.qb1,spll.u[1])
                    + _IQ21mpy(spll.qb2,spll.u[2]) + _IQ21mpy(spll.a1,spll.qu[1])
                    + _IQ21mpy(spll.a2,spll.qu[2]);
        spll.qu[2] = spll.qu[1];
        spll.qu[1] = spll.qu[0];
        spll.u[2] = spll.u[1];
        spll.u[1] = spll.u[0];
        // Park Transform from alpha beta to d-q Axis //
        spll.Q[0] = _IQ21mpy(spll.cos,spll.u[0])+_IQ21mpy(spll.sin,spll.qu[0]);
        spll.D[0] = _IQ21mpy(spll.cos,spll.qu[0])-_IQ21mpy(spll.sin,spll.u[0]);
        // Loop Filter //
        spll.ylf[0] = spll.ylf[1] + _IQ21mpy(spll.B0_lf,spll.Q[0])
                    + _IQ21mpy(spll.B1_lf,spll.Q[1]);
        spll.ylf[1] = spll.ylf[0];
        spll.Q[1] = spll.Q[0];
        // VCO //
```

```
        spll.fo = spll.fn + spll.ylf[0];
        spll.theta[0] = spll.theta[1]
                        + _IQ21mpy(_IQ21mpy(spll.fo,spll.delta_T),_IQ21(2*3.14));
        if(spll.theta[0] > _IQ21(2 * 3.14))
        {
            spll.theta[0] = spll.theta[0] - _IQ21(2*3.14);
        }
        spll.theta[1] = spll.theta[0];
        spll.sin = _IQ21SIN(spll.theta[0]);
        spll.cos = _IQ21COS(spll.theta[0]);
}

// Macro Definition
#define SPLL_SOGI_run_MACRO(v) \
v.u[0] = _IQ21mpy(v.b0,(v.u[0]-v.u[2]))+_IQ21mpy(v.a1,v.u[1])
        + _IQ21mpy(v.a2,v.u[2]);\
v.u[2] = v.u[1];\
v.u[1] = v.u[10];\
v.qu[0] = _IQ21mpy(v.qb0,v.u[0])+ _IQ21mpy(v.qb1,v.u[1])+ _IQ21mpy(v.qb2,v.u[2])
        + _IQ21mpy(v.a1,v.qu[1])+ _IQ21mpy(v.a2.v.qu[2]);\
v.qu[2] = v.qu[1]; \
v.qu[1] = v.qu[0]; \
v.u[2] = v.u[1]; \
v.u[1] = v.u[0]; \
v.u_Q[0] = _IQ21mpy(v.cos,v.u[0]) + _IQ21mpy(v.sin,v.qu[0]); \
v.u_D[0] = _IQ21mpy(v.cos,v.qu[0]) - _IQ21mpy(v.sin,v.u[0]); \
v.ylf[0] = v.ylf[1] + _IQ21mpy(v.B0_lf,v.Q[0])+ _IQ21mpy(v.B1_lf,v.Q[1]); \
v.ylf[1]=v.ylf[0]; \
v.u_Q[1]=v.u_Q[0]; \
v.fo=v.fn+v.ylf[0]; \
v.theta[0] = v.theta[1]+_IQ21mpy(_IQ21mpy(v.fo,v.delta_T),SPLL_Q(2*3.14)); \
if(v.theta[0] > _IQ21(2*3.14)) \
v.theta[0] = _IQ21(0.0); \
        v.theta[1] = v.theta[0]; \
        v.sin = _IQ21SIN(v.theta[0]); \
        v.cos = _IQ21COS(v.theta[0]);
#endif
```

第 10 章　轻松玩转 DSP ——数字滤波器的 DSP 应用

数字滤波器的设计是 DSP 最常见的应用场合，与模拟系统相比，数字处理方式避免了模拟系统的固有参数和元器件稳态差异性的限制，更能体现出其设计的灵活性，尤其在自适应滤波器的算法设计中，数字滤波器的应用范围更广泛。

如图 10.1 所示为数字滤波器的一般模型。数字滤波器是一种对输入信号（经 A-D 转换后的数字信号或抽样信号）进行离散时间处理的系统，是利用计算机编写的程序得以实现。

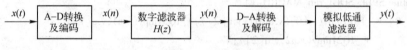

图 10.1　数字滤波器的一般模型

滤波算法的设计常配合窗函数的参数设计，常见的有矩形窗、汉明窗、切比雪夫滤波器等，滤波器的参数设计在《数字信号处理》这门课中已经做了很多研究，本节的主旨在如何将其数学模型按照设定的滤波参数进行程序设计，按照数字信号处理中最常用的两种滤波算法进行讨论：有限长冲击响应滤波器（FIR）算法和无限长冲击响应滤波器（IIR）算法。

10.1　有限长冲击响应滤波器（FIR）的 DSP 设计

10.1.1　FIR 滤波器的理论背景

1. 基本公式

N 阶 FIR 滤波器可使用下列差分方程来描述：

$$y(n) = \sum_{k=0}^{N} h_k x(n-k) \tag{10.1}$$

写成传递函数的形式为

$$H(z) = \sum_{k=0}^{N} h_k z^{-k} \tag{10.2}$$

将式（10.2）画成框图的形式，如图 10.2 所示。

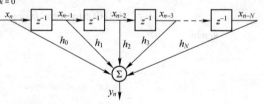

2. DMAC 指令

图 10.3 描述了使用 DMAC 指令实现每个周期的两次滤波器的抽头计算。使用循环寻址方案来解决当指针到达延迟缓冲区

图 10.2　式（10.2）所示的框图

的最后一个位置时，指针再次指向缓冲区的第一个位置。注意，C28x 循环缓冲区长度限制为 256 字。因此，该 FIR 滤波器模块允许 FIR 滤波器最高实现 255 阶。

指令为

DMAC ACC:P, * XAR6%++,XAR7++

XAR7 指向脉冲响应序列，XAR6 指向输出缓冲区，如图 10.4 所示。

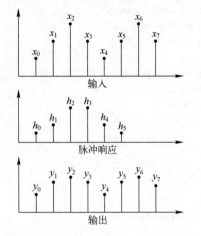

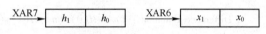

图 10.3　DMAC 指令实现的抽头计算　　　　图 10.4　指令缓冲区指向示意图

按照 DMAC ACC：P，* XAR6%++，XAR7++描述的含义，图 10.3 写成如式（10.3）所示的形式。

$$\begin{cases} Acc=Acc+(h_1x_1) \\ P=P+(h_0x_0) \end{cases} \qquad (10.3)$$

对于点数较多的计算，按照如图 10.3 所示的 FIR 计算，可用图 10.5 进一步描述 DMAC 的计算。

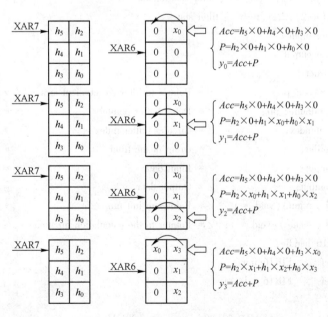

图 10.5　DMAC 的计算过程

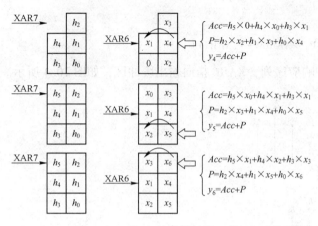

$$\begin{cases} Acc=h_5\times0+h_4\times x_0+h_3\times x_1 \\ P=h_2\times x_2+h_1\times x_3+h_0\times x_4 \\ y_4=Acc+P \end{cases}$$

$$\begin{cases} Acc=h_5\times x_0+h_4\times x_1+h_3\times x_1 \\ P=h_2\times x_3+h_1\times x_4+h_0\times x_5 \\ y_5=Acc+P \end{cases}$$

$$\begin{cases} Acc=h_5\times x_1+h_4\times x_2+h_3\times x_3 \\ P=h_2\times x_4+h_1\times x_5+h_0\times x_6 \\ y_6=Acc+P \end{cases}$$

图 10.5 DMAC 的计算过程（续）

10.1.2 DSP 的汇编程序设计

; Difference Equation ：$y(n)=H(0)x(n)+H(1)x(n-1)+\cdots+H(N)x(n-N)$

; Transfer Function ：$\dfrac{Y(z)}{X(z)}=h(0)+h(1)z^{-1}+h(2)z^{-2}+\cdots+h(N)z^{-N}$

; Network Diagram：

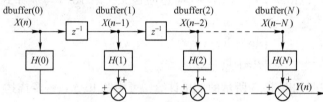

; H(0),H(1),H(2),…,H(N) ：filter coefficients

; x(n-1),x(n-2),…,x(n-N) ：filter states

; x(n) ：filter input

; y(n) ：filter output

; 　typedef struct ｛

```
;         int  * coeff_ptr;        / *  Pointer to filter co-efficient array   * /
;         int  * dbuffer_ptr;      / *  Delay buffer pointer                   * /
;          int cbindex;            / *  Circular buffer index                  * /
;         int order;              / *  Order of the filter                    * /
;         int input;              / *  Input data                             * /
;         int output;             / *  Output data                            * /
;         void ( * init)(void * )  / *  Pointer to init fun                    * /
;         void ( * calc)(void * ); / *  Pointer to the calculation function    * /
;         ｝FIR16_handle;
            .def      _FIR16_init
            .def      _FIR16_calc
_FIR16_init：
            MOV       * +XAR4[6],#0          ; XAR4->ouput, input = 0
            MOV       * +XAR4[7],#0          ; output = 0
```

```
        MOVL    XAR6, * +XAR4[2]        ; XAR6 = dbuffer_ptr
        MOV     AL, * +XAR4[5]          ; AL = order
        MOV     AH,AL                   ; AH = order
        TBIT    AL,#0
        ADDB    AL,#1                   ; AL = order+1
        MOV     AL,AH,TC                ; AL = order, if odd
        MOV     AH,AL
        SUBB    AH,#1
        MOV     * +XAR4[4],AH           ; cbindex = order, even
                                        ;        = order-1, odd

        RPT     AL
        || MOV  * XAR6++,#0
        LRETR
PosSatVal:      .long   0x00FFFFFF      ; Corresponds to >> 6
NegSatVal:      .long   0xFF000000      ; Corresponds to >> 6
_FIR16_calc:
        PUSH    XAR1                    ; Context Save
        SETC    SXM,OVM                 ; AR4 = FIR16_handle->coeff_ptr
        SPM     -6                      ; Create guard band of >> 6
        MOVL    XAR7, * XAR4            ; XAR4->coeff_ptr, XAR7 = coeff_ptr
        MOVZ    AR1, * +XAR4[4]         ; XAR4->coeff_ptr, AR1 = cbindex
        MOVL    XAR6, * +XAR4[2]        ; XAR4->coeff_ptr, XAR6 = dbuffer_ptr
        MOVL    ACC, * XAR6            ; ACC = -:X
        MOV     AH,@ AL                 ; ACC = X:X
        MOV     AL, * +XAR4[6]          ; ACC = X:Input
        MOVL    * XAR6%++,ACC           ; Store in data array and inc circ address
        MOVL    * +XAR4[2],XAR6         ; XAR4->coeff_ptr, update the dbuffer pointer
        MOV     ACC, * +XAR4[5]<<15     ; AR0 = cbindex
        MOVZ    AR0,AH                  ; AR0 = order/2
        ZAPA                            ; Zero the ACC, P registers and OVC counter
        RPT     AR0
        || DMAC ACC:P, * XAR6%++, * XAR7++
        ADDL    ACC,P                   ; Add the two sums with shift
        MOVW    DP,#PosSatVal
        MINL    ACC,@ PosSatVal         ; Saturate result
        MOVW    DP,#NegSatVal
        MAXL    ACC,@ NegSatVal
        MOVH    * +XAR4[7],ACC<<7       ; Store saturated result (Q15)
        SPM     0
        POP     XAR1
        CLRC    OVM
        LRETR
```

10.1.3 DSP 的 C 程序设计

C 语言程序示例：

```
#define NUMBER 25
#define PI 3.1415926
#define Theta_Step 2 * PI/50
float H[NUMBER] = { 0.0,0.0,0.001,-0.002,-0.002,0.01,-0.009,
                    -0.018,0.049,-0.02,0.11,0.28,0.64,0.28,
                    -0.11,-0.02,0.049,-0.018,-0.009,0.01,
                    -0.002,-0.002,0.001,0.0,0.0};
float X[NUMBER] = { 0.0 },FIR_Input,FIR_Output,Theta = 0.0,FIR_In[256],
FIR_Out[256];
int i,In_Number = 0,Out_Number = 0;
main(void)
{
    ……                    // 主函数初始化省略
    while(1)
    {
        for ( i = NUMBER-1;i>0;i-- )
        {
            X[i] = X[i-1];
        }
        InputWave();
        FIR_In[In_Number] = X[0];
        In_Number ++;
        In_Number % = 256;
        FIR();
        FIR_Out[Out_Number] = FIR_Output;
        Out_Number ++;
        Out_Numbe % = 256;
    }
}

void InputWave()
{
    X[0] = sin(Theta)/10.0;
    Theta += Theta_Step;
    if (Theta >= 2 * PI)
    {
        Theta -= 2 * PI;
    }
}
```

二维码 10.1

```
void FIR( )
{
    for ( i＝0;i<NUMBER;i++ )
    {
        FIR_Output += ( X[i] * H[i]) ;
    }
}
```

10.2　无限长冲击响应滤波器（IIR）的 DSP 设计

10.2.1　IIR 滤波器的理论背景

IIR 滤波器可使用下列差分方程来描述：

$$y(n) = - \sum_{k=1}^{N} a_k y(n-k)$$

$$+ \sum_{k=0}^{M} b_k x(n-k) \quad （10.4）$$

写成传递函数的形式为

$$H(z) = \frac{\sum_{k=0}^{M} b_k z^{-k}}{1 - \sum_{k=1}^{N} a_k z^{-k}} \quad （10.5）$$

将式（10.5）画成框图的形式，如图 10.6 所示。

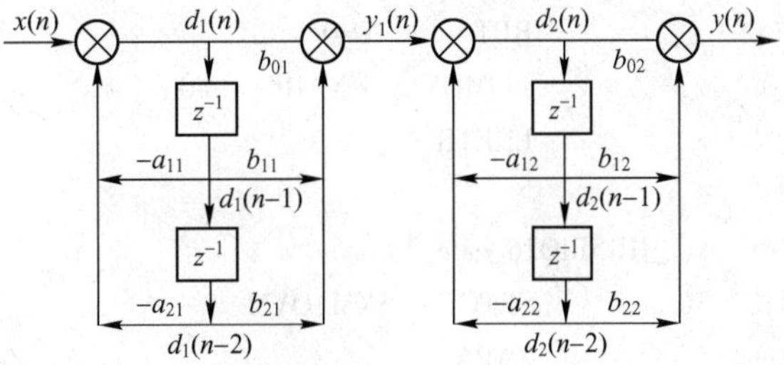

图 10.6　式（10.5）所示的框图

10.2.2　DSP 的汇编程序设计

1. 16 位 IIR 计算

```
;typedef struct {
;    void ( *init)(void *);        /* Ptr to init funtion        */
;    void ( *calc)(void *);        /* Ptr to calc fn             */
;    int * coeff_ptr;              /* Pointer to filter coefficient */
;    int * dbuffer_ptr;            /* Delay buffer ptr           */
;    int nbiq;                     /* No of biquad               */
;    int input;                    /* Latest input sample        */
;    int isf;                      /* Input scale factor         */
;    int qfmat;                    /* Coefficients Q format       */
;    int output;                   /* Filter output              */
;    }IIR5BIQ16;
        .def    _IIR5BIQ16_calc
```

```
        .def    _IIR5BIQ16_init
_IIR5BIQ16_init:
        ADDB    XAR4,#6                ; XAR4->dbuffer_ptr
        MOVL    XAR6, * +XAR4[0]       ; XAR6 = dbuffer_ptr
        MOV     ACC, * +XAR4[2]<<1     ; ACC = 2 * nbiq
        SUB     ACC,#1                 ; ACC = (2 * nbiq) - 1
        MOVZ    AR0,AL                 ; AR0 = (2 * nbiq) - 1
        ADDL    ACC, * XAR4            ; ACC = dbuffer_ptr + (2 * nbiq) - 1
        MOVL    * XAR4,ACC             ; XAR4->dbuffer_ptr;dbuffer_ptr += (2 * nbiq) -1
        MOV     * +XAR4[3],#0          ; input = 0
        MOVB    ACC,#16
        SUB     ACC, * +XAR4[5]
        MOV     * +XAR4[5],AL          ; qfmat = 16-qfmat
        MOV     * +XAR4[6],#0          ; output = 0
        RPT     AR0
    || MOV      * XAR6++,#0
        LRETR


_IIR5BIQ16_calc:
        SETC    SXM,OVM
        ZAPA                           ; Zero the ACC, P registers and OVC counter
        ADDB    XAR4,#4                ; XAR4->coeff_ptr
        MOVL    XAR7, * XAR4++         ; XAR4->dbuffer_ptr, XAR7 = coeff_ptr->a21
        MOVL    XAR6, * XAR4++         ; XAR4->order, XAR6 = dbuffer_ptr->d1(n-2)
        MOVZ    AR0, * XAR4++          ; XAR4->input, AR0 = nbiq
        MOV     T, * XAR4++            ; XAR4->isf, T = input
        MPY     ACC,T, * XAR4++        ; XAR4->qfmat, ACC = input * isf
        ADDB    XAR6,#1
        SUBB    XAR0,#1                ; AR0 = nbiq-1
; 第 k 次双二阶运算
biqd:
        MOV     T, * --XAR6            ; T = dk(n-2)
        MPY     P,T, * XAR7++          ; P = dk(n-2) * a2k
        MOV     T, * --XAR6            ; T = dk(n-1)
        MPYA    P,T, * XAR7++          ; ACC = input * isf + dk(n-2) * a2k;P = dk(n-1) * a1k
        MOV     T, * +XAR6[1]          ; T = dk(n-2)
        MPYA    P,T, * XAR7++          ; ACC = input * isf + dk(n-2) * a2k + dk(n-1) * a1k
                                       ; P = dk(n-2) * b2k
        MOV     T, * XAR4              ; T = qfmat
        LSLL    ACC,T
                        ; ACC = input * isf + dk(n-2) * a2k + dk(n-1) * a1k (Q15)
        MOVZ    AR5,AH ; AR5 = dk(n) = input * isf + dk(n-2) * a2k + dk(n-1) * a1k (Q15)
        MOV     ACC,#0                 ; ACC = 0
```

360

```
MOVAD     T, * XAR6          ; T=dk(n-1), dk(n-2)=dk(n-1), ACC=dk(n-2) * b2k
MPY       P,T, * XAR7++       ; P=dk(n-1) * b1k,
MOV       T,AR5              ; T=dk(n)
MPYA      P,T, * XAR7++       ; ACC=dk(n-1) * b1k + dk(n-2) * b2k, P=dk(n) * b0k
ADDL      ACC,P
MOV       * XAR6,T           ; dk(n-1)=dk(n)
BANZ      biqd,AR0--
MOV       T, * XAR4++         ; T=qfmat, XAR4->output
LSLL      ACC,T
ROR       ACC
MOV       * XAR4,AH          ; output=Filtered output in Q14 format
CLRC      OVM
LRETR                        ; Do not shift it left to store in Q15 format
```

上述代码可由图 10.7 来表示其基本功能。需要定义两个指针：coeff_ptr 和 dbuffer_ptr。前者指向系数缓冲区，后者指向存储缓冲区。

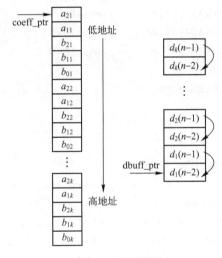

图 10.7　图示说明

2. 32 位 IIR 计算

```
;typedef struct {
;    void ( * init)(void * );   / * Ptr to init funtion          * /
;    void ( * calc)(void * );   / * Ptr to calc fn               * /
;    long * coeff_ptr;          / * Pointer to filter coefficient * /
;    long * dbuffer_ptr;        / * Delay buffer ptr             * /
;    int nbiq;                  / * No of biquad                 * /
;    int input;                 / * Latest input sample          * /
;    long isf;                  / * Input scale factor           * /
;    long output32;             / * Filter output                * /
;    int output16               / * Filter output                * /
```

```
;    int qfmat;                           / *  Coefficients Q format        * /
;    | IIR5BIQ32;
          .def      _IIR5BIQ32_calc
          .def      _IIR5BIQ32_init
_IIR5BIQ32_init:
          ADDB      XAR4,#6                ; XAR4->dbuffer_ptr
          MOVL      XAR6, * +XAR4[0]       ; XAR6=dbuffer_ptr
          MOV       ACC, * +XAR4[2]<<2     ; ACC=4 * nbiq
          SUB       ACC,#1                 ; ACC=(4 * nbiq)-1
          MOVZ      AR0,AL                 ; AR0=(4 * nbiq)-1
          ADDL      ACC, * XAR4            ; ACC=dbuffer_ptr + (4 * nbiq) - 1
          MOVL      * XAR4++,ACC           ; XAR4->nbiq, dbuffer_ptr += (4 * nbiq)-1
          MOV       * +XAR4[1],#0          ; input = 0
          MOVB      ACC,#32
          SUB       ACC, * +XAR4[7]
          MOV       * +XAR4[7],AL          ; qfmat=32-qfmat
          MOV       * +XAR4[6],#0          ; output16 = 0
          MOV       * +XAR4[5],#0          ; output32 = 0
          MOV       * +XAR4[4],#0          ; output32 = 0
          RPT       AR0
          || MOV    * XAR6++,#0
          LRETR


_IIR5BIQ32_calc:
          SETC      SXM,OVM
          ZAPA                             ; Zero the ACC, P registers and OVC counter
          ADDB      XAR4,#4                ; AR4->coeff_ptr
          MOVL      XAR7, * XAR4++         ; XAR4->dbuffer_ptr, XAR7=coeff_ptr->a21
          MOVL      XAR6, * XAR4++         ; XAR4->order, XAR6=dbuffer_ptr->d1(n-2)
          MOVZ      AR0, * XAR4++          ; XAR4->input, AR0=nbiq
          MOV       T, * XAR4++            ; XAR4->isf, T=input
          MOV       TL,#0
          QMPYL     ACC,XT, * XAR4++       ; XAR4->output32, ACC=input * isf
          ADDB      XAR6,#2
          SUBB      XAR0,#1                ; AR0=nbiq-1
;第 k 次双二阶运算 k = 1:nbiq
biqd:
          MOVL      XT, * --XAR6           ; T=dk(n-2)
          QMPYL     P,XT, * XAR7++         ; P= dk(n-2) * a2k
          MOVL      XT, * --XAR6           ; T=dk(n-1)
          QMPYAL    P,XT, * XAR7++         ; ACC=input * isf + dk(n-2) * a2k, P=dk(n-1) * a1k
          MOVL      XT, * +XAR6[2]         ; T=dk(n-2)
          QMPYAL    P,XT, * XAR7++         ; ACC=input * isf + dk(n-2) * a2k + dk(n-1) * a1k
```

```
                                              ; P = dk(n-2) * b2k
MOV       T, * +XAR4[3]          ; T = qfmat
LSLL      ACC,T                  ; ACC = input * isf + dk(n-2) * a2k + dk(n-1) * a1k (Q31)
MOVDL     XT, * XAR6             ; XT = dk(n-1), dk(n-2) = dk(n-1)
MOVL      * XAR6,ACC             ; dk(n-1) = dk(n)
QMPYL     ACC,XT, * XAR7++       ; ACC = dk(n-1) * b1k
MOVL      XT, * XAR6             ; XT = dk(n)
QMPYAL    P,XT, * XAR7++         ; ACC = dk(n-1) * b1k + dk(n-2) * b2k, P = dk(n) * b0k
ADDL      ACC,P
BANZ      biqd,AR0--
MOV       T, * +XAR4[3]          ; T = qfmat, XAR4->output32
LSLL      ACC,T
ROR       ACC
MOVL      * XAR4++,ACC           ; output32 = Filtered output in Q30 format
MOV       * XAR4,AH              ; output16 = Filtered output in Q14 format
CLRC      OVM
LRETR
```

上述代码可由图 10.8 来表示其基本功能。需要定义两个指针：coeff_ptr 和 dbuffer_ptr。前者指向系数缓冲区，后者指向存储缓冲区。

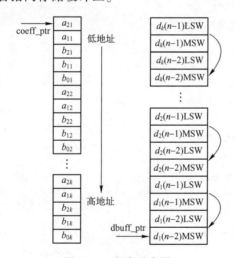

图 10.8　程序示意图

10.2.3　DSP 的 C 程序设计

C 语言程序示例

```
#define NUMBER 2
#define PI 3.1415926
#define Theta_Step 2 * PI/100
float B[NUMBER] = { 0.0,0.7757 } ,A[NUMBER] = { 0.1122,0.1122 } ;
float X[NUMBER] = { 0.0 } ,Y[NUMBER] = { 0.0 } ;
```

二维码 10.2

```
float Theta,IIR_In[256],IIR_Out[256] ,IIR_Input,IIR_Output;
int i,In_Number,Out_Number;

main( void)
{
    …… // 初始化代码省略
    while(1)
    {
        for ( i=NUMBER-1;i>0;i-- )
        {
            X[i] = X[i-1];
            Y[i] = Y[i-1];
        }
        InputWave( );
        IIR_In[In_Number] = X[0];
        IIR( );
        IIR_Out[Out_Number] = IIR_Output;
        In_Number++;
        In_Number % = 256;
        Out_Number++;
        Out_Number % = 256;
    }
}


void InputWave( )
{
    X[0] = sin(Theta)/10.0;
    Y[0] = 0.0;
    Theta += Theta_Step;
    if ( Theta >= 2 * PI )
    {
        Theta -= 2 * PI;
    }
}


void IIR( )
{
    for ( i=0;i<NUMBER;i++ )
    {
        IIR_Output += (X[i] * A[i]);
        IIR_Output += (Y[i] * B[i]);
    }
}
```

第 11 章   轻松玩转 DSP ——

永磁同步电动机（PMSM）的数字化控制

11.1   PMSM 的基本数学模型

1. A-B-C 三相坐标系中永磁同步电动机数学模型

在 A-B-C 坐标系中，将定子三相绕组中 A 相轴线作为空间坐标系的参考轴线 a，在确定好磁链和电流正方向后（见图 11.1），可以得到永磁同步电动机在 A-B-C 坐标系下的定子电压方程为

$$u_s = Ri_s + L\frac{\mathrm{d}i_s}{\mathrm{d}t} + \frac{\mathrm{d}\psi_s}{\mathrm{d}t} = Ri_s + \frac{\mathrm{d}\psi}{\mathrm{d}t} \qquad (11.1)$$

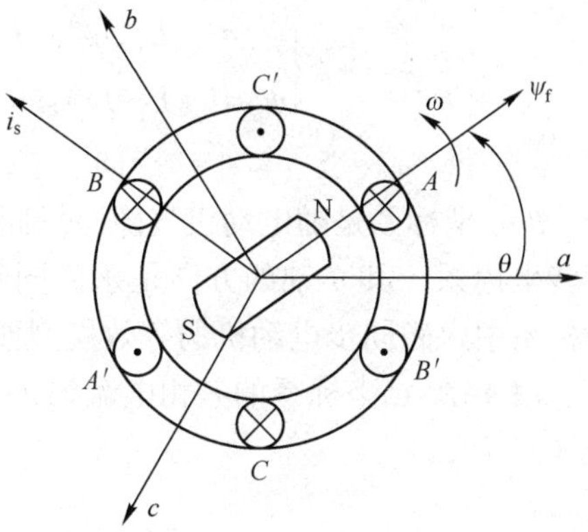

在 A-B-C 三相坐标系下的磁链方程为

$$\begin{cases} \psi_A = L_A i_A + M_{AB} i_B + M_{AC} i_C + \psi_f \cos\theta \\ \psi_B = M_{BA} i_A + L_B i_B + M_{BC} i_C + \psi_f \cos\left(\theta - \dfrac{2\pi}{3}\right) \\ \psi_C = M_{CA} i_A + M_{CB} i_B + L_C i_C + \psi_f \cos\left(\theta + \dfrac{2\pi}{3}\right) \end{cases} \qquad (11.2)$$

图 11.1   永磁同步电机的物理模型

写成向量形式，式（11.2）可表示为 $\psi = Li_s + \psi_s$。式中

$$\begin{cases} u_s = \begin{bmatrix} u_A & u_B & u_C \end{bmatrix}^T \\ i_s = \begin{bmatrix} i_A & i_B & i_C \end{bmatrix}^T \\ \psi_s = \begin{bmatrix} \psi_A & \psi_B & \psi_C \end{bmatrix}^T \end{cases}$$

$$\begin{cases} R = \begin{bmatrix} R_s & 0 & 0 \\ 0 & R_s & 0 \\ 0 & 0 & R_s \end{bmatrix} \\ L = \begin{bmatrix} L_A & M_{AB} & M_{AC} \\ M_{BA} & L_B & M_{BC} \\ M_{CA} & M_{CB} & L_C \end{bmatrix} \\ \psi_s = \psi_f \begin{bmatrix} \cos\theta \\ \cos(\theta - 2\pi/3) \\ \cos(\theta + 2\pi/3) \end{bmatrix} \end{cases}$$

2. 静止两相坐标系中永磁同步电动机数学模型

将永磁同步电机在 A-B-C 三相坐标系中的电流参量进行坐标变换，可以将三相坐标系下的电动机电压、磁链方程在 α-β 坐标系中表示出来。将 α-β 坐标放在定子上，α 轴与 A 相轴线重合，β 轴超前 α 轴 90°，如图 11.2 所示。在 α-β 坐标轴中的电压电流，可以直接从 A-B-C 三相坐标系中的电压电流通过简单的线性变换得到。一个旋转矢量从三相 A-B-C 定子坐标系变换到 α-β 坐标系称为 3/2 变换，有

$$\begin{bmatrix} i_\alpha \\ i_\beta \end{bmatrix} = \frac{2}{3} \begin{bmatrix} 1 & -\dfrac{1}{2} & -\dfrac{1}{2} \\ 0 & \dfrac{\sqrt{3}}{2} & -\dfrac{\sqrt{3}}{2} \end{bmatrix} \begin{bmatrix} i_A \\ i_B \\ i_C \end{bmatrix} \qquad (11.3)$$

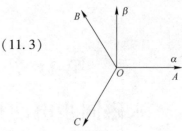

经过变换得到 $\alpha-\beta$ 坐标系的电压方程为

$$\begin{cases} u_\alpha = \dfrac{\mathrm{d}\psi_\alpha}{\mathrm{d}t} + R i_\alpha \\ u_\beta = \dfrac{\mathrm{d}\psi_\beta}{\mathrm{d}t} + R i_\beta \end{cases} \qquad (11.4)$$

图 11.2　$\alpha-\beta$ 坐标系和
$A-B-C$ 三相坐标系

$\alpha-\beta$ 坐标系的磁链方程为

$$\begin{cases} \psi_\alpha = i_\alpha (L_d \cos^2\theta + L_q \sin^2\theta) + i_\beta (L_d - L_q)\sin\theta\cos\theta + \psi_\alpha\cos\theta \\ \psi_\beta = i_\alpha (L_d - L_q)\sin\theta\cos\theta + i_\beta (L_d \cos^2\theta + L_q \sin^2\theta) + \psi_\alpha\sin\theta \end{cases} \qquad (11.5)$$

3. 同步旋转坐标系中永磁同步电动机数学模型

$d-q$ 坐标系是随电动机气隙磁场同步旋转的坐标系，可将其视为放置在电动机转子上的旋转坐标系，其 d 轴的方向是永磁同步电动机转子励磁磁链方向，q 轴超前 d 轴 $90°$。$d-q$ 坐标系中永磁同步电动机的等效模型如 11.3 所示。

由 $A-B-C$ 坐标系的三相电流到 $d-q$ 同步旋转坐标系的 d、q 轴电流之间的变换（等功率变换）为

$$\begin{bmatrix} i_d \\ i_q \end{bmatrix} = \sqrt{\frac{2}{3}} \begin{bmatrix} \cos\theta & \cos(\theta-2\pi/3) & \cos(\theta+2\pi/3) \\ -\sin\theta & -\sin(\theta-2\pi/3) & -\sin(\theta+2\pi/3) \end{bmatrix} \begin{bmatrix} i_A \\ i_B \\ i_C \end{bmatrix} \qquad (11.6)$$

永磁同步电动机在 $\alpha-\beta$ 同步旋转坐标系下的磁链、电压方程为

$$\begin{cases} \psi_d = L_d i_d + \psi_f \\ \psi_q = L_q i_q \\ u_d = \dfrac{\mathrm{d}\psi_d}{\mathrm{d}t} - \omega\psi_q + R_s i_d \\ u_q = \dfrac{\mathrm{d}\psi_q}{\mathrm{d}t} + \omega\psi_d + R_s i_q \end{cases} \qquad (11.7)$$

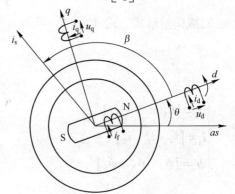

图 11.3　$d-q$ 同步旋转
坐标系中的电动机模型

电磁转矩矢量方程

$$T_e = p_n \boldsymbol{\psi}_s \times \boldsymbol{i}_s \qquad (11.8)$$

用 d、q 轴系分量来表示式（11.8）中磁链和电流综合矢量，有

$$\begin{cases} \boldsymbol{\psi}_s = \psi_d + \mathrm{j}\psi_q \\ \boldsymbol{i}_s = i_d + \mathrm{j}i_q \end{cases} \qquad (11.9)$$

将式（11.9）代入式（11.8），电动机电磁转矩方程变换为

$$T_e = p_n(\psi_d i_q - \psi_q i_d) \qquad (11.10)$$

将磁链方程式（11.7）代入式（11.10），可得永磁同步电动机的电磁转矩为

$$T_e = p_n [\psi_f i_q + (L_d - L_q) i_d i_q] \tag{11.11}$$

由图 11.3 可知，$i_d = i_s \cos\beta$，$i_q = i_s \sin\beta$，将其代入式（11.11）得

$$T_e = p_n [\psi_f i_s \sin\beta + 0.5(L_d - L_q) i_s^2 \sin 2\beta] \tag{11.12}$$

转矩平衡方程式为

$$T_e - T_L = J \frac{d\omega_r}{dt} + R_\Omega \omega_r \tag{11.13}$$

式（11.7）、式（11.11）、式（11.13）便是永磁同步电动机在 d-q 同步旋转坐标系下的数学模型。

本节用到的参数、符号如下：

i_A、i_B、i_C 为 A-B-C 三相绕组电流；

U_A、U_B、U_C 为 A-B-C 三相绕组电压；

R_s 为电动机定子相绕组电阻；

p_n 为电动机定子绕组极对数；

L_A、L_B、L_C 为电动机定子绕组自感系数；

L_d、L_q 为 d-q 轴下 d 轴和 q 轴电感；

$M_{XY} = M_{YX}$ 为定子绕组互感系数；

ψ_f 为转子永磁体磁极的励磁磁链；

ψ_s 为电动机磁链；

θ 为转子 d 轴超前定子 A 相绕组轴线 a 的电角度；

ω_r 为机械角速度；

ω 为电角速度（$\omega_r = \omega / p_n$）；

T_L 为负载力矩；

J 为电动机转动惯量；

R_Ω 为电动机阻尼系数；

T_e 为电磁力矩。

11.2　有速度传感器的永磁同步电动机控制系统设计

11.2.1　永磁同步电动机矢量控制原理

图 11.4 所示为永磁同步电动机基于转子磁场定向的矢量控制原理图。该系统具有 3 个闭环：外环速度环、内环电流环及位置检测环。

（1）前向通道

速度环的给定与电动机转速之差经 PI 调节后，作为内环电流环 q 轴的给定。而 d 轴的给定可为零，或依据应用场合不同给出一定的励磁分量。d 轴和 q 轴的给定分别与相应的反馈量之差经 PI 调节、Park 逆变换后，来产生可调节的 PWM 波。

（2）反馈通道

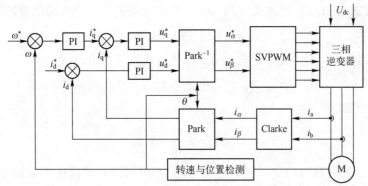

图 11.4　永磁同步电动机矢量控制原理图

反馈通道为两部分：定子电流的采样、变换及速度和位置的检测。

1）为节省成本，硬件上可选用两个霍尔传感器来检测电流，经运放、偏置电路（如图 11.5所示为参考电路）后，通过 DSP 的 ADC 模块采样得到其数字量。再经过 Clark 和 Park 变换后得到三相反馈电流的 d、q 轴分量。

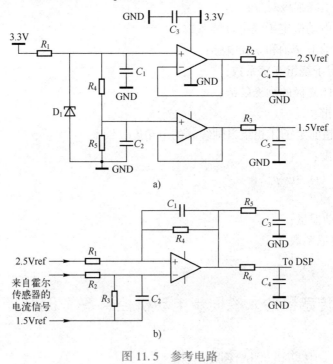

图 11.5　参考电路

a）参考运放电路　b）参考偏置电路

2）本例永磁同步电机的速度和位置检测采用旋转变压器来实现。

旋转变压器简称"旋变"，是目前国内比较专业的一个名称。旋转变压器主要用于运动伺服控制系统中，作为角度位置的传感和测量用。早期的旋转变压器用于计算解析装置中，作为模拟计算机中的主要组成部分之一。其输出是随转子转角作某种函数变化的电气信号，通常是正弦、余弦、线性等。

与编码器类似，旋转变压器也是将机械运动转化为电子信号的转动式机电装置。但与编码器不同的是，旋转变压器传输的是模拟信号而非数字信号。因此需匹配合适的解码芯片，将模拟量变为数字量，按照并行或串行的方式将转子的位置输入给 DSP；或者将模拟量变为两个正交的数字信号送入 DSP 的 eQEP 模块。本例采用后者，选择的编码器型号为AD2S1205，参考电路如图 11.6 所示。

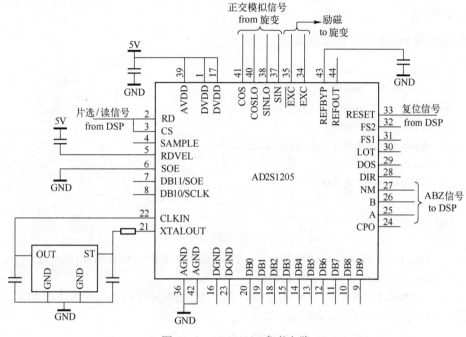

图 11.6　AD2S1205 参考电路

11.2.2　C 程序分析

本书提供了一套电机控制程序（见二维码 11.1）。该程序将 ADC、CAN、eQEP、PWM 等电机控制常用的子模块进行了初始化，实现了本书所讲的 SVPWM 快速发波算法、旋变信号的检测及测速程序、CAN 数据的接收及发送等程序。含有一个由 EPWM1 触发的周期中断，中断频率为 10kHz。读者可在给出的参考程序中增添相应的代码以实现永磁同步电动机的调速。

1. 位置和角度检测

（1）变量定义

```
typedef struct {
    int16 MechTheta;            // Output：Motor mechanical angle（Q15）
    int16 OutputTheta;          // Output：Output mechanical angle（Q15）
    Uint16 DirectionQep;        // Output：Motor rotation direction（Q0）
    Uint16 QepCountIndex;       // Variable：Encoder counter index（Q0）
    Uint16 RawTheta;            // Variable：Raw angle from Timer 2（Q0）
    Uint32 OutputRawTheta;      // Variable：Raw angle for output position（Q0）
    Uint32 MechScaler;          // Parameter：0.9999/total count for motor（Q30）
    Uint32 OutputMechScaler;    // Parameter：0.9999/total count for output（Q30）
    Uint16 LineEncoder;         // Parameter：Number of line encoder（Q0）
```

二维码 11.1

```
    Uint16 PreScaler;              // Parameter: A ratio of revolution to output (Q0)
    Uint16 Counter;                // Variable: Counter for revolution of motor (Q0)
    void ( * init) ( );            // Pointer to the init function
    void ( * calc) ( );            // Pointer to the calc function
    void ( * isr) ( );             // Pointer to the isr function
} QEP;
```

(2) DSP 的 eQEP 模块初始化函数

```
#define P          const1    // 电动机级数
#define P_M_R      const2    // 电动机级对数
#define P_R        const3    // 旋变级数
qep. LineEncoder = 1024;
qep. MechScaler = 268435206/qep1. LineEncoder;
qep. PolePairs = P_R;
qep. CalibratedAngle = 1000;
qep. init( &qep);
void   QEP_Init( QEP * p)
{
    EQep1Regs. QUPRD = 1500000// Unit Timer for 100Hz at 150MHz SYSCLKOUT;
    EQep1Regs. QDECCTL. all = 0x0000;
    // EMULATION_FREE+ PCRM_INDEX+ QCLM_TIME_OUT+ UTE_ENABLE+ QPEN_ENABLE
    EQep1Regs. QEPCTL. all = 0x800E;
    //CEN_ENABLE+CCPS_X128+UPPS_X3
    EQep1Regs. QCAPCTL. all = 0x8072;
    EQep1Regs. QPOSMAX = 0xffffffff;
    EALLOW;
    SysCtrlRegs. PCLKCR1. bit. ECAP3ENCLK = 1;          // eCAP3 时钟使能
    EDIS;
    ECap3Regs. ECCTL2. bit. CAP_APWM = 0;               // 捕获模式
    ECap3Regs. ECCTL1. bit. CAP1POL = 0;
    ECap3Regs. ECCTL1. bit. CAP2POL = 0;
    ECap3Regs. ECCTL1. bit. CAP3POL = 0;
    ECap3Regs. ECCTL1. bit. CAP4POL = 0;                // 上升沿

    ECap3Regs. ECCTL1. bit. CTRRST1 = 0x0000;
    ECap3Regs. ECCTL1. bit. CTRRST2 = 0x0000;
    ECap3Regs. ECCTL1. bit. CTRRST3 = 0x0000;
    ECap3Regs. ECCTL1. bit. CTRRST4 = 0x0000;

    ECap3Regs. ECCTL1. bit. CAPLDEN = 1;                // 使能捕获单元
    ECap3Regs. ECCTL1. bit. PRESCALE = 0x0200;
    ECap3Regs. ECCTL2. bit. CONT_ONESHT = 0;            // 单次触发
    ECap3Regs. ECCTL2. bit. SYNCO_SEL = 0x0080;         // SYNCO_DISABLE;
```

```
        ECap3Regs. ECCTL2. bit. SYNCI_EN = 0;          // SYNCI_DISABLE;
        ECap3Regs. ECCTL2. bit. TSCTRSTOP = 1;         // TSCTR 开始运行

        EALLOW;
        GpioCtrlRegs. GPBMUX2. bit. GPIO50 = 1;     // 配置 GPIO50 为 EQEP1A
        GpioCtrlRegs. GPBMUX2. bit. GPIO51 = 1;     // 配置 GPIO51 为 EQEP1B
        GpioCtrlRegs. GPBMUX2. bit. GPIO53 = 1;     // 配置 GPIO53 为 EQEP1I
        EDIS;

    }
```

（3）角度处理与计算方法

```
    void QEP_Calc( QEP  * p)
    {
        int32 Tmp;
        p->MechThetaOld = p->MechTheta;
        p->RawThetaOld  = p->RawTheta;
        p->RawTheta =p->CalibratedAngle + EQep1Regs. QPOSCNT;
        // Compute the resolver electrical angle in Q15
        Tmp = _qmpy32by16( p->MechScaler,p->RawTheta,31);      // Q15 = Q30 * Q0
        // Q15 = Q18 * Q12 * Q16 / Q31
        // 32bits MechScaler * 16bits RawTheta, right shifting 31 bits, resulting 15 bits
        p->MechTheta = ( int16) ( Tmp);                         // Q15 -> Q15
        p->MechTheta &= 0x7FFF;
        p->ElecTheta = P_M_R/P_R * ( p->MechTheta);
        p->ElecTheta &= 0x7FFF;                                    // 转子角度
    }
```

（4）EQep1Regs. QPOSCNT 的维护

旋变每产生一个 Z 信号（旋变机械转动一周），则进入 eQEP 中断，变量 EQep1Regs. QPOSCNT 清零。

```
    void QEP_Isr( QEP  * p)
    {
        p->QepCountIndex = EQep1Regs. QPOSCNT;
        if( p->QepCountIndex>2048)
        {
            p->qepcount=p->QepCountIndex-4096;
        }
        else
        {
            p->qepcount=p->QepCountIndex;
        }
        EQep1Regs. QPOSCNT= 0;                      // Reset the timer 2 counter
        p->IndexSyncFlag = 0x00F0;                   // Set the index flag
```

```
        p->StartUp = 1;
    }
```

2. 速度计算

(1) 变量定义及初始化

```c
typedef struct {
    _iq ElecTheta;              // Input: Electrical angle (pu)
    Uint32 DirectionQep;        // Variable: Direction of rotation (Q0)
    _iq OldElecTheta;           // History: Electrical angle at previous step (pu)
    _iq Speed;                  // Output: Speed in per-unit  (pu)
    _iq Speed_lowpass;
    _iq K;                      // speed lowpass factor
    Uint32 BaseRpm;             // Parameter: Base speed in rpm (Q0)
    _iq21 K1;                   // Parameter: Constant for differentiator (Q21)
    _iq K2;                     // Parameter: Constant for low-pass filter (pu)
    _iq K3;                     // Parameter: Constant for low-pass filter (pu)
    int32 SpeedRpm;             // Output : Speed in rpm  (Q0)
    int32 Speed_lowpass_heavy;
    _iq Tmp2;
    _iq Tmp3;
    _iq Tmp4;
    void ( * calc)();           // Pointer to the calulation function
} SPEED_MEAS_QEP;

speed. ElecTheta = 512 * ( ( int32) qep. ElecTheta);
speed. DirectionQep = ( int32) ( qep. DirectionQep);
speed. calc( &speed);
```

(2) 速度计算函数

```c
void speed_frq_calc( SPEED_MEAS_QEP  * v)
{
    _iq Tmp1;
    _iq ElecTheta_diff;
    ElecTheta_diff = v->ElecTheta - v->OldElecTheta;
    if( ElecTheta_diff < -0. 5 * 16777216)
    {
        ElecTheta_diff += 16777216;
    }
    if( ElecTheta_diff > 0. 5 * 16777216)
    {
        ElecTheta_diff -= 16777216;
    }
```

```
    Tmp1 = 0.00000000745058 * v->K2 * v->Speed + 0.00000005960465 * v->K3 * Tmp1;
    if (Tmp1>2097152 * 1.5)
    {
        v->Speed = 16777216 * 1.5;
    }
    else if (Tmp1<2097152 * (-1.5))
    {
        v->Speed = 16777216 * (-1.5);
    }
    else
    {
        v->Speed = 8 * Tmp1;
    }
    v->Speed_lowpass +=  0.00000005960465 * v->K * (v->Speed - v->Speed_lowpass);
    v->Speed_lowpass_heavy += 0.6 * 0.000000005960465 * v->K
                            * (v->Speed - v->Speed_lowpass_heavy);
    v->OldElecTheta = v->ElecTheta;
    v->SpeedRpm = 0.00000005960465 * v->Speed_lowpass * v->BaseRpm;
}
```

3. 电流内环调节 (d 轴为例)

```
    pid_id. calc(&pid1_id)
    void pid_calc(PIDREG3IQ * v)
    {
        v->Err = v->Ref - v->Fdb;    // 误差计算
        v->Up = 0.00000005960 * v->Kp * v->Err;

        if (v->Up > v->OutMax)
        {v->Up =  v->OutMax;}
        else if (v->Up < v->OutMin)
        {v->Up =  v->OutMin;}
        else
        {v->Up = v->Up;}

        v->Ui = v->Ui + 0.00000005960 * v->Ki * v->Err;
        if (v->Ui > v->OutMax)
        { v->Ui =  v->OutMax;}
        else if (v->Ui < v->OutMin)
        {v->Ui =  v->OutMin;}
        else
        {v->Ui = v->Ui;}

        v->OutPreSat = v->Up + v->Ui;
```

```
        if ( v->OutPreSat > v->OutMax )
        {v->Out  =  v->OutMax;}
        else if ( v->OutPreSat < v->OutMin )
        {v->Out  =  v->OutMin;}
        else
        {v->Out = v->OutPreSat;}
    }
```

4. SVPWM 发波处理

```
        ipark_Angle = speed. ElecTheta;
        ipark_Speed = speed. Speed_lowpass;
        ipark_Angle &= 0xFFFFFF;

        ipark_Sine = 16777216 * sin( ipark_Angle * 0. 000000374507);
        ipark_Cosine = 16777216 * cos( ipark_Angle * 0. 000000374507);

        ipark_Alpha   = 0. 00000005960465 * ipark_Ds * ipark_Cosine
                      - 0. 00000005960465 * ipark_Qs * ipark_Sine;
        ipark_Beta   = 0. 00000005960465 * ipark_Qs * ipark_Cosine
                      + 0. 00000005960465 * ipark_Ds * ipark_Sine;

        svgen_dq. Ualpha = ipark_Alpha;
        svgen_dq. Ubeta = ipark_Beta;
        svgen_dq. calc( &svgen_dq);

        pwm. MfuncC1 = ( int16)(0. 001953125 * svgen_dq. Tc);
        pwm. MfuncC2 = ( int16)(0. 001953125 * svgen_dq. Tb);
        pwm. MfuncC3 = ( int16)(0. 001953125 * svgen_dq. Ta);
        pwm. update( &pwm);


        void svgendq_calc( SVGENDQ * v)
        {
            _iq Va,Vb,Vc,t1,t2;
            int32 Sector = 0;
            // Inverse clarke transformation   B0 B1 B2 计算
            Va = v->Ubeta;
            Vb = (-0. 5) * v->Ubeta + 0. 8660254 * v->Ualpha;   // 0. 8660254 = sqrt(3)/2
            Vc = (-0. 5) * v->Ubeta - 0. 8660254 * v->Ualpha;

            v->Va0=Va;
            v->Vb0=Vb;
            v->Vc0=Vc;
```

```
//扇区计算
if (Va>0)    Sector = 1;
if (Vb>0)    Sector = Sector + 2;
if (Vc>0)    Sector = Sector + 4;


if (Sector==0)   // Sector 0: this is special case for (Ualpha,Ubeta) = (0,0)
{
    v->Ta = 8388608;
    v->Tb = 8388608;
    v->Tc = 8388608;
}

if (Sector==1)   // Sector 1: t1=Z and t2=Y (abc ---> Tb,Ta,Tc)
{
    t1 = Vc;
    t2 = Vb;
    v->Tb = 0.5 * (16777216-t1-t2);   // tbon = (1-t1-t2)/2
    v->Ta = v->Tb+t1;               // taon = tbon+t1
    v->Tc = v->Ta+t2;               // tcon = taon+t2
}
else if (Sector==2)   // Sector 2: t1=Y and t2=-X (abc ---> Ta,Tc,Tb)
{
    t1 = Vb;
    t2 = -Va;
    // v->Ta = _IQmpy(_IQ(0.5),(_IQ(1)-t1-t2));
    v->Ta = 0.5 * (16777216-t1-t2);   // taon = (1-t1-t2)/2
    v->Tc = v->Ta+t1;               // tcon = taon+t1
    v->Tb = v->Tc+t2;               // tbon = tcon+t2
}
else if (Sector==3)   // Sector 3: t1=-Z and t2=X (abc ---> Ta,Tb,Tc)
{
    t1 = -Vc;
    t2 = Va;
    v->Ta = 0.5 * (16777216-t1-t2);   // taon = (1-t1-t2)/2
    v->Tb = v->Ta+t1;               // tbon = taon+t1
    v->Tc = v->Tb+t2;               // tcon = tbon+t2
}
else if (Sector==4)   // Sector 4: t1=-X and t2=Z (abc ---> Tc,Tb,Ta)
{
    t1 = -Va;
    t2 = Vc;
    v->Tc = 0.5 * (16777216-t1-t2);   // tcon = (1-t1-t2)/2
    v->Tb = v->Tc+t1;               // tbon = tcon+t1
    v->Ta = v->Tb+t2;               // taon = tbon+t2
```

```
      }
      else if ( Sector = = 5)    // Sector 5: t1 = X and t2 = -Y ( abc ---> Tb,Tc,Ta)
      {
          t1 = Va;
          t2 = -Vb;
          v->Tb = 0.5 * (16777216-t1-t2);   // tbon = (1-t1-t2)/2
          v->Tc = v->Tb+t1;                  // tcon = tbon+t1
          v->Ta = v->Tc+t2;                  // taon = tcon+t2
      }
      else if ( Sector = = 6)    // Sector 6: t1 = -Y and t2 = -Z ( abc ---> Tc,Ta,Tb)
      {
          t1 = -Vb;
          t2 = -Vc;
          v->Tc = 0.5 * (16777216-t1-t2);   // tcon = (1-t1-t2)/2
          v->Ta = v->Tc+t1;                  // taon = tcon+t1
          v->Tb = v->Ta+t2;                  // tbon = taon+t2
      }
      v->Ta = 2.0 * (v->Ta-8388608);
      v->Tb = 2.0 * (v->Tb-8388608);
      v->Tc = 2.0 * (v->Tc-8388608);

      if(v->Ta>16777216 * 0.98)
      {
          v->Ta=16777216 * 0.98;
      }
      if(v->Ta<16777216 * (-0.98))
      {
          v->Ta=16777216 * (-0.98);
      }

      if(v->Tb>16777216 * 0.98)
      {
          v->Tb=16777216 * 0.98;
      }
      if(v->Tb<16777216 * (-0.98))
      {
          v->Tb=16777216 * (-0.98);
      }

      if(v->Tc>16777216 * 0.98)
      {
          v->Tc=16777216 * 0.98;
      }
      }
```

```
        if( v->Tc<16777216 * ( -0.98) )
        {
            v->Tc = 16777216 * ( -0.98) ;
        }
    }


    void F2833X_Update( PWMGEN * p)
    {
        int16 MPeriod;
        int32 Tmp;
        // Compute the timer period ( Q0) from the period modulation input ( Q15)
        Tmp = ( int32) p->PeriodMax * ( int32) p->MfuncPeriod;      // Q15 = Q0 * Q15
        // Q0 = ( Q15->Q0)/2 + ( Q0/2)
        MPeriod = ( int16)( Tmp>>16) + ( int16)( p->PeriodMax>>1) ;
        EPwm1Regs. TBPRD = MPeriod;
        EPwm2Regs. TBPRD = MPeriod;
        EPwm3Regs. TBPRD = MPeriod;


        // Compute the compare 1 ( Q0) from the PWM 1&2 duty cycle ratio ( Q15)
        Tmp = ( int32) MPeriod * ( int32) p->MfuncC1;   // Q15 = Q0 * Q15
        // Q0 = ( Q15->Q0)/2 + ( Q0/2)
        EPwm1Regs. CMPA. half. CMPA =( int16)( Tmp>>16) + ( int16)( MPeriod>>1) ;
        EPwm1Regs. CMPB = ( int16)( Tmp>>16) + ( int16)( MPeriod>>1) ;


        // Compute the compare 2 ( Q0) from the PWM 3&4 duty cycle ratio ( Q15)
        Tmp = ( int32) MPeriod * ( int32) p->MfuncC2;   // Q15 = Q0 * Q15
        EPwm2Regs. CMPA. half. CMPA = ( int16)( Tmp>>16) + ( int16)( MPeriod>>1) ;
        // Q0 = ( Q15->Q0)/2 + ( Q0/2)
        EPwm2Regs. CMPB = ( int16)( Tmp>>16) + ( int16)( MPeriod>>1) ;


        // Compute the compare 3 ( Q0) from the PWM 5&6 duty cycle ratio ( Q15)
        Tmp = ( int32) MPeriod * ( int32) p->MfuncC3;// Q15 = Q0 * Q15
        EPwm3Regs. CMPA. half. CMPA = ( int16)( Tmp>>16) + ( int16)( MPeriod>>1) ;
        // Q0 = ( Q15->Q0)/2 + ( Q0/2)
        EPwm3Regs. CMPB = ( int16)( Tmp>>16) + ( int16)( MPeriod>>1) ;
    }
```

11.3　无速度传感器的永磁同步电动机控制系统设计

11.3.1　基于滑模算法的无速度传感器控制原理

图 11.7 所示为基于滑模算法的无速度传感器永磁同步电动机系统控制框图。通过电动

机输出的电压、电流在 α-β 两相静止坐标系的分量来做角度和位置的预测。

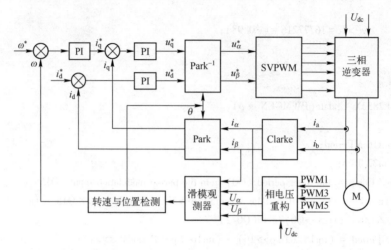

图 11.7　基于滑模算法的无速度传感器永磁同步电动机系统控制框图

基于滑模观测器的转子位置估计如图 11.8 所示。由此可见，转子位置估计由 4 部分构成：电动机模型、Bang-Bang 控制、低通滤波和转子角度计算。

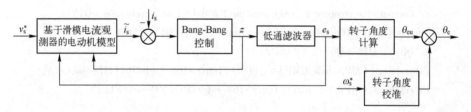

图 11.8　基于滑模观测器的转子位置估计

1. 基于滑模电流观测器的电动机模型

图 11.9 是 PMSM 电压和电流矢量图。

A、B 和 C 为三相坐标系下的电压相位，每相相差 120°；α-β 为两相静止坐标系，α 轴与 A 轴同相；d-q 为两相旋转坐标系。$\boldsymbol{u}_s$、$\boldsymbol{i}_s$ 和 $\boldsymbol{e}_s$ 是电动机相电压、电流和反电动势矢量。

$i_{s\alpha}$、$i_{s\beta}$、$u_{s\alpha}$、$u_{s\beta}$ 为 α-β 坐标系下的电流和电压分量。

在 α-β 坐标系下 PMSM 的数学模型可写为

$$\frac{\mathrm{d}}{\mathrm{d}t}\boldsymbol{i}_s = \boldsymbol{A}_1\boldsymbol{i}_s + \boldsymbol{B}_1(\boldsymbol{u}_s - \boldsymbol{e}_s) \qquad (11.14)$$

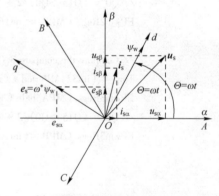

图 11.9　PMSM 的坐标系和
电压、电流矢量图

其中，矩阵 $\boldsymbol{A}_1$ 和 $\boldsymbol{B}_1$ 被定义为 $\begin{cases} \boldsymbol{A}_1 = -\dfrac{2R}{3L_m}\boldsymbol{I}_2 \\[2mm] \boldsymbol{B}_1 = -\dfrac{2}{3L_m}\boldsymbol{I}_2 \end{cases}$，$L_m$ 和 R 分别为电动机定子的电感和电阻，$\boldsymbol{I}_2$ 为 2×2 的矩阵。

2. 滑模电流观测器

滑模电流观测器由基于电动机模型的观测器和 Bang-Bang 控制器构成，如式（11.15）所示。

$$\begin{cases} \dfrac{\mathrm{d}}{\mathrm{d}t}\tilde{\boldsymbol{i}}_s = \boldsymbol{A}_1\,\tilde{\boldsymbol{i}}_s + \boldsymbol{B}_1(\boldsymbol{u}_s^* - \tilde{\boldsymbol{e}}_s - z) \\ z = k \cdot \mathrm{sign}(\tilde{\boldsymbol{i}}_s - \boldsymbol{i}_s) \end{cases} \tag{11.15}$$

通过选择适当的参数 k 和对反电动势正确的估计，Bang-Bang 控制器可将当前的估计误差控制为零（$z=0$）。符号"~"表示变量的估计，符号"＊"表示给定。

将式（11.15）进行离散化，得到

$$\begin{cases} \tilde{\boldsymbol{u}}_s(n+1) = \boldsymbol{F}\,\tilde{\boldsymbol{u}}_s(n) + \boldsymbol{G}(\boldsymbol{u}_s^*(n) - \tilde{\boldsymbol{e}}_s(n) - z(n)) \\ z(n) = k \cdot \mathrm{sign}(\tilde{\boldsymbol{i}}_s(n) - \boldsymbol{i}_s(n)) \end{cases} \tag{11.16}$$

其中，$\begin{cases} \boldsymbol{F} = \mathrm{e}^{-\frac{2R}{3L_m}T_s}\boldsymbol{I}_2 \\ \boldsymbol{G} = \dfrac{1}{R}(1 - \mathrm{e}^{-\frac{2R}{3L_m}T_s})\boldsymbol{I}_2 \end{cases}$，$T_s$ 为采样周期。

3. 反电动势预估

反电动势预估可对 Bang-Bang 控制的输出 z 进行一阶低通滤波得到，如式（11.17）所示。

$$\frac{\mathrm{d}}{\mathrm{d}t}\tilde{\boldsymbol{e}}_s = -2\pi f_0\,\tilde{\boldsymbol{e}}_s + \omega_0 z \tag{11.17}$$

经离散化得到

$$\tilde{\boldsymbol{e}}_s(n+1) = \tilde{\boldsymbol{e}}_s(n) + 2\pi f_0(z(n) - \tilde{\boldsymbol{e}}_s(n)) \tag{11.18}$$

式中，f_0 为低通滤波器的截止频率。

4. 转子位置计算

预估的转子角度可由式（11.19）得到

$$\boldsymbol{e}_s = \frac{3}{2}k_e\omega\begin{bmatrix} -\sin\theta \\ \cos\theta \end{bmatrix} \tag{11.19}$$

因此当给出反电动势后，预估的转子角度可通过式（11.20）得到。

$$\tilde{\theta}_{eu} = \arctan(-\tilde{\boldsymbol{e}}_{s\alpha}, \tilde{\boldsymbol{e}}_{s\beta}) \tag{11.20}$$

11.3.2 C 程序设计

表 11.1 所示为公式中的变量与代码中变量的对应关系。

表 11.1 公式与代码中变量的对应关系

输入/输出类型	公式变量	代码变量
输入	$u_{s\alpha}^*$	Valpha
	$u_{s\beta}^*$	Vbeta

输入/输出类型	公式变量	代码变量
输入	$i_{s\alpha}$	Ialpha
	$i_{s\beta}$	Ibeta
输出	$\tilde{\theta}_e$	Theta
	z_{α}	Zalpha
	z_{β}	Zbeta
其他	$\tilde{i}_{s\alpha}$	EstIalpha
	$\tilde{i}_{s\beta}$	EstIbeta
	$\tilde{e}_{s\alpha}$	Ealpha
	$\tilde{e}_{s\beta}$	Ebeta
	$e^{-\frac{2R}{3L_m}T_s}$	Fsmopos
	$\frac{1}{R}(1-e^{-\frac{2R}{3L_m}T_s})$	Gsmopos
	k	Kslide
	$2\pi f_0$	Kslf

1. 滑模控制参数计算

```
typedef struct    {
    float32   Rs；        // Input：Stator resistance（ohm）
    float32   Ls；        // Input：Stator inductance（H）
    float32   Ib；        // Input：Base phase current（amp）
    float32   Vb；        // Input：Base phase voltage（volt）
    float32   Ts；        // Input：Sampling period in sec
    float32   Fsmopos；   // Output：constant using in observed current calculation
    float32   Gsmopos；   // Output：constant using in observed current calculation
} SMOPOS_CONST；

void SMO_CONST_MACRO（SMOPOS_CONST * v）
{
    v. Fsmopos = exp（（-v. Rs/v. Ls) * (v. Ts））；
    v. Gsmopos = （v. Vb/v. Ib） * （1/v. Rs） * （1-v. Fsmopos）；
}
```

2. 速度预测

```
typedef struct {
    _iq EstimatedTheta；        // Input：Electrical angle（pu）
    _iq OldEstimatedTheta；     // History：Electrical angle at previous step（pu）
    _iq EstimatedSpeed；        // Output：Estimated speed in per-unit   （pu）
    Uint32 BaseRpm；            // Parameter：Base speed in rpm（Q0）
    _iq21 K1；                  // Parameter：Constant for differentiator（Q21）
```

```c
    _iq K2;                    // Parameter：Constant for low-pass filter（pu）
    _iq K3;                    // Parameter：Constant for low-pass filter（pu）
    int32 EstimatedSpeedRpm;   // Output：Estimated speed in rpm  （Q0）
    _iq Temp;                  // Variable：Temp variable
} SPEED_ESTIMATION;

void SE_MACRO(SPEED_ESTIMATION  * v)
{
    // 速度计算
    v.Temp = v.EstimatedTheta - v.OldEstimatedTheta;
    if (v.Temp < -_IQ(0.5))
    {
        v.Temp = v.Temp + _IQ(1.0);
    }
    else if (v.Temp > _IQ(0.5))
    {
        v.Temp = v.Temp - _IQ(1.0);
    }
    v.Temp = _IQmpy(v.K1,v.Temp);
    // 低通滤波器
    // Q21 = GLOBAL_Q * Q21 + GLOBAL_Q * Q21
    v.Temp = _IQmpy(v.K2,_IQtoIQ21(v.EstimatedSpeed))+_IQmpy(v.K3,v.Temp);
    // 饱和输出
    v.Temp=_IQsat(v.Temp,_IQ21(1),_IQ21(-1));
    v.EstimatedSpeed = _IQ21toIQ(v.Temp);
    // 更新电角度
    v.OldEstimatedTheta = v.EstimatedTheta;
    // Q0 = Q0 * GLOBAL_Q => _IQXmpy( ), X = GLOBAL_Q
    v.EstimatedSpeedRpm = _IQmpy(v.BaseRpm,v.EstimatedSpeed);
```

3. 滑模控制器

```c
    typedef struct {
        _iq   Valpha;      // Input：Stationary alfa-axis stator voltage
        _iq   Ealpha;      // Variable：Stationary alfa-axis back EMF
        _iq   Zalpha;      // Output：Stationary alfa-axis sliding control
        _iq   Gsmopos;     // Parameter：Motor dependent control gain
        _iq   EstIalpha;   // Variable：Estimated stationary alfa-axis stator current
        _iq   Fsmopos;     // Parameter：Motor dependent plant matrix
        _iq   Vbeta;       // Input：Stationary beta-axis stator voltage
        _iq   Ebeta;       // Variable：Stationary beta-axis back EMF
        _iq   Zbeta;       // Output：Stationary beta-axis sliding control
        _iq   EstIbeta;    // Variable：Estimated stationary beta-axis stator current
        _iq   Ialpha;      // Input：Stationary alfa-axis stator current
```

```
    _iq  IalphaError;        // Variable: Stationary alfa-axis current error
    _iq  Kslide;             // Parameter: Sliding control gain
    _iq  Ibeta;              // Input: Stationary beta-axis stator current
    _iq  IbetaError;         // Variable: Stationary beta-axis current error
    _iq  Kslf;               // Parameter: Sliding control filter gain
    _iq  Theta;              // Output: Compensated rotor angle
    _iq  E0;                 // Parameter: 0.5
} SMOPOS;


void SMOPOS (SMOPOS * v)
{
    // 滑模电流观测器
    v. EstIalpha = _IQmpy(v. Fsmopos, v. EstIalpha)
                 + _IQmpy(v. Gsmopos, (v. Valpha-v. Ealpha-v. Zalpha));
    v. EstIbeta  = _IQmpy(v. Fsmopos, v. EstIbeta)
                 + _IQmpy(v. Gsmopos, (v. Vbeta -v. Ebeta -v. Zbeta ));
    // 电流误差
    v. IalphaError = v. EstIalpha - v. Ialpha;
    v. IbetaError  = v. EstIbeta  - v. Ibeta;
    // 滑模控制器计算
    v. Zalpha = _IQmpy(_IQsat(v. IalphaError, v. E0, -v. E0), _IQmpy2(v. Kslide));
    v. Zbeta  = _IQmpy(_IQsat(v. IbetaError , v. E0, -v. E0), _IQmpy2(v. Kslide));
    // 低通滤波
    v. Ealpha = v. Ealpha + _IQmpy(v. Kslf, (v. Zalpha-v. Ealpha));
    v. Ebeta  = v. Ebeta  + _IQmpy(v. Kslf, (v. Zbeta -v. Ebeta));
    // 转子角度计算 Theta = atan(-Ealpha, Ebeta)
    v. Theta = _IQatan2PU(-v. Ealpha, v. Ebeta);
}
```

第 12 章　轻松玩转 DSP——
静止无功发生器控制技术的研究

12.1　电网无功功率概述

12.1.1　无功功率的产生及其危害

电网中的无功功率的产生有两种情况：

1）电网中的发电机和传输线等均呈感性，所以供电系统自身就会吸收一定的无功功率。

2）负载消耗的无功功率：感性负载和非线性负载是产生无功功率的主体。

由于功率开关管和感性负载如电动机、变压器等的广泛使用，使流过线路的电压电流相位不同，存在一个相位差，从而产生了无功功率。它是反映电源和负载之间能量交换的物理量，其大小表示能量交换的幅度，本身并不消耗能量。但在能量交换过程中会使视在功率增大，增加电能的损耗，并对系统产生一系列负面影响：

1）电路中电流变大，需要电路中所有电气设备能承受更大的电流，这就要求原有的电气设备容量变大，体积也会相应变大，使投资费用变高。

2）消耗过多的无功功率，会造成用户端电压过低，影响正常的生活用电，减少用电设备的使用寿命。

3）输电线路中电流为有功和无功电流之和，即 $I=I_p+I_q$，设线路电阻为 R，线路损耗为 ΔP，若无功功率增加，则线路总电流变大，系统运行效率就会下降。

4）谐波对电网有较大的影响，谐波大系会有噪声振荡等，对于一些有高低电平控制的开关器件还易造成误导通。

产生无功功率的设备有很多，无功功率存在于每一个输电系统，它对整个电力系统的影响也是巨大的。因此必须采取一系列方法阻止无功功率的危害，于是无功补偿应运而生。

12.1.2　无功补偿的作用

无功补偿就是利用一些设备能够检测到负载所需无功功率的大小，然后再发出这些无功功率，使电网只提供负载所需的有功功率，达到提高功率因数的目的。无功功率的大小对电网和负载都很重要，电网缺少无功功率时，需要尽快地对电网进行无功补偿，而补偿的无功功率如果远距离输送，则会造成严重的损耗和浪费，可以选择在电网大量缺少无功功率的地方设置无功补偿装置，以提高该地区的功率因数，提高系统稳定性，使系统运行更加合理可靠。

无功补偿的作用如下：

1）设备容量降低，线路上无功损耗减少，使功率因数更高。

2）稳定电压和电网输出端，改善电能质量。合适的地方设置中长距离输电线补偿动态无功功率还可以提高传输系统的稳定性，提高传输容量。

3）在非线性负载应用较多的场合设置无功补偿装置，可以有效地改善该部分的电能质量。

无功补偿的补偿对象是电网的无功功率和谐波。对谐波的补偿主要采用有源电力滤波器，本节只研究对基波无功的补偿。即对供电系统的无功功率进行全面的检测，检测无功功率的大小，并立即补偿，改善其功率因数。

12.1.3　无功补偿的类型

随着电力电子技术的发展，非线性负载的大量使用，对电网造成了严重污染。这也促使无功补偿装置的快速发展，从应用最早的并联电容器、同步调相机（Synchronous Condenser，SC）、静止无功补偿器（Static Var Compensator，SVC）到现在应用最为广泛的静止无功发生器（Static Var Generator，SVG），其发展历程如图 12.1 所示。

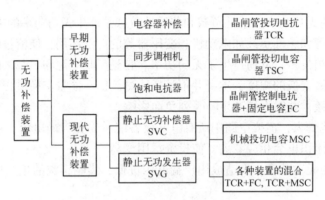

图 12.1　无功补偿装置的发展历程

1. 并联电容器阶段

并联电容器长期应用于无功补偿过程中，其优点是结构简单，价格便宜，便于安装和维护等，直到今天也被人们广泛使用。它有很大的缺陷，从名字就可以看出，电容器只能对感性无功进行补偿，且不能对系统进行实时监测补偿，当电网电压变低时，补偿无功的电流也会随之下降，系统得到的补偿就会更少，还易使系统产生并联谐振，烧毁设备。

2. 同步调相机（SC）

早期无功补偿装置应用最多的就是同步调相机，其本质就是一种产生无功功率的同步电机，根据电机激磁情况的不同，可根据系统的需要补偿感性无功或容性无功，而且对于变化的系统也可以实现实时补偿的功能。由于这些优点，同步调相机曾是市场上最受欢迎的无功补偿装置，但由于其损耗和噪声太大，系统过于复杂不易维修等缺点，逐渐被静止无功补偿器（SVC）所代替。

3. 静止无功补偿器（SVC）

自 1977 年美国 GE 公司首次推出了将晶闸管应用于静止无功补偿装置后，世界各大电气公司都推出了具有各自特色的无功补偿装置。其优点在于可以对动态无功功率进行补偿，而且当检测装置检测到系统所缺少的无功，静止无功补偿装置可以快速反应对系统进行无功补偿，而且价格便宜，因此，它被大量应用于无功补偿装置。它也有相应的缺点，即含有较大的谐波，在补偿无功之后还需大电感或大电容进行滤波。

4. 静止无功发生器（SVG）

继晶闸管应用于无功功率控制领域之后，又出现了一种更加先进的无功补偿装置——静止无功发生器（SVG），一种自换相桥式变流电路。相对于 SVC，SVG 有更宽的调节宽度，当整个系统出现故障时，SVG 的故障处理能力明显高于 SVC。静止无功发生器是目前为止应用最广泛、效果最明显的装置。根据 SVG 电源相数的不同，有单相电源系统和三相电源系统两种，后者又可分为三相三线制、三相四线制两种，以下以三相为例加以介绍。

（1）三相三线制 SVG

图 12.2 为三相三线制 SVG 的结构图，主电路为三相电压型 PWM 变流器。图中 e_s 为电网电压，i_{sa}、i_{sb}、i_{sc} 为三相电源电流，i_{La}、i_{Lb}、i_{Lc} 为负载侧的三相电流，i_{ca}、i_{cb}、i_{cc} 为 PWM 变流器输出的三相补偿电流。

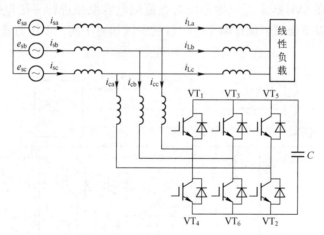

图 12.2　三相三线制 SVG 结构图

（2）三相四线制 SVG

与三相三线制相比，三相四线制静止无功发生器由于零线的引入，能够对负载的零序电流进行补偿。零序电流的存在与处理也正是四线制 SVG 与三线制的根本区别。四线制 SVG 大致有三种拓扑结构：三相全桥、三相四桥臂和分裂电容式三桥臂结构。

1）三相全桥拓扑结构。

图 12.3 为三相全桥拓扑结构，三单相全桥拓扑结构不但可以实现单相供电，也可以实现三相四线制供电。三单相全桥拓扑结构的逆变器可以看成是三个单相逆变器，彼此相互独立。其结构简单，便于控制，可靠性高，但同时需要较多的开关管，并且输出变压器必须为工频变压器，致使体积庞大。这种电路拓扑结构的元器件比较多、成本高，因此，限制了它的应用。

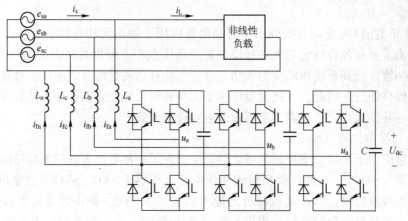

图 12.3　三相全桥拓扑结构

2）分裂电容式三桥臂拓扑结构。

如图 12.4 所示，三桥臂拓扑结构中，直流侧母线的中性点与三相电源中性线相连接，给中性线电流提供通道，中性线电流再经过电容器流入负载的中性线，迫使其中一个电容的电压升高，另一个电容的电压降低。因此，SVG 在运行过程中还可能会出现电容电压不平衡的问题，所以，在 SVG 控制过程中还应对直流侧电容电压进行平衡控制。直流侧电容电压的控制应该满足以下要求：保证两个电容器的电压相对平衡，电压值基本一致且保持直流侧电容电压恒定。

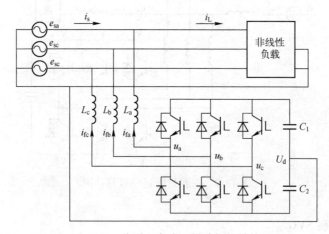

图 12.4　分裂电容式三桥臂拓扑结构

3）三相四桥臂拓扑结构。

如图 12.5 所示，四桥臂结构中，采用第四对桥臂控制中性点的电压，给零序电流提供流通的通道。因此，可以通过直接控制该桥臂产生中性线补偿电流进入电网中性线，不受直流侧电容的影响，同时，使三相电压实现解耦，这样，由逆变器产生的三个输出电压相互独立，从而使其在不平衡负载的情况下具有维持三相电压对称输出的能力。分裂电容式三桥臂电路拓扑结构虽然成本较低，但其控制电路比四桥臂拓扑结构复杂，如果中性点电位控制不好，则会影响其控制效果，并且在对零线电流的控制方面，四桥臂变流器的控制范围大于三桥臂变流器，补偿效果更好。

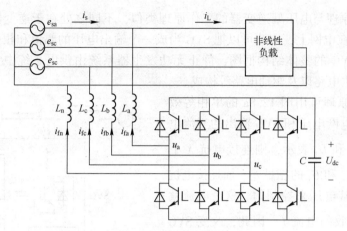

图 12.5　三相四桥臂拓扑结构

12.2　无功电流检测与控制策略

12.2.1　静止无功发生器基本原理

静止无功发生器是以逆变器为核心的无功补偿装置，如图 12.6a 所示为电压型静止无功发生器的主电路拓扑结构，由图可知，其交流侧通过电感连到电网上，可滤除高次谐波；其直流侧接电容器作为储能元件，其作用是吸收换相产生的过电压。若将电容和电感的位置调换，则 SVG 的主电路变为电流型，如图 12.6b 所示。

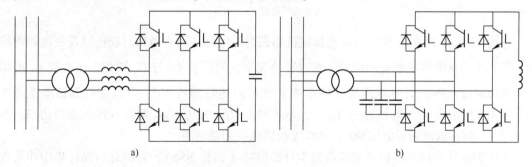

图 12.6　SVG 电路

a）电压型 SVG 电路　b）电流型 SVG 电路

电压型 SVG 和电流型 SVG 比较：

1）从储能元件角度说，存储相同能量的电容器比电抗器更经济，体积更小。

2）从效率角度讲，电压型桥式电路比电流型桥式电路效率高。电压型逆变器的 SVG 系统的输出是由很多细小的阶梯波形构成的，其形状更接近于正弦波，产生的谐波分量少，不需要滤波可直接对电网进行补偿。而电流型的 SVG 系统有较多的谐波产生，受开关管的开关频率影响，电流型的系统更易产生低次谐波，在补偿电网无功的同时，又对电网产生了谐波污染，因此与电压型系统相比，电流型系统还需添加一个能滤除低次谐波的装置，使成本变高。故实际应用的大多是电压型的 SVG 系统。

SVG 的工作原理与电压型逆变器的工作原理类似，不同之处在于逆变器的交流侧送给负载，而 SVG 连在电网上，因此可以把 SVG 当成一个输出电压的幅值和相位均可调的电压源。图 12.7 为 SVG 的整体结构框图，静止无功发生器系统由供电系统中无功电流检测电路、控制电路、主电路以及驱动电路等构成。

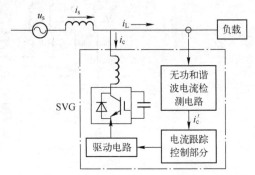

SVG 的工作原理可用图 12.8a 的单相等效电路来说明。设电网电压和 SVG 输出的交流电压分别用相量 $\dot{U}_S$ 和 $\dot{U}_I$ 表示，则连接电抗 X 上的电压 $\dot{U}_L$ 即为 $\dot{U}_S$ 和 $\dot{U}_I$ 的相量差，而连接电抗的电流是可以由其电压来控制的。这个电流就是 SVG 从电网吸收的电流 $\dot{I}$。因此，改变 SVG 交流侧输出电压 $\dot{U}_I$ 的幅值及其相对于 $\dot{U}_S$ 的相位，就可以改变连接电抗上的电压，从而控制 SVG 从电网吸收电流的相位和幅值，也就控制了 SVG 吸收无功功率的性质和大小。

图 12.7　三相三线制 SVG 结构原理图

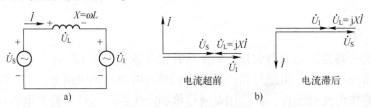

图 12.8　SVG 等效电路及工作原理（不考虑损耗）

a）单相等效电路　b）相量图

在图 12.8a 的等效电路中，将连接电抗器视为纯电感，没有考虑其损耗以及变流器的损耗，因此不必从电网吸收有功能量。在这种情况下，只需使 $\dot{U}_I$ 与 $\dot{U}_S$ 同相，仅改变 $\dot{U}_I$ 的幅值大小即可以控制 SVG 从电网吸收的电流 $\dot{I}$ 是超前还是滞后 $90°$，并且能控制该电流的大小。如图 12.8b 所示，当 U_I 大于 U_S 时，电流超前电压 $90°$，SVG 吸收容性的无功功率；当 U_I 小于 U_S 时，电流滞后电压 $90°$，SVG 吸收感性的无功功率。

考虑到连接电抗器的损耗和变流器本身的损耗（如管压降），并将总的损耗集中作为连接电抗器的电阻考虑，则 SVG 的实际等效电路如图 12.9a 所示，其电流超前和滞后工作的相量图如图 12.9b 所示。在这种情况下，变流器电压 $\dot{U}_I$ 与电流 $\dot{I}$ 仍是相差 $90°$，因为变流器无需有功能量。而电网电压 $\dot{U}_S$ 与电流 $\dot{I}$ 的相差则不再是 $90°$，而是比 $90°$ 小了 δ 角，因此电网提供了有功功率来补充电路中的损耗，也就是说相对于电网电压来讲，电流 $\dot{I}$ 中有一定量的有功分量。这个 δ 角也就是变流器电压 $\dot{U}_I$ 与电网电压 $\dot{U}_S$ 的相位差。改变这个相位差，并且改变 $\dot{U}_I$ 的幅值，则产生的电流 $\dot{I}$ 的相位和大小也随之改变，SVG 从电网吸收的无功功率也就因此得到调节。

图 12.9 中将变流器本身的损耗也归算到了交流侧，归入连接电抗器电阻中统一考虑。实际上，这部分损耗发生在变流器内部，应该由变流器从交流侧吸收一定有功能量来补充。

因此，实际上变流器交流侧电压 $\dot{U}_{\mathrm{I}}$ 与电流 i_{c} 的相位差并不是严格的 $90°$，而是比 $90°$ 略小。

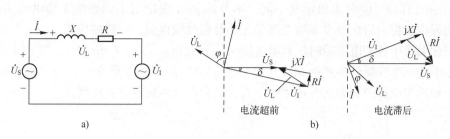

图 12.9　SVG 等效电路及工作原理（计及损耗）

a）单相等效电路　b）相量图

　　三相三线制 SVG 的工作原理是由电流检测系统检测出供电网中的无功电流，作为控制逆变器开关器件通断的指令信号，再由控制电路产生 PWM 波以驱动逆变桥对电网进行补偿。静止无功发生器对电网无功补偿是通过对直流侧大电容的充放电实现的。在补偿无功的同时，SVG 还可以在短时间内向电网提供一定的有功功率，以保证负载侧可以得到所需的额定电压，这种结果无论是对负载还是对供电网络都是不错的，可以让所有的设备都工作于额定状态，这是传统无功补偿装置所不能比拟的。SVG 优点如下：

　　1）与传统装置相比，其可靠性更高，稳定性更好，静止无功发生器的事故处理能力更强。

　　2）以 DSP 为核心，实现数字控制技术，实现无功补偿的自动化技术，效果更好。

　　3）SVG 的调节范围更宽，补偿速度更快，可达毫秒级，即可补偿感性无功也可补偿容性无功。

　　4）SVG 采用的是全控型功率器件作为逆变器的开关管，从而没有类似于同步调相机那样的大噪声和损耗，对外界环境的影响变小。

　　5）直流侧的储能电容的容量一般不需要太大，这样就使得 SVG 的整个系统的体积减小，对于安装、运输等都会有很大的优势。

　　6）SVG 的逆变器是由全控型器件组成，其谐波成分相对于其他无功补偿装置较少，对无功系统进行补偿时，也不会由于无功的引入，使静止无功发生器检测的无功电流变小，从而影响以无功电流作为指令信号的控制电路。

　　7）SVG 直流侧的电容容量小，所以，不会像 SVC 装置那样容易产生谐振而烧毁设备。

　　8）连接电抗小。SVG 接入电网的连接电抗，其作用是滤除电流中存在的较高次谐波，另外起到将变流器和电网这两个交流电压源连接起来的作用，因此所需的电感量并不大，也远小于补偿容量相同的 TCR 等 SVC 装置所需的电感量，如果使用降压变压器将 SVG 连入电网，则还可以利用降压变压器的漏抗，使所需的连接电抗器进一步减小。

　　9）外部条件的变化对 SVG 系统的影响较小，相同容量的 SVC 装置更容易受到外部条件影响，从而使补偿系统无功的效率降低。

12.2.2　瞬时无功功率理论

　　所谓瞬时无功理论，就是有功和无功的瞬时值理论，可称之为 p-q 理论，这一理论是由日本学者首先提出的。该理论是将三相静止坐标系下的电压和电流转变为两相静止坐标系

α-β 坐标系下的电压和电流，并在 α-β 坐标系下将瞬时有功功率和无功功率下了新的定义，和以往的瞬时有功与瞬时无功定义不同，本节的 p-q 理论用于对系统无功电流实时监测。瞬时无功理论自提出后在很多领域尤其是无功补偿领域得到了广泛的应用。

设三相系统中各相电压瞬时值和电流瞬时值分别为 e_a、e_b、e_c 和 i_a、i_b、i_c。先将三维空间坐标系下的三个变量转换到两相静止坐标系 α-β 下的两个二维变量，设二维坐标系下的瞬时电压和瞬时电流分别为 e_α、e_β 和 i_α、i_β，其大小可由如下公式得到：

$$\begin{cases} \begin{bmatrix} e_\alpha \\ e_\beta \end{bmatrix} = C_{32} \begin{bmatrix} e_a \\ e_b \\ e_c \end{bmatrix} \\[4mm] \begin{bmatrix} i_\alpha \\ i_\beta \end{bmatrix} = C_{32} \begin{bmatrix} i_a \\ i_b \\ i_c \end{bmatrix} \end{cases} \tag{12.1}$$

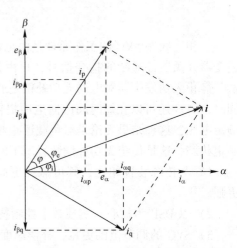

式中，$C_{32} = \sqrt{\dfrac{2}{3}} \begin{bmatrix} 1 & -\dfrac{1}{2} & -\dfrac{1}{2} \\[2mm] 0 & \dfrac{\sqrt{3}}{2} & -\dfrac{\sqrt{3}}{2} \end{bmatrix}$。

如图 12.10 所示，e_α、e_β 和 i_α、i_β 分别合成为旋转矢量 e 和 i：

$$\begin{cases} e = e_\alpha + e_\beta = e \angle \varphi_e \\ i = i_\alpha + i_\beta = i \angle \varphi_i \end{cases} \tag{12.2}$$

图 12.10　在两相静止坐标系下电压与电流的矢量

瞬时有功电流 i_p、i_q 分别为

$$\begin{cases} i_p = i\cos\varphi = i\cos(\varphi_e - \varphi_i) = i_\alpha\cos\varphi_e + i_\beta\sin\varphi_e \\ i_q = i\sin\varphi = i\sin(\varphi_e - \varphi_i) = i_\alpha\sin\varphi_e + i_\beta\cos\varphi_e \end{cases} \tag{12.3}$$

瞬时有功功率和瞬时无功功率可以定义为

$$\begin{bmatrix} p \\ q \end{bmatrix} = e \begin{bmatrix} i_p \\ i_q \end{bmatrix} = ei \begin{bmatrix} \cos\varphi \\ \sin\varphi \end{bmatrix} = ei \begin{bmatrix} \cos(\varphi_e - \varphi_i) \\ \sin(\varphi_e - \varphi_i) \end{bmatrix} = e \begin{bmatrix} \cos\varphi_e & \sin\varphi_e \\ \sin\varphi_e & -\cos\varphi_5 \end{bmatrix} i \begin{bmatrix} \cos\varphi_i \\ \sin\varphi_i \end{bmatrix} = \begin{bmatrix} e_\alpha & e_\beta \\ -e_\beta & e_\alpha \end{bmatrix} \begin{bmatrix} i_\alpha \\ i_\beta \end{bmatrix} = C_{pq} \begin{bmatrix} i_\alpha \\ i_\beta \end{bmatrix} \tag{12.4}$$

式中，$C_{pq} = \begin{bmatrix} e_\alpha & e_\beta \\ -e_\beta & e_\alpha \end{bmatrix}$。

将式（12.1）代入式（12.4）得

$$\begin{cases} p = e_a i_a + e_b i_b + e_c i_c \\ q = \dfrac{1}{\sqrt{3}} \left[(e_b - e_c) i_a + (e_c - e_a) i_b + (e_a - e_b) i_c \right] \end{cases} \tag{12.5}$$

12.2.3　常用的几种无功电流检测方法

为使 SVG 能够更好地补偿无功，能否准确地对无功电流进行实时检测关系到整个系统的运行好坏。因此，无论选择何种方式检测无功电流都要做到可以瞬时检测，可方便地应用

于系统中，具有多种功能。本节介绍两种瞬时无功电流的实时检测方法，并与采用空间矢量控制方式的静止无功发生器进行结合，分析两种检测方法的优劣。

1. p-q 法

p-q 法瞬时无功电流检测原理图如图 12.11 所示。

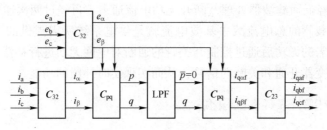

图 12.11　p-q 法无功电流检测原理图

如图 12.5 所示，p、q 经低通滤波器（LPF）得到 p、q 的直流分量 $\bar{p}$、$\bar{q}$，若令 $p=0$，即断开有功电流通道，由 $\bar{p}$、$\bar{q}$ 求出三相电流的无功分量。

$$\begin{bmatrix} i_{qaf} \\ i_{qbf} \\ i_{qcf} \end{bmatrix} = \boldsymbol{C}_{pq}^{-1} \boldsymbol{C}_{23} \begin{bmatrix} 0 \\ \bar{q} \end{bmatrix} \tag{12.6}$$

式中，$\boldsymbol{C}_{23} = \boldsymbol{C}_{32}^{-1}$。

p-q 法适用于三相三线制电路中三相电压无畸变的情况，可以有效地检测出基波无功电流分量，从而得到系统的谐波和无功之和。当三相电压发生畸变时，可分为以下两种情况讨论：

1）各相电压和电流瞬时值中的谐波分量相作用产生直流有功分量和直流无功分量，因此不能被低通滤波器滤除，也就不能将有功和无功分开，故此方法不能应用于不对称三相电路中。

2）直流有功分量和直流无功分量与本来就带有谐波的 e_α、e_β 相作用，就会得到含有谐波的基波电流 $i_{\alpha f}$、$i_{\beta f}$，由于其自身已经含有谐波，再对电网进行补偿就会二次污染电网，使补偿失去意义。

2. ip-iq 法

所谓 ip-iq 法，就是在 p-q 法不能应用于电网电压存在畸变的情况下而产生的另一种理论，它采用锁相环 PLL 使产生的信号始终跟随 A 相电压，当电网电压不对称时，不会对无功电流的检测产生影响。瞬时无功理论中无功电流的 ip-iq 检测法框图如图 12.12 所示。

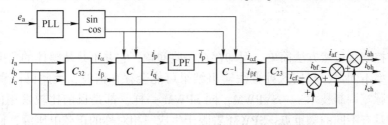

图 12.12　ip-iq 法无功电流检测框图

图中，$C = \begin{bmatrix} \sin\omega t & -\cos\omega t \\ -\cos\omega t & -\sin\omega t \end{bmatrix}$。

由图 12.12 可以看出，在不对称三相电路中，负载侧的电流为 i_a、i_b、i_c，经两次坐标变换，先由三相静止变为两相静止，再由两相静止变为两相旋转得到有功电流 i_p 和无功电流 i_q，将有功电流经低通滤波器处理，断开无功电流通道，再经过两次逆变换得到有功电流的基波分量，用负载侧的总电流减去基波电流就是供电系统所需提供的无功和谐波电流之和，检测出系统所需的无功后通过控制开关管的通断对电网无功进行补偿，所以，可以将这个信号作为控制逆变器开通和关断的信号，从而实现实时补偿的功能。

12.2.4 三相三线制 SVG 控制策略

1. 控制策略简述

SVG 之所以能够成为当前最实用的无功补偿方式，主要是因为它具有灵活的、动态的补偿方式。而 SVG 能否按照检测出的指令信号去稳定系统电压、提高功率因数，这对控制器来说还是有很高要求的。检测出指令信号后，还不能直接用于控制系统中，需要将采样信号转变为可以控制逆变桥的 PWM 信号，进而控制谐波电流信号实时地跟踪指令电流信号。为了使 SVG 能更好地实时检测无功电流并进行补偿，需要选择一个最优的补偿控制策略。常用的控制方式主要有滞环比较控制法、空间矢量控制法和三角载波比较控制法等，本节主要介绍前两种控制方式。

2. 电流滞环比较控制方式

电流滞环比较控制方式的原理如图 12.13 所示，它是将需补偿的电流即检测出的指令信号输入滞环比较器，由滞环比较器产生 PWM 波去驱动开关管，达到电流补偿的目的。

采用滞环比较控制方式，滞环比较器输出的 PWM 波是脉宽相差较大、分布无规律的脉冲，因此开关管的频率会无规律地发生变化。滞环比较器的环宽设置过大时，开关管的通断频率较低，故对器件的上限频率要求不高，但是系统的跟随特性较差，补偿给系统的无功误差较大；环宽过小时，开关管开关频率高，开关损耗变大，严重时开关器件动作频率会超过

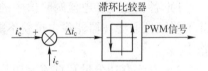

图 12.13　滞环比较控制方式原理图

其最高工作频率进而导致器件的损毁。因此，当系统的控制策略选定为滞环比较方式时，对系统环宽的设置是非常重要的，当电网中出现突变的电流或电压，使无功突然变大或变小，这时就需要适当地改变环宽，使其补偿效果更好，滞环输出的 PWM 控制的开关管频率是不固定的，这说明滞环控制也对频率进行调制，但对于电力变换器件，一般不希望出现频率调制。

3. 空间矢量控制方式

滞环比较控制法虽然方法简单，但却存在一些问题，它并不是从整体的角度出发进行系统的控制，频率不固定，利用这种方法输出结果可能会存在谐波，因此可以利用另一种方法，空间矢量脉宽调制技术——SVPWM；同 SPWM 一样，都是目前比较常用的 PWM 调制策略，但它们具有不同的侧重点：SPWM 着眼于生成三相对称的正弦电压源，而空间矢量脉宽调制（SVPWM）是以交流电机为拓扑结构，目的是使电机的磁链轨迹更接近圆形，减少电机机械损耗，使运行更好，这种方法又称为"磁链跟踪 PWM 控制"。SVPWM 直流电压率

更高，为 100%，总谐波畸变率小，且 PWM 触发脉冲频率等于该空间矢量计算的采样频率。

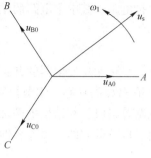

图 12.14　电压空间矢量

如图 12.14 所示，定子电压空间矢量 $u_{A0}u_{B0}u_{C0}$ 的方向和各相绕组的轴线相重合，其幅值按正弦规律变化，每相电压之间相差 120° 电角度。u_s 为电压合成空间矢量，是一个旋转量，其幅值是每相电压值的 3/2 倍。

通过 SVPWM 的计算，便可输出三相的马鞍波波形，再将其与三角载波进行比较，可生成 PWM 波经驱动电路控制开关管的通断，生成补偿电流。

12.3　基于 F28335 的静止无功发生器设计

12.3.1　系统总体结构

SVG 系统总体结构框图如图 12.15 所示。对系统的无功功率进行实时补偿，就需要实时调节逆变器输出的电压和电流，以达到快速补偿电网无功功率目的，这就对控制电路部分有较高的要求。

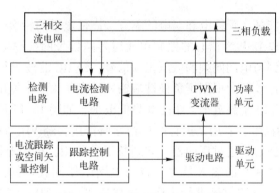

图 12.15　SVG 系统总体结构框图

控制系统需产生 6 路控制逆变器开关管通断的 PWM 信号，即控制逆变器向电网补偿的无功功率，使负载侧的电压电流为同相位的正弦波。为实现良好的补偿功能，控制系统需要采样 9 路信号，包括三相电网电压信号、补偿前的电网电流、逆变器输出的电流信号（即补偿的电流，目的是计算应补偿给电网无功的反馈量）三部分。本节控制系统的核心芯片选用美国 TI 公司生产的 TMS320F28335 型 DSP 芯片，由于 DSP 产生的 6 路 PWM 信号驱动能力有限，故需要将该信号经驱动电路放大处理后再去控制开关管。

12.3.2　硬件设计

采用静止无功发生器进行无功补偿的电路由几部分共同组成，如以 DSP 为核心的控制逆变器通断的控制电路，采用 ip-iq 法利用坐标变换分离无功电流的无功电流检测电路，还有因 DSP 输出的 PWM 波驱动能力有限外加的驱动电路，最后还要有对系统起到保护作用的保护电路。其中主电路的结构框图在上一节已经介绍,下面分别介绍其他几种电路设计及功能。

1. 控制电路设计

静止无功发生器的开关控制策略是无功补偿最重要的组成部分。同样的控制电路的设计也是 SVG 的核心,本节控制电路的核心控制电路主要由 DSP 和 CPLD、电网电压过零检测电路等组成,其结构框图如图 12.16 所示。该控制电路的优点是硬件设计简单、高度集成化,以及良好的电磁兼容性等。

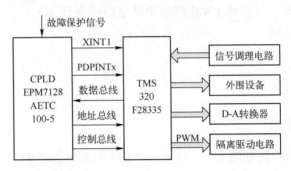

图 12.16 基于 F28335 的 SVG 控制系统框图

2. 检测电路设计

检测电路的主要功能是实现强电和弱电的隔离、高低电平的转换、检测信号的放大处理以及滤波等功能,保证以 DSP 为核心的控制单元对各路信号的检测更加准确。隔离部分采用电流霍尔传感器,得到与电网同频的低压正弦信号,经 RC 滤波后与电压比较器正极性端相连,负极性端接地。比较器会根据正负极性端输入的电压大小来输出高低电平,即将电网电压和 0 进行比较,大于 0 是高电平,小于 0 是低电平。如图 12.17 所示,图中比较器输出的高电平信号为 +5 V 的信号,利用二极管的单相导通作用,经 VD_1 输出的信号为 50% 占空比的方波信号,将此方波信号通过反向器,起到整形的作用,再经上拉电阻 R_4 将高电平信号变为 +3.3 V 的满足 F28335 的输入信号。将与电网电压同频反向的方波信号输入 DSP,DSP 的捕获单元对输入的方波信号进行采样,这样既可以得到电压的过零点,也可测出电网电压的周期。

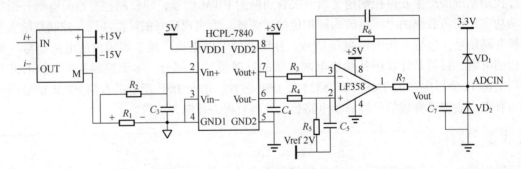

图 12.17 信号检测调理电路

3. 驱动电路设计

DSP 输出的 PWM 波的驱动能力有限,所以要外加一个驱动电路,使其能够达到驱动逆变器开关管的目的。驱动电路与其他部分电路需要用隔离器件进行隔离。

逆变器开关管的驱动电路采用 TLP250 光耦隔离驱动器，其适用于小功率场合。驱动电路如图 12.18 所示，DSP 芯片产生的 PWM 信号经反相器反向后，将信号输入光耦隔离驱动器 TLP250 中，即可得到控制同一桥臂上两只开关管通断的驱动信号 H01、H02。

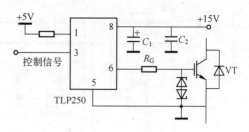

图 12.18　逆变器开关管的驱动电路

12.3.3　SVG 系统仿真模型建立

1. 仿真模型搭建

所设计的三相三线制 SVG 整体系统仿真框图如图 12.19 所示。

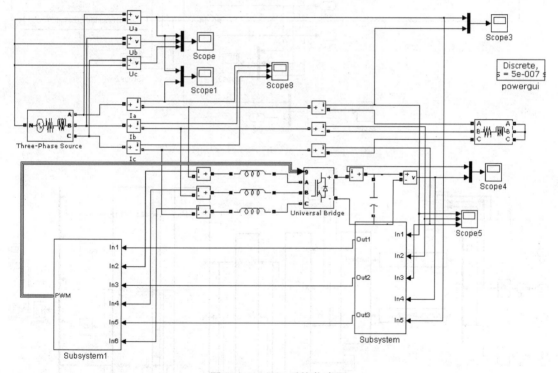

图 12.19　SVG 系统仿真图

根据前文分析，选用 ip-iq 法对系统的无功电流进行检测，其仿真图如图 12.20 所示。由仿真图可以看出，负载侧三相电流经坐标变换后将有功基波电流分离出来，再与负载侧电流作差就可以得到无功和谐波电流之和，将该电流信号作为指令信号控制逆变器开关管的导通和关断，使空间矢量的控制方式能更好地实时补偿系统的无功和谐波。

如图 12.21 所示为采用空间矢量控制方式的仿真图。

作用时间 t_1、t_2 的仿真图形如图 12.22 所示。

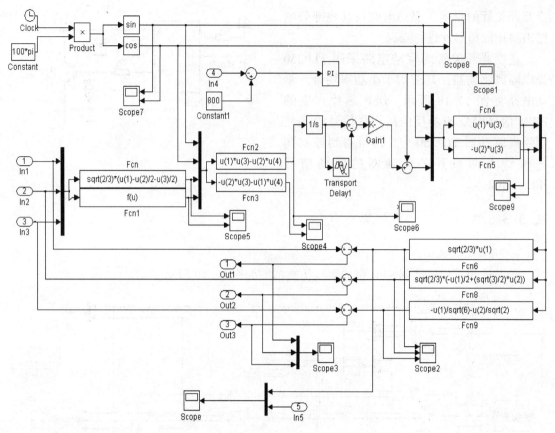

图 12.20 ip-iq 法对无功电流进行检测的仿真图

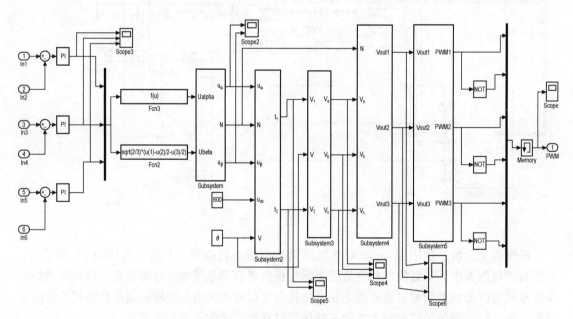

图 12.21 空间矢量控制仿真图

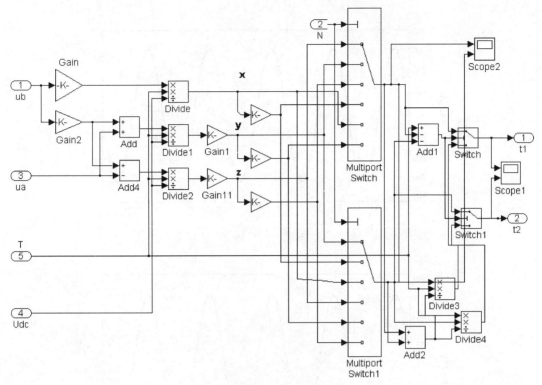

图 12.22　作用时间的仿真图形

2. 仿真结果分析

如图 12.23 所示为供电系统的三相电压波形，图 12.24 为补偿前电网电压和电流的波形，电压与电流的相位相差一个角度，图 12.25 所示为补偿后的电网电压和电流的波形，可以看出，经过 SVG 的补偿后，电压电流同相。

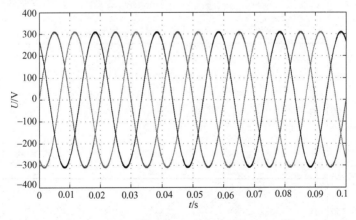

图 12.23　电网三相电压波形

图 12.26 所示为直流侧母线电压的波形，对直流侧电压闭环控制后，该电压基本稳定在 800 V 左右。

采用空间矢量控制方式调制波的波形如图 12.27 所示，该波形与三角载波进行比较产生驱动开关管的 PWM 信号。

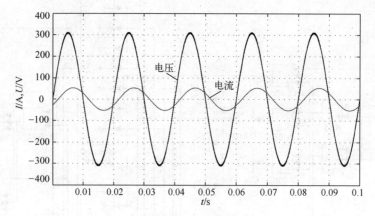

图 12.24　补偿前电压和电流波形

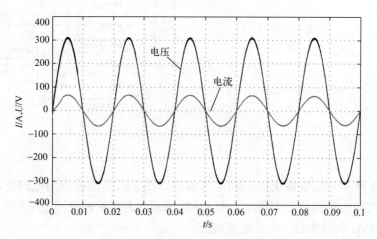

图 12.25　补偿后电压和电流波形

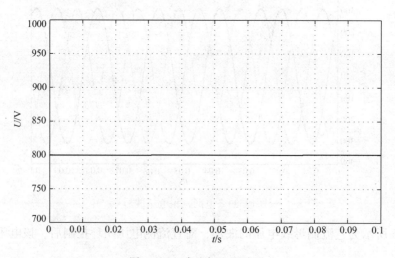

图 12.26　直流侧电压波形

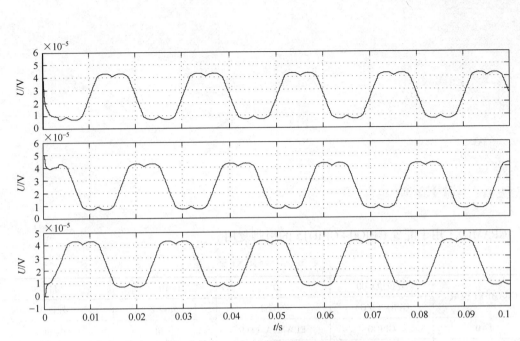

图 12.27　空间矢量控制的调制波波形

附　　录

附录 A　GPIO 功能配置

GPAMUX1 用于配置 GPIO0~GPIO15 的引脚复用。

表 A.1　GPAMUX1 寄存器

GPAMUX1 位域	复位值=00	01	10	11
	GPIO（I/O）	外设 1	外设 2	外设 3
1~0	GPIO0	EPWM1A（O）	保留	保留
3~2	GPIO1	EPWM1B（O）	ECAP6（I/O）	
5~4	GPIO2	EPWM2A（O）	保留	保留
7~6	GPIO3	EPWM2B（O）	ECAP5（I/O）	
9~8	GPIO4	EPWM3A（O）	保留	保留
11~10	GPIO5	EPWM3B（O）	MFSRA（I/O）	ECAP1（I/O）
13~12	GPIO6	EPWM4A（O）	EPWMSYNCI（I）	EPWMSYNCO（O）
15~14	GPIO7	EPWM4B（O）	MCLKRA（I/O）	ECAP2（I/O）
17~16	GPIO8	EPWM5A（O）	CANTXB（O）	$\overline{\text{ADCSOCAO}}$（O）
19~18	GPIO9	EPWM5B（O）	SCITXDB（O）	ECAP3（I/O）
21~20	GPIO10	EPWM6A（O）	CANRXB（I）	$\overline{\text{ADCSOCBO}}$（O）
23~22	GPIO11	EPWM6B（O）	SCIRXDB（I）	ECAP4（I/O）
25~24	GPIO12	$\overline{\text{TZ1}}$（I）	CANTXB（O）	MDXB（O）
27~26	GPIO13	$\overline{\text{TZ2}}$（I）	CANRXB（I）	MDRB（I）
29~28	GPIO14	$\overline{\text{TZ3}}/\overline{\text{XHOLD}}$（I）	CANRXB（I）	MCLKXB（I/O）
31~30	GPIO15	$\overline{\text{TZ4}}/\overline{\text{XHOLDA}}$（O）	SCIRXDB（I）	MFSXB（I/O）

GPAMUX2 用于配置 GPIO16~GPIO31 的引脚复用。

表 A.2　GPAMUX2 寄存器

GPAMUX2 位域	复位值=00	01	10	11
	GPIO（I/O）	外设 1	外设 2	外设 3
1~0	GPIO16	SPISIMOA（I/O）	CANTXB（O）	$\overline{\text{TZ5}}$（I）
3~2	GPIO17	SPISOMIA（I/O）	CANRXB（I）	$\overline{\text{TZ6}}$（I）
5~4	GPIO18	SPICLKA（I/O）	SCITXDB（O）	CANRXA（I）
7~6	GPIO19	$\overline{\text{SPISTEA}}$（I/O）	SCIRXDB（I）	CANTXA（O）

GPAMUX2 位域	复位值=00	01	10	11
	GPIO（I/O）	外设1	外设2	外设3
9~8	GPIO20	EQEP1A（I）	MDXA（O）	CANTXB（O）
11~10	GPIO21	EQEP1B（I）	MDRA（I）	CANRXB（I）
13~12	GPIO22	EQEP1S（I/O）	MCLKXA（I/O）	SCITXDB（O）
15~14	GPIO23	EQEP1I（I/O）	MFSXA（I/O）	SCIRXDB（I）
17~16	GPIO24	ECAP1（I/O）	EQEP2A（I）	MDXB（O）
19~18	GPIO25	ECAP2（I/O）	EQEP2B（I）	MDRB（I）
21~20	GPIO26	ECAP3（I/O）	EQEP2I（I/O）	MCLKXB（I/O）
23~22	GPIO27	ECAP4（I/O）	EQEP2S（I/O）	MFSXB（I/O）
25~24	GPIO28	SCIRXDA（I）	$\overline{XZCS6}$（O）	$\overline{XZCS6}$（O）
27~26	GPIO29	SCITXDA（O）	XA19（O）	XA19（O）
29~28	GPIO30	CANRXA（I）	XA18（O）	XA18（O）
31~30	GPIO31	CANTXA（O）	XA17（O）	XA17（O）

GPBMUX1 用于配置 GPIO32~GPIO47 的引脚复用。

表 A.3　GPBMUX1 寄存器

GPBMUX1 位域	复位值=00	01	10	11
	GPIO（I/O）	外设1	外设2	外设3
1~0	GPIO32	SDAA（I/OC）	EPWMSYNCI（I）	$\overline{ADCSOCAO}$（O）
3~2	GPIO33	SCLA（I/OC）	EPWMSYNCO（O）	$\overline{ADCSOCBO}$（O）
5~4	GPIO34	ECAP1（I/O）	XREADY（I）	XREADY（I）
7~6	GPIO35	SCITXDA（O）	XR/$\overline{W}$（O）	XR/$\overline{W}$（O）
9~8	GPIO36	SCIRXDA（I）	$\overline{XZCS0}$（O）	$\overline{XZCS0}$（O）
11~10	GPIO37	ECAP2（I/O）	$\overline{XZCS7}$（O）	$\overline{XZCS7}$（O）
13~12	GPIO38	保留	$\overline{XWE0}$（O）	$\overline{XWE0}$（O）
15~14	GPIO39	保留	XA16（O）	XA16（O）
17~16	GPIO40	保留	XA0/$\overline{XWE1}$（O）	XA0/$\overline{XWE1}$（O）
19~18	GPIO41	保留	XA1（O）	XA1（O）
21~20	GPIO42	保留	XA2（O）	XA2（O）
23~22	GPIO43	保留	XA3（O）	XA3（O）
25~24	GPIO44	保留	XA4（O）	XA4（O）
27~26	GPIO45	保留	XA5（O）	XA5（O）
29~28	GPIO46	保留	XA6（O）	XA6（O）
31~30	GPIO47	保留	XA7（O）	XA7（O）

GPBMUX2 用于配置 GPIO48~GPIO63 的引脚复用。

GPBMUX2 位域	复位值=00	01	10	11
	GPIO (I/O)	外设 1	外设 2	外设 3
1~0	GPIO48	ECAP5 (I/O)	XD31 (I/O)	XD31 (I/O)
3~2	GPIO49	ECAP6 (I/O)	XD30 (I/O)	XD30 (I/O)
5~4	GPIO50	EQEP1A (I)	XD29 (I/O)	XD29 (I/O)
7~6	GPIO51	EQEP1B (I)	XD28 (I/O)	XD28 (I/O)
9~8	GPIO52	EQEP1S (I/O)	XD27 (I/O)	XD27 (I/O)
11~10	GPIO53	EQEP1I (I/O)	XD26 (I/O)	XD26 (I/O)
13~12	GPIO54	SPISIMOA (I/O)	XD25 (I/O)	XD25 (I/O)
15~14	GPIO55	SPISOMIA (I/O)	XD24 (I/O)	XD24 (I/O)
17~16	GPIO56	SPICLKA (I/O)	XD23 (I/O)	XD23 (I/O)
19~18	GPIO57	SPISTEA (I/O)	XD22 (I/O)	XD22 (I/O)
21~20	GPIO58	MCLKRA (I/O)	XD21 (I/O)	XD21 (I/O)
23~22	GPIO59	MFSRA (I/O)	XD20 (I/O)	XD20 (I/O)
25~24	GPIO60	MCLKRB (I/O)	XD19 (I/O)	XD19 (I/O)
27~26	GPIO61	MFSRB (I/O)	XD18 (I/O)	XD18 (I/O)
29~28	GPIO62	SCIRXDC (I)	XD17 (I/O)	XD17 (I/O)
31~30	GPIO63	SCITXDC (O)	XD16 (I/O)	XD16 (I/O)

GPCMUX1 用于配置 GPIO64~GPIO79 的引脚复用。

表 A. 5　GPCMUX1 寄存器

GPCMUX1 位域	复位值=00	01	10	11
	GPIO (I/O)		外设 2	外设 3
1~0	GPIO64	GPIO64	XD15 (O)	XD15 (O)
3~2	GPIO65	GPIO65	XD14 (O)	XD14 (O)
5~4	GPIO66	GPIO66	XD13 (O)	XD13 (O)
7~6	GPIO67	GPIO67	XD12 (O)	XD12 (O)
9~8	GPIO68	GPIO68	XD11 (O)	XD11 (O)
11~10	GPIO69	GPIO69	XD10 (O)	XD10 (O)
13~12	GPIO70	GPIO70	XD9 (O)	XD9 (O)
15~14	GPIO71	GPIO71	XD8 (O)	XD8 (O)
17~16	GPIO72	EQIO72	XD7 (O)	XD7 (O)
19~18	GPIO73	GPIO73	XD6 (O)	XD6 (O)
21~20	GPIO74	GPIO74	XD5 (O)	XD5 (O)
23~22	GPIO75	GPIO75	XD4 (O)	XD4 (O)
25~24	GPIO76	GPIO76	XD3 (O)	XD3 (O)
27~26	GPIO77	GPIO77	XD2 (O)	XD2 (O)

GPBMUX2 位域	复位值 = 00	01	10	11
	GPIO（I/O）	外设 1	外设 2	外设 3
29～28	GPIO78	GPIO78	XD1（O）	XD1（O）
31～30	GPIO79	GPIO79	XD0（O）	XD0（O）

GPCMUX2 用于配置 GPIO80～GPIO87 的引脚复用。

表 A.6　GPCMUX2 寄存器

GPCMUX2 位域	复位值 = 00	01	10	11
	GPIO（I/O）		外设 2	外设 3
1～0	GPIO80	GPIO80	XA8（O）	XA8（O）
3～2	GPIO81	GPIO81	XA9（O）	XA9（O）
5～4	GPIO82	GPIO82	XA10（O）	XA10（O）
7～6	GPIO83	GPIO83	XA11（O）	XA11（O）
9～8	GPIO84	GPIO84	XA12（O）	XA12（O）
11～10	GPIO85	GPIO85	XA13（O）	XA13（O）
13～12	GPIO86	GPIO86	XA14（O）	XA14（O）
15～14	GPIO87	GPIO87	XA15（O）	XA15（O）
31～16	保留	保留	保留	保留

附录 B　受 EALLOW 保护的寄存器汇总

表 B.1　器件仿真类寄存器

名　称	地　址	大小（16 位）	全　称
DEVICECNF	0x0880～0x0881	2	器件配置寄存器
PROTSTART	0x0884	1	块保护起始地址配置寄存器
PROTRANGE	0x0885	1	块保护范围地址配置寄存器

表 B.2　FLASH 寄存器

名　称	地　址	大小（16 位）	全　称
FOPT	0x0A80	1	FLASH 选择寄存器
FPWR	0x0A82	1	FLASH 功率模式寄存器
FSTATUS	0x0A83	1	FLASH 状态寄存器
FSTDBYWAIT	0x0A84	1	FLASH 休眠备用等待周期寄存器
FACTIVEWAIT	0x0A85	1	FLASH 备用激活等待周期寄存器
FBANKWAIT	0x0A86	1	FLASH 读访问等待周期寄存器
FOTPWAIT	0x0A87	1	OTP 读访问等待周期寄存器

表 B.3 CSM 密码块寄存器

名 称	地 址	大小（16位）	全 称
KEY0~KEY7	0x0AE0~0x0AE7	8	128 位 KEY 关键字寄存器
CSMSCR	0x0AEF	1	CSM 状态与控制寄存器

表 B.4 PIE 中断向量表

名 称	地 址	大小（16位）	全 称
INT13	0x0D1A	2	外部中断 13 或 CPU 定时器 1（RTOS）
INT14	0x0D1C	2	CPU 定时器 2（RTOS）
DATALOG	0x0D1E	2	CPU 数据记录中断
RTOSINT	0x0D20	2	CPU R-S 中断
EMUINT	0x0D22	2	CPU 仿真中断
NMI	0x0D24	2	外部非屏蔽中断
ILLEGAL	0x0D26	2	非法中断
USER1	0x0D28		User-Defined Trap
⋮	⋮	⋮	⋮
USER12	0x0D3E	2	User-Defined Trap
INT1.1	0x0D40	2	
⋮			组 1 中断向量
INT1.8	0x0D4E	2	
⋮			
⋮			组 2~组 11 中断向量
INT12.1	0x0DF0	2	
⋮			组 12 中断向量
INT12.8	0x0DFE	2	

表 B.5 系统控制寄存器（PLL、时钟、看门狗、低功耗寄存器）

名 称	地 址	大小（16位）	全 称
PLLSTS	0x7011	1	PLL 状态寄存器
HISPCP	0x701A	1	高速外设时钟预分频寄存器
LOSPCP	0x701B	1	低速外设时钟预分频寄存器
PCLKCR0	0x701C	1	外设时钟控制寄存器 0
PCLKCR1	0x701D	1	外设时钟控制寄存器 1
LPMCR0	0x701E	1	低功耗模式控制寄存器 0
PCLKCR3	0x7020	1	外设时钟控制寄存器 3
PLLCR	0x7021	1	PLL 控制寄存器
SCSR	0x7022	1	系统控制和状态寄存器
WDCNTR	0x7023	1	看门狗计数寄存器
WDKEY	0x7025	1	看门狗关键寄存器
WDCR	0x7029	1	看门狗控制寄存器

表 B.6 eCANA/B 的控制类寄存器，但邮箱不受保护

名　称	eCAN-A 地址	eCAN-B 地址	大小（16 位）	全　称
CANMC	0x6014	0x6214	2	主控制寄存器
CANBTC	0x6016	0x6216	2	位时序配置寄存器
CANGIM	0x6020	0x6220	2	全局中断使能/屏蔽寄存器
CANMIM	0x6024	0x6224	2	CAN 邮箱中断使能/屏蔽寄存器
CANTSC	0x602E	0x622E	2	时间戳计数器
CANTIOC	0x602A	0x622A	1	CAN 发送 I/O 控制寄存器
CANRIOC	0x602C	0x622C	1	CAN 接收 I/O 控制寄存器

表 B.7 ePWM1~6 的某些寄存器

名称	TZSEL	TZCTL	TZEINT	TZCLR	TZFRC	HRCNFG	大小（16 位）
ePWM1	0x6812	0x6814	0x6815	0x6817	0x6818	0x6820	1
ePWM2	0x6852	0x6854	0x6855	0x6857	0x6858	0x6860	1
ePWM3	0x6892	0x6894	0x6895	0x6897	0x6898	0x68A0	1
ePWM4	0x68D2	0x68D4	0x68D5	0x68D7	0x68D8	0x68E0	1
ePWM5	0x6912	0x6914	0x6915	0x6917	0x6918	0x6920	1
ePWM6	0x6952	0x6954	0x6955	0x6957	0x6958	0x6960	1

表 B.8 GPIO 控制类寄存器

名　称	地　址	大小（16 位）	全　称
GPACTRL	0x6F80	2	GPIOA 控制寄存器（GPIO0~GPIO31）
GPAQSEL1	0x6F82	2	GPIOA 输入限定寄存器 1（GPIO0~GPIO15）
GPAQSEL2	0x6F84	2	GPIOA 输入限定寄存器 2（GPIO16~GPIO31）
GPAMUX1	0x6F86	2	GPIOA 复用寄存器 1（GPIO0~GPIO15）
GPAMUX2	0x6F88	2	GPIOA 复用寄存器 2（GPIO16~GPIO31）
GPADIR	0x6F8A	2	GPIOA 方向控制寄存器（GPIO0~GPIO31）
GPAPUD	0x6F8C	2	GPIOA 上拉禁用寄存器（GPIO0~GPIO31）
GPBCTRL	0x6F90	2	GPIOB 控制寄存器（GPIO32~GPIO35）
GPBQSEL1	0x6F92	2	GPIOB 输入限定寄存器 1（GPIO32~GPIO35）
GPBQSEL2	0x6F94	2	保留
GPBMUX1	0x6F96	2	GPIOB 复用寄存器 1（GPIO0~GPIO15）
GPBMUX2	0x6F98	2	保留
GPBDIR	0x6F9A	2	GPIOB 方向控制寄存器（GPIO32~GPIO35）
GPBPUD	0x6F9C	2	GPIOB 上拉禁用寄存器（GPIO32~GPIO35）
GPCMUX1	0x6FA6	2	GPIOC 复用寄存器 1（GPIO64~GPIO79）
GPCMUX2	0x6FA8	2	GPIOC 复用寄存器 2（GPIO80~GPIO87）
GPCDIR	0x6FAA	2	GPIOC 方向控制寄存器（GPIO64~GPIO87）

名　　称	地　　址	大小（16 位）	全　　　称
GPCPUD	0x6FAC	2	GPIOC 上拉禁用寄存器（GPIO64~GPIO87）
GPIOXINT1SEL	0x6FE0	1	XINT1 输入引脚选择寄存器（GPIO0~GPIO31）
GPIOXINT2SEL	0x6FE1	1	XINT2 输入引脚选择寄存器（GPIO0~GPIO31）
GPIOXNMISEL	0x6FE2	1	XNMI 输入引脚选择寄存器（GPIO0~GPIO31）
GPIOXINT3SEL	0x6FE3	1	XINT3 输入引脚选择寄存器（GPIO32~GPIO63）
GPIOXINT4SEL	0x6FE4	1	XINT4 输入引脚选择寄存器（GPIO32~GPIO63）
GPIOXINT5SEL	0x6FE5	1	XINT5 输入引脚选择寄存器（GPIO32~GPIO63）
GPIOXINT6SEL	0x6FE6	1	XINT6 输入引脚选择寄存器（GPIO32~GPIO63）
GPIOXINT7SEL	0x6FE7	1	XINT7 输入引脚选择寄存器（GPIO32~GPIO63）
GPIOLPMSEL	0x6FE8	2	LPM 引脚选择寄存器（GPIO0~GPIO31）

表 B.9　XINTF 寄存器

名　　称	地　　址	大小（16 位）	全　　　称
XTIMING0	0x0000~0B20	2	XINTF 定时寄存器，区域 0
XTIMING6	0x0000~0B2C	2	XINTF 定时寄存器，区域 6
XTIMING7	0x0000~0B2E	2	XINTF 定时寄存器，区域 7
XINTCNF2	0x0000~0B34	2	XINTF 配置寄存器
XBANK	0x0000~0B38	1	XINTF Bank 控制寄存器
XREVISION	0x0000~0B3A	1	XINTF Revision 寄存器
XRESET	0x0000~083D	1	XINTF 复位寄存器

附录 C　浮点汇编指令

浮点运算指令结构为

操作码 目标操作数 1，源操作数 1，源操作数 2；注释
INETRUCTION dest1，source1，source2；Description

表 C.1　指令中用到的语法元素

符　　号	含　　　义
#16FHi	单精度浮点数的高 16 位（十进制小数或十六进制）
#16FHiHex	单精度浮点数的高 16 位（十六进制）
#16FLoHex	单精度浮点数的低 16 位（十六进制）
#32Fhex	单精度浮点立即数（十六进制）
#32F	单精度浮点立即数（十进制小数）
#0.0	立即数 0
#RC	16 bit 立即数重复计数器

符　号	含　义
*（0:16bitAddr）	16 bit 地址
CNDF	测试 STF 寄存器中标志的条件
FLAG	STF 寄存器 11 位状态标志位
label	重复块结束标签
mem16	直接或间接寻址的 16 位地址
mem32	直接或间接寻址的 32 位地址
RaH	R0H~R7H 结果寄存器
RbH	R0H~R7H 结果寄存器
RcH	R0H~R7H 结果寄存器
RdH	R0H~R7H 结果寄存器
ReH	R0H~R7H 结果寄存器
RfH	R0H~R7H 结果寄存器
RB	重复块寄存器
STF	FPU 状态寄存器
VALUE	STF 寄存器 11 位状态标志位数据 0 或 1

1. 移动指令

（1）CPU 浮点寄存器装载存储指令

MOVIZ RaH, #16FHiHex　　　;RaH[31:16] = #16FHiHex;RaH[15:0] = 0
　　　　　　　　　　　　　;单周期指令

MOVXI RaH, #16FLoHex　　　;RaH[15:0] = #16FLoHex;RaH[31:16] = Unchanged
　　　　　　　　　　　　　;单周期指令
　　　　　　　　　　　　　;可与 MOVIZ 或 MOVIZF32 相结合以实现对 32bitRaH 寄存器的操作

MOVIZF32 RaH, #16FHi　　　;RaH[31:16] = #16FHi;RaH[15:0] = 0
　　　　　　　　　　　　　;单周期指令

MOVI32 RaH, #32FHex　　　;RaH = #32FHex;只能是十六进制数
　　　　　　　　　　　　;如 3.0 只能写成十六进制 #0x40400000 而不能写成#3.0
注意:如果低 16 位为 0,则该指令可等效为单周期指令:MOVIZ RaH, #16FHiHex
如果低 16 位不为 0,则该指令可等效为双周期指令
MOVIZ RaH, #16FHiHex
MOVXI RaH, #16FLoHex

MOVF32 RaH, #32F　　　;RaH = #32F;只能是十进制数
　　　　　　　　　　;如 3.0 只能写成十进制 #3.0 而不能写成#0x40400000

注意:如果低 16 位为 0,则该指令可等效为单周期指令 MOVIZ RaH, #16FHiHex

如果低 16 位不为 0,则该指令可等效为双周期指令

MOVIZ RaH, #16FHiHex

MOVXI RaH, #16FLoHex

例 1:将立即数-1.5 装载到 R0H 寄存器中。

    MOVIZ R0H, #0xBFC0   ; R0H = 0xBFC00000

                               ; -1.5 只能写成十六进制#0xBFC0,不能写成十进制#-1.5 的形式

例 2:将 pi = 3.141593(0x40490FDB)装载到 R0H 寄存器中。

    MOVIZ R0H,#0x4049   ; R0H = 0x40490000

    MOVXI R0H,#0x0FDB   ; R0H = 0x40490FDB

例 3:

    MOVIZF32 R2H, #2.5   ; R2H = 2.5 = 0x40200000

    MOVIZF32 R3H, #-5.5   ; R3H = -5.5 = 0xC0B00000

    MOVIZF32 R4H, #0xC0B0 ; R4H = -5.5 = 0xC0B00000

MOVIZF32 RaH, #-1.5 与 MOVIZ RaH, 0xBFC0 等效。

例 4:将 pi = 3.141593(0x40490FDB)装载到 R0H 寄存器中。

    MOVIZF32 R0H,#0x4049   ; R0H = 0x40490000

    MOVXI; R0H,#0x0FDB   ; R0H = 0x40490FDB

例 5:MOVI32 为双周期指令。

    MOVI32 R3H, #0x40004001 ; R3H = 0x40004001

该指令与如下指令等效:

    MOVIZ R3H, #0x4000

    MOVXI R3H, #0x4001

例 6:MOVF32 为单周期指令。

    MOVF32 R1H, #3.0   ; R1H = 3.0 (0x40400000)

该指令与如下指令等效:

    MOVIZ R1H, #0x4040

例 7:MOVF32 为双周期指令。

    MOVF32 R3H, #12.265   ; R3H = 12.625 (0x41443D71)

该指令与如下指令等效:

    MOVIZ R3H, #0x4144

    MOVXI R3H, #0x3D71

****

（2）数据空间装载指令

MOV32 *(0:16bitAddr), loc32	;将 loc32 中 32 位数据复制到 0:16bitAddr 所指示的数据 ;存储单元。双周期指令, 不影响 STF 标志位
MOV16 mem16, RaH	;将 RaH 寄存器低 16 位数据复制到 mem16 所指示的数据 ;存储单元。单周期指令, 不影响 STF 标志位
MOV32 mem32, RaH	;将 RaH 数据复制到 mem32 所指示的 32bit 数据存储单元 ;单周期指令, 不影响 STF 标志位
MOV32 loc32, *(0:16bitAddr)	;将[0:16bitAddr]地址的数据复制到 loc32 空间 ;双周期指令, 不影响 STF 标志位

例 8：将 ACC 中的内容装载到 0x00A000 的地址空间。

MOV32 *(0xA000), @ACC	;[0x00A000] = ACC
NOP	;由于是双周期指令,因此需要加入一个机器周期的空闲操作 ;或加入一条非冲突指令以保证该操作完成

例 9：将 R4H 中的内容装载到 0x00B000 的地址空间, 其中 R4H = 3.0。

MOV16 @0, R4H ; [0x00B000] = 3.0 (0x0003)

例 10：将 0xC000 单元的数值复制到 ACC 单元中。

MOV32 @ACC, *(0xC000)	; AL = [0x00C000], AH = [0x00C001]
NOP	;双周期指令,需加入一个周期的空闲指令 ;执行结果:AL = 0xFFFF, AH = 0x1111 ;[0x00C000] = 0xFFFF;[0x00C001] = 0x1111;

****

（3）浮点寄存器装载指令, 均为单周期指令

MOVST0 FLAG
;将 STF 中的对应位复制到 ST0 状态寄存器的对应位中
;不能用于流水线等待周期,否则会产生非法操作

注意：

If((LVF==1) || (LUF==1))	OV = 1	;else OV = 0;
If((NF==1) || (NI==1))	N = 1	;else N = 0;
If((ZF==1) || (ZI==1))	Z = 1	;else Z = 0;
If(TF==1)	C = 1	;else C = 0;
If(TF==1)	TC = 1	;else TC = 0;

其他 ST0 标志位不受该操作影响

MOV32 mem32, STF
;将 STF 的数据复制到 mem32 所指示的 32bit 数据存储单元

```
--------------------------------------------------------------------------------
MOV32 STF,mem32                    ;将 mem32 所指示的数据空间的内容复制到 STF 中
--------------------------------------------------------------------------------
```

例 11：该指令不能用于流水线等待周期，否则会产生非法操作。

```
;非法操作
MPYF32 R2H, R1H, R0H      ;双周期指令
MOVST0 TF                 ;不能用于流水线等待周期
;合法操作
MPYF32 R2H, R1H, R0H      ;双周期指令
NOP                       ;加入一个空闲的等待周期
MOVST0TF                  ;合法操作
```

例 12：STF 寄存器中的内容为 0x00000004。

```
MOV32 @0, STF ;[0x00A000] = 0x00000004
```

例 13：将数据空间的内容复制到 STF 寄存器中。

```
MOVW DP, #0x0300        ;DP = 0x0300
MOV @2, #0x020C         ;[0x00C002] = 0x020C
MOV @3, #0x0000         ;[0x00C003] = 0x0000
MOV32 STF, @2           ;STF = 0x0000020C
```

****

（4）浮点寄存器对 C28x 寄存器操作（双周期指令），执行前需加入一个空操作指令周期

```
MOV32 ACC, RaH       ;将 RaH 中的内容赋给累加器 ACC
                     ;STF 状态寄存器不受影响,ST0 中的 Z 和 N 标志位受影响
--------------------------------------------------------------------------------
MOV32 P, RaH         ;将 RaH 中的内容赋给 P 寄存器;
                     ;STF 和 ST0 状态寄存器均不受影响
--------------------------------------------------------------------------------
MOV32 XT, RaH        ;将 RaH 中的内容赋给 XT 临时寄存器
                     ;STF 和 ST0 状态寄存器均不受影响
--------------------------------------------------------------------------------
MOV32 XARn, RaH      ;将 RaH 的内容赋给扩展辅助功能寄存器
                     ;STF 和 ST0 状态寄存器均不受影响
--------------------------------------------------------------------------------
```

例 14：

```
MOV32 ACC, R2H       ;将 R2H 寄存器内容复制到 ACC 中
NOP                  ;双周期指令,需要加入空闲等待周期
```

例 15：

```
MOV32 XT, R2H        ;将 R2H 寄存器内容复制到 XT 中
```

```
NOP                    ; 双周期指令,需要加入空闲等待周期
```
****

（5）C28x 寄存器对浮点寄存器操作，这类指令不会对 STF 和 ST0 状态寄存器产生影响，但是执行这类指令后需加入空操作或除 FRACF32、UI16TOF32、I16TOF32、F32TOUI32 和 F32TOI32 之外的指令来实现 4 个指令周期的延时

```
MOV32 RaH, ACC    ;将 ACC 的内容复制到 RaH 中
--------------------------------------------------------------
MOV32 RaH, P      ;将 P 寄存器的内容复制到 RaH 中
--------------------------------------------------------------
MOV32 RaH, XARn   ;将扩展辅助功能寄存器的内容复制到 RaH 中
--------------------------------------------------------------
MOV32 RaH, XT     ;将 XT 寄存器内容复制给 RaH
--------------------------------------------------------------
```

例 16：

```
MOV32 R0H,@ ACC ; 将 ACC 的内容复制到 R0H 中
NOP             ;
NOP             ;
NOP             ; 加入 4 个空闲等待周期
```
****

（6）条件赋值指令（单周期指令），if（CNDF == TRUE）则执行相应操作

```
MOV32 RaH, RbH{, CNDF}      ;若条件成立则执行寄存器赋值语句(RaH = RbH)
--------------------------------------------------------------
MOV32 RaH, mem32{, CNDF}    ;若条件成立则将 mem32 所指示的内容复制到寄存器 RaH 中
--------------------------------------------------------------
NEGF32 RaH, RbH{, CNDF}     ;if（CNDF == true）{RaH = - RbH }
    ;else{RaH = RbH }
--------------------------------------------------------------
SWAPF RaH, RbH{, CNDF}      ;若条件成立则数据交换
TESTTF CNDF                 ;if（CNDF == true）TF = 1;
                            ;else   TF = 0;
--------------------------------------------------------------
```

表 C.2　CNDF 条件状态

CNDF	说明	STF 状态标志位	CNDF	说明	STF 状态标志位
NEQ	≠0	ZF == 0	TF	测试位置位	TF == 1
EQ	=0	ZF == 1	NTF	测试位复位	TF == 0
GT	>0	ZF == 0、NF == 0	LU	下溢条件	LUF == 1
GEQ	≥0	NF == 0	LV	上溢条件	LVF == 1
LT	<0	NF == 1	UNC	无条件	None
LEQ	≤0	ZF == 1、NF == 1	UNCF	无条件	None

例 17:

```
MOVW DP, #0x0300      ; DP = 0x0300
MOV @0, #0x8888       ; [0x00C000] = 0x8888
MOV @1, #0x8888       ; [0x00C001] = 0x8888
MOVIZF32 R3H, #17.0   ; R3H = 7.0 (0x40E00000)
MOVIZF32 R4H, #17.0   ; R4H = 7.0 (0x40E00000)
MAXF32 R3H, R4H       ; 其中 R3H == R4H,则 ZF = 1, NF = 0
MOV32 R1H, @0, EQ     ; 其中偏移量 0 中的内容是 0x88888888,则 R1H = 0x88888888
```

例 18:

```
CMPF32 R0H, #0.0      ; R0H 与 0 比较
TESTTF LT             ; 若 R0H 小于等于 0 则 TF=1
```

****

2. 浮点算数运算指令
(1) 绝对值浮点指令 (单周期指令)

```
ABSF32 RaH, RbH   ;if (RbH < 0) {RaH = -RbH}
                  ;else {RaH = RbH}
```

例 19:

```
MOVIZF32 R1H, #-2.0   ; R1H = -2.0 (0xC0000000)
ABSF32 R1H, R1H       ; R1H = 2.0 (0x40000000), ZF = NF = 0
```

例 20:

```
MOVIZF32 R0H, #0.0    ; R0H = 0.0
ABSF32 R1H, R0H       ; R1H = 0.0 ZF = 1, NF = 0
```

****

(2) 加法指令 (双周期指令,需加入空操作)

```
ADDF32 RaH, #16FHi, RbH   ;RaH = RaH+#16FHi:0(寄存器和立即数相加)
```

```
ADDF32 RaH, RbH, #16FHi   ;RaH = RbH+#16FHi:0
```

```
ADDF32 RaH, RbH, RcH      ;RaH = RbH+RcH
```

例 21:

```
ADDF32 R0H, #2.0, R1H     ; R0H = 2.0 + R1H
NOP                       ; 加入一个空闲周期
```

例 22:

```
ADDF32 R2H, #-2.5, R3H    ; R2H = -2.5 + R3H
NOP                       ; 加入一个空闲周期
```

例23：

ADDF32 R5H, #0xBFC0, R5H ; R5H = -1.5 + R5H
NOP   ; 加入一个空闲周期
注意：根据 IEEE 单精度浮点规范，-1.5(Dec) = 0xBFC00000(Hex)，汇编器支持十进制和十六进制立即数的表达方式，也就是说，-1.5 在汇编指令中可以写成#-1.5(十进制)或#0xBFC0(十六进制)
****

（3）减法指令（双周期指令，需加入空操作）

SUBF32 RaH, RbH, RcH   ; RaH = RbH - RcH

SUBF32 RaH, #16FHi, RbH; RaH = #16FHi:0 - RbH

例24：

SUBF32 R0H, #2.0, R1H ; R0H = 2.0 - R1H
NOP   ; 加入一个空闲周期
****

（4）乘法指令（双周期指令，需加入空操作）

MPYF32 RaH, RbH, RcH   ; RaH = RbH×RcH

MPYF32 RaH, #16FHi, RbH ; RaH = #16FHi:0×RbH

例25：计算 Y = A×B。

MOVL XAR4, #10
MOV32 R0H, *XAR4   ; R0H = #10,采用间接寻址方式
MOVL XAR4, #11
MOV32 R1H, *XAR4   ; R1H = #11,采用间接寻址方式
MPYF32 R0H,R1H,R0H ; 10×11
NOP   ; MPYF32 为双周期指令
MOV32 *XAR4,R0H   ; 存储乘积结果
****

（5）乘加/乘减等并行操作指令（均为双周期指令，需加入空闲指令）

MACF32 R3H, R2H, RdH, ReH, RfH ; R3H = R3H + R2H, RdH = ReH×RfH
‖ MOV32 RaH, mem32   ; RaH = [mem32]

MACF32 R7H, R3H, mem32, *XAR7++   ; R3H = R3H + R2H, R2H = [mem32]×[XAR7++]
注意：该指令是唯一能够与"RPT ‖"指令配合使用的浮点指令。若使用"RPT ‖"指令，则需要将 R2H 和 R6H 用于暂存器，R3H 和 R7H 交替作为目标寄存器，奇数周期使用 R3H 和 R2H；偶数周期使用 R7H 和 R6H。

周期 1：R3H = R3H + R2H, R2H = ［mem32］×［XAR7++］

周期 2：R7H = R7H + R6H, R6H = ［mem32］×［XAR7++］

周期 3：R3H = R3H + R2H, R2H = ［mem32］×［XAR7++］

周期 4：R7H = R7H + R6H, R6H = ［mem32］×［XAR7++］

MACF32 R7H, R6H, RdH, ReH, RfH　;RdH = ReH×RfH,R7H = R7H + R6H

注意:该指令可写成如下形式:

MPYF32 RdH, RaH, RbH ‖ ADDF32 R7H, R7H, R6H

MACF32 R7H, R6H, RdH, ReH, RfH　;R7H = R7H + R6H, RdH = ReH × RfH

‖ MOV32 RaH, mem32　　　　　　　　;RaH = ［mem32］

MPYF32 RaH, RbH, RcH ‖ ADDF32 RdH, ReH, RfH;RaH = RbH×RcH,RdH = ReH + RfH

注意:该指令可写成如下形式:MACF32 RaH, RbH, RcH, RdH, ReH, RfH

MPYF32 RdH, ReH, RfH ‖ MOV32 RaH, mem32　;RdH = ReH×RfH,RaH = ［mem32］

MPYF32 RdH, ReH, RfH ‖ MOV32 mem32, RaH　;RdH = ReH×RfH,［mem32］= RaH

MPYF32 RaH, RbH, RcH ‖ SUBF32 RdH, ReH, RfH　;RaH = RbH×RcH, RdH = ReH − RfH

SUBF32 RdH, ReH, RfH ‖ MOV32 RaH, mem32　;RdH = ReH − RfH, RaH = ［mem32］

SUBF32 RdH, ReH, RfH ‖ MOV32 mem32, RaH　;RdH = ReH − RfH,［mem32］= RaH

ADDF32 RdH, ReH, RfH ‖ MOV32 RaH, mem32　;RdH = ReH + RfH, RaH = ［mem32］

ADDF32 RdH, ReH, RfH ‖ MOV32 mem32, RaH　;RdH = ReH + RfH,［mem32］= RaH

例 26：实现如公式 $\sum_{i=0}^{4} X_i Y_i$ 的乘加运算。

;可使用两个辅助寄存器分别指向 X 和 Y 这两个数组

;采用间接寻址的方式,并采用并行指令来减少程序段的运行时间

;可参考如下程序段

MOV32 R0H, ∗XAR0++　　　　　　　　; R0H = X0,XAR0 指向 X1

MOV32 R1H, ∗XAR1++　　　　　　　　; R1H = Y0,XAR1 指向 Y1

MPYF32 R2H, R0H, R1H ‖ MOV32 R0H, ∗XAR0++　; R2H = A = X0 × Y0 ,R0H = X1

MOV32 R1H, ∗XAR1++;MOV32 为单周期指令以保证 R2H 数据得以更新并完成 R1H = Y1

;操作

MPYF32 R3H, R0H, R1H ‖ MOV32 R0H, ∗XAR0++　; R3H = B = X1×Y1,R0H = X2

MOV32 R1H, ∗XAR1++　　　　　　　　　　　　; R1H = Y2

; R3H = A + B,R2H = C = X2×Y2 并行完成 R0H = X3

MACF32 R3H, R2H, R2H, R0H, R1H ‖ MOV32 R0H, *XAR0++

MOV32 R1H, *XAR1++   ; R1H = Y3

; R3H = (A + B) + C, R2H = D = X3×Y3 并行完成 R0H = X4

MACF32 R3H, R2H, R2H, R0H, R1H ‖ MOV32 R0H, *XAR0

MOV32 R1H, *XAR1   ; R1H = Y4 用于一个周期的延时

; R2H = E = X4×Y4 并行完成 R3H = (A + B + C) + D

MPYF32 R2H, R0H, R1H ‖ ADDF32 R3H, R3H, R2H

NOP   ; 空闲周期等待并行指令操作完成

ADDF32 R3H, R3H, R2H   ; R3H = (A + B + C + D) + E

NOP   ; 空闲周期等待 ADDF32 完成

例 27：MACF32 R7H, R3H, mem32, *XAR7++与 RPT 指令配合使用。

ZERO R2H

ZERO R3H

ZERO R7H   ; 将所有 R2H、R3H 和 R7H 清零

RPT #5   ; 重复执行 MACF32 操作 6 次

‖ MACF32 R7H, R3H, *XAR6++, *XAR7++

ADDF32 R7H, R7H, R3H

NOP   ; ADDF32 为双周期指令, 加入一个周期的空操作

例 28： 使用上述指令完成 Y = A×B + C 操作。

MOV32 R0H, @ A   ; R0H = A

MOV32 R1H, @ B   ; R1H = B

MPYF32 R1H, R1H, R0H ‖ MOV32 R0H, @ C   ; R1H = A×B, R0H = C

NOP   ; 双周期操作, 加入一个空闲指令

ADDF32 R1H, R1H, R0H   ; R1H = A×B+C

NOP   ; 双周期操作, 加入一个空闲指令

例 29：读如下指令段，分析目标寄存器结果。

MOVIZF32 R4H, #5.0   ; R4H = 5.0 (0x40A00000)

MOVIZF32 R5H, #3.0   ; R5H = 3.0 (0x40400000)

MPYF32 R6H, R4H, R5H   ; R6H = R4H×R5H

‖ SUBF32 R7H, R4H, R5H   ; R7H = R4H − R5H

NOP   ; 双周期指令, 加入一个空操作

执行结果：R6H = 15.0 (0x41700000)；R7H = 2.0 (0x40000000)。

例 30：分析如下代码段完成的操作，其中 A、B、C 表示数据空间的十进制地址。

MOVL XAR3, #A

MOV32 R0H, *XAR4   ; 间接寻址, 实现 R0H = *A；

MOVL XAR3, #B

MOV32 R1H, *XAR4   ; 间接寻址, 实现 R1H = *B；

MOVL XAR3, #C

ADDF32 R0H, R1H, R0H ‖ MOV32 R2H, *XAR3   ; R0H = *A + *B, R2H = *C

MOVL XAR3,#Y   ;由于 MOVL 不对 R0H 操作
                      ;故可用延时指令完成取地址操作
SUBF32 R0H,R0H,R2H; R0H = (* A + * B) − * C
NOP   ;双周期指令,加入空操作
MOV32 * XAR3,R0H   ;间接寻址,将 R0H 内容放到 Y 所对应的地址空间
     ****

（6）块重复指令

RPTB label, loc16   ;重复执行指令代码段,执行 loc16+1 次
RPTB label, #RC   ;重复执行指令代码段,执行 #RC+1 次
注意:
❖ 块偶地址对齐时,块长度在[9,127]word 之间;
❖ 块奇地址对齐时,块长度在[8,127]word 之间;
❖ 在读写 RB 寄存器前需将中断禁止
❖ 不允许被嵌套

例31:

. align 2
NOP
RPTB VECTOR_MAX_END, #5   ;重复 6 次
MOVL ACC,XAR0
MOV32 R1H, * XAR0++
MAXF32 R0H,R1H
MOVST0 NF,ZF
MOVL XAR6,ACC,LT
VECTOR_MAX_END: ;代码段尾地址
; RPTB 块包含 8 个 word,需要保证其奇地址对齐时,须在代码前加入 . align 2 以保证 NOP 的地址
; 是偶地址,从而保证了块起始地址是奇地址
     ****

（7）堆栈操作指令

PUSH RB   ;进入中断服务程序前将 RB 内容入栈
POP RB   ;完成中断服务程序后将 RB 内容出栈

执行入栈出栈指令需要注意以下几点:
高优先级中断中, 如在代码段中使用了 RPTB 指令,则需要将 RB 寄存器进行入栈和出栈操作;否则不可对 RB 寄存器进行操作。
低优先级中断中, 必须将 RB 寄存器进行入栈和出栈操作。入栈操作后才可使能中断;出栈操作前禁止中断。

RESTORE;从(R0H~R7H 和 STF)对应的影子寄存器恢复,用于高优先级中断的出栈指令。
; 单周期指令,不能用于空闲等待

SAVE FLAG, VALUE;将 R0H ~ R7H 和 STF 的内容保存至相应的影子寄存器,用于高优先级中断
;的入栈指令。执行该指令时,STF 的 SHADDOW 位置 1。单周期指令,不能用于空闲等待

SETFLG FLAG, VALUE;STF 寄存器位操作指令

例 32:

```
    _Interrupt:           ;高优先级中断
        …
        PUSH RB          ;由于中断服务程序中包含 RPTB 指令,因此需将 RB 寄存器入栈
    ISR
        …
        RPTB End, #A     ;重复执行 A+1 次
        …
    End                  ;重复代码指令段尾地址
        …
        POP RB           ;RB 寄存器出栈
        …
    IRET                 ;中断返回

    _Interrupt:           ;低优先级中断
        …
        PUSH RB          ;必须将 RB 入栈
        …
        CLRC INTM        ;RB 入栈后才能使能全局中断
        …
        SETC INTM        ;禁止全局中断
        …
        POP RB           ;RB 出栈前必须禁止全局中断
        …
        IRET             ;中断返回
```

例 33:判断如下代码段是否正确。

```
    ;错误写法
    MPYF32 R2H, R1H, R0H   ;双周期指令
    RESTORE                ;用 RESTORE 作为等待周期
    ;正确写法
    MPYF32 R2H, R1H, R0H   ;双周期指令
    NOP                    ;加入一个空闲等待周期
    RESTORE
```

例 34:C28x + FPU 进入中断前,CPU 会自动将 ACC、P、XT、ST0、ST1、IER、DP、

AR0、AR1 和 PC 寄存器入栈保存；但浮点寄存器需手动入栈保存。

```
    _ISR:
        ASP        ;栈对齐
        PUSH RB; RB 寄存器入栈
        PUSH AR1H:AR0H
        PUSH XAR2
        PUSH XAR3
        PUSH XAR4
        PUSH XAR5
        PUSH XAR6
        PUSH XAR7
        PUSH XT; 保存其他寄存器
        SPM 0      ;设置 C28 指令操作模式
        CLRC AMODE
        CLRC PAGE0,OVM
        SAVE RNDF32=1 ;保存所有 FPU 寄存器,并设置 FPU 工作模式
    …

    ; 中断出栈
    …
    RESTORE      ;回复所有 FPU 寄存器(从其对应的影子寄存器)
    POP XT
    POP XAR7
    POP XAR6
    POP XAR5
    POP XAR4
    POP XAR3
    POP XAR2
    POP AR1H:AR0H   ;将所有寄存器出栈
    POP RB          ;恢复 RB 寄存器
    NASP
    IRET            ;中断返回
        *****************************************************************
```

(8) 判断、比较指令

```
CMPF32 RaH, RbH    ;两个寄存器内容进行大小比较。If( RaH == RbH) {ZF=1, NF=0}
                   ;If( RaH > RbH) {ZF=0, NF=0},If( RaH < RbH) {ZF=0, NF=1}
```

```
CMPF32 RaH, #16FHi  ;寄存器的值与立即数进行比较。相关标志位变化如上所示
```

```
CMPF32 RaH, #0.0   ;寄存器正负判断。相关标志位变化如上所示
```

```
MAXF32 RaH, #16FHi    ;if( RaH < #16FHi:0) RaH = #16FHi:0,取最大值
```

```
MAXF32 RaH, RbH       ;if( RaH < RbH) RaH = RbH,两个寄存器之间最大值指令
```

```
MINF32 RaH, #16FHi    ;if( RaH > #16FHi:0) RaH = #16FHi:0,取最小值
```

```
MINF32 RaH, RbH       ;if( RaH > RbH) RaH = RbH,两个寄存器之间最小值指令
```

```
MINF32 RaH, RbH ‖ MOV32 RcH, RdH    ;if( RaH > RbH) { RaH = RbH; RcH = RdH; }
```

```
MAXF32 RaH, RbH ‖ MOV32 RcH, RdH    ;if( RaH < RbH) { RaH = RbH; RcH = RdH; }
```

例 35:

```
MOVIZF32 R1H, #-2.0   ; R1H = -2.0 (0xC0000000)
MOVIZF32 R0H, #5.0    ; R0H = 5.0 (0x40A00000)
CMPF32 R1H, R0H       ; ZF = 0, NF = 1
CMPF32 R0H, R1H       ; ZF = 0, NF = 0
CMPF32 R0H, R0H       ; ZF = 1, NF = 0
```

例 36: 用于循环控制, 找出 XAR1 所指向的数组中小于 3.0 的数据。

```
Loop:
MOV32 R1H, * XAR1++   ; R1H
CMPF32 R1H, #3.0      ; 置位或清除 ZF 和 NF 标志位
MOVST0 ZF, NF         ; 将 ZF 和 NF 标志位复制到 ST0 寄存器的 Z 和 N 标志位用来判断
BF Loop, GT           ; 当 R1H > #3.0 时循环,R1H ≤ #3.0 时循环跳出
```

例 37: 读指令代码段分析相应的标志位的数值。

```
MOVIZF32 R0H, #5.0    ; R0H = 5.0 (0x40A00000)
MOVIZF32 R1H, #4.0    ; R1H = 4.0 (0x40800000)
MOVIZF32 R2H, #-1.5   ; R2H = -1.5 (0xBFC00000)
MAXF32 R0H, #5.5      ; R0H = 5.5, ZF = 0, NF = 1
MAXF32 R1H, #2.5      ; R1H = 4.0, ZF = 0, NF = 0
MAXF32 R2H, #-1.0     ; R2H = -1.0, ZF = 0, NF = 1
MAXF32 R2H, #-1.0     ; R2H = -1.5, ZF = 1, NF = 0
MINF32 R0H, #5.5      ; R0H = 5.0, ZF = 0, NF = 1
MINF32 R1H, #2.5      ; R1H = 2.5, ZF = 0, NF = 0
MINF32 R2H, #-1.0     ; R2H = -1.5, ZF = 0, NF = 1
MINF32 R2H, #-1.5     ; R2H = -1.5, ZF = 1, NF = 0
```

例 38: 读指令代码段分析相应的标志位的数值

```
MOVIZF32 R0H, #5.0    ; R0H = 5.0 (0x40A00000)
MOVIZF32 R1H, #4.0    ; R1H = 4.0 (0x40800000)
```

```
MOVIZF32 R2H, #-1.5     ; R2H = -1.5 (0xBFC00000)
MOVIZF32 R3H, #-2.0     ; R3H = -2.0 (0xC0000000)
MINF32 R0H, R1H ‖ MOV32 R3H, R2H    ; R0H = 4.0, R3H = -1.5, ZF = 0, NF = 0
```

****

3. 浮点寄存器与定点寄存器之间数据传递指令

F32TOI16 RaH, RbH   ;RaH(15:0) = F32TOI16(RbH),RaH(31:16) = RaH(15)的符号扩展
　　　　　　　　　　;32 位浮点数转换为 16 位有符号整型存入 RaH,RaH 高 16 位为符号扩展位

F32TOI16R RaH, RbH ;RaH(15:0) = F32ToI16round(RbH)
　　　　　　　　　　;RaH(31:16) = RaH(15)的符号扩展
　　　　　　　　　　;32 位浮点数转换为 16 位的有符号整型,经四舍五入后存入 RaH
　　　　　　　　　　;RaH 高 16 位为符号扩展位

F32TOUI16 RaH, RbH ;RaH(15:0) = F32ToUI16(RbH),RaH(31:16) = 0x0000
　　　　　　　　　　;32 位浮点数转换为 16 位无符号整型
　　　　　　　　　　;经四舍五入后存放在 RaH 低 16 位,高 16 位清零

I16TOF32 RaH, RbH   ;16 位有符号整型转换为 32 位浮点数并存放在目标寄存器

I16TOF32 RaH, mem16 ;mem16 指示的 16 位有符号整型转换为 32 位浮点数并存入目标寄存器

UI16TOF32 RaH, mem16 ;mem16 指示的 16 位无符号整型转换为 32 位浮点数并存入目标寄存器

UI16TOF32 RaH, RbH ;16 位无符号整型转换为 32 位浮点数并存入目标寄存器

F32TOUI32 RaH, RbH ;32 位浮点数据转换为 32 位无符号整型并存入目标寄存器

F32TOI32 RaH, RbH   ;32 位浮点数据转换为 32 位有符号整型并存入目标寄存器

I32TOF32 RaH, RbH   ;32 位有符号整型转换为 32 位浮点数并存入目标寄存器

I32TOF32 RaH, mem32 ;Mem32 指示的 32 位有符号整型转换为 32 位浮点数并存入目标寄存器

UI32TOF32 RaH, RbH ;RaH = UI32ToF32 RbH(32 位无符号整型转换为 32 位浮点数)

UI32TOF32 RaH, mem32 ;Mem32 指示的 32 位无符号整型转换为 32 位浮点数并存入目标寄存器

例 39：读如下的代码段，分析数据转换的结果。

```
MOVIZF32 R2H, #-5.0  ; R2H = -5.0 (0xC0A00000)
F32TOI16 R3H, R2H       ; R3H(31:16) = (0xFFFF),R3H(15:0) = -5 (0xFFFB)
NOP
```

```
-------------------------------------------------------------------
MOVIZ R0H, #0x3FD9    ;R0H [31:16] = 0x3FD9
MOVXI R0H, #0x999A    ;R0H [15:0] = 0x999A
    ;R0H = 1.7 (0x3FD9999A)
F32TOI16R R1H, R0H    ;R1H(15:0) = 2 (0x0002),R1H(31:16) = 0 (0x0000)
NOP
-------------------------------------------------------------------
MOVIZF32 R4H, #9.0    ;R4H = 9.0 (0x41100000)
F32TOUI16 R5H, R4H    ;R5H (15:0) = 9.0 (0x0009),R5H (31:16) = 0x0000
NOP
-------------------------------------------------------------------
MOVIZF32 R6H, #-9.0   ;R6H = -9.0 (0xC1100000)
F32TOUI16 R7H, R6H    ;R7H (15:0) = 0.0 (0x0000),R7H (31:16) = 0.0 (0x0000)
NOP
-------------------------------------------------------------------
MOVIZ R5H, #0x412C    ;R5H [31:16] = 0x412C
MOVXI R5H, #0xCCCD    ;R5H [15:0] = 0xCCCD
                      ;R5H = 10.8 (0x412CCCCD)
F32TOUI16R R6H, R5H   ;R6H (15:0) = 11.0 (0x000B),R6H (31:16) = 0.0 (0x0000)
NOP
-------------------------------------------------------------------
MOVF32 R7H, #-10.8    ;R7H = -10.8 (0x0C12CCCCD)
F32TOUI16R R0H, R7H   ;R0H (15:0) = 0.0 (0x0000),R0H (31:16) = 0.0 (0x0000)
NOP
-------------------------------------------------------------------
MOVIZ R0H, #0x0000    ;R0H[31:16] = 0.0 (0x0000)
MOVXI R0H, #0x0004    ;R0H[15:0] = 4.0 (0x0004)
I16TOF32 R1H, R0H     ;R1H = 4.0 (0x40800000)
NOP
-------------------------------------------------------------------
MOVIZ R2H, #0x0000    ;R2H[31:16] = 0.0 (0x0000)
MOVXI R2H, #0xFFFC    ;R2H[15:0] = -4.0 (0xFFFC)
I16TOF32 R3H, R2H     ;R3H = -4.0 (0xC0800000)
NOP
-------------------------------------------------------------------
MOVXI R5H, #0x800F    ;R5H[15:0] = 32783 (0x800F)
UI16TOF32 R6H, R5H    ;R6H = UI16TOF32 (R5H[15:0]) = 32783.0 (0x47000F00)
NOP
-------------------------------------------------------------------
MOVIZF32 R6H, #12.5   ;R6H = 12.5 (0x41480000)
F32TOUI32 R7H, R6H    ;R7H = F32TOUI32 (R6H) = 12.0 (0x0000000C)
NOP
-------------------------------------------------------------------
```

MOVIZF32 R1H, #−6. 5   ;R1H = −6. 5（0xC0D00000）
F32TOUI32 R2H, R1H   ;R2H = F32TOUI32（R1H）= 0. 0（0x00000000）
NOP

MOVF32 R2H, #11204005. 0 ;R2H = 11204005. 0（0x4B2AF5A5）
F32TOI32 R3H, R2H   ;R3H = F32TOI32（R2H）= 11204005（0x00AAF5A5）
NOP

MOVF32 R4H, #−11204005. 0 ;R4H = −11204005. 0（0xCB2AF5A5）
F32TOI32 R5H, R4H   ;R5H = F32TOI32（R4H）= −11204005（0xFF550A5B）
NOP

MOVIZ R2H, #0x1111 ;R2H[31:16] = 0x1111
MOVXI R2H, #0x1111 ;R2H[15:0] = 0x1111
            ;R2H = +286331153（0x11111111）
I32TOF32 R3H, R2H   ;R3H = I32TOF32（R2H）= 286331153（0x4D888888）
NOP

MOVIZ R3H, #0x8000 ;R3H[31:16] = 0x8000
MOVXI R3H, #0x1111 ;R3H[15:0] = 0x1111
            ;R3H = 2147488017
UI32TOF32 R4H, R3H ;R4H = UI32TOF32（R3H）= 2147488017. 0（0x4F000011）
NOP

---

4. 特殊运算指令

EINVF32 RaH, RbH   ;RaH = 1/ RbH（8 位精度倒数计算）
EISQRTF32 RaH, RbH ;RaH = 1/ sqrt(RbH)（8 位精度的平方根倒数）

例 40：计算 Y = A/B，令 R0H = A，R1H = B。计算 R0H = R0H / R1H。
参考代码段如下：

EINVF32 R2H, R1H   ; R2H = Y = Estimate(1/B)
CMPF32 R0H, #0. 0   ; 检查 A 是否等于 0
MPYF32 R3H, R2H, R1H; R3H = Y×B
NOP
SUBF32 R3H, #2. 0, R3H; R3H = 2. 0 − Y×B
NOP
MPYF32 R2H, R2H, R3H; Y = Y×(2. 0 − Y×B)
NOP
MPYF32 R3H, R2H, R1H; R3H = Y×B
CMPF32 R1H, #0. 0   ; 检查 B 是否等于 0. 0
SUBF32 R3H, #2. 0, R3H; R3H = 2. 0 − Y×B

NEGF32 R0H, R0H, EQ
MPYF32 R2H, R2H, R3H   ; R2H = Y = Y×(2.0 − Y×B)
NOP
MPYF32 R0H, R0H, R2H   ; R0H = Y = A×Y = A/B

****

5. 寄存器清零指令（单周期指令）

ZERO RaH   ;RaH 寄存器清零

ZEROA   ;将 8 个寄存器 R0H~R7H 同时清零

参 考 文 献

［1］ Texas Instruments. TMS320C28x Extended Instruction Sets Technical Reference Manual. 2015.

［2］ Texas Instruments. TMS320F28335/28334/28333/28332/28235/28234/28232 Digital Signal Controllers Datasheet. 2016.

［3］ Texas Instruments. TMS320C28x Assembly Language Tools v15. 12. 0. LTS User's Guide. 2018.

［4］ Fang Lin Luo, Hong Ye. Advanced DC/AC Inverters：Applications in Renewable Energy（Power Electronics, Electrical Engineering, Energy, and Nanotechnology）［M］. Boca Raton：CRC Press, 2017.

［5］ 马骏杰，王钦钰，尹艳浩，等 . 基于小信号模型的同步 Buck 电路数字化研究 ［J］. 实验技术与管理, 2018，35（02）：45~49.

［6］ 马骏杰 . 嵌入式 DSP 的原理与应用——基于 TMS320F28335 ［M］. 北京：北京航空航天大学出版社, 2016.

［7］ 马骏杰 . 逆变电源的原理及 DSP 实现 ［M］. 北京：北京航空航天大学出版社, 2018.